人性场所

城市开放空间
设计导则

第二版全新修订本

〔美〕克莱尔·库珀·马库斯（Clare Cooper Marcus）
〔美〕卡罗琳·弗朗西斯（Carolyn Francis） 编著

俞孔坚　王志芳　孙　鹏　等译

北京科学技术出版社

著作权合同登记号　图字：01-2016-5937

图书在版编目（CIP）数据

人性场所：城市开放空间设计导则：第二版全新修订本 /（美）克莱尔·库珀·马库斯,（美）卡罗琳·弗朗西斯编著；俞孔坚等译. — 北京：北京科学技术出版社, 2020.1（2023.3重印）

书名原文: People Places: Design Guidelines for Urban Open Space

ISBN 978-7-5714-0517-5

Ⅰ.①人… Ⅱ.①克… ②卡… ③俞… Ⅲ.①城市空间－建筑设计 Ⅳ.①TU984.11

中国版本图书馆CIP数据核字(2019)第229145号

策划编辑：陈　伟	网　　址：www.bkydw.cn
责任编辑：王　晖	印　　刷：三河市国新印装有限公司
责任印制：李　茗	开　　本：787 mm×1092 mm　1/16
图文制作：申　彪	印　　张：23.75
出 版 人：曾庆宇	字　　数：690千字
出版发行：北京科学技术出版社	版　　次：2020年1月第2版
社　　址：北京西直门南大街16号	印　　次：2023年3月第4次印刷
邮政编码：100035	ISBN 978-7-5714-0517-5
电　　话：0086-10-66135495（总编室）	
0086-01-66113227（发行部）	

定　　价：98.00元

谨以此书

献给我们的孩子：贾森（Jason）和露西（Lucy），

迈克尔（Michael）和凯特（Kate）；

献给景观设计事业，

一项志在营造并呵护户外环境的事业。

再版译者序

《人性场所——城市开放空间设计导则》（第二版全新修订本）是一本关于城市景观规划设计的专著，对当前正在全国兴起的"城市修补"工作，具有不可或缺的价值。

时间倒回 18 年前，我刚从美国回来到北京大学任教，主持开设了景观设计学课程，同时开展城市设计和景观设计实践，走遍了中国大江南北的众多城市。我看到当时的城市建设在一些极其错误的理念和方法指导下进行，"城市化妆"运动如呼啸的高速列车，势不可挡。而作为成就被欢呼庆祝的却是座座粗糙拙劣的城市：气势恢弘的广场，金玉堆砌却没有供人坐的椅子和可供遮荫的乔木（以当时的大连市民广场最为典型）；巨大的公园，竭尽奇花异卉之能事却不容使用者踏入草坪；居民区的公共绿地，更是成为贵族园林的展示空间，成为销售房子的幌子，而非宜人的居住场所；展示性的景观大道一时间盛行于大江南北，却没有人性的尺度和步行空间体验；气势磅礴的大学城则是以造城为目的，将学生置于荒郊野岭，远离社区，更谈不上有适宜交流的人性场所；三甲医院也成为城市的名片，但又有多少可以提供促进健康和身心修复的户外活动场所呢？为此，在给学生讲授生态与人文的城市设计理念的同时，我奔走呼号，利用各种机会向城市建设决策者、规划设计师们宣讲城市应该如何以人为本的当代城市规划设计理念［这些批判性言论收录在 2003 年出版的《城市景观之路：与市长交流》（俞孔坚，李迪华，中国建筑工业出版社）一书中］。但发现我在这场"战役"中一直孤军奋战，多么希望有更多的学者或至少是书籍能帮助我迎战当时的"潮流"。

然而，当时图书馆里有关当代城市和景观设计的理论、方法和技术的系统教材和参考书非常贫乏。中国并不成熟的相关专业教育，没有能够适应快速的城镇化需求，引进国际城市与景观设计类教材，迫在眉睫。当时中国尤其缺少的是一些基础性的、既有当代城市建设理念又能具体指导设计实践的书籍。为此，我从欧美汗牛充栋的景观和城市设计书籍中精选并向出版社推荐了一个系列的专业书籍名单，由其购入版权，然后组织我的研究生和博士生一起进行翻译出版。1999—2008 年，团队先后翻译了 10 多部著作，其中第 2 本出版发行的就是《人性场所——城市开放空间设计导则》（第一版，2001）。其他经典著作包括《景观设计学——场地规划与设计手册》（1999）、《景观设计师便携手册》（2002）、《生命的景观——景观规划的生态学途径》（2004）、《城市设计手册》（2006）等。在这个城市和景观规划设计的书目中，每本书都有其独特的地位，而《人性场所——城市开放空间设计导则》（第二版全新修订本）的与众不同之处在于它从人对城市空间的使用出发，通过实际观察的大量经验数据，将欧美特别是美国城市公共空间设计做实验，以使用后评价的形式，为设计更人性化的空间给出了具体化的建议，因此，这是一部具有很强实用性的设计研究著作。

可以说，这些书在过去的十多年时间，影响了一批批学子和城市建设实践者。至少在我所在的北京大学，已经毕业的 600 多名研究生中，这些都是必读参考书，也是他们入学考试的参考书（考虑到 1：20 的录取率，至少有 1 万人看过这些书）。而当年参与翻译这些书的学生，或者已经成为城市与景观规划设计实践的骨干，或者已经成长为学科发展研究的骨干，在教下一代学生了。如本书的合作译者王志芳，当年是我的第一届研究生，而今已经从美国回国，在北京大学建筑与景观设计学院任教并承担核心课程的教学。

过去 30 年，由于我们缺乏城市生活经验，也没有能够吸取国际特别是美国的城市化和城市建设的教训；没有能够以人为本地规划设计我们的城市，也没有能够尊重生态自然系统地规划设计我们的家园，以至于今天留下了一个个百病缠身的城市。但在今天，我们已经有了亲身的城市生活和环境体验，到了该反思这样的城市设计的时候了，也正是在这样的背景下，国家最高决策者在 2015 年底召开的中央城市工作会议上，把开展城市设计、建设宜居城市和生态城市，作为未来城市工作的重点之一；住建部随后也提出了"城市双修"（城市修补和城市生态修复）的工作计划。

可以说，阅读过《人性场所——城市开放空间设计导则》第一版的学子们，你们有福了，因为，过去 30 多年快速发展的城市化，给你们留下了太多"非人性场所"要去改善；尚没有阅读过本书的人们，你们也有福了，因为，市场上已经脱销的《人性场所——城市开放空间设计导则》今天又得以修订出版了！

俞孔坚
北京大学建筑与景观设计学院教授
美国艺术与科学学院院士
2016 年 10 月于意大利西西里

第一版译者序

本书是根据《People Place》的第二版翻译的。该书在美国颇受欢迎，最新网上调查将其列为美国景观设计专业最好的 100 本参考书之一。借题发挥，我认为针对中国目前的"城市化妆"运动：包括广场之风、景观大道之风，乃至公园之风等现实，本书至少在两个方面特别具有意义，那就是书名中的两个字：People（人）和 Place（场所）的含义。

首先是关于"People"，这里是指普通的人，具体的人，富有人性的个体，而不是抽象的集体名词"人民"。现代城市空间不是为神设计的，不是为君主设计的，也不是为市长们设计的，而是为生活在城市中男人们、女人们、大人们、儿童们、老人们还有残疾的人们和病人们，为他们的日常工作、生活、学习、娱乐而设计的。西方城市也曾经历过为神圣的或世俗的权利及其代表而设计的时代，那是恢宏的、气派的、令人惊叹的。但它们离普通人的生活是遥远的、格格不入的。本书则告诉我们，这些普通人应该如何在景观设计和城市建设中得到关怀，他们才是城市的主人。

另一个词是"Place"，即场所或地方。现代人文地理学派及现象主义建筑学派都强调人在场所中的体验，强调普通人在普通的、日常的环境中的活动，强调场所的物理特征、人的活动以及意义的三位一体性。这里的物理特征包括场所的空间结构和所有具体的现象；这里的人则是一个景中的人而不是一个旁观者；这里的意义是指人在具体做什么。因此，场所或景观不是让人参观、向人展示的，而是供人使用、让人成为其中的一部分。在这里，我们需要反省的是正在全国各大城市开展的轰轰烈烈的形象工程，更确切地说是城市化妆工程。场所、景观离开了人的使用便失去了意义，成为失落的场所。

这两点都是译后有感而发的，不想离题太远，仅供读者参考。

北京大学景观规划设计中心和北京土人景观规划设计研究所的同仁们竭尽全力，历时近一年时间，将其翻译出版。全部翻译过程共组织了 12 位同仁参加。交付出版社审稿之前经历了三个阶段：第一阶段强调英汉直译；第二阶段强调意译和汉语表达以及专业词汇的统一翻译；第三阶段则进行全书的统一审校。参加者对本书翻译的贡献大致如下表所示：

章 节	第一阶段贡献者	第二阶段贡献者	第三阶段贡献者
前 言	孙 鹏		
第一章	王志芳		
第二章	刘玉洁 刘东云		
第三章	黄国平	俞孔坚 吉庆萍 孙 鹏 王志芳 商丽媛	俞孔坚 孙 鹏 王志芳 吉庆萍
第四章	李 昕		
第五章	黄国平		
第六章	孙 鹏		
第七章	孟亚凡		
第八章	黄国平		

俞孔坚
北京大学景观规划设计中心
北京土人景观规划设计研究所
2001 年初秋于燕园

前　言

这本书的写作已经酝酿了很长时间。最初的念头始于我在加州大学伯克利分校任教生涯的早期。1969年，我为景观设计系开了一门课程（LA140），名为"开放空间设计中的社会和心理因素"。两年后，当这门课成为该系所有研究生和本科生的必修课的时候，我提出了两项要求较高的实践任务：首先，学生必须对旧金山市中心两个广场的环境 – 行为之间的相互作用进行观察和比较，然后在学期末，提交一份对自选的某一邻里公园的详尽的使用状况评价报告。

1975年秋天，这门课集中研究小型公园。当时伯克利公园管理局聘用我以前的一个学生加里·梅森（Gary Mason）[1]对6个小游园进行细致的评估，在这个项目中，参加我那门课的学生在场地调查中做出了主要贡献。另外，还有两个以前的学生罗尔夫·戴蒙特（Rolf Diamant）和格雷格·穆尔（Greg Moore）受聘于国家公园管理局，协助进行金门国家休闲度假区的规划。1975年，在他们的建议下，我的学生对太平洋以及旧金山湾海滩的游客利用情况进行了研究。

这些学生的评估报告一般都很不错，其中的优秀报告我都保留着。随着我越来越多地审阅这类研究成果，我开始关注空间使用（use）与未使用（nonuse）的问题。1974—1975年，景观设计学的研究生研讨课对这些研究结果及相关文献进行了讨论，并提出了针对不同类型户外空间的先期设计导则。1976年，两位感兴趣的本科生琳达·约翰逊（Linda Johnson）和辛迪·赖斯（Cindy Rice）自愿承担专集《人性场所》的绘图工作，在比阿特丽克斯·法兰德（the Beatrix Farrand）基金的资助下，这本专集由加州大学景观设计学系在1976年出版发行。章节内容涉及：城市广场，由研究生汤姆·法雷尔（Tom Farrell）、莫林·麦克文（Maureen McVann）和本人执笔；邻里公园，由罗尔夫·戴蒙特、马尔塔·赫克（Marta Huck）、乔尔·萨默希尔（Joel Summerhill）和莱斯利·特纳（Lesley Turner）执笔；街道公园（street parks），由希拉·布雷迪（Sheila Brady）执笔；小型公园（miniparks），由加里·梅森和本人执笔。该专集构成了目前这本书的核心。

在以后的几年间，我从课程中收集了更多的论文，关于公园和广场的评价报告已经由纽约公共空间计划（Project for Public Spaces in New York）给以出版，关于邻里空间[2]、邻里公园[3]及城市广场[4]中使用者需求的著作也已陆续出版。

1980年，对伯克利校园规划的辩论促使我让LA140班所有的学生（近80人）来研究校园的户外空间是如何被利用的，以及学生们对它们的感受如何。后来，一位景观设计学的研究生特鲁迪·威斯克曼（Trudy Wischemann）和我就此写了一篇长篇分析报告[5]。

将所有这些研究进行总结并进而归纳出设计

---

①加里·梅森、亚历克斯·福里斯特（Alex Forrester）和罗宾·赫尔曼（Robin Hermann），《伯克利公园利用研究》（加州伯克利：伯克利城市公园管理局，1975年）。

②伦道夫·赫斯特（Randolph Hester），《邻里空间（Neighborhood spaces）》［斯特劳兹堡（Stroudsberg），PA：Dowden，哈钦森和罗斯出版社（Hutchinson & Ross），1975年］。

③艾伯特·J.拉特利奇（Albert J. Rutledge），《公园的解剖（Anatomy of a park）》［纽约：麦格劳－希尔（McGraw-Hill）出版社，1971年］；《公园设计的视觉途径（A visual approach to park design）》［纽约：加兰STPM（Garland STPM）出版社，1981年］。

④威廉·怀特（William Whyte），《小型城市空间的社会生活（The social life of small urban spaces）》［华盛顿特区：保护基金会（Conservative Foundation），1980年］。

⑤克莱尔·库珀·马库斯和特鲁迪·威斯克曼，校园开放空间：未被充分利用的潜能（油印本，加州大学伯克利分校景观设计系，1983年）。

导则的可能性令我们欢欣鼓舞，但一些明显的不足仍然存在：在老人住宅户外空间的建设中，对老年人的休闲娱乐、养花弄草和社会交往等活动需要的考虑不足；医院的庭院和花园的设计和建设也没有经过充分的评价；对于儿童托幼中心的户外活动区域虽然出现了一些颇有见地的研究[1]，至少有两位硕士的论文是关于特殊场地的使用状况评价[2]，但关于儿童保育户外空间设计的明晰论述尚未出现。

渐渐地，这些断层开始愈合。伯克利的一位景观设计学研究生罗伯特·佩因（Robert Paine）的硕士论文落题在医院户外空间上[3]；在伊里诺伊大学尚佩恩–厄巴纳分校（the University of Illinois at Champaign–Urbana），黛安娜·卡斯坦斯（Diane Carstens）的景观设计学硕士论文[4]是针对老年人住宅的户外空间设计。因此，我邀请了他们两位对其各自论文进行总结作为本书若干章节。卡罗琳·弗朗西斯，伯克利的一位建筑学硕士生帮助我编辑并整理了全书。她的工作及建议非常重要，因此她成了本书的编著者之一。

她和我都坚信我们的研究领域、坚信空间设计中考虑人的使用的重要性。首先，我们假设本书中阐述的各类空间的委托方和设计者都关心人类自身，想要创造出宜人的场所来。其次，我们假设大多数此类项目的决策者都无暇进行广泛的阅读或亲自进行实证研究。第三，我们假设物质环境在不同程度上确实影响着行为。我们并非持有极端的决定论观点，但我们的确相信：某些环境能够促进某些人类活动，某些环境则阻碍某些人类活动，还有一些则显然呈现中性。同 C. M. 迪西（C. M. Deasy）一样，我们相信："规划和设计的目的不是创造一个有形的工艺品，而是创造一个满足人类行为的环境。"[5]

最终，我们意识到：利用人的行为或社会活动来启发并塑造环境设计并没有被某些设计师及大多数任课教师所接受，但我们强烈地感觉到这必然是正确的途径。单纯追求视觉形式的途径不是复制以前的"方案"，就是导致迷信时尚潮流而忽视公众需求的艺术表达形式的泛滥。我们认为：美学目标必须与生态需要、文化发展目标和使用者喜好三方面取得平衡并相互融合。我们同时认识到：

……众多经济、技术和美学方面的考虑造就了人们所知的建筑；建筑反过来又塑造着使用者的行为模式。为了扭转这种关系，为了从理解人的动机入手并进而塑造形式，就要求在设计的基本途径上进行一场深刻的变革。[6]

我们希望本书将带动其他人一起以适当的形式为设计师提供他们需要的信息，这样"设计基本途径的深刻变革"才能开始形成。

编者（C.C.M.）

①西比尔·克里切夫斯基（Sybil Kritchevsky），伊丽莎白·普雷斯科特（Elizabeth Prescott）和李·沃林（Lee Walling），《为孩子们设计的环境：形体空间（Planning environments for young children:Physical space）》[华盛顿特区：儿童教育全国联合会（National Association for the Education of Young Children），1969年]；弗雷德·林·奥斯曼（Fred Linn Osmon），《设计儿童中心的模式（Patterns for designing children's centers）》[纽约：教育设施实验室（Educational Facilities Laboratories），1971年]；加里·T·穆尔（Gary T. Moore），C·莱恩（C.Lane），A·希尔（A.Hill），V·科恩（V.Cohen）和T·麦金蒂（T. McGinty），《关于儿童保育中心的建议》（Recommendations for designing children's Centers）（密尔渥基威斯康辛大学，建筑和城市规划研究中心，1979年）。

②莫林·西蒙斯（Maureen Simmons），儿童的活动空间：设计服务于儿童发育游戏的需要（Children's play areas: Designing for developmental play needs）（景观设计学系硕士论文，加州伯克利分校，1974年）；阿米塔·辛哈（Amita Sinha），学前儿童游戏场的连续性和分异性（Continuity and branching in preschool playgrounds）（建筑学硕士论文，弗吉尼亚理工学院，1984年）。

③罗伯特·佩因（Robert Paine），医院户外空间的设计导则：三个医院的案例研究（Design guidelines for hospital outdoor spaces: Case studies of three hospitals）（景观设计学硕士论文，加州伯克利分校，1984年）。

④黛安娜·Y·卡斯坦斯（Diane Y. Carstens），外部空间的设计导则：老年人的中高层住宅（Design guidelines for exterior spaces: Mid–to high rise housing for older people）（景观设计学硕士论文，伊里诺斯大学尚佩恩–厄巴纳分校，1982年）。

⑤C·M·迪西（C.M.Deasy），设计服务于人（Design for human affairs）[剑桥，马萨诸塞州：申克曼出版社（Schenkman），1974年]，p.40。

⑥同上。

如何使用本书

除了最后一章，本书每一章有着类似的结构，首先是引言和对本章涉及的开放空间类型的定义；接着是对这类空间形式的文献综述，涵盖了形式与使用需求两方面的研究成果；每一章的主体部分是设计导则，并有若干精炼的案例分析，每一个案例分析附带有场地规划图、场地用途的简要陈述以及关于此场地规划方案的成功和不足之处的总结。选取这些案例分析的原因在于介绍真实的场景，阐释它们是如何与本书主题呼应的。这些真实的案例只反映了不同方面的可取之处，而并不代表当今设计的最佳作品。每一空间案例的实体和社会特点的介绍都基于评价研究工作进行的时段；本书介绍的有些案例后来又重新做了设计。

因此，本书的使用可以采取不同的方式。除了顺序阅读之外，精读每章中所有的文献综评会使读者对此类开放空间的研究中哪些已涉及和哪些尚未涉及的内容有一个全面的认识。同样，阅读案例分析会对现有场地哪些方式对人的使用有效，哪些无效有所了解。

另外，还应说明的是：有些内容可能与多个章节及多种空间类型相关。大多数这种联系是显而易见的：老年人会与医院患者存在某些共性，或者前者本身就构成了后者重要的组成部分；因此，这两章中共有的内容会对老年住宅和医院的设计都有裨益。同样，无论是在幼儿园、公园、小游园，还是在医院，儿童都需要游戏；所以，相关信息也许从各章节中汇总起来并统一表达在某一具体项目场景中。这些联系有助于对相关内容进行尽量完整的评价。

我们认为本书适合如下读者群：

1. 专业设计师——建筑师、景观设计师、城市设计师、城市规划师，他们可能首先利用导则来概括特定环境类型中涉及的问题，然后把导则作为评价表，从一个使用者的角度出发来评价最初和最终设计方案。

2. 景观设计学、建筑学、城市设计及城市规划的学生，他们可能利用本书作为参考书。比如，新建或改造一个公园时，第二章中的设计导则就有用武之地；或者，通过阅读每一章的文献综述，

有可能引出一些论文题目来进行深入研究。

3. 开放空间提供者（Open space providers），比如企业、医院的环境规划部门或园林管理部门的人员。作为甲方，他们可以利用这些导则作为对具体设计的基本要求。另外，当现状场地不够理想时，这些导则应能作为评价表来决定场地中哪些特征需要增添、调整和消除。

4. 环境管理者，比如儿童保育中心或老年人住宅区的管理员工。他们负责安排户外空间的用途，例如儿童保育中心的教育观应该能启发儿童游戏空间的设计，找出所期望的活动与既有设施之间的不谐调。

5. 城市官员，他们可能在建造或设计管理方面的地方政策中用到某一特定的导则。例如，城市规划部门可以利用这些导则来作为待建广场的设计条例。

6. 设计奖项的评判员或地方政府官员，他们可以利用某一套导则作为评价列表来评估和比较不同的设计方案。例如，大学校园里一个新中心广场的设计竞赛，评委可以依据合适的设计导则来比较各入选方案，从而评出在社会适宜度方面的名次。

7. 某一特定环境的未来居民或使用者，他们可以从导则中获得知识来参与与委托人、设计师或政府官员的讨论。例如，一群老人计划为他们的退休建造一个合作制的居住区（co-op），他们可以以本书中老年人户外空间设计一章的内容为基础知识，来制定自己的设计计划。

8. 呼吁更多福利设施的团体组织，比如基于上班族的儿童保育机构（employed-based child care）根据导则来制定自己的一套优先发展计划，从而确保某些重要的环境因素——如户外活动空间——不被忽视或得不到充分规划。

9. 社会学者和环境-行为研究人员，他们可以把这些导则当作假设，在日后的实证研究中加以检验和澄清。

关于修订版

这次修订《人性场所》，我们增添了一些新的案例研究，补充了两种新空间类型——第一章

中增加了街道型广场，第二章中增加了线型公园。对用到的研究和人口数据进行了更新，给第七章"医院户外空间"补充了大量材料，同时在全书中强调了两点——犯罪问题和人身安全，以及所有使用者的可达性［本书首版之后《美国残疾人法案》（ADA）出台］。

使用状况评价（POE）过程现在受到广泛关注，本书中所有研究其实都以此为基础，为了响应这种过程，我们增加了新的一章具体讨论 POE，并阐述其在环境设计领域中的重要性，同时为公共空间的 POE 途径给出两种可能形式的纲要。我们很高兴《人性场所——城市开放空间设计导则》初版之后得到了许多的积极反响，同时希望这次再版能对专业人员和教师学生有更大的帮助。

主要编者的话

卡罗琳·弗朗西斯

我对人与环境的兴趣可以追溯到我记事之时，在加州昏内梅（Hueneme）港我的老姨婆埃菲（Effie）和露西（Lucy）的家中，那里有起坡的厨房地板、大玻璃罐装的糖果，还有一座装满了小玩意儿的谷仓。我的妈妈，还有我的外婆就像小孩子似的在那里玩耍。后来，花园和房子经历了不少变迁，海水也慢慢地侵吞着房后的土地。三岁那年，后院已经大部分成为沙地，再后来到我的孩子出生之前，房子已经消失了。

后来我在不少地方住过，一些已经淡忘了。我父亲做基建工作，因此我家常常搬家，我在不同地方长大：美国、澳大利亚、巴基斯坦等。在人们所说的人生定型期，受到形形色色、丰富多彩的人和环境的熏陶，我对人类体验中场所的价值和意义的感受非常敏锐。

在芝加哥大学上学时，通过一个"人类行为与习俗"的社会心理学课程，我开始研究人，并发现这一题目非常有趣但研究并不完全。有一天在书店排队等待时，我注意到康斯坦斯·佩林（Constance Perin）的一本书《关注人（With Man in Mind）》（1970 年），拿起随手翻翻，发现书中所述人与环境的结合非常令人深思。这本书连同其他五六本书本是一门地理课的参考书目，我觉得很有必要买下来。与此同时，我也觉得很有必要亲自去选这门课。我从地理学转到了环境设计，后来的 20 年时光我都用到了阅读、写作、观察、分析、研讨以及论证人类与环境相互作用的主题。

在这过程中，有一些插曲，最大的收获可能要算是我两个孩子的出世了。从他们身上我了解到人类社会的迫切需要，尤其是空间的利用，从居住区内汽车的危险性到缺乏户外游戏场地的地下室中的托儿所，从只有又晒又丑又乏味的游戏设施的公园到柏油铺地的校园。孩子们常常费尽心机地去找荒地、背巷甚至水沟，因为在那里他们接触到环境，也许会发现一只小虫，从而与这块场地建立起牢固的联系纽带。可是，我却希望经过设计的场所——如果能够理解孩子们真正在做什么，真正喜欢什么——能够提升这些偶然发现的场地质量。

场所能够也应该满足我们的日常需要：需要向外眺望时，就应该有一扇窗户；双手被占用时，就应有一个台子来放行李。空间还能也应当让我们表达自我：根据自己的喜好安排窗边的花台，门廊可做成开敞式，也可做成易于闭合及装修的样式，完全取决于主人的品位。此外，在与自然力和地球其他物种保持平衡的同时，场所还能且必须表达和加强人类的每一个体空间和集体空间的价值。

场所使人类根植于地球，根植于我们自己的历史和记忆，根植于我们的家庭和社区。借助于敏锐的感知器官和灵活的运动，人类被造就成具有深入感受和体验空间的特质，同时对于违背我们需要和期望的环境很是挑剔。

克莱尔·库珀·马库斯

我对户外环境的强烈兴趣始于第二次世界大战时期的童年，那时我从伦敦被疏散到相对宁静的英国乡村。在那里的树林中、农田里以及被精雕细饰的罗斯柴尔德（Rothschild）庄园里，我度过了我的人生定型期：探险、造树房子、种蔬菜以及养鸡养兔。由于很少有机动交通的危险（当时实行汽油限额），我得以在广阔的地域内活动。那时要求灯火管制，所有的指示方向和位置的标志必须消除（一旦入侵发生，可用来愚弄敌人），我也因此训练出了敏锐的视觉观察和方向感。我逐渐被视景的微妙所迷住，说来有些奇怪，我进入伦敦大学进行本科学习时的专业却是文化地理和历史地理。

在英国本科及后来在内布拉斯加大学地理学研究生阶段的野外实践强化了我的观察力。在伦敦作为城市规划师工作了几年之后，我回到了美国完成了第二个硕士学位（加州大学伯克利分校城市和区域规划专业），重点研究设计过的环境。

我对城市开放空间的兴趣源自四个方面：研究生阶段的城市规划学习，教授景观设计学，我的两个孩子在城市环境中长大，还有我个人对公共环境的喜好。

在20世纪60年代我在伯克利作为研究生学习城市规划的时候，开始对资助型住房（subsidized housing）及使用者的需求是如何与设计师的目标相符或相悖发生了兴趣。当我开始对具体住房计划进行案例研究，以及阅读20世纪70年代早期北美、英国出现的此类研究报告时，我注意到场地规划和建筑物之间的户外空间的细部设计常常正是项目成功与否的关键。1969年，我开始在伯克利景观设计学系执教，出于需要，教授的课程集中于景观设计师从业过程中经常面临的各类户外空间上——邻里公园、城市中心区广场，等等。

兴趣来源的第三方面是我要在城市环境中抚养两个孩子。当他们需要全天看护以及放学后的照料时，我就带他们去游戏场和公园，自然而然地，我对那些户外空间的类型产生了兴趣。观察着我的孩子和其他人，我开始推敲以前的一些思考：为什么有些公园看来效果不错，有些则不行；为什么孩子们对某些游戏场如此迷恋，对另外一些却很快失去了兴趣。

现在，我的孩子们已经过了迷恋游戏场的阶段，我自己也开始侧重于公共空间中的人群，比如公园里的艺术展、城市中心区广场的集会，以及校园里的非正式音乐会。我喜欢置身于人群之中享受这种经历带来的兴高采烈。无论是在日常生活里，在设计咨询或调查研究时，到其他学校作讲座时，还是在国外旅行时，我都会留心观察公众场合下的人们。我最喜欢的写作地点也是公共或半公共场合，事实上，本书中我所写的大部分内容都是在伯克利咖啡厅（Berkeley cafes）里写成的。我喜欢在咖啡桌边写作时的思绪拂动，然后仰着脸浮想联翩，要么就满怀兴致地研究身边的其他顾客。虽然独自一人静静地侍弄花园是我最钟爱的休闲活动，但在咖啡馆里坐在别人身边则肯定是我的第二爱好；在这种环境中写作，户外空间的使用更像是一种休闲。

致谢

我们想借此机会向那些在《人性场所》出版各阶段中做出贡献的人士表达我们的谢意。首先应感谢的是参加了LA140课程"开放空间设计中的社会和心理因素"的所有伯克利学生，他们的工作是所有成果的源头。早期专集（《人性场所》1976年）的撰写人是现有关于公园和广场资料的第一批收集整理人员，他们是：汤姆·法雷尔、莫林·麦克文、罗尔夫·戴蒙特、马尔塔·赫克、乔尔·萨默希尔、莱斯利·特纳、希拉·布雷迪、加里·梅森、琳达·约翰逊和辛迪·赖斯。

随着书中更多类型户外空间章节的增加，以及新资料不断加入原稿，环境设计学院的众多学生协助进行了资料查询、编辑和若干短章节的写作工作。我们特别致谢卡西·希格登（Cathy Higdon）、阿米塔·辛哈、弗吉尼亚·沃勒特（Virginia Warheit）、金伯利·摩西（Kimberly Moses）、埃利奥特·英斯利（Elliot Insley）、特里萨·克拉克（Teresa Clarke）、海特士·梅塔（Hitesh Mehta）、劳拉·霍尔（Laura Hall）和丹·德保罗（Dan dePolo）。尤其值得提出的是本书若干章节中用到了一些学生的硕士论文：包括有关儿童保育型户外空间的章节（莫林·西蒙斯，阿米塔·辛哈），以及老年人住宅户外空间一章［玛丽安·沃尔夫（Marian Wolfe）］。罗伯特·佩因和黛安娜·卡斯坦斯两位硕士的论文经过调整后在本书中作为完整的章节出现。对以上诸位，我们在此表示深深的谢意。

我们同时发现出版社的一些评论人——大卫·蔡平（David Chapin）、苏·韦德曼（Sue Weidemann）、罗宾·穆尔（Robin Moore）和罗杰·特兰西克（Roger Trancik）的评价颇有助益和启迪性，因此对原稿做了相应的调整。我们特别感谢景观设计师基拉·菲尔兹（Keila Fields）对第六章所做的评论，她深入幼托中心的经历使得她的评论富有见地，同时提供了大量的解说图片。还有沙伦·斯泰恩（Sharon Stine），太平洋奥克斯大学儿童学校（Pacific Oaks College Children's School）的原主任（现为一名环境设计师），她就儿童成长给出了评论，同时无私提供了太平洋奥克斯大学儿童学校的案例研究和图片资料。

在这次版本修订中，我们非常感谢许多人士耗费时间来审阅现有章节并积极反馈提出我们疏忽的新想法和新内容：伊娃·利伯曼（Eva Liebermann）、特里蒂伯·巴纳基（Tridib Banerjee）和阿纳斯塔西娅·露卡图－赛德莱斯（Anastasia Loukaitou-Sideris）给我们增添了广场方面的宝贵内容；朱迪·切斯（Judy Chess）、迈克尔·豪厄尔（Michael Howell）、哈维·赫尔方（Harvey Helfand）和娜娜·柯克（Nana Kirk）对校园户外空间提供了指导；马莎·泰森（Martha Tyson）为老年人住宅户外空间一章提供了一个重要的新案例研究：阿尔泽默（Alzheimer）的患者庭院；马尼·巴内斯（Marni Barnes）对医院花园的使用和设计补充了重要的信息。

在任何一本与设计相关的书中，插图与文字同等重要。因此，我们感谢那些为本书提供插图的人们。章节作者黛安娜·卡斯坦斯和罗伯特·佩因同时提供了文字和图片；其他照片由罗伯特·拉塞尔（Robert Russell）、珍妮·韦伯（Jenni Webber）、安东尼·普恩（Anthony Poon）、纳奈恩·希利亚德·格林（Nanine Hilliard Greene）、阿米塔·辛哈、沙伦·斯泰恩、基拉·菲尔兹和马莎·泰森拍摄。我们还要感谢欣然同意我们出版他们作品的五位职业摄影师：费利斯·弗兰克尔（Felice Frankel）、罗伯特·劳特曼（Robert Lautman）、简·利兹（Jane Lidz）、迈克尔·麦金利（Michael McKinley）和杰拉尔德·拉透（Gerald Ratto）。我们还致谢罗马设计集团（Roma Design Group）允许我们引用他们的照片，致谢穆尔（Moore）、拉科发诺（Lacofano）和戈尔茨曼（Goltsman）允许我们引用他们的插图。剩余部分的图片是由编者们，其中大部分由库珀·马库斯拍摄的，我们还要感谢绘图员，他们绘制了所有的场地规划图和素描图，唐苏新和云·弗洛拉·耶，他们的贡献是从在伯克利景观设计学系作学生时到参加工作一直参与，尽管弗洛拉的设计事务繁忙，但仍超额完成了修订版绘制场地平面图的任务。

加州伯克利分校景观设计学系的简·多布森（Jane Dobson）和帕特里夏·麦卡利（Patricia McCulley），城市与区域开发研究院的阿利德·琼·马丁内斯（Arleda Jean Martinez），建筑系的贝蒂·金（Betty King），以及城市与区域规划学系的凯·博克（Kaye Bock），他们不可或缺且备受好评的文字处理能力是给予任何赞扬都不过分的。我们那些常常分辨不清甚至可能难以理解的潦草文字换回的始终是整洁的文稿。没有他们的帮助，原稿恐怕还是毫无前途的一团糟。

考虑到以往工作中难以得到的资金支持，这里有必要再说几句。我们曾试图从几家大基金会争取资金来支持手稿的出版，但却令人感到失望，因此我们特别感谢加州伯克利分校的研究委员会和景观设计学系所给予的比阿特丽克斯·法兰德基金。

我们还想向温迪·萨基西恩（Wendy Sarkissian）的贡献表示谢意，她与库珀·马库斯合著的《尊重人的住宅（Housing As If People Mattered）》（1986）一书中澄清了许多有关设计导则制定的问题和注意事项。有了一个清晰的如何组织内容的思路，我们得以充满自信地前进。

最后还有一些人，对于他们的鼓励、幽默和帮助，我们负欠太多。卡罗琳向一直为她提供支持和鼓舞的孩子迈克和凯特、母亲唐纳（Donna）表达衷心的谢意；同时也感谢未婚夫吉尔伯特（Gilbert）的真爱带给她的滋润和快乐。克莱尔把她真诚的谢意和感激献给她的孩子们贾森和露西，感谢他们能理解自己忙于事业、无暇顾家的母亲，也感谢一家人共享户外空间的幸福时光，正是那些空间组成了本书的主题。

马尼·巴内斯
加州帕洛阿尔托（Palo Alto），景观设计师

黛安·Y.卡斯坦斯（Diane Y. Carstens）
加州圣莫尼卡（Santa Monica），老年人服务公司规划设计部副主任

卡罗琳·弗朗西斯
加州伯克利，人性场所使用者的需求顾问

纳奈恩·希利亚德·格林
加州伯克利，作家

埃利奥特·英斯利
加州伯克利，景观设计师

克莱尔·库珀·马库斯
加州大学伯克利分校，建筑和景观设计学系名誉退休教授

罗伯特·佩因
加州 EI 索布兰特（EI Sobrante），RPA 设计事务所（RPA Designs），景观设计师

罗伯特·拉塞尔
加州昆西，景观设计师

克莱尔·米勒·沃茨基（Clare Miller Watsky）
加州旧金山，景观设计师

特鲁迪·威斯克曼
加州大学戴维斯分校，应用行为科学研究员

目　录

引 言

公共空间和设计导则

中世纪的城镇广场，或方场（piazza）通常是一个城市的核心，它是城市的户外生活和聚会场所；是集市、庆典及执行死刑的场地；还是市民了解新闻、购买食物、打水、谈论时政或观察世态万象的场所。的确，如果没有了广场，人们怀疑中世纪的城市能否依然发挥功能。在某些国家里，公共开放空间至今仍是展示政治变革运动中众多拥护者力量的重要场合（见图 C-1）。值得说明的是，在东欧、在波罗的海沿岸各共和国以及在 20 世纪 80 年代末期到 90 年代的中国，几乎每一次影响深远的呼吁政治变革的示威都发生在首都的大街和主要广场上。

在北美，一些观察家声称，当代生活的私有化已经使中心公共空间的功能过时了（奇迪斯特（Chidister，1988 年）；保留的只是分散的、孤立的、只为一部分人（办公职员）使用的城市广场，而且只是在工作日的午餐时间被使用。奇迪斯特争辩这类空间的使用不再有以往公共生活的乐趣，广场的使用不过是大多数使用者已完满编排的私人生活中的一段插曲（具有讽刺意义的是那些无家可归者，他们常常生活在这种地方）。然而，其他人则坚信：公共空间之中热情洋溢的场景——诸如波士顿的法努尔大厦集市（Faneuil Hall Marketplace）以及巴尔的摩港区——是城市公共生活活力及乐趣的体现［参见克劳赫斯特 - 伦那德（Crowhurst-Lennard）和伦那德，1987 年］。

在相关研究和理论中，以往城市形态的重要性已经得到了确认，但却很少关注以往城市的功能，或形态与功能之间的相互作用关系。确实，今天大多数居民不再去露天市场购买食物，不再去公共水井打水，不再去中心广场听别人发布消息；他们的社交活动都在自己家中进行，一切东西——水、电、新闻、邮件、广告，甚至基于电脑的工作——都可直通家中。正因为如此，我们

才相信许多人渴望公共生活，即使只是午餐时的短暂时光。商务区的广场当然不再像中世纪广场那样曾经是城市生活的轴心，但它是否对当代生活来说就不再重要了呢？正如洛杉矶市市政委员会委员迈克尔·费弗（Michael Fever）所说，"在一个像洛杉矶那样的分散型城市里，人们常常过着平淡无奇的生活，孤独、依赖于汽车……我们渴望步行的生活。人们正在寻求摆脱汽车的方式，生活在一个人性化的城市中心"［摩根（Morgan），1996 年，P. 59］。

正如多数曾经是在家中的活动（工作、教育、婚礼、出生及葬礼）已经转移到专门场所，中心广场的许多公共活动（购物、表演、运动、会议）同样也开始向其他专门场所（购物中心、剧场、体育馆、饭店和会议中心、邻里公园及运动场）转移。公共生活并没有消失，而是发生了重组。尽管有人或许会抱怨公共和半公共空间变成了不同年龄群体的专有区域（学校运动场、少年活动中心、大学校园、网球俱乐部、老人之家），或者不同种族和文化群体的专有场合（拉美人的活动场、雅皮士购物中心、同性恋者常光顾的公园），但这种功能——使用者的专门化（有人称其为破碎化）确实是北美当代城市生活的一个现实。中世纪的城镇广场和意大利方场在功能上难以为今天提供可供效仿的范例，虽然它们提供了不少形式上的重要经验，比如高度 - 宽度比、围合感以及陈设装饰如何提升使用用途。但旧金山不是锡耶纳，因此，试图通过恢复历史形式，在分散的现代城市聚合体中创造出高度密集的中世纪城市的丰富多彩的公共生活，这种做法无疑是愚蠢的。

北美现在风行一种对公共生活的怀旧情绪，许多作家声称公共生活的削弱是近年来的一种现象［西特（Sitte），1889 年；阿伦特（Arendt），1958 年；森尼特（Sennett），1978 年；贝拉（Bellah），马德

森（Madsen），沙利文（Sullivan）等，1985年]。迈克尔·布里尔（Michael Brill）（1989年）则声称这种"削弱"并不意味着公共生活的丧失，而是一种向不同形式和环境的转变，这种转变在过去300年里一直发生在欧洲和北美大陆上。一些设计师和规划师认为公共生活只发生在街道、广场和公园中，把欧洲模式[特别是威尼斯的圣马可广场和西奈（Sienna）的del Campo广场]作为应当效法的范例，布里尔则向这些他称之为"欧洲城市主义者"的设计师和规划师们提出了挑战。

"美国今日的公共生活远比欧洲城市主义者所看到或愿意承认的丰富多彩。不过，这种公共生活并不像欧洲城市主义者所希望的那样，具有很高的密度和多样化的社会交往，也不像我们所想象的那样浪漫，因为欧洲的公共生活并没有完全移植过来，而是具有独特的北美形式。我们的城市没有适当的高密度来形成这种公共生活，没有相应的物质形式来包容这种公共生活，也没有所需的社会经济结构来支撑这种公共生活。"（布里尔，1989年，P. 14–15）

这段话的后面一句尤其重要。在美国，有许多利用率很低的公共空间是在模仿欧洲，毫不考虑这些例子在欧洲的成功很大程度上是基于其周围的环境、利于活动产生的土地利用方式和颇

为重要的历史象征主义。例如，模仿西奈的del Campo广场的波士顿市府广场（City Hall Plaza），是该市利用率最低的公共空间之一，显然它的设计只是为了满足建筑的需要而非人们追求舒适的需要。"虽然广场的空旷亟待人和活动去填充，但除了安排几场夏季音乐会带来些许生气之外，市政当局很少有其他举措……对波士顿人来说，这个广场不过是去其他地方途中需要费力穿过的一处空地而已"[卡尔·弗朗西斯，里夫林（Rivlin）和斯通（Stone），1992年，P. 91]。

美国的公共生活在形势和场所方面充满活力且很美好，只不过大多数欧洲城市主义者们没有认识到这一点：比如跳蚤市场、社区花园、农贸集市；比如街坊组织、行会以及PTAs；比如购物中心、户外艺术表演、狂欢节、街头市场；再比如广播热线节目以及因特网（布里尔，1989年）。多数这类公共生活发生在小镇、邻里和郊区，却不像欧洲传统城市主义那样：高密度的公共生活主要发生在街道、广场及公园中。"现实情况是我们已经抛弃了高密度的居住方式，而这种方式则是支持欧洲城市主义的公共生活的基础。把美国的居住密度与那些尊崇公共生活的国家一比较就会发现，法国每平方英里的人口数比美国多4倍，比意大利多8倍，比英国多10倍，比荷兰则多

图0-1　当代北美人喜欢在公共场所中吃东西、混在人群之中闲逛等活动。图中所示为一处露天手工艺品市场中的食品角。加州伯克利市橡树公园

15 倍"（布里尔，1989 年，P. 17）。

　　在我们的城市中，商业客户正在代替公共或政府机构来资助"节日集市（festival marketplace）"的成功举办。从旧金山的吉拉尔德里（Ghirardelli）广场开始，遍布北美各城市（近年来在欧洲），一种新型的半公共空间正在涌现，随之而来是大量的时装店、咖啡馆和专卖店。有些城市观察者反对这种潮流，他们称这些地方只受有钱消费者的青睐；实际上，还有许多人并没有花（很多）钱，他们来此只是为了看看橱窗，或是坐下来看看热闹。毫无疑问，这种空间激活了整个城市地区，如巴尔的摩港区、曼哈顿的南街海港（South Street Seaport）、波士顿的法努尔走廊，还有伦敦的考文特（Covent）花园。对于城市青少年来说，这些热闹的市场的吸引力并不比购物中心差。也许它们正是传统的街道市场的现代版。在法定意义上，这些市场算不上是公共空间，但它们确实被大多数公众接受和喜爱。

　　城市中这些步行环境的重要性远胜于其美学的吸引力，甚至胜过其为人们提供的室外活动的机会。心理治疗医生乔安娜·波平克（Joanna Poppink）认为在户外咖啡馆或购物街上度过的时光不仅仅是一种愉快的消遣，还是健康的城市生活的必需要素。她还认为城市居民所经受的恐惧感和不信任感很大程度上与缺乏能使不同人群交流的公共空间有直接的关系。"只要不离开房间，人们就会被电视所创造的虚幻感和人们自己的恐惧感所占据。"反过来，当你"走出去置身于真实的世界中，你会看到真实的人类自身：不同的年龄、不同的种族、不同的人际关系，你都可以切身观察到"（摩根，1996 年，P. 59）。这些经历会有助于塑造一种集体感和宽容感，它们反过来又会支持这个不断多样化和文化多元化的世界中城市生活的繁荣。

　　在城市中心的商务区，私人开发商（通常是公司）同样正在代替公共机构来提供广场。这种转变很大程度上受建筑高度奖励（height-bonus）政策的驱动，为我们的城市提供了户外空间，尤其在那些雇员需要坐歇的地方。虽然有些广场在周末被其拥有者上锁，禁止人们使用（如旧金山的泛美红杉公园），有些广场的设计不鼓励人们的使用［如旧金山的希蒂科尔普广场（CitiCorp

Plaza）］，但大部分这类广场还是得到了积极的利用和认可。由于缺乏必要的便利设施，第一批的这类空间限制了人们的使用，现在包括纽约、旧金山、洛杉矶、西雅图、克利夫兰和芝加哥在内的各大城市都制定了严格的设计导则，以此来保证人们在午餐时间的户外能有地方坐歇、购买食物和放松休息。

　　近来的一个变化趋势是广场室内化。领导这一潮流的是波特曼的海厄特旅店（Portman's Hyatt Hotels）和福特基金会大楼的设计，他们把大厅及休息处设计得如同户外空间。现在一些城市的开发商依据高度奖励协议，开始将公共空间布置在建筑物底层门厅内。

　　私有的内庭共享空间现在几乎成为新建公司办公楼的标准特征，尤其是在纽约市。对这类空间的主要批评是它们不是真正公共性的，因此难以接近或利用……在多伦多和加拿大的

图0-2　20世纪50年代到60年代的城市中心区广场设计没有为人提供休息场所，也很少关心人的舒适感受（摄影：罗伯特·拉索尔）

其他城市，内庭共享空间公共性的缺乏已经成为一个主要的政策议题，不同利益团体正在通过立法来使设置这类空间的目标更可接近（弗朗西斯，1988年，P.57）。

显然，问题在于：什么是公共性以及哪些人被从私人拥有的公共场所隔离？公众能够进入的地方很重要，然而我们还不能过早地断言这种潮流一无是处。例如，对于某些人，如中心区的老年居民而言，温度宜人、舒适安全的交往环境使得半公共性内庭较之户外空间更具吸引力。可是，当这种空间被单一群体——如低消费的老年人主要占据，而管理部门决定赶走他们的时候，问题就产生了。这种情况曾发生在明尼阿波利斯市的克理斯特庭院（Crystal Court），几年来老年人一直把这里当作休憩的场所，后来新的管理部门移走了所有的座位，老人们被迫离开。此后公司内部并未做出什么弥补措施，老人们的抗议也未得到重视。

可是另一方面，公共产权在本质上同样难以杜绝类似的政策。仅凭某处城市空间在法律上是公有的，并不意味着这类尴尬就不会发生。萨默（Sommer）和贝克尔（Becker）（1969年）曾经写到过萨克拉曼多公园（Sacramento park）的重新设计，设计有意使空间不适于老年人和常常占用此地的酒鬼；这一决定是城市公园管理局在常常驾车经过此地的中产阶级通勤者给予的压力下做出的。不幸的是，这种趋势仍在继续，到20世纪80年代末，对那些有问题的公共场所重新设计的目的是试图让无家可归者离开，比如在洛杉矶的潘兴（Pershing）广场、旧金山的市政中心公园（Civic Center Park）。

与过去一样，公园仍然被那些无家可归者或生活困窘的单身汉当作无偿的居住地。这种功能是否被允许存在取决于公园的位置。拜尔兹（Byerts）调查了洛杉矶某居住区内的麦克阿瑟（MacArthur）公园（1970年），描述了公共空间是如何成功地被许多当地老人用作全天候日居空间的。另一方面，洛杉矶潘兴广场再设计的部分动机却是如何使无家可归者和老人不在此出现。一些位置不太显要的公园现在开始为无家可归者提供多项服务，而以前这些人在公园里都是遭人白眼的。例如在伯克利的人民公园，天主教服务组织每天早上向一长列无家可归

者布施免费的咖啡和三明治（见图C-2）；同样，在奥克兰的拉斐特（LaFayette）广场，"母亲"莱特每个星期六都向任何需要的人提供一份热的午餐。城市公园及其功能自弗雷德里克·奥姆斯特德（Frederick Olmsted）时代以来显然扩展了很多。尽管某些公园仍然作为运动、休闲、嬉戏和静思的场所，但其他公园已经成为重要的集会和社交场所；对那些贫困饥饿的人来说，这里还是得到食物、睡觉和安身的地方。

图0-3　随着人口老龄化，必须更多地关注老人利用公共空间的地点和方式。图中，斯德哥尔摩一个公园中的老太太正在享受夏日的午后

虽然今天发生在城市户外空间的社会经济活动的范围较之中世纪时代也许要窄，但与20世纪50年代相比，这个范围又宽得多。与此同时，在公共部门和私有部门的双方合作下，新的开放空间形式正在不断涌现。例如，长距离的漫步道和自行车道开始在城市中出现，如在旧金山湾区规划的滨湾道和湾脊道。由各邻里通过租赁私有或公有土地建设的可在其中种植蔬菜的社区花园，这类花园有时由公司为其员工提供。受人们喜爱的漫步道和自行车道已经发展起来，通常由公共部门负责，常沿着以前的铁轨红线或在架高铁道

下部布置。学校操场已由原先的铺装地面转变为有着草坪、野餐区和树丛的学校园林，转变为有着花园、乡土植物和水景的优美环境。街道已经杜绝了过境交通，在北欧，实行"步行管区制"[乌讷夫（Woonerf）]，即步行者和汽车平等享有空间，或是改造成"步行街"，即早上9点之后禁止车辆通行及货物摆放，整条购物街变成一个户外商场。公共停车场在周末常被改成受人欢迎的跳蚤市场。从全美媒体报道可看出越来越高涨的小城镇中的节日活动、农贸集市、手工艺品展示、马拉松赛、自行车马拉松赛、艺术交易会、民族节日以及街头表演（见图C-3）。

在今天这个充斥着家庭影院、电脑游戏和自娱自乐的时代中，公共空间不仅还在发挥作用，而且一种全新的户外空间类型正在显示其重要性。这就是人们所谓的专用空间（communal space），即服务于周边特定建筑物的特定人群的空间类型。例如，穿插于老年住宅区内用于散步、小坐和娱乐的绿化区（见图C-48）；供医院探视者、患者和工作人员使用的庭院和花园（见图C-54～C-57）；幼托中心的户外游戏、学习和锻炼的区域（见图C-50～C-53）；大学校园里建筑之间用于休息、交往和学习的空间（见图C-42～C-45）。其中任何一个都不是严格意义上的公共空间，但它们都促进了公共生活的某种气氛，使得我们能与家人之外的其他人接触、见面、交谈。在这个高度流动、多样化、快节奏的年代中，相对于城镇广场的陌生感，许多人更喜欢身边的邻里公园、校园庭院或办公区广场中社会生活的相对可预期性。

因此，在本书中，我们介绍了一系列户外社会空间：包括那些公共所有的且可被公众接近的（邻里公园、小型公园、某些广场空间），也包括那些私人所有及私人管理但可被公众接近的（公司广场、大学校园），还包括私人所有且只服务于特定人群的（老年住宅区的住户和工作人员；幼托中心的儿童和工作人员；医院的患者、工作人员和探视者）。很显然在这三大类中还有许多空间类型应当但尚未包括在内，比如社区花园、运动场、街道、中学、住宅区以及办公区公园（office parks）。之所以忽略它们，要么是因为缺乏有关人们使用这些空间的研究资料——比如办公区公园和中学校园，要么是因为以前的设计导则类的书刊已经作了充分的研究——比如住宅区（库珀·马库斯和萨基西恩，1986年）、运动场[《为所有人提供活动（Play for All）》，1992年]、社区花园（弗朗西斯，凯斯登和派克森，1981年）、绿色廊道[利特尔（Little），1990年]，还有街道[阿普尔亚德（Appleyard），1981年；盖尔（Gehl），1987年；乌尔内兹－莫登（Vernez-Moudon），1987年；雅各布斯（Jacobs），1993年]。对于本书中涉及的那些开放空间类型，我们做出如下定义：

邻里公园：主要由草地、林地和种植区等软质景观组成，通常位于居住区内，其细部和设施服务用于不同类型的活动：主动活动（运动、游戏、散步）和被动活动（闲坐、晒太阳、休息）。具体用途依邻里的密度和区位而定。

小型公园：小型、1～3个宅基大小的公园（有时也称作袖珍公园），主要服务于当地的步行者。通常被少年儿童使用。

城市广场：主要是位于城市中心区内的硬质户外空间，一般作为新建高层建筑的附属部分进行开发。这类广场常由私人所有和管理，但公众可以接近。

图0-4 据预测，到20世纪最后10年，3/4的学龄前儿童的母亲将会参加工作。富于创意的户外活动空间将是幼托中心设计中的重要部分

校园户外空间：校园内服务于步行穿越、学习、休息和交往等功能的各类软质和硬质景观。

老人住宅区户外空间：用于步行、歇坐、赏景、栽花弄草等活动的户外绿化空间，依附于并专门服务于某一老人住宅计划。

儿童保育开放空间：幼托中心的户外活动区，通常包括软质铺面和硬质铺面，以及一些固定的和活动的游戏设备。主要服务对象是学龄前儿童（3～5岁），但有时也提供服务于婴儿、幼儿和学龄儿童的活动空间。

医院户外空间：属于医院一部分的庭院、花园、露台及小公园。这类空间经常供患者、探视者、工作人员使用，个别情况下可供一般人使用。它们具有重要的社会和治疗作用，也是一种视觉享受。可以是硬质的、软质的，还可能是混合型的，取决于位置和预计用途。这类空间还可能包括儿科患者的游戏区域。

图0-5　在瑞典哥德堡市的一个邻里中，新住宅正在建造，老住宅正在修缮，一个临时性的游戏乐园为孩子及其家长们提供了所需的设施。所有的游戏器械都是可活动的，最后都要布置到永久性的场地中去

近来公共空间的重点

美国残疾人法（ADA）与通用设计（universal design）

自本书第一版问世以来，1990年通过的《美国残疾人法（ADA）》是公共空间建设中最重要的变化。为了使1964年《民权法（the Civil Rights Act）》的广泛保障权扩展到残疾人，ADA禁止在就业、公共交通、通讯和公共住房方面的歧视待遇；该法拓展了现有的《建筑障碍法（the Architectural Barriers Act）》《联邦统一可达性标准（Uniform Federal Accessibility Standards）》，来保护残疾人在各种公共设施和计划而不只是在联邦政府建设的项目中的方便——包括电影院、零售商店、餐馆、诊所及律师事务所、医院。

这部意义深远的法律其潜在目的在于使公共生活各方面能涵盖更多的人群，它已经开始深刻地改变了人们的设计方式，以满足残疾人的需求，不再仅是设计几处坡道；基于"所有人的利用度"的概念，入口、标识、场地设施等现在开始得到整体的考虑。这种改变意义重大：ADA出台之前，多数为残疾人的设计反映的是一种"孤立但平等"的思想，这如同数十年前倡导的解决种族隔离问题一样让人难以接受。"通用设计"的概念就是针对这种割裂而发展起来的，拥护者强调：精心考虑过的设计不仅应满足残疾人的特殊需求，同时能为所有其他人使用。例如，一个杠杆式的门把手既避免了握住和旋转的动作要求，对于所有用户来说，也要比旋钮式把手方便得多。同样，多年前设计领域中就提出：像道牙坡（curb cuts）这类设施不光符合轮椅的需要，对那些推婴儿车、购物车、拉行李箱的人也是极为方便。现在看来，以往那种适应特定需要或某类需要的调节措施最终将让位于为更广泛的、未知的使用者提供便利。

ADA的目的在于为社会所有成员享有公共生活创造平等的使用权和机会。目前许多领域已经确立了具体导则来控制各项要素和设施的设计，在以后几年间，这一标准将会进一步明确和细化。与此同时，设计师必须遵守目前的各项要求，正如必须遵守建筑和安全法令及区划限制。本书不打算详细说明这些规定，因为任何专业工作者都会得到相关的出版物。但我们的确想表达对ADA美好愿望的衷心支持，希望能激励设计师们竭尽其创造力，以最妥善、最令人愉悦的方式来处理这个问题。

我们的设计建议参考了若干已有的简洁明了

陈述的 ADA 规定（例如关于栏杆扶手的规定），对于受多条 ADA 规定制约的空间，我们建议读者除了法规本身外，还应参考某些设计指导书，例如，MIG 通讯出版社（MIG Communications）出版的指南书 [《可达性评价表：建筑及户外环境的评价体系，调查表格，暨用户指南（The Accessibility Checklist: An Evaluation System for Buildings and Outdoor Settings, Survey Forms and accompanying User's Guide）》，戈尔茨曼，吉尔伯特和沃尔福德（Wohlford），1993 年 a&b]。

犯罪和安全

对于犯罪伤害性和加强人身安全问题的关注一直以来都是公共空间设计、管理和使用中的一个重要因素（其实也是历史上城市发展中的主要因素之一），最近几年来，此问题越发受到重视。政治家们已经敏锐地指出：民意测验表明对犯罪问题的恐惧和对人身安全的关注在美国、乃至全球多数地区持续名列前茅。无论是在富人的郊区寓所，还是在饱受犯罪滋扰的内城街区，封闭式住宅社区大量出现；作为一种准开放空间，郊区购物商场无时无刻不备有保安；新建的停车场高墙耸立、灯火通明，如此诸般情景使我们看到在市场驱动下，环境是如何体现公众对犯罪的恐惧感的。

有些统计数字显示出某类犯罪已有所减少，但暴力犯罪较之 10～15 年前无疑是更加普遍了。更为重要的是，对于犯罪率的公众态度和对人身安全的恐惧感已经使许多人改变了他们使用身边公共空间的方式。韦克利和怀茨曼在《安全的城市：规划、设计和管理的导则（Safe Cities: Guidelines for Planning, Design and Management）》（1995 年，P.3）一书中描写道："对犯罪的恐惧感迫使人们离开街道，尤其是在天黑之后，也离开了公园、广场和公共交通。犯罪已经构成了人们对城市公共生活参与的严重阻碍。"

因为惧怕性暴力，妇女受到的影响更大。对美国 26 个特大城市进行的一项研究报道说：两倍于男子的女子对夜间身边的街坊感到不安，60% 的妇女表达了这种忧虑感。妇女对暴力的恐惧反应常常表现为自我防范行为，即限制或减少公共活动，有时甚至到了与世隔绝或消极放弃的程度。

对犯罪的恐惧限制了妇女对诸如就业或继续教育等资源和机会的获取。另外它还影响了城市的适住性和可持续发展：使用街道的人越来越少；城市各项服务不能被需要它们的市民享用；内城的商店可能会失去顾客；雇主则雇不到足够的雇员（韦克利和怀茨曼，1995 年，P.4）。

美国对城市犯罪采取的一般对策是一直强调严肃法纪，包括增加对警力的投资；严惩罪犯；从公共场所强制驱除无家可归者，减少公厕这类的公共性设施；以及增加私人安全保障设备，发展围墙设施及监视技术。另一种方法是针对犯罪的根源：对天生弱势、受漠视以及歧视待遇的人群，强调教育和工作培训计划，在萧条地区创造就业机会。不幸的是，这种全面的系统变革途径只能作为一种远景战略，并要求巨额的公共投资和多级政府部门的通力协作。这些远期策略必须伴有一种行之有效的即时干预手段。

可是，很难说依靠法治就足以解决当前存在的公共暴力问题。还没有明确的证据显示更多的警力或更长期的判刑会减少犯罪，或者加筑铁丝网及围墙有助于保障人们的安全。"问题在于法令反而扼杀了它试图拯救的城市。它加剧了人与人之间的隔阂和对其他人的恐惧，而这也正是对犯罪恐惧最坏的后果之一"（韦克利和怀茨曼，1995 年，P.6）。

解决犯罪和对犯罪恐惧感的问题还有第三种途径，这尤其与设计师和规划师有关。这是一种基于社区的途径，强调通过创造政府和民众之间的合作关系，来确定并实施一种地方层次上的、迅捷的安全保障措施；安全城市途径（the Safe Cities approach）侧重于社会预防和物质环境改造，把城市安全问题当作增强社区凝聚力和社会变化的催化剂。

英国和欧洲的国家安全城市行动（National Safe Cities Initiatives）发挥着信息交流中心的作用，对项目进行评价，在地方层面上分配国家资金。在美国和加拿大，虽然还没有组织起全国性的行动措施，但在许多城市已经有了可以算是安全城市行动的计划，包括：实体环境的改善，如建造新住宅和道路、加强空置建筑的安全保障；社会干预，如家庭顾问，为年轻人提供夏季工作以及社区治安的加强。这类基于社区的行动的一个成熟范例就是为低收入地区提供休闲娱乐空间，《治疗我们的城市》[公共土地托管会（Trust for Public Land），1994年]中所引用的统计数字惊人地显示出这类休闲机会与犯罪减少之间的明显联系。

人们熟知的"通过环境设计来预防犯罪（CPTED）"，作为一种对付城市犯罪问题的途径，特别强调建成环境的设计和管理。它源于同名的一本书[杰弗里（Jeffery），1971年]和纽曼的《可防卫的空间》（1972年）。这种途径主要基于领地和自然监视的概念，20世纪80年代通过肯塔基大学相关学位课程的开设及警方和私人安全顾问的应用，从而确立了地位。CPTED常被宣传成一种简单、易于操作的途径，它将防止犯罪的问题主要看作设计问题，采取的解决方法明确直接。批评者的意见主要有：这种途径经常轻视社会和管理因素；它的基本概念源自于、也更适用于中高密度的低收入居住区，而更多的其他类型的开放空间则不适用；另外，对于减少犯罪，它常常只是一种暂时改变，而非长期性的对策。

安全城市途径常常融合CPTED的一些东西，但关注点转移到身心压力调解、社区犯罪防范与环境改善相结合上来。正如韦克利和怀茨曼所写："安全城市计划的本质特征在于所有对策都是针对具体问题专门设计的。居民和市民被看作是日常生活中城市暴力问题的专家，他们被当作提供对策的最佳人选"（1995年，P. 11）。在明确问题和实施对策的过程中，通过建立起公共部门和私人部门之间，以及社会团体、警方和地方政府之间的联系，社区会得到增强，市民会得到更多权利，将来社区也会获得有效的主动权。我们非常赞同这种因地制宜的解决途径，支持它对公众参与的重视，同时相信它对其他一切设计目标的实现都将行之有效。

通过设计减少犯罪率以及避免对易受伤害而产生的不安，还面临另一个挑战：即如何平衡互相冲突的目标。典型的例子是保持视线通畅的要求常与美学目标格格不入，例如，围绕停车场的通视性较好的链式围栏与更为美观但屏蔽视线的绿篱就是一对矛盾。显然，每一场所都应同时进行社会和环境两方面的充分评价；应该向那些使用或将会使用这些设施的人进行咨询。不过，当确实担心某一选择会导致受害事件发生或造成弱势人群（老人、妇女等）不敢使用时，我们希望读者能以安全为重。如果没有人敢使用，那么一个设计美观的环境还有什么用处？

本书中的一些导则直接讨论安全主题，我们试图确保其他因素不与基本的安全考虑相冲突。但在最终分析中，设计师必须确保在追求理想设计概念时，不会出现有损安全性的选择。

总体考虑（Overall Concerns）

本书在着重介绍具体类型的开放空间并给出设计建议的同时，我们向读者推荐一本同事所著的、覆盖同一题目但角度不同的书：《公共空间》，由斯蒂芬·卡尔（Stephen Carr）、马克·弗朗西斯（Mark Francis）、利恩·G. 里夫林（Leanne G. Rivlin）和安德鲁·M. 斯通（Andrew M. Stone）合著，该书着眼点在于：对公共空间和公共生活的全面综述；从历史的角度考虑"公共空间演化"以及对公共空间中的需求、权利和意义的精深探讨。该书的一个基本前提是：公共空间应该敏感（responsive）——即它的设计和管理应服务于使用者的需求；民主（democratic）——所有人群都可使用，保证行动自由；富于意义（meaningful）——允许人们在场所与人们的切身生活和更广阔的世界之间建立起深厚的联系纽带（卡尔等，1992年，P. 19-20）。我们非常赞成以上优秀公共空间的这些特征，同时也支持作者的如下观点："如果设计不立足于对社会的理解，它们就可能退而求助于几何学的相对确定性，青睐于对意义和用途的奇思臆想。设计师和委托人就可能轻易地把好的设计同他们追求强烈视觉效果的欲望混淆起来。公共空间设计对公共利益的理解和服务负有特殊的责任，而美学只是其中的一部分"（卡尔等，1992年，P. 18）。

《人性场所》假设：第一，公共生活在当代工业化的城市中继续繁荣兴旺；第二，评估公共开放空间成功性的重要标准之一就是它的用途；第三，一个空间的利用度和受喜爱程度很大程度上取决于它的区位和设计的细部；第四，我们必须传播目前已经了解的有关设计、区位和用途之间联系性的知识。本书就是这样一种尝试，试图传播前文谈及的有关七类城市开放空间的知识。它丰富了设计导则方面的文献，尝试对环境和行为研究领域中激增的知识进行系统编纂，并以一种能被开放空间的委托人、使用者、设计师和管理者理解和运用的形式表达出来。我们把这些建议看作内涵丰富的提议，看作是对场所能否发挥效用的启示，看作哪些场所受使用者欢迎、哪些不受欢迎的指示。导则的表述是与操作过程相联系的，而非开处方式的，例如：我们并没有硬性规定具体某件游戏设备，而是提示读者什么是孩子们最喜欢做的、哪些活动对他们的健康成长很重要。问题不在于设计师缺乏创意，而在于设计师们因没有时间去查找合适的以人为本的相关研究材料而频频受到局限；而本书的作者们花时费力心甘情愿去做的正是这件事情。

我们希望本书不仅对新开放空间的设计有用，也同样有助于那些因户外空间使用潮流的变化或周边街区人口组成发生改变而不再适用的公园、广场等的改造。确实，面对有限的预算和许多城市攀升的地价成本，对于景观设计师和城市设计师而言，城市空间的改造可能很快就变得与平地进行全新设计同等重要。

我们阅读过的多数设计文献，如果提及使用者，都假设他们是健全的、相对年轻的男性。本书的假设却是：公共空间应该被所有人使用，没有人因为身体、性别或文化种族背景应被设计排除在外。

可是，关于户外空间使用中的文化或种族差别的研究资料十分稀少。对美国读者而言，尤其是那些学者，我们希望这本书能促进产生更多的使用状况评价的研究，特别是有关种族、文化和性别差异方面。在这个重要的领域里，哪怕是认真调研过的学期论文或学位论文都会做出独创性的有用贡献。

对于国际读者，我们已经意识到本书着眼于北美，因而欠缺一种交叉文化的研究视角。这应归咎于相关文献的匮乏。我们希望这里记载的建议、案例研究和研究方法会启发其他人去开展自己的研究，从而产生符合世界其他地方文化和社会条件的研究成果。

读者们将会清楚地发现本书每章末尾的许多

案例研究的背景都在旧金山湾区。另外，由于对开放空间研究的相对不足和资金的缺乏，本书作者在许多地方引用了加州大学伯克利分校研究生们所做的案例研究。这些研究作为学期论文或毕业论文，都经过了本书作者的指导，都应用了对应于第八章中"使用状况评价"的方法。我们觉得本书这些简明的案例研究具有重要意义，它们使得读者不光懂得了归纳后的成果和建议，同时也了解了它们是如何应用到具体空间中去的。

公共空间的设计或改造已经逐渐开始要求一种参与性的过程，即最终使用者或其代表参加到设计过程中来。研究得来的建议不能代替公众参与。因此，我们把这本书看作是对参与过程的参考资料，而不是替代物。如果最终使用者已知并能够参与到设计过程中来（事实并非总能如此），本书的对应章节就可以当作讨论的基点。从一个大体的框架出发来讨论特定街区或幼托中心的工作人员同意什么、不同意什么总比没有框架要容易得多。

人们还有一个潜在的担心，就是使用状况评价导则控制下的设计可能会千篇一律。我们认为这不太可能发生。任何一个设计师对自己的作品都会有自身的解释，很少有人愿意僵化地遵循导则。另外，正如任何设计竞赛展示的那样，同样的设计要求（可能依据也可能不依据POE的建议）并没有产生完全雷同的方案。同样，旧金山中心区广场的强制性导则反而引出了一系列各具特色的设计方案。甚至像住房和城市发展部（HUD）制定的最低地产标准那样严格的条例规定，由于地方和区域文脉、气候、文化、设计师风格等因素的不同，都产生了形式多样的经济实用型住房。

最后，就追求新颖这个问题再多说几句。设计是一门钟情于创新的职业，各类精美杂志和奖励常常倾向于设计方案中的新奇古怪、非同寻常、异想天开、惊世骇俗或出人意料的方面。如果设计师负责设计一座新的博物馆或餐厅或时装店，他有充分的自由度去打破陈规塑造新形式。但是一般公众对住房和公共空间的态度要相对保守一些；儿童和老人的年龄特点、医院里的人们的生理和心理的需要是起决定性作用的，它限制了任何想创造史无前例的空间类型的念头。因此，在本书中谈及的几类环境里，没有必要总想着推倒重来。在这些空间里，通过留心效果不错的其他地方，逐步改进，远胜于全盘改变。

经过对所有使用者调查报告的研究后，我们发现：就本书涉及的七类开放空间而言，可以建立起一套评价成功人性场所的标准。我们相信，一个人性场所应该尽可能做到以下几点：

• 位置应在潜在使用者易于接近并能看到的位置。

• 明确地传达该场所可以被使用，该场所就是为了让人使用的信息。

• 空间的内部和外部都应美观，具有吸引力。

• 配置各类设施来满足最有可能和最吸引人的活动需求。

• 使未来的使用者有保障感和安全感。

• 在合适的地点，向人们提供缓解城市压力的调剂方式，有利于使用者的身体健康和情绪安宁。

• 尽量满足最有可能使用该场所的群体的需求。

• 鼓励使用人群中的不同群体的使用，并保证一个群体的活动不会干扰其他群体的活动。

• 在高峰使用时段，考虑到日照、遮阳、风力等因素使场所在使用高峰时段仍保持环境在生理上的舒适。

• 让儿童和残疾人也能使用。

• 有助于开放空间管理者奉行的各项行动计划，比如，幼托中心的教育计划、医院的治疗计划。

• 融入一些使用者可以控制或改变的要素（如托儿所的沙堆、老人住宅中的花台、城市广场中的互动式雕塑和喷泉）。

• 通过某些形式，如：让人们参与该空间的设计、建造及维护的过程；把空间用于某种特殊的活动；或在一定时间内让个人拥有空间，让

图0-6　城市中有许多年轻人希望在公共空间中寻找刺激和挑战，但常常很难找到。如图，几个青少年正在西雅图佛里威公园（Freeway Garden）中一处可接近的跌泉旁跃跃欲试

使用者——无论是个人还是团体的成员——享有依恋并照管该空间的权利。

• 维护应简单经济，控制在各空间类型的一般限度之内（如水泥广场可能易于维护，但并不适用于公园）。

• 在设计中，对于视觉艺术表达和社会环境要求应给以相同的关注。过于重视一方面而忽视了另一方面，会造就失衡的或不健康的空间。

综上所述，本书不再过多纠缠于关于公共生活在北美是否已经衰落的争论，而侧重于如何促进那些确实存在于许多人生活之中并扮演着重要角色的户外空间。我们给出这些导则，供明天的城市空间的建设者、设计师和未来使用者参考，希望能为人们带来愉悦、舒适、可亲可近、寄托心灵、富于意义、美仑美奂的人性场所。

城市广场

克莱尔·库珀·马库斯　卡罗琳·弗朗西斯

罗布·拉塞尔（Rob Russell）[①]

城市广场的地位

在《城市广场的梦想（Dreaming of Urban Plazas）》一书中，罗伯特·詹森（Robert Jensen）指出：我们对自己创造的城市空间经常感到失望是因为我们期望它们会与锡耶纳或巴塞罗纳的城市空间一样经典。

广场（plazas）或方场（piazzas）的称谓颇富涵义，而我们使用的英文词汇"场所（place）"却缺乏涵义，"场所"来自拉丁语"platea"，其含义如同西班牙语"plaza"和意大利语"piazza"一样是指开放空间或宽敞的街道……英语"场所"一词的含义太过宽泛和多样，以至于无法说明我们究竟在城市中心里需要什么，因而我们求助于意大利语和西班牙语，希望从中得出我们需要的含义（詹森，1979年，P. 52）。

但却不一定是我们所得到的。

现代广场虽然不同于昔日的广场，但在环境和功能上仍然存在一些相似之处。不知道把公司的摩天大楼比作中世纪大教堂的现代翻版、把两者看作各自时代的权力象征是否有些牵强，但两种建筑在功能上都具有吸引力，这使得与它们毗邻的公共开放空间在一天中的特定时间内都会人气旺盛。无论哪种情况，这两种人流发生器（大教堂和公司办公楼）在一定程度上都增加了空间形式和空间使用上的吸引力。不容质疑的一个区别在于：同中世纪的广场相比，现代办公区广场的用途非常有限。根据对现代广场用途的调查研究，坐、站、走动以及用餐、读书、观看和倾听等活动的组合，占到了所有利用方式的90%以上。

许多美国人喜欢在欧洲度假，这并不奇怪，这种吸引力部分来自于许多欧洲城市中心采取的是步行交通。相反，洛杉矶的步行者被某一规划报告视为"顺畅交通的最大障碍"［鲁道夫斯基（Rudofsky），1969年，P. 109］。对于一位洛杉矶市的居民来说，在法国、德国或意大利的城市街道和广场上信步闲逛时，一定觉得自己确实到了另外一个世界。

鲁道夫斯基在《人的街道（Street for People）》一书中指出：就像我们惊诧地看待从前人与火车共用街道的时代一样，"未来时代的人们同样会震惊于我们对人与汽车混行的状况熟视无睹的麻木"（1969年，P. 341）。尽管美国人没有太多像欧洲人那样的漫游、散步或频繁光顾露天咖啡馆的传统，但关于美国城市街道生活的研究表明：越来越多的人开始喜欢在市区户外空间里休闲。怀特发现从1972年到1973年之间，曼哈顿的广场和小公园里闲坐的人数增加了30%；从1973年到1974年间，人数又增长了20%。最后他得出结论说越来越多的人开始习惯于在广场上休息，每个新广场的光顾人数都在逐渐增多（1974年，P. 27）。户外餐饮也变得越来越流行："公园和广场上的野餐以及图书馆台阶上吃午餐的人增多了，每天从早到晚街头巷尾充斥着众多的热狗和馅饼摊位，纽约人没都变成胖子真是奇迹"（怀特，1974年，P. 28）。随之增加的还有公开表现感情、微笑、街头娱乐、装疯卖痴、扎堆儿侃大山（一群人在道旁闲聊）以及商人们在路边的即兴"会议"。

盖尔（1987年）报道说哥本哈根的步行街道和广场的总面积在1968年到1986年之间增长了3倍，在这些区域内停留的人数也翻了三番，但城

---

①谨向审稿的伊娃·利伯曼、特里蒂伯·巴纳基和阿纳斯塔西娅·洛开透斯-赛德莱斯致以特别的谢意！

市总人口数目却基本未变。如此看来，即使在没有街道生活传统的北欧，公共户外活动也在增加。

对美国西海岸的研究证明，在旧金山和西雅图有着同样的趋势。这种趋势增强的原因是多方面的：经济状况的原因促使越来越多的人从家里携带午餐出来；单身公民增多的人口趋势使得人们想在午餐时间寻求轻松的交谈和相处；办公环境的紧张压力也是因素之一。

市中心的开放空间并不只是由午餐时的人们使用，更多的是服务于当地居民。在旧金山，联合广场（Union Square）既是生活在内城旅馆里的老年人的户外生活空间，也是供附近商店和公司员工午间休息的场所，还是唐人街居民的周末公园。

定义

根据 J. B. 杰克逊（J. B. Jackson，1985 年）的观点，广场是将人群吸引到一起进行静态休闲活动的城市空间形式。凯文·林奇（Kevin Lynch）认为，"广场位于一些高度城市化区域的核心部位，被有意识地作为活动焦点。通常情况下，广场经过铺装，被高密度的构筑物围合，有街道环绕或与其连通。它应具有可以吸引人群和便于聚会的要素"（1981 年，P. 443）。

本书给广场的定义是：一个主要为硬质铺装的、汽车不得进入的户外公共空间。其主要功能是漫步、闲坐、用餐或观察周围世界。与人行道不同的是，它是一处具有自我领域的空间，而不是一个用于路过的空间。当然可能会有树木、花草和地被植物的存在，但占主导地位的是硬质地面；如果草地和绿化区域超过硬质地面的数量，我们将这样的空间称为公园，而不是广场。

有关广场的文献综述

卡米洛·西特（Camillo Sitte）的经典著作《城市建设的艺术（The Art of Building Cities）》（写于18 世纪末，但英文版本首次发行于 1945 年）表达了市民对城市广场使用的一些真切关注，至今这些关注点都很中肯。有意思的是，西特对中世纪巴洛克广场的这些研究是受到他所在的维也纳市所新建的街道和广场的触动而进行的，他认为这些地段在尺度上是非人性的。

在有关城市广场设计的近期著作中，我们几乎找不到有关城市广场利用的行为方面的研究，更不用说它们的心理学或象征的含义。典型的著作，譬如吉伯德（Gibberd）的《城镇设计（Town Design）》主要针对的是如何对建筑和空间进行雕塑式的布置，除了视觉或美学层面之外，几乎没有考虑到空间的日常使用情况。埃克布（Eckbo）的《城市景观设计（Urban Landscape Design）》对现有设计空间给予了评价，但其描述和批评同样

图1-1　城市广场，瑞典马尔默（Malmö）

是基于纯粹的设计，很少直接提到人们的行为和态度反应。卡伦(Cullen)的《城市景观(Townscape)》考虑了城市景观中构成要素的尺度，但几乎也是侧重于视觉设计。

显然，这些正规著作同某些更为实用的著述如《建筑师杂志：城市景观手册(Architects Journal's Handbook of Urban Landscape)》之间还存有差距。作为施工细节、现行标准、材料等此类信息的总汇，该书考虑了某些开放空间形式（如游戏场、住宅区）中使用者的行为，但很少涉及其他开放空间（如城市广场、小游园）。鲁道夫斯基的《人的街道：美国人的必读书(Streets for People: A primer for Americans)》是一部针对"欧洲街道如此丰富多彩——为什么我们无法做到？"的著作，虽然有些浅显，但仍很吸引人，不过实践性的指导少了一些。

对在城市设计圈子里曾引起震动和讨论的几本著作［罗(Rowe)和柯特(Koetter)的《大学城》、罗西(Rossi)的《城市的建筑》以及罗布和里昂·克里尔(Leon Krier)的《城市空间和理性建筑》］一评价，人们会发现它们展现的更多的仍是形式主义观点、史料参考以及哲学探讨，仍然没有谈及人们在公共场所中的真实需求和愿望、以及人们对这类空间的使用情况。罗布·克里尔(Rob Krier)（1979 年，P. 91）展示他 7 岁小女儿的绘画时说，"她将人包括进她的绘画中，仿佛是在提醒她的父亲：如果没有人存在，一切抽象的游戏都不具任何意义。她是对的，我为周围如此多的'缺乏实用的垃圾'感到惭愧"。希望这种醒悟能够持久下去。

最近几年，新传统规划或新城市主义的概念吸引了那些哀叹现代开发建设"缺乏场所性"的设计师，也吸引了对现代交通深恶痛觉、渴望增强社区感的公众。一些书对该方法进行了介绍，例如彼得·卡茨（Peter Katz）的《新城市主义(The New Urbanism)》和彼得·卡尔索普（Peter Calthorpe）的《下一个美国大都市（The Next American Metropolis）》。针对半个世纪以来由于汽车导致的郊区蔓延所造成的弊病，新城市主义综合了本世纪早些年代的规划原则并考虑了一些现代城市的新事物，如电子通勤（Telecommuity）工作方式的发展。通过采取一系列措施：如强调

混合利用和混合收入的开发（MIXED-INCOME DEVELOPMENT）；增加项目以提高用地密度；综合性的公共交通；以及创建或恢复有活力的步行公共空间，新城市主义者明显是在为居民寻求能够改善市区、郊区、地段和邻里的途径。不再局限于将设计看作形式构成的抽象游戏，新城市主义运动支持者的理论立足点在于公共空间，例如行人集中的邻里中心、托儿所、交流中心和咖啡馆里能够（或应该、可能）发生什么活动。这样得来的一些构想是颇具吸引力的（至少对某些人群如此），但仍然不能表明它们是否是可行的（即使有空间结构的支持，这些空间使用模式是否真能发展起来？），或者是否反映了潜在居民的真实需要和希望（因为这种方法是基于支持者对令人向往的社区的定义，而不是对居民行为和偏好的系统研究）。新城市主义者为当前社区中诸多令人挠头的困难境况描绘了一幅美好的替代图景。不过，当年勒·柯布西耶（Le Corbusier）同样在他的著述中描绘出一幅"公园中的高楼"的美好蓝图，然而时至今日几乎完全被抛弃了。

总而言之，那些被城市环境设计师们当作激发灵感和自圆其说的资料书籍是理论化的，它更多关注的是为造型分析寻找普适性的公理和有意义的方法，而不是研究那些普通市民如何随意地利用具体空间。当然这些较宏观的问题也是很重要的，但我们担心它们会变成激发灵感的唯一来源，从而对空间的使用者造成损害。

幸运的是，还有另外一类著述问世。经济合作和开发组织（Organization for Economic Cooperation and Development）（OECD）出版了一本精心编辑的书籍，名叫《人的街道》，这是一部详细记载了许多欧洲城市中心区步行系统的优秀著作。它的重点不在设计，而在于政策、规划和管理的指导说明，当然里面的插图及说明可以作为优秀设计思想的丰富源泉。

一些更新的研究主要针对步行运动展开，采取了许多以前用于交通运动的同样方法。首先，盖尔的"步行者（Mennisker til Fods）"于 1968 年发表于丹麦杂志《建筑师（Arkiteken）》，这是一个主要由建筑专业学生进行的研究，集中研究了欧洲最早、最著名的街道空间之一——哥本哈根市斯特哥特街（Stroget）中的行人行为。这一

研究记录了一些有趣的事实，例如在斯特哥特街改造成步行街的头一年内，行人的数量增长了30%，而婴儿车的数量则增加了4倍（盖尔，1987年，P. 136）。

美国人弗鲁因（Fruin）所作的一个重要研究——《步行规划和设计（Pedestrian Planning and Design）》出版于1971年，该研究利用统计学详细地调查了街道、地铁、电梯、自动扶梯等地点的行人交通容量。另外，普西卡雷夫（Pushkarev）和朱潘（Zupan）为纽约区域规划协会（the New York Regional Planing Association）所作的报告《步行者的城市空间（Urban Space for Pedestrian）》深入分析了街道和广场中行人的行为。最后，由安德森（Anderson，1978年）编辑的文集《街道（On Streets）》则关注的是街道的设计及其社会重要性，许多作者认为街道应发挥庭院空间或促进广场及私人空间的功能，该书对广场设计提供了许多颇有助益的见解，尤其是在关于街道和广场的交界面，以及狭长广场或拓宽后的人行道等方面。

从20世纪70年代中期开始，陆续出版了一些广场行为方面的研究报告，主要是关于美国东海岸和西海岸城市的。在纽约，街道生活计划[（the Street Life Project）（最初由洛克菲勒基金（the Rockefeller Foundation）资助，威廉姆·H.怀特（William H.Whyte）主持]利用间断拍照技术和行为观察进行了一系列的广场研究。这一持续多年的工作，记载在怀特的《小城市空间的社会生活（The Social Life of Small Urban Spaces）》（1980年）中。街道生活计划的工作由公共空间项目公司（Project for Public Spaces，Inc）[由弗雷德·肯特III（Fred Kent III）主持]——这是一个曾受许多城市委托对存在问题的城市、街道和广场进行研究的咨询公司接手继续进行。这些研究的结果都有文字和影像的记录。

8个广场的对比研究（洛杉矶市和旧金山市各4个）于1991年由两位南加州的城市规划教授展开。通过深入调查设计师、开发商和城规部门人员来了解清楚开发过程、现场活动观察、以及对使用者的访谈研究等一系列工作，该研究项目分析了政策和经济因素对于广场创建、使用方式和效果好坏的影响（巴纳基和洛开透-赛德莱斯，1992年；洛开透-赛德莱斯和巴纳基，1993年）。

学生们也开展了一些重要的案例研究。在《人们对城市广场的情绪和行为反应：温哥华城市中心的案例研究（Emotional and Bahavioral Respenses of People to Urban Plazas: A Case Study of Downtown Vancouver）》中，乔达（Joardar）和尼尔（Neill）利用延时摄影记录了温哥华市10个公共广场内大约6000位使用者。还有另外两所大学的景观设计学系的学生分别对芝加哥和旧金山的广场进行了评价。1975年，伊利诺斯大学尚佩恩-厄巴纳分校的拉特利奇和他的研究生进行了迄今可能仍是最详尽的单个广场的研究——芝加哥第一国家银行广场（the First National Bank Plaza）的研究。除了与设计师和使用者访谈外，学生们还追踪并绘制了广场的使用情况。他们的研究成果至今依然是"以很少的预算在很短的时间内获得成功"的范例（景观设计学系，1975年）。

在加州大学伯克利分校，我们班上的同学在研究开放空间中的行为问题时，对旧金山市内10多个广场进行了详细评价。许多工作在不同的年份由不同的学生进行，因而我们能够看到随时间流逝广场使用情况的稳定性或变化性。我们采用的方法主要是行为注记和非正式访谈。这些研究成为这一章的主要资料来源，其中一些经过概括构成了本章的案例研究部分（库珀·马库斯，1975—1988年）。

近来还有一些书提到了有关人们利用城市空间的问题。克劳赫斯特·伦那德和伦那德的两本书——《城市空间中的公共生活：欧洲城市中有助于公共生活的建筑特征（Public Life in Urban Places:Architectural Charateristics Conducive to Public Life in European Cities）》和《可居城市——人和空间：未来城市的社会和设计原则（Livable Cities-People an Places: Social and Design Principles for the Future of the City）》探讨了人性化环境的理论和实践，特别强调了欧洲规划师和城市设计师在一系列"可居城市"国际会议上的发言。

经过长时间酝酿和多次修订，盖尔所著的《建筑之间的生活：公共空间的利用（Life Between Buildings: Using Public Space）》（最初于1971年以丹麦语出版）的英文译本于1987年出版。该书图文并茂，并不刻意针对特殊场合（节日、狂欢、街道市场），而是面向"我们身边的平常日子和大量的户外空间。这是一本关于日常活动及其对人工环境的特定需求的书"（盖尔，1987 年，P. 9）。另外，一位建筑师（不是一位社会科学者）写了一本可读性很强的书，对在建筑之间的空间内发生的走、站和坐等简单活动进行了一定的探讨。

　　国际公共空间项目公司撰写的《城市中心区公共空间的管理（Managing Downtown Public Spaces）》是一份能为管理和布置城区公共空间（包括私人和公司所有的广场）提供思路和信息的出色资料。该手册对 200 个城区组织机构的研究结果进行了总结，并为私人部门以及公私部门共同如何提高城区公众户外空间的可行性、安全性、活力和维护水平提供有用的导则。作者告诫说：对表演、零售、农贸集市等的安排，一个地方的经验可能并不适用于其他地方。书中每一章的结尾都提出了进行规划前所应考虑的一系列问题。但是，作者也注意到：迄今为止仍然很少有人愿意对项目进行系统的评价。

当代美国背景下的广场

　　威廉·怀特在对曼哈顿的一项观察中谨慎却又震撼性地说明了在我们的城市中汽车挤掉了多少步行空间。

　　位于第 57 和第 58 街之间的列克星敦（Lexington）大街中央人行道很可能是世界上最拥挤的街道。其宽度已被削减至 12 英尺（约 3.6 m），而且其中只有 6 英尺（约 1.8 m）可以行走，其余部分被废纸篓、标识牌、栅栏、花卉摆设、乞丐、兜售皮带的小贩以及正在稽查那些小贩的警察共同占据。对于行人来说一路行来都像处于战场之中，人们时而躲避时而冲锋、时而加速时而减速，真让人对人类自己卓越的通行能力由衷佩服。从这种夹缝中挤过的人数是令人惊讶的，在一个周末我们作过统计：从上午 8 点至下午 8 点，约有 38 000 人通过。

　　现在再来看一下临近的机动车道通道。它有 9 英尺（约 2.7 m）宽，同一时间内被 12 辆车占用，一共只载客 15 人（怀特，1974 年，P. 32）。

　　20 世纪 50 年代末到 60 年代初，城市步行空间混乱不堪的困境开始受到重视。在法律许可的前提下，曼哈顿一些很出名的新办公楼牺牲了部分建筑面积创造出美国的首批现代步行广场。例如，里弗商业大楼（the Lever House）（Gordon Bunshaft，1951 年）、赛格瑞姆大厦（the Seagram Building）（Mies van der Rohe，1957 年）、泰姆莱夫大厦（the Timelife Building）[哈里森（Harrison）和阿布拉莫维茨（Abramovitz），1959 年]、蔡斯曼哈顿银行（the Chase Manhattan Bank）[斯基德莫尔（Skidmore）、奥因斯（Owings）和梅里尔（Merrill），1961 年]。

　　1961 年纽约市新分区法（以芝加哥市先期颁布的法律为模板）首开先河，通过提高容积率来刺激地面步行广场和拱廊街道的提供。例如，在曼哈顿密度最高的街区，开发商在临人行道一侧提供了 1 个单位的开放空间，作为对放弃这一地面空间的回报，开发商可以在高度上额外增加 10 个单位的建筑面积。

　　随着新法的实施，曼哈顿几乎每一个大型新建筑都充分利用了这一优惠政策。截至 1970 年，

图 1-2　建于 20 世纪 50～60 年代的广场，更像舞台，而不是供人们享用的空间

仅曼哈顿市中心内就有不下 11 英亩（约 4.45 ha）的公共步行广场位于私人用地，且有超过 2 英亩（约 0.8 ha）的装饰空间完全由绿化和喷泉构成（普西卡雷夫和朱潘，1975 年，P.18）。

不幸的是，这些新广场的设计师由于没有多少国内的先例可以参照，因而陷入了"如果开放空间有好处，那么建的越多越好"的误区。在此情况下，一批纪念性广场被创造出来，其设计完全脱离了人们的需要，而且常常缺乏人的活动。这类广场的顶峰可能就是美浓山崎（Minoru Yamasaki）的世界贸易中心广场，它那 5 英亩（约 2 ha）的土地实际上完全空旷无人，而与其紧邻的、在视觉和结构上相隔离的人行道和地铁入口处则人流拥挤。与此类似的是，华盛顿特区马瑟尔布勒尔的 HUD 大楼（MarcelBreuer's HUD Building）（1969 年）前有一座很大的广场，每天有 14000 多人穿过，但却没人停留，因为那里没有可让人坐下的空间（公共空间项目公司，1979 年）。1979 年进行的一次评价研究表明：通过采访建筑内的员工，结果发现他们对该空间的评价一无是处（公共空间项目公司，1979 年）。

同曼哈顿一样，在旧金山，由于奖励条款过于含糊以至于一些广场仅为公众提供了有限的用途。对于这种情况，即：如果地面开放空间为街道提供了"符合奖励机制目标"的视觉效果，但并不能被实际利用，这时虽可以为这类开放空间提供奖励，但奖励率应该降低。多恩布什（Dornbusch）在 1977 年的著作中提到旧金山市城区有 86 座建筑超过 15 层，但只有 18 座建筑即 21% 的建筑提供了可为公众利用的广场［多恩布什和盖尔布（Gelb），1977 年，P.129］。尽管这些广场有许多相当大，但总的看来，它们既不绿意葱茏也不阳光灿烂，而这些正是人们非常需要的。秋季的中午，有 7 个广场完全背阴；有 6 个广场大部分面积处在阴影中；还有 10 个广场则部分或全部暴晒于太阳下。

随着奖励机制的实施和城市规划部门要求高层建筑开发商为城市提供开放空间，建筑和户外空间之间的界面出现了许多形式。在奖励系统实施前，高层建筑占满整个场地，建筑立面直逼人行道；后来建筑基座开始抬高，基座的顶面有时可以开放供人使用，但其同街道的隔离限制了其实际的可达性；随后出现了绿地中的塔楼，建筑只占场地的一部分；比较好的一种情况是，通过

图1-3　采勒贝奇广场，旧金山市战后第一个办公区广场，没有成功广场所具备的任何特征。它位于街道以下，入口很少，没有座位，没有零食售卖点。由图可以看出：可用于闲坐和观看过往人群的边缘矮墙使用率很高（摄影：罗伯特·拉塞尔）

对形式具体处理手法上的变化可以把城市广场由空旷的舞台转变成充满活力的户外午餐空间；另外，一些城市的奖励性法律允许用公众可进入的户内空间（门廊、中庭、封闭式拱廊）来代替户外空间，许多成功的案例［如曼哈顿市的 IBM 中庭、旧金山林孔中心（Rincon Center）］表明：对于那些受气候影响，一年中大部分时间无法开展户外活动的地方来说，这的确是一个恰当的解决方法。然而，这类空间应该只被视为户外公共空间的附属部分，因为有一部分公众经常被排挤在外。

　　无论开放空间是分区制规定的必需元素，或是为了获得开发奖励而作的"牺牲"，还是作为一种纯粹的慈善姿态，重要的是我们要认识到开发商为公众提供开放空间所付出的代价是相当小的。正如巴纳基和洛开透－赛德莱斯（1992 年）所说的那样，建造一座广场的费用通常不会超出总开发费用的 1%～2%，而组织和维护费用通常可通过租赁收入来弥补。具有吸引力、精心设计、景观优美的户外空间会把顾客吸引到商业机构中去、提高楼宇租户员工的满意程度、同时增加公司所在地的声誉，尤其是当它们被用于公司宣传手册上时。鉴于开发商从此类空间的提供中获得了许多好处，因此，要求并且期望他们以一种绝非敷衍应付的态度来更多地满足公众需要是十分合情合理的。

　　旧金山多年来一直在采用奖励机制来创建城区开放空间，后来该市于 1985 年采纳了一项意义深远的"中心城区规划"，该规划被建筑评论家保尔·戈尔得伯格（Paul Goldberger）认为是"美国最认真负责的中心城区规划"。依照原来的条例，城区的开放空间无论怎样总能获得建筑奖励补偿，哪怕是在午间时分都照不到太阳［吉安尼尼广场（Giannini Plaza）］，或者仅仅是为了行人的通行才勉强向公众开放（希蒂科尔普广场），甚至压根就不让公众进入［雪夫龙花园（Chevron Garden）］。

　　然而在新规划下，每 50 平方英尺（约 4.65 m²）的新办公空间必须有 1 平方英尺（约 0.09 m²）可接近的开放空间用于公共使用。新规划划分了不下 13 类的城区空间（包括城市公园、阳台、硬质广场和商业街廊等），而且每一类型都有关于尺寸、材质、座位、植被、水景、日照、商业服

图1-4　加州圣塔莫尼卡市，改造前的第三步行商业街。始建于20世纪60年代，到了80年代，它已沦为一处典型的美国步行购物中心——萧条破败，无人问津（摄影：罗马设计集团）

图1-5　重新设计之后的第三步行大街：已被证明是美国最受欢迎的步行商业街之一。混合利用开发、增加密度以及面向步行者的精心细部设计都为步行街的成功作出了贡献（重新设计方以及照片提供者：旧金山市罗马设计集团）

务和食品、开放时间等的一整套导则。尽管没有（像建筑法规一样）法律上的规定，但获得在城市中心区建高层建筑许可的竞争是如此强烈，以至于只有那些严格遵守建议导则的开发商才可能获批。尤为重要的是，规划采取的所有措施都是为了利用步行街和其他通道来使新建的和现有的广场连接起来，这样得到的将是一个步行系统而不是一系列孤立的绿洲。巴纳基和洛开透－赛德莱斯（1992 年）也赞成该目标，但他们担心：旧金山市的导则更多关注于公共空间同相关建筑之间的关系上，而不是强调都市精神的目标：如街区的一致性、连续性、连通性，从而使开放空间可

能成为城区开发中以步行为导向组织起来的系统。

与纽约和旧金山的开发相呼应，克利夫兰（Cleveland）、芝加哥和洛杉矶现在也要求开发商在设计获批之前对拟建广场如何促进城区的活力给予说明（弗朗西斯，1987年，P. 81）。

由于街道是公共空间的一部分而不是私有的地产，利用街道交通管制来创建步行商业中心（以及混合型和公交型商业中心）的做法尚未成为美国城市或城镇奖励机制的一部分，还只是市民恢复商业街区活力的一种尝试。然而，这类街道的确有潜力同上述讨论的各种类型的广场和相关室内空间一样，成为可供公众利用和享受的一系列空间中的重要组成部分。

步行商业中心仅仅通过排除或限制车辆并不会自动获得成功，但有些步行商业中心通过仔细的设计、装修、管理和活动组织可以实现类似广场的效果，从经济上看，对于街道的商业租户和空间的公共使用者来说，这样的商业中心要比那些考虑不周的商业中心成功得多。

美国的街道交通管制（street closure）主要是20世纪60～70年代出现的一种现象，一种想重新赢得那些正在放弃城区传统商业街的购物者的尝试。购物者之所以放弃的主要原因是城市近郊区激增的封闭式购物中心为市民提供了极大的方便、充足的停车位和管理良好的环境。那些钟情于多姿多彩和热闹非凡的欧洲城市街道的规划师和设计师很快就支持将步行街道作为恢复城区经济活力的良策。到20世纪70年代中叶，这种步行街道已成为200多个美国城市中心区的明显特征［罗伯逊（Robertson），1993年］。

不幸的是，在许多案例中，排除交通并没有带来兴高采烈的人流，空旷的铺装路面上零星的人流反而加剧了废弃城区的印象。事实上，后来到了20世纪80年代，许多城市对这些垃圾遍地、高空置率，有时甚至很危险的步行商业中心的对策是将它们重新向机动车辆开放，或者对其重新设计将公交线路及少量汽车的使用包括进来。

在对6个步行商业中心进行的一项多方面比较研究中，罗伯逊（1990年）看到了近30年内美国商业中心创建和重新设计的转变趋势。最明显的可能对策就是给商业中心重新引入一定的汽车或者纳入公共交通线路。在清楚地认识到美

国城市不像它们的欧洲榜样那样人口密集（而且内城的居住区面积也小得多）之后，规划师和设计师开始将交通视为增加和稳定商业中心活动水平、同时增加其他空间内行人活动强度的一种手段。店铺面向内部庭院而不是面向街道分布的城区室内购物中心的出现以及封闭天街系统的增加使得人们开始离开街道中多样的公共空间而进入室内活动，甚至是在气候温和的城市中。

罗伯逊指出，20世纪90年代步行商业中心面临的几个关键问题，这些问题有助于辨清繁荣的公共空间和萧条的铺装区域之间的区别。很少有步行商业中心的活动能够持续到夜间；商业和零售业的混合利用势必要面对怎样在非工作时间内吸引客流活动的问题。这就可能需要特别提到另一个问题，即与郊区的封闭式购物中心一样，步行商业中心的成功需要对促销、维护和活动组织进行协同管理。一个提供包括零售、娱乐和餐饮在内的混合功能的总体规划、而不是追赶时代潮流的开发才是吸引稳定客流的必要条件。

影响步行商业中心成功与否的重要空间设计特征之一就是避免"死空间（dead space）"。对于维持城区的活力来说，保持面向步行者的店面的连续性是必要的。突然隔断的空置地块以及与街道不统一的秃凸建筑对于步行活动具有极大的破坏性。

上述问题尽管很重要，但罗伯逊（1990年，P. 271）认为：影响美国步行商业中心的根本因素更多的是文化背景。简言之，相对来说，美国人对步行不感兴趣，从而也就很少关心步行空间的质量。他注意到："……大多数美国人不愿走路。即使他们选择走路也多是在具有空调的封闭环境中。"罗伯逊没有预言步行商业中心的未来是死路一条，他反而建议规划师应该认识到积极响应步行者以及他所定义的"汽车化大众"的需求和关注的必要性，最可能的途径是创建公交商业购物中心（transit malls）或联营购物中心（shared malls）。他的研究结果证明：比起传统的单一步行商业中心，上述类型的商业中心常常会更为成功。

这些观察无疑是准确的，但我们在想这种文化趋势是否有可能发生转变。正像前面所讨论的那样，当广场的设计鼓励人们使用时，高层次的活动是必然出现的。而且，随着美国对健康问题关注的增加，

以及对于步行锻炼益处的普遍认同，在社区内提供步行空间似乎会引起越来越多的兴趣。现在，自然步道（nature trails）和绿色通道的建设越来越普遍，城市郊区购物中心也已启动步行锻炼的计划。既有户外环境，又有商店可逛，有座位可休息，还有活动可观看，在以上诸多优势的共同作用下，城市步行商业中心应该可以永葆魅力。

城区广场的类型

下面进行分类的目的是要理清美国城市中心区开放空间的类别。尽管这一类型划分是针对旧金山制订的，我们相信它们能够应用到绝大多数城市。它们可以作为以下工作的基础：①理解本章所称城市广场的空间多样性；②在特定城市内划分广场空间类型；③为特定的广场类型制定符合当地的导则。

人们可以根据许多方式划分城区空间：如尺度、用途、同街道的关系、风格、主导功能、建筑形式、位置等。由于本书关注的是形式和用途的相互关系，因此我们分类的基础是建立在形式和用途的综合特征上的，在尺度上由非常小的到非常大的。这里我们介绍了六大类广场以及每一类的亚类别，并附以解释说明和具体例子（除非有特别说明，所有的例子都在旧金山市）。

街道广场

街道广场紧邻人行道并和街道相接，只占公共开放空间的一小部分。它有时是人行道的适当拓宽，有时是人行道向骑廊下的空间延伸。这种空间通常用于短时间的坐憩、等候和观看，而且使用者中男性多于女性。

可坐的边缘：座凳高度的矮墙，或是连接人行道的台阶边沿。

拓宽的人行道：人行道拓宽的部分，同时配有可坐的石块、台阶或柱桩。主要用于观赏过往行人（见案例研究1）。

公共汽车等候地：公共汽车站处人行道的一部分，有时配有座凳、遮阳棚、售货亭或垃圾箱。

步道：连接两个街区、或是两个广场的户外通道或巷子。有时其宽度足以栽植花草；有的只不过是建筑间的通道。它们几乎完全用于步行。

采光角（Sun Pocket）：建筑物的门前空地（footprint）经过设计可以开辟成小广场，两条街道相交于此，午餐时分阳光可以照进来。用于坐憩、观看、吃午餐等活动（见案例研究2）。

骑廊广场：通过向建筑下部延伸形成的拓宽了的步行道。有时配有椅凳。

图1-6　可坐的边沿。旧金山市面对桑索姆大街的坐墙经常被建筑工人和骑自行车的送信员使用。该墙构成了使用率很低的采勒贝奇广场的边界（摄影：罗伯特·拉塞尔）

图1-7 拓宽了的人行道。克罗克广场，旧金山市使用率最高的广场之一，从附近人行道望去，它只不过是一系列的台阶而已（摄影：迈克尔·麦金利）

公司的门厅

公司门厅通常是新建高层建筑物的一部分。主要功能是为公司主顾提供一个美观的入口和形象。它通常是私有的，但却允许公众进入。有时下班后是锁上的。

装饰性门廊：小型的装饰性入口，有时带有绿化或配有座椅、水景。通常由于空间过于局促或光线过于阴暗，无法安排太多的用途。

醒目的前院：一个大一些的入口广场，通常装饰有昂贵的材料（大理石、汉白玉），有时在设计中只允许穿越这一种用途（见案例3）。

"舞台"：很大的公司广场，由高大建筑抱合而成。这种广场通常借助于细部设计来限制"不希望的"用途或只限于停坐、用餐等极少数活动。这主要是个展示舞台，建筑物常作为这个"舞台"的背景（见案例研究4）。

城市绿洲

城市绿洲是一类植被占较大比重的广场，形式上比较像花园或公园，同街道部分隔离。其选址和设计有意识地将自己同城市内部的噪声和活动分隔开。例如，巴纳基和洛开透－赛德莱斯（1992年，P. 93—94）所引用洛杉矶希蒂科尔普广场的广告词"……一个公园般的环境，宽宽的长椅和荫凉的树林为您提供一方逃避一天劳碌的恬静天地"，或者，用该广场设计师的话来讲，那里的绿色可让使用者远离"外边令人恐怖的建筑和城市，在城市日常生活中创造出完全耳目一新的意境，同城市中的建筑、铺装和人行道形成鲜明的对比"。城市绿洲常常受到午间用餐、读书和社交活动的青睐，女性更喜欢光顾这里，至少男女比例相等。城市绿洲具有安静、引人反思的特性（见图C-4）。

图1-8 给人深刻印象的前庭空间。西雅图政府办公楼前的一处广场，主要用作引导行人走向一栋重要建筑的通过路径，内有树木和雕塑，但没有地方可坐

图1-9　舞台背景。明尼阿玻利斯市的第一联邦银行广场俨然是一座表演的舞台，但演出却永远不会发生。管状的座位很少有人使用，但在周末滑板者很喜欢这里

户外午餐广场：借助高程变化或通透的围墙与街道隔离开来的广场，配有舒适的供午间活动使用的设施。其绿化常常很吸引人，有足够的座位，有时还有咖啡屋或外卖餐馆。

花园绿洲：被街道围合但又与街道隔离的小广场，其高密度和丰富的绿化使它具有花园的形象。花园绿洲有时布置花坛和水景，常提供多种形式的休息设施。它很受午间活动的欢迎，常作为躲避都市喧嚣之外的一处安静之地（见案例研究5）。

图1-10　花园绿洲。旧金山市泛美红杉公园是一个跨街区的小型空间，内有树木、草地、喷泉和大量午间时使用率很高的座椅（摄影：罗伯特·拉塞尔）

屋顶花园：建设在屋顶上的花园，可供人们停坐、散步和观景。有时缺乏标识，不利于引导人流进入，可能是为了避免利用率过高（见案例研究6；见图C-5）。

公交集散广场（The Transit Foyer）

公交集散广场是在使用率很高的公交枢纽站前方便行人出入的广场性质的空间。尽管其细部设计不鼓励除穿越之外的其他任何活动，但公交乘客的集聚有时会引来街头艺人、小商小贩和看热闹的人。

地铁入口空间：用于经过、等待、碰面和观看的场所。有时可成为特殊人群（例如青少年）钟爱的游逛地，他们可以乘坐公共交通到达这里（见案例研究7）。

汽车总站：每天有许多城市汽车线路在此交会，许多通勤者往来城市中心。它主要是一个人流经过的空间，但有时会吸引一些卖报纸、鲜花、零食等的小商贩。

街道作为广场——步行和公交商业中心（*transit mall*）

如果街道禁止车辆通过时，它就有可能扮演广场的角色，即变成一处人们可以漫步、坐下来、吃东西以及观察身边活动的场所。步行商业中心经常位于老城区，由几个连续的街区构成，完全或主要用于步行。多数情况下，步行商业中心的铺装得到改善，原有的汽车道被取消或变窄；绿化增多，街道设施也有所改善。它既可能有也可能没有常规广场的一些设施，如食品摊、小商贩、娱乐设施及公共艺术等。

传统步行商业中心：完全禁止机动交通的街道，有护柱、路牙或其他细部（见案例研究 8）。

混合型商业中心：限制一定机动交通的步行商业中心，可能只是在特定时间内允许，一般被限定在规定的路面上。

公交商业中心：同公共交通结合的步行商业中心，允许公共汽车、班车或其他公交类型穿行，但禁驶私人汽车。它是 19 世纪 80 ~ 90 年代发展起来的最常见的步行商业中心类型。

大型公共场所（*the Grand Public Place*）

大型公共场所同我们的想象最为接近的就是欧洲旧大陆的城镇广场或市场。当毗邻多种用地类型时（办公、零售、仓储、交通），比起其他广场，它们能吸引更大范围之内和更为多样（年龄、性别、种族）的使用者。这样的区域一般较大、较灵活，能够容纳午间自带午餐的人群、露天咖啡屋、过往行人以及临时性的音乐会、艺术表演、展览会和集会。它通常为公共所有，常被视为城市的心脏——每年的圣诞树会立在这里，游客会到此观光。

城市中心广场（the City Plaza）：一个以硬质地面为主、位于中心位置且易被看到的区域。通常可会安排一些活动，如音乐会、表演会和政治集会等（见案例研究 9）。

城市广场（the City Square）：位于中心位置、常常是由主要大道相交形成的历史地段。同许多其他类型的广场不同的是，它不依附于任何一座建筑；相反，它常常覆盖一个或几个完整的城市街区，通常四边为街道限定。硬质景观和植被之间常有很好的平衡，所以这类空间可视为介于广场和公园之间。有时它会包括一个大型纪念碑、雕塑或喷泉，会吸引各种各样的人和活动。有时由于位于市中心、地价较高，城市街头广场常经过改造与地下停车场结合（见案例研究 10）。

这种类型划分并不一定完备，但却可作为思考城区广场空间的着眼点。下面给出的导则可应用于以上一些或全部类型。一些城市（如旧金山）已建立了自己的分类体系，甚至给出了每一类的导则。我们没有这样去做，因为我们希望我们的建议能根据场地的区域、气候和文化的具体差别来加以运用或修正。

设计建议

位置

最合适的位置是那些能吸引各种使用者的地点。例如，旧金山的贾斯廷赫曼广场（Justin Herman Plaza）位于旅馆、高档公寓和办公的综合功能用地上，吸引了许多工人、旅游者和户外出游的家庭，从而也吸引了各种小商贩和户外咖啡亭。曼哈顿的普利采尔喷泉（Pulitzer Fountain）和格兰德军队广场（Grand Army Plaza）的周围环境也是如此。研究周围环境对明尼阿波利斯 5 个城区广场的影响效果发现，使用最频繁的广场位于土地利用最为多样化的区域，办公和零售区在这里互相重叠（奇迪斯特，1986 年）。

在决定新广场是否能成为所在地点的亮点时，设计师和委托方应该问自己以下这些问题：

• 通过对附近公共开放空间的分析，新建的广场是会受到欢迎和使用，还是多余无用的？如果建造大量空旷广场只是为了烘托建筑，或只是为了利用鼓励性的分区制度来获得额外的建筑容积率，那么在高密度的城市环境下并不一定会带来净利润。

• 假定辐射范围为900英尺（约274 m）（在旧金山，这是大多数人愿意步行到达市中心开放空间的最大距离），拟建的广场是否能服务于目前尚未得到服务的人口？辐射范围内的大量职员能否成为午餐时间的常客？

• 拟建广场的选址能否使不同的人群光顾？它是否接近零售店、宾馆、办公楼和餐厅？

图1-11 使用率最高的广场常常是那些各种人群都能进入的广场。旧金山市贾斯廷赫曼广场就位于离办公楼、城区商店和住宅以及旅游和会务宾馆不远的步行距离之内［摄影：詹尼弗·韦伯（Jennifer Webber）］

• 广场所在的位置是否与现有或规划的市中心步行系统相连系？如果后退式广场的后部有通道或拱廊可用来引导街区内部的人流，这种情况就应当受到鼓励。如果后退式广场面积较大、严重阻断了毗邻街道店面的连续性，这种广场的选址就应受到严重质疑，或者可以考虑在广场周围布置连续的商业铺面，来使街道店面得以延续。

• 当地的气候是否允许建设广场？人们喜欢在相当舒适的天气下使用广场；气温比有无阳光更为重要。在那些一年内户外活动空间的使用超不过3个月的区域——因为太热、太冷或太湿，广场的建设应受到严重质疑，反而应当考虑建设室内公共空间。

广场在街区中的位置也会影响它属于哪种空间类型。

• 街角位置：由两条基本相同等级的街道形成。这里会成为活动聚会、穿行以及观看过往行人（人行道及广场上的人）的场所。如果在午间能享受到阳光的话，这里将会是此处讨论的5类位置中使用潜力最高的。

• 街角位置：两条街道的等级存在很大差距（例如旧金山的吉安尼尼广场）。因为无法成为行人的穿行空间，因此不会产生太多的活动和观众。

• 街区中央：广场延伸贯穿整个街区［如泛

美红杉公园（TransAmerica Redwood Park），旧金山］。这个位置会产生穿行交通，还可能成为绿洲空间或安静休息场所，取决于广场的大小和具体设计。

• 街区中央：广场并不贯穿街区，只是形成尽端空间的形式。这个位置可以形成生机盎然、尺度宜人的绿洲，如曼哈顿的帕雷公园（Paley Park）；也可以形成冷冰冰的死胡同，例如旧金山的345号加里福尼亚街道，取决于它的朝向，宽度、进深和高度三者之间的比例，以及空间的细部设计。

• 拓宽的人行道：可构成建筑后退空间、交通和休息空间的一部分，既可以成为一个很成功的人性场所，也可能成为一个有问题的空间，主要取决于细部设计。这种形式中的一个主要矛盾在于：是鼓励人行道上的行人穿越广场（因此要求广场在许多处开口），还是营造绿洲空间来鼓励坐歇等静休活动［奥克兰维尔斯法格广场（Wells Fargo Plaza）］。

尺度

很难给出关于规模大小的建议，因为广场的位置和环境各有不同。不过,凯文·林奇（1971年）建议40英尺（约12 m），该尺度是亲人的；80英尺（约24 m）仍然是宜人的尺度；以往大多数成功的围合广场都不超过450英尺（约

135 m）。盖尔建议最大尺度可到 70 m×100 m，因为这是能够看清物体的最远距离。另外，还可结合看清面部表情的最大距离作出决定（20～25 m）。

视觉复杂性

在一项针对人们对加拿大温哥华市 10 个城区广场的反应的研究中，乔达和尼尔（1978 年，P. 488）注意到：对于那些得分很高的广场，人们的评价涉及各种景观要素的形式、颜色和质地，这些景观要素包括：树木、灌丛、喷泉和雕塑、不同形状的工艺品、空间提示物、隐蔽处、拐角和高程变化。相反，对于那些分数较低的广场，人们的评价是："荒凉"或"一览无余"，材料色彩或纹理重复累赘，"水泥、混凝土铺装过多"，"缺乏色彩对比"，"缺乏绿色"……空间组织单调，即"同类要素混杂无序"、"缺乏聚焦点"。相对于分散和重复，密集和多样性似乎对于人们的感觉很重要。

在纽约和旧金山的观察证实了这些发现：使用率高的广场具有多样化的颜色、质地、休息空间、景观要素等。

对于那些整天生活在标准化的办公环境中的人们来说，那里的形式、色彩、温度、周围的人等都是一成不变的，能够在一个令人赏心悦目、感觉丰富多彩的环境中度过午间时光实在是一大快事。有时从广场上看到的复杂视景是很有吸引力的，在这种情况下，设计师的任务就是要创造一个能够捕捉利用这些视觉特征的环境。在范库弗峰（温哥华）的研究中，具有远山和海上活动视景的滨水广场比其他空间更受人喜欢（乔达和尼尔，1978 年）。在旧金山，克罗克广场（Crocker Plaza）上一组简洁的踏步和花坛很成功，主要是因为市场街上过往的连续人流产生了一种不断变化的展示效果（见案例研究 1）。

使用和活动

本书中将使用者定义为那些穿过广场或在广场空间内逗留的人，以区别于那些在走过或驾车驶过时向广场瞥上一眼的人。尽管我们对成功广场的定义是能使人们驻留其间的空间，但并没有把穿越广场的行人排除在使用者之外。

穿行者和逗留者

曼哈顿广场的行为研究表明：如果人行道与广场齐平，那么进入街区的行人会有 30%～60% 进入并利用广场。这个比例在更宽的广场和那些切过街角的广场要高一些；而在较窄的广场，人行道和广场之间存在空间障碍的广场，以及那些并不作为通道的广场上，该比例会低一些。纽约的研究表明：广场使用者中不使用毗邻建筑的人数比例可从里弗商业大楼的 76% 降到 CBS 大厦的仅仅 3%，广场的宽度、人行道和广场之间有无坡度变化以及有无坚固围栏，所有这些因素似乎都会影响该百分比（普西卡雷夫和朱潘，1975 年，P. 165）。

普西卡雷夫和朱潘的工作表明：那些主要功能不作为通路的广场能够让使用者停留最长的时间（见表 1-1）。里弗商业大楼吸引了大量的不使用毗邻建筑的穿行者，但其中的闲坐者相对很少。

图1-12　尽管视觉复杂性是一个受人喜爱的广场的重要特征，但如果广场所在地不需要它，视觉上再复杂，广场的使用率也不会高。新奥尔良市的意大利广场（The Plaza d'Italia）使用率就很低

表 1 - 1　广场中行人的行为

	步行者的人数 *	闲坐者的比例	不使用建筑的行人的比例	目的地不是建筑的使用者的比例		
				穿行者	闲逛者	闲坐者
里弗商业大楼	无数据	无数据	76	58	13	29
泰姆莱夫大厦	144	72	49	24	35	41
CBS 大厦	12	100	4	20	28	52

注：* 根据航片随机统计得到的某工作日正午时的人数。
资料来源：普西卡雷夫和朱潘，1975 年。

泰姆莱夫广场（一个有喷泉和大量座位的拓宽后的人行道广场）吸引了更多的闲坐者和逗留者。那些进入 CBS 大厦的少数人多半会在广场上坐一会儿。

普西卡雷夫和朱潘（1975 年，P. 165）总结道：作为具有交通空间和休闲绿洲两种功能的广场，如果两种功能兼有，那该广场至少应有所区分。也就是说，如果广场同时要满足两种功能，那么两种功能应该限制在各自的亚区域内，至少两者之间应有一个过渡空间。午休时间较短的抄近道者不会想在喷泉前逗留的人群中迂回前进；反过来，对那些自带午餐者和看热闹的人们来说，如果面前人来人往，他们也会感到不舒服。

对洛杉矶和旧金山市中心广场的研究发现，靠近零售和食品商店的广场［如洛杉矶的希蒂科尔普公园和旧金山的克罗克加莱里屋顶花园（the Crocker Galleria roofgarden）］同那些没有这类吸引物的广场相比，其使用率更高（巴纳基和洛开透 - 赛德莱斯，1992 年）。

为了促使人们在广场空间逗留，需要有些东西说服他们停留。人们在身边环境里寻找丰富的视景和能吸引他们的"抛锚点"，无论是身体上的（坐，斜靠）还是心理上的（站在附近，欣赏观看）。在对温哥华市 10 个广场上的 600 名使用者进行的时段观察研究中，乔达和尼尔发现，令人惊讶的是在远离任何小品的空旷铺装上开展活动的人只有不到 1% 的人。

我们发现"繁忙"的开放空间得到了有效使用。它们有密集的设施、引人注目的核心元素和明确的边界。其中的步行通道得以充分使用。这同那些散乱无序、只有零星设施的空旷广场正好形成对比。后者只不过是混乱的步行运动的汇合而已（乔达和尼尔，1978 年，P. 489）。

男性和女性使用者

男性在绝大多数城市开放空间的使用中占有主导性，尤其是城市中心广场的使用（多恩布什和盖尔布，1977 年，P. 208；巴纳基和洛开透 -

图1-13　步行和闲坐是新奥尔良市法国广场（the French Quarter）内的两种活动

图1-14　男性喜欢占据城市广场前端显眼的位置（摄影：詹尼弗·韦伯）

图1-15　女性喜欢待在靠后安静的自然环境中（摄影：罗伯特·拉塞尔）

赛德莱斯 1992 年，P. 150）。而广场中的女性多
成群或与伴侣同往。虽然社会的价值观念正在转
变，但对于公园中独处女性的文化偏见依然盛
行，这种偏见同样波及某些广场空间。但提供食
物、且部分空间作为户外咖啡屋的广场是个例外
［如曼哈顿的帕雷公园；悉尼的澳大利亚大厦广场
（Australia Tower Square）］；坐在桌旁吃自带的食
物似乎成为那些没有明确使用广场意向的人逗留
于广场的一种正当理由。

怀特在研究曼哈顿广场时得出一个结论：使
用最多的广场也是社交性最强的。即这些广场中
三两结伴的女性的比例要高于平均水平：

*女性比男性更为挑剔该坐在什么地方，对
干扰更为敏感，会花更多的时间考虑各种可能性。
如果一个广场里的女性平均比例明显少于男性，
这一定有些问题。女性平均比例较高的广场很有
可能是一个出色的广场，事实上它也常常被评选
为出色的广场（怀特，1980 年，P. 18）。*

然而，这可能只是纽约的现象，或只适合于
怀特开展这项研究的那个时代。西雅图的一项研
究发现：在某利用不足的银行广场中有一处使用
较好的地段，90% 的使用者是女性（吃午餐或晒

表 1 - 2　有什么行为?

穿行	52%	
边走边看	7%	
边走边聊天	6%	
行走的总人数		65%
站着观看	11%	
站着谈话	4%	
只是站着	1%	
站着的总人数		16%
坐着观看	6%	
坐着谈话	5%	
坐着吃东西	2%	
坐着阅读	2%	
坐着干其他事情	1%	
坐着的总人数		16%
其他	3%	3%
	100%	100%

表 1 - 3　你喜欢什么?

娱乐表演	26%
喷泉	19%
观察人	12%
广场上的气氛	11%
异性	10%
独处	8%
抛头露面	6%
阳光	5%
位置	3%
	100%

表 1 - 4　你通常在这里干什么? *

观看	34%
聆听	16%
吃东西	13%
坐	11%
休闲	7%
散步	5%
晒太阳	5%
阅读	5%
聊天	4%
站着	3%
抽烟	3%

注:*被采访人员可选多个活动，因此总和加起来不是 100%。

表 1 - 5　你将怎样调整或改变该广场?

更多的座椅	21%
更多的节目	21%
更多的绿色植物	15%
更好的声音效果	7%
增加饮水器	5%
更安全的踏步	3%
设卖饮料的地方	3%
更便宜的食物	3%
喷泉中的彩灯	3%
降低花坛高度以增加可视性	3%
更多的音乐	1%
杂项	15%
	100%

表1－6 在好天气里什么会促使你使用广场？

更多的音乐会和节日活动	33%
桌子和阳伞	20%
季节性的花卉	14%
价格便宜的食物	8%
可外卖食物的自助餐厅	6%
更长的午间休息	4%
可移动的座椅	3%
合计	88%

太阳）。这可能只是在其他地方也都能观察到的现象之一：特定年龄、性别或种族的人群占据了公共开放空间的一部分，而这种传统又是如此根深蒂固，使得其他人群不愿闯入。

怀特注意到男性和女性使用者的另一个不同是男性喜欢靠前面的位置，而女性总是成双成群而来更喜欢靠后的位置（这暗示着一群人就坐时的位置）。这一结论在我们对旧金山的研究中得以证实：男性主要占据各类朝街广场的前面部分，而女性则更喜欢占据街道广场较为僻静的部分，她们尤其青睐前文提过的城市绿洲。有一点很明显：广场使用的频率越高，使用者的年龄越多样，性别比例越趋于平衡（公共空间项目公司，1978年；库珀·马库斯，1975—1988年）。

在对旧金山城区广场中男性和女性使用者的研究中，莫津戈（Mozingo）（1984年）对克罗克广场（一个繁忙、喧闹的城市广场）和泛美红杉公园（一个安静、葱茏的城市绿洲）做了比较。她用到了行为注记法，并对使用者和非使用者进行了问卷调查。她不仅发现绝大多数女性更喜爱街道广场内的绿洲，而且发现男女使用者在其他方面也有所不同：女性去城市中心公共空间不像男性那样频繁；她们对于环境负面因素更为敏感（污染、噪声、尘土、过多的混凝土）；她们更愿意就近使用广场（而且她们的午餐时间一般也比男同事们短）。女性通常不喜欢表现，因而尽可能避免像克罗克广场那样的空间。莫津戈观察到当坐在广场上时，女性的个人空间被侵入的频率是男性的两倍。她总结出男性和女性对于城市中心广场以及从广场中寻求什么有完全不同的概念，就是说，女性寻求一种从城市压力和办公环境中

的解脱；她们喜欢待在自然环境中寻求那些没有都市刺激并且安全的空间；而男性却将城市中心的公共空间视为人际接触的场所，他们希望被打扰且更能容忍这种干扰。简言之，女性追求"后院式"的体验（舒适、解脱、安全、节制、放松），而男性则追求"前庭式"的体验（公开、社会交流、参与）。莫津戈强调我们要将它们视为一个连续体，而不是两种分离的空间。一个设计师所面临的挑战在于将两种使用方式整合进一个广场环境。莫津戈研究的重要性在于它挑战了怀特的一些结论，特别是关于最成功的广场是那些百分之百的"街角"的广场，因为它们有利于社会交往和"前庭式"行为的论断；也就是说，这些空间对于男性也许是最佳的区域，对于女性却不一定。

另外一个有关女性利用市中心公共空间的议题在1984年对旧金山9个此类空间的使用者调查中得以探讨，其中6个是向公众开放、用于饮食、闲坐、穿行等活动的室内通廊和中庭空间［克兰兹（Cranz），1984年］。两侧分布有零售商店的室内空间是唯一一些女性人数超过男性的市中心空间，这证明了人们的一般认识，即工作女性比男性更喜欢在午餐时间购物，因此更倾向于去邻近商店的公共开放空间。

人们在城市空间内做什么？

在关于使用率较高的市区大型广场——芝加哥第一国家银行广场（景观设计系，1975年）的一份详尽的使用者评价报告中，记录了某一观察日内的典型行为，具体内容如下。

大约2/3的使用者是男性，1/3是女性。有趣的是，在上午和中午时间，男性明显占优势地位，而在下午5点左右则女性占优势，这也是白领办公职员同购物者比例相当的唯一时间；一天中大部分时间内，男性白领是广场的主要使用者。第一国家银行广场的使用者有如下调查：60%的调查反应涉及设计调整，当类似的问题问到西雅图的一个广场时，所得结果也很相似（公共空间项目公司，1979年）。

1976年在澳大利亚的悉尼开展了一项有关三个广场和一个城市小公园的使用者的研究，目的是为了弄清他们在那干什么、他们喜欢什么不喜欢什么以及他们希望公共开放空间有什么特征

［珀塞尔（Purcell）和思罗恩（Throne），发表时间不详］。问卷分发到某一个被研究广场附近的各个上班场所，多数被调查人员是年轻的雇员（80％在30岁以下）。被调查人员中，86％的人在中午时间离开单位，55％的人利用开放空间。当问及他们在开放空间的活动时，主要的回答是放松（62％），然后是吃东西（22％）和散步（10％）。选择某处最常见的理由是"靠近工作场所"（69％），接下来是"有树和草"以及"不拥挤"。绝大多数的开放空间使用者希望有的附加设施包括：更多的露天餐馆、咖啡店、饮料摊、露天剧场、音乐会以及更多的座位。对于那些不使用城区开放空间的人来说，他们的主要原因是太忙或这类空间太拥挤；他们也表达了对脏乱差、禁闭感以及在那里所发现的人群类型的关注。

1984年一个有关旧金山3个城区公共空间的研究表明：在我们所谓的城市广场（贾斯廷·赫曼广场）和城市绿洲（泛美红杉公园）之间，存在着一些空间使用上的有趣差异（克兰兹，1984年）（见表1–7）。贾斯廷·赫曼广场由于其可视性、邻近工作场所、旅店和商店等因素，因而吸引了不同的人（反映在年龄、种族以及到城市中心区来的原因），而且人们多是第一次或不经常到这里来。具有讽刺意味的是，当这些人被问及该空间

中是否有什么是他们所不喜欢的，他们的答案是其他人。

泛美红杉公园，作为一个城市绿洲吸引了大量经常光顾者，他们在附近工作，到那里吃午餐、享受户外生活。大部分人觉得独自待在那里很舒服，而且没有人对空间中其他人产生抱怨。

贾斯廷·赫曼广场在用途和使用者上的多样性可能同历史城镇广场很相像；例如，28％的使用者到那里"等人"或只是"坐着休息"，但到泛美红杉广场的人只有12％出于这些原因，形成对比的是，41％的人说他们喜欢这里是因它的"绿树和景观"（而贾斯廷·赫曼广场上只有4％人说到这点）。12％的人喜欢这个城市绿洲因为"能从工作中解脱"，这一点贾斯廷·赫曼广场上无人提及。

1991年对于洛杉矶和旧金山8个广场的研究发现：关于是什么使他们来到广场上，两座城市的广场使用者没给出明显不同的理由（访问调查了其中7个广场的使用者，每个广场抽取60个被访人员）。吸引人到广场来的最常见的目的是吃午餐（7个广场中，有6个广场中的被访者将其视为第一选择——有趣的是，第七个广场在那时还缺乏便捷的食物供给）。广场使用者提出的其他理由有"闲坐/休息"、"同朋友碰面"、少数情况下是"为了购物"。选择某一特定广场的主要理由是

表1–7　使用城市空间的原因*

你能告诉我你为什么来这里吗？	城市广场：贾斯廷·赫曼广场	城市绿洲：泛美红杉公园
吃午餐	23%	23%
穿行	14%	15%
消磨时间/闲坐	14%	6%
同别人碰面/等人	14%	6%
在附近工作	9%	21%
好奇	7%	10%
户外/新鲜的空气	5%	19%
喜欢自然空间	2%	8%
经常出来坐坐	52%	79%
一个人待在那儿觉得很舒服	89%	98%
在旧金山城区工作	59%	85%

注：*被调查者可以有多个选择，所以总数不止100%。

其位置紧挨或邻近工作场所。其他的考虑是广场的景观、可以独处、安静的氛围、饮食选择，以及——就两个城郊商业中心（希蒂科尔普广场和克罗克加莱里花园）而言——还有购物方便性。

广场中最受人欢迎的要素同怀特的描述很接近：食物、水景或喷泉、户外座位、绿化以及多数时间内阳光灿烂的环境。微气候因素对于旧金山的被调查者来说也很重要，他们强调阳光是广场的积极特征，而且将那里4个广场中的3个描述为"风太大了"。这同洛杉矶的被调查者形成鲜明的对比，他们只是略提阳光的积极效果，也没有对风势的抱怨。事实上，关于广场的抱怨倾向于具体的场地和环境因素：包括对所提供食物、缺乏外卖亭、商店价格过高、绿化不足、过于拥挤等方面的不满意，尤其是对于设计风格的厌恶。

该研究中，大多数广场使用者平均每次到访要待15分钟到1小时，而且旧金山比洛杉矶有更多人光顾广场——旧金山人的光顾频率是每周一两次甚至每天都去，而洛杉矶人的次数是每周不到一次、顶多一到两次（巴纳基和洛开透－赛德莱斯，1992年）。

无家可归者、恶意破坏者和"不受欢迎的人"

公共空间面临着一个日益严峻的基本问题，即谁构成了公共空间内的"公众"。在广场、公园和其他公共空间里，占使用者主体地位的是典型中产阶级，他们对舒适和公共安全的感受与所有社区成员都能享受公共空间的自由权利主张之间存在相当大的矛盾。在全国各地，对于无家可归者、街头少年团伙、乞丐及其他不受欢迎的人群的关注，使得设计有意识地限制闲坐或逗留、地方法规也禁止在行人道上闲坐以及实施宵禁。但是，在公共空间的改造设计中，对醉汉或无家可归者被传媒所宣传的"危险"形象必须加以明辨，事实上公共空间中的这两类人很少会同犯罪活动相联。尽管有那么一些人在公共场所看到比他们穷困的人就觉得受到了冒犯或辱没并觉得尴尬，但有意识地排斥穷人的设计应该受到抨击。重要的是，我们要认识到随着生活变得越来越割裂，对多数人来说，社区的重要地位正在逐渐增强，现有的公共空间应该为各个社会阶层提供交往机会，让每一个人都视他人为城市中的同胞。

使用率高的广场不大可能会受到罪犯、恶意破坏者和所谓的不受欢迎的人（例如酒鬼、老的失业者、无家可归者）的干扰。怀特对曼哈顿的研究中指出了这一事实，并在芝加哥（景观设计学系，1975年）和旧金山（库珀·马库斯，1975—1988年）的研究中得以证实。因此，从长期管理的观点看，高使用率的广场设计具有明显的优势，尽管这意味着更多的磨损和更多的垃圾。怀特还观察到：那些管理上采取放任式（live and let-live）态度的广场能够激发出热闹活泼、人气旺盛的景象，就像赛格瑞姆广场，埃克斯克逊广场（Exxon Plaza），以及纽约市的77号流水大街（77 Water Street）那样。所谓的不受欢迎者与人群混杂在一起。

巴纳基和洛开透－赛德莱斯的研究的主要关注点在于确定奖励分区制所创建的开放空间的开放程度，即事实上的公共性如何。从法律的角度讲，他们所研究的广场没有一个是公共性的，因为它们的产权是私有的；正因如此，城市特意建立起这种机制来使私有空间的提供和维护为公众服务。作者们的问题是"它们服务于哪些公众？"它们是否完全向一般公众开放？"以及"它们是为谁而设计？"这些问题对于全国范围内这类空间的提供都是有意义的。洛杉矶希蒂科尔普广场的一个私人开发商的言论有些问题，但愿他是无意的：

这是一块私人地产，其运作是为了盈利，它不是一个公共空间。当然，你可以在那上边走或坐，我们鼓励这样，因为如果你喜欢它，你就可能买些什么东西。但它不是一个你可以在那儿野餐的公园。流浪汉不许使用这一空间，我们要求他们离开（巴纳基和洛开透－赛德莱斯，1992年，P.99）。

市民和设计师一定承认：许多这样的城市空间对于它们的服务对象——城区办公职员来说，运作得相当良好。对广场使用者的调查得出的结果是：感到安全、舒适，总体来说还不错，虽然他们同时也认为广场有点排外。他们赞扬了广场中的安全、洁净、秩序以及没有"不受欢迎的人"。正如作者们所言：

开发商认为广场的建设和运作是为了满足租户和零售商的需要。在他们的思路中，如果广场能够吸引一部分公众，同时排斥其他人［流浪汉、自带午餐的妇女（bag ladies）、街头的小贩、街头艺人、喧闹的青少年和儿童、穷人］，这些空间就是成功的（巴纳基和洛开透－赛德莱斯，1993 年，P. 8）。

我们所面临的挑战在于如何设计出满足更广泛的"公众"定义所需要的方法。建议之一是让开发商贡献出一笔基金以用于创建一个更为完整的开放空间体系，包括更多地关注目前大多数开发商所在的中心商务区以外的贫民区，该建议回避了一个议题，即是否应该为不同的社会经济群体的交流提供机会。

潜在服务范围

设计一座新的城区广场时，首先应考虑它大致的用途，然后调查某一具体场地实际使用者会是谁。这应该包括查明潜在的使用者来自哪儿，以及他们为了使用广场会出行多远。

旧金山市的一项辐射范围研究发现：8 个城区开放空间的使用者平均出行距离为两个城市街区或 4 分钟的步行路程，这不包括长距离的特殊情况（例如，为了见某人）（利伯曼，1984 年）。事实上，对洛杉矶和旧金山市广场使用的研究表明：位置靠近工作环境是光顾某一广场最常见的理由。大部分被调查者穿过两三个街区到达他们的目的地（巴纳基和洛开透－赛德莱斯，1992 年）。

澳大利亚悉尼市一项研究的作者得到相似的有关开放空间服务范围的结论，"总体来说，位置很接近是使用某一空间的决定因素，无论它是一个公园型广场还是一个非常舒适的硬质广场；一旦距离都较远，午餐时间的使用者就会倾向于选择公园型广场"（珀塞尔和思罗恩，发表时间不详，P. 31）。

另外一个关于旧金山的研究课题考虑到了高层建筑对于城区附近的公园和广场的可能影响（多恩布什和盖尔布，1977 年）。通过对 4 个城区广场使用者的访谈，得到了一些意想不到的发现，这些发现将在进一步的研究中得以证实或被质疑。

邻里公园或广场的可见性是其被周围社区使用的一个重要因素。人们要是从家里或工作场所看不到公园或广场的话，相对来说也就不会经常光顾它们。

相对较小且可见性差的广场（例如，下沉式广场或同邻近街道分隔的广场）的服务范围要比理论上小。例如，旧金山市的克朗采勒贝奇（Crown Zellerbach）广场（处于高楼林立之中，低于街面标高，可视度差）的大部分使用者来自紧邻地区，然而如果广场不下沉的话，它很有希望吸引到更大范围内的人。

可见性高的广场会有一个大得多的服务范围，虽然它仍然很难能达到其潜在服务范围。许多旧金山市贾斯廷·赫曼广场的使用者需走四到五个街区才能到达那儿，当报纸报道了颇有争议的威廉恩库尔特喷泉（Vailancourt Fountain）（有些人觉得它像高速公路的一部分残骸）以及当地的年轻艺术家在广场里出售自己作品的故事时，它开始在区域内变得瞩目。在多恩布什和盖尔布的研究中，关于周末使用情况的表格数据表明：在周末步行的本地客人比平时少得多，但却有大量驾车或乘公共汽车的来自旧金山各地的参观者（多恩布什和盖尔布，1977 年）。

微气候

阳光

每一个服务于静态用途（站，坐）的广场应该尽可能多的区域位于舒适地带，即让处于背阴处、穿着便装的人感到舒适的气候条件范围内。其中影响户外舒适性的主要因素有：气温、阳光、湿度和风。

在周围环境允许的情况下广场的选址应尽可能多地接受阳光。太阳的季节性变动和现状及拟建构筑物都必须加以考虑，这样广场才能接受最多的夏季和冬季日照。对那些夏季很炎热的地区，广场中至少需要有部分夏季遮荫，这可通过种植或邻近建筑的遮蔽实现。

旧金山规划局的伊娃·利伯曼开展了一项研究———些新的和公众熟知的城市中心区规划条款就是以此为基础的——其中包括使用者对 8 个开放空间的反应。在这一包括 4 个广场、3 个公

园和 1 个城市花园的研究中，发现使用者在选择
地点时，最关心的是能照到阳光（25％），其次
是靠近其工作场所（19％），然后是美学和舒适
（13％）以及公园和广场的社会影响（11％）（利
伯曼，1984 年）。巴纳基和洛开透 - 赛德莱斯对
旧金山广场使用者的研究中发现了同样对于阳光
的强调（1992 年）。

不幸的是，在许多现有广场的设计中，委托
人的需要常常是放在广场潜在使用者之上的。于
是我们就有了像旧金山位于美国银行大厦外的吉
安尼尼广场那样的例子，在那里，银行为了在加
州大街上获得一个显赫的位置、为了让人们沿街
道下来时就能看到该建筑，以及为了使巨大的新
建筑不会遮挡住邻近的迷人的老建筑的视线，所
有这些因素一起造成了这样一种环境：美国银行
大厦一天内大部分时间都将其广场上的阳光遮挡
住了。除了进出大楼的入口外，广场主体很少有
人使用，而两个亚空间和一道人行道边的矮墙由
于阳光明媚，使用率很高。

1977 年对于旧金山广场的研究发现，那时
47％的城区广场空间在秋季午间时分处于建筑的
阴影中。具有讽刺意味的是，大部分广场恰恰是
被它们所要服务的建筑所遮蔽，因此我们不能把
这种困境归咎于后来的工程（多恩布什和盖尔布，
1977 年，P. 171）。旧金山广场的导则由于考虑到
了午间阳光的可及性，从而预先避免了上述情况
的发生。导则还极力主张设计师考虑"借用"阳光，
即通过邻近钢、玻璃或大理石建筑的反射，照亮
且温暖很少有阳光直射的广场空间。

气温

在曼哈顿和哥本哈根的研究证明，当气温高
于 55°F（约 13℃）时，城市购物中心和广场上的
散步、站立以及闲坐的人的数量会有相当大的增
加（盖尔布，1987 年；普西卡雷夫和朱潘，1975 年）。
因此当预测公众喜爱的午间休息区的位置时，平
均午间气温达到 55°F（约 13℃）以上的月份应当
考虑到这种阳光 - 阴影之间的规律。而在夏季气
温极为炎热的地方［对于有些人来说是 75°F（约
24℃），有些人也许会更高一些］，应该提供一些
遮荫区域。老年人尤其需要避免太阳的直射和刺
眼的眩光，许多年轻人也对太阳比较敏感。

眩光

眩光问题是微气候的另一必须考虑的方面。
由于从定义上看，广场主要是硬质铺装，且通常被
表面高反射率的建筑所围绕，晴天眩光会是很严重
的问题。一个芝加哥广场的评价报告表明："当街
道温度在 70°F（约 21℃）左右摆动时，下沉广场
区的温度还会高得多；这一差别被白色花岗岩的反
光加剧了"（景观设计系，1975 年，P. 46）。反过来，
暗色表面在多雨天或阴天的地区会显得阴暗压抑，
例如在太平洋西北岸（the Pacific Northwest）。

风

设计师现在都知道许多高层建筑向下反折
风，风力会被增强，从而使得向风一侧的步行或
闲坐活动产生问题。表 1-8 显示了不同风速对于
行人的影响。"60 多年前，一本导游书引起人们
对纽约弗拉特罗恩大楼（Flatiron Building）的注
意（以现代标准看来很是低矮的），因其具有神奇
的强化风力的效果，以至于在暴风雨天气中，人
们有时能被从人行道上卷走……从那以后，城市
峡谷中的大气流素被放大了"（鲁道夫斯基，1969
年，P. 338）。街角旋流、下沉气流和尾流是最强
烈也是最成问题的风力效应，最有效的缓解措施
包括：重新设计建筑外形，可能的话，调整受影
响区域建筑的尺寸和形状之间的关系。

在环境温度刚够满足户外休闲，或许多户外
区域缺乏日照的天气下，风的负面影响尤为显著。
过多的风夸大了广场使用者的感受，即使广场并
不太冷。当衣服和头发被吹乱、阅读材料几乎要
被吹走、或食物包装需要用手压住时，户外体验

表 1-8　风对于行人的影响

风速	行人不舒服的程度
小于 4 英里／小时（1.78 m/s）	没有明显的感觉
4～8 英里／小时 （1.78～3.57 m/s）	脸上感到有风吹过
8～13 英里／小时 （3.57～5.81 m/s）	风吹动了头发、撩起了衣服，展开了旗杆上的旗帜
13～19 英里／小时 （5.81～8.49 m/s）	风扬起了灰尘、干土和纸张，吹乱了头发
19～26 英里／小时 （8.49～11.62 m/s）	身体能够感觉到风的力度
26～34 英里／小时 （11.62～15.20 m/s）	撑伞困难；头发被吹直了；且行人无法走稳

的享受就大打折扣了。

总体舒适性

在旧金山和伯克利分校环境设计学院的环境模拟实验室，彼得·博瑟曼（Peter Bosselmann）做了有关城区环境下气候和舒适问题的开创性工作（例见博瑟曼等,1984年）。通过仔细的分析和建模，他确定出了街道宽度、建筑高度和体量、建筑底面面积与适于行人的天气条件之间的直接关系。

近几年公众和专业人员对于保证公共开放空间日照的关注已经变得相当强烈；1984年旧金山市选举并通过了一项法律，该法律禁止新建那些在公共开放空间"日出后一小时至日落前一小时投下大片新的阴影"的建构物。博瑟曼的团队设计了一个太阳高度角换算扇面，通过它确定出建筑退让距离以保证获得充足的日照。旧金山城区规划和其相应的1984年分区法规列出了具体要求，以使阳光能最大程度地照到人行道和其他公共空间。至少，我们应该控制建筑以确保阳光在全年之内，从上午11点到下午2点之间（白天12点至下午3点）能够进入公共开放空间。

旧金山市风的负面影响已得到全面的分析；源于现代高层建筑群的大量复杂气流已经得到描叙和量化；一些新的分区要求已经获得批准，例如在城区办公区域，新建筑和现有建筑的扩建部分应该有形体上的要求，或者采取其他挡风的措施，这样开发就不会造成地表气流超过当时风速的10%。一年之中从上午七点到下午六点的时间段内，在主要供步行的区域内，舒适的风速是11英里/小时（约4.90m/s），公共休息区域是7英里/小时（约3.12m/s）（旧金山市，1984年，P.26）。

一个不舒适的广场将是一个低使用率或没人光顾的广场，任何建筑或广场的设计师应认真考虑日照和风的效应。博瑟曼及其同伴（1984年）指出：绿化，尽管有用，但不如调整建筑有效。由于各联系要素的复杂性，他们强烈建议设计师同风专家一起合作。

想要在现有建筑的前提下创造有用的广场，设计师必须事先进行场地的日照分析，以决定哪个区域将有阳光以及什么时候有。这一信息将反过来帮助设计师决定在哪里设置不同的活动场所以及建议一些方法来提高可接收的日照量（如通过"借用"阳光）以及缓解不利效应。

边界和过渡

广场应当让人们感觉到是一种突出的空间，

图1-16　一个广场，如图所示的位于旧金山市加利福尼亚大街101号的广场，应该被人感受为一处个性鲜明的场所，同时又易于路过者接近（摄影：詹尼弗·韦伯）

必须让行人看到、而且在功能上便于进入。事实上，广场向邻接人行道开放是很重要的；成功的广场都有一面、最好是有两面向公共道路用地开放。有越多的行人觉得广场是道路红线范围的拓延，他们就越会觉得自己受到了欢迎。因此，通过把广场绿化向人行道延展可以向行人暗示他们已经进入广场中了。而在另一方面，即使是很小的障碍或高程变化都能显著地减少进入和使用广场的行人数量。

从人行道向广场的过渡是广场设计的最重要方面之一，因为它能够鼓励或者限制广场的使用。临街广场通常没有边界，相邻的人行道或多或少被延展，在其内侧（建筑前面）设置可坐的矮墙、台阶或座椅岛。在这里，人们几乎坐在人行道上；使用者更可能是男性而不是女性，且可能比其他类型的广场包括更多的蓝领工人（建筑工人、自行车邮递员）。临街广场，它与相邻的人行道有明显区别，很受大众欢迎，因为它便于进入、可供观看人流来往以及产生一种监视感和安全感。

前面提及的公司前厅类型的广场用到的过渡形式可分为以下4种：

1. 对于较窄的街区内部的广场，狭窄的入口和正前方气势宏伟的公司前门似乎就充分表达了它们之间的过渡。边界本身并无必要。

2. 与1相反的极端情形是"舞台"——一个宽阔的前台，通常有指挥台的一半高度，装饰和摆设很少以防止行人无故逗留。相应的，边界在这里也不需要，因为这种空间类型除了进出建筑物的人以外，不欢迎别人进入［纽约市赛格瑞姆广场；明尼阿玻利斯联邦第一银行广场（First Federal Bank Plaza）；旧金山吉安尼尼广场］。

3. 在街角位置的广场的过渡，经常借助于广场地面变化，或借助于种植台或座位岛（或称为ziggurat）划分广场外部边界，该边界上具有多个出入口。这种空间欢迎人们从其中抄近路或在其中逗留。当人们身处其中时，会觉得自己处于"内部"，而那些人行道上的行人则处于"外部"。这种边界形式最能鼓励对广场的使用。

4. 另一种边界类型是通过拱墙或拱廊来形成广场外边界，人进入广场的感觉有如进入一座建筑。这种入口形式加上令人生畏、没有任何设施的内部空间，以及严格的管理会产生排斥大多数使用者的后果。旧金山的希蒂科尔普广场，在刚建成时就是如此，到处都是典雅但却冷冰冰的大理石铺面，甚至连照相都被身穿制服的保安禁止。这个广场事实上成为相邻建筑物的公司领地，后来通过加入带有休息桌椅的咖啡亭得到了显著改善，现在的使用率很高（另外，保安也看不到了）。

但值得注意的是：边界不是导致这些情况的单一因素。旧金山5号弗里蒙特广场（Fremont Plaza）也有一个类似于希蒂科尔普广场的拱墙边界，但却从未妨碍人们的使用，因为在拱墙内人

图1-17 希蒂科尔普中庭的外立面很引人注目，它看起来是封闭的，但实际上柱子之间分布有通向一半露天广场的入口（摄影：迈克尔·麦金利）

们可看到阳光灿烂的种植台、树木、座椅、座墙、闲坐或穿行的人群，甚至在广场另一边有诱人的麦当劳店面。一旦进入此空间，墙体提供了一种围合感以及同邻街交通分离的愉悦感。如果广场在两三边上都有相邻建筑围合，广场和建筑之间的过渡也应该加以考虑。例如，如果窗户朝向广场，而且餐桌或办公桌紧挨着这些窗户，那么广场上的人就不允许走得太近，否则建筑和广场的使用者将侵犯彼此的个人空间，而互相感到不舒服。植物（室内或室外的）、高程变化以及反光玻璃都是可能的解决方法。

广场周围建筑空间的功能是决定广场活动的重要因素。办公楼或银行光秃秃的墙面会使空间变得没有活力；零售商店和咖啡馆会把人们吸引进广场从而使其生机勃勃。怀特建议：城市开放空间至少要有 50% 的立面用于零售业或服务业（怀特，1980 年）。1984 年旧金山城区规划允许20% 的广场空间用于餐馆室外座位区。咖啡厅的室外座位在视觉上向行人暗示这里的广场是鼓励使用的。的确，西雅图广场上带阳伞的户外座椅的增加在很大程度上提高了与咖啡馆相邻广场的使用率（公共空间项目，1979 年 b）。

人们普遍喜欢坐在空间的边缘而不是中间，因此如有可能的话，广场的边缘或边界应该在适当位置设计休息和观光的空间。一个笔直的边界与许多凹凸变化的边界相比，所能满足的用途相对较少。

亚空间

除了那些特意为大型公共聚会、市场和集会而设计的广场以外，大型广场应该被分成许多亚空间以鼓励使用。没有植物、街道设施或人的大型开放空间对大多数人来说是恐怖的，他们更喜欢围合而不是暴露；与此情形对应，人们的行为会表现为快速穿过广场或待在广场边缘。

旧金山吉安尼尼广场利用率最低的部分是一个面积巨大、处于阴影区的暗色铺装入口；而利用率较高的空间部分则包括一个小型的下沉花园，以及阳光普照、布置有种植池的广场狭长边界区（见案例研究 4）。在西雅图的一个广场，许多使用者把空旷的东广场视为他们最不喜欢的空间；他们最喜欢的地方是南部阶地，那里布置了一些台阶以及半私密庭院，这些庭院能够照到阳

图1-19 西雅图市政府办公楼广场的使用者更喜欢南侧的层叠台阶和半私密的庭院，而不是宽阔开敞的东广场

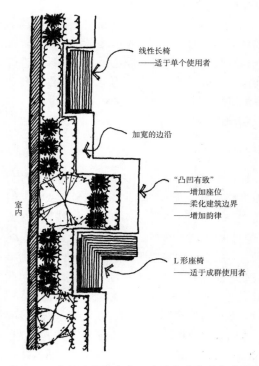

室内

线性长椅
——适于单个使用者

加宽的边沿

"凸凹有致"
——增加座位
——柔化建筑边界
——增加韵律

L形座椅
——适于成群使用者

图1-18 广场边界越丰富，边界上的休息者就越多

光而且提供了庇护和私密（1979年）。空间划分可以借助于地面高程、植物、构筑物、座椅设施等的变化，不仅在广场上人较少时创造出美观的视觉形象，而且能使人们找到属于自己的位置并逗留一会儿。

亚空间的边界

空间的划分应该清楚并且微妙，否则人们会觉得自己被分隔到一个特殊的空间。该怎样做以及不该怎样做在旧金山阿尔孔广场的例子中表现得很清楚：东北角和东南角处的亚空间是很成功的，这里围绕一个中心圆形种植池布置了座位，中心种植池要高于周围那些与人眼齐高的围合种植池，中间划分出大约20平方英尺（约1.85 m²）的空间。不远处有两个稍大一些的空间被5英尺（约1.5 m）高的铁质栏杆围合，栏杆尖部向内弯折。人们通过狭窄的入口进入一个下沉的铺装小广场，周边被低矮植被围护。无论人们坐在下沉广场的哪一处台阶上，视线都要穿过冰冷的铁栅栏。这种感觉就象在监狱一般。毋庸置疑，前一种亚空间肯定会比后一种亚空间使用强度要高。

亚空间的大小

整个广场或其内部亚空间的尺度不能小到使人们觉得自己进入了一个私人房间，并且侵犯了已在那里的人的私密。也不应该大到独自坐着或仅有几个人存在时让人感到恐惧或疏远。伯克利校园中下沉的斯普鲁广场，伯克利山中的罗伦斯科技会堂（the Lawrence Hall of Science）外部人烟稀少的纪念广场，以及旧金山商务区中空旷、刮风不断的吉安尼尼广场都是这样的例子。

交通

如果有舒适场所，城内人希望步行的程度可以通过美国和欧洲城市街道实行机动交通管制后的效果和许多统计数据加以说明（引自《人的街道》）。

在维也纳市中心，九个城市街区在1971年圣诞期间禁止车辆通过，这30天的试验得到了80%的行人的支持，结果这一禁令现在被固定下来……哥本哈根斯特哥特街，在

车辆禁行后的一年时间内，行人数量增加了20%～48%……还有一些有趣的数字，纽约的麦迪逊大街（Madison Avenue）尝试禁止车辆时，行人的数量增加了两倍，而附近颇受欢迎的第五大道（Fifth Avenue）的人数并没有减少。这可能意味着如果所设计的环境有助于步行，那些本不愿意离开办公室的人也可能被吸引出来走一走（OECD，1974年，P. 10）。

步行规划和健康

步行有助于身体健康只是提供更多城区广场的好处之一。内城中有更多的步行空间也意味着更少的污染、噪声以及车祸。雅典市城区于1982年颁布了一个不很普及的临时性禁车令，主要是因为污染已达到了警戒水平。东京银座街区每周有两天实行的交通管制使CO的标准从14.2 ppm（1 ppm=1 µg/mL）降到2.9 ppm。维也纳内城的汽车禁令据说已将污染程度降低了70%。在瑞典的戈森堡，一项机车限制计划使得CO_2总平均值从30 ppm降至5 ppm。英国南安普敦对一条160米长的主要购物街实行了交通管制，结果噪声的水平从80 dbA降到70 dbA（OECD，1974年，P. 19，P. 20，P. 42）。

如果广场通过步行道、购物中心、禁行汽车的街道等联系起来，以上益处还可得以强化。有关美国和欧洲对步行城市核心及其中一部分进行的诸多成功规划的详细介绍可见经济合作与开发组织编辑的《人的街道（Streets for People）》一书（1974年）。

交通规律

许多广场主要由进出附近建筑的行人使用。撇去当地气候、广场美学或其他因素不谈，人们会在人行道（公共汽车站、小汽车落客点、交叉路口）和附近建筑入口之间选择距离最短的直线路径。广场设计中需要明确的基本问题是预测出人们进出建筑的路径，从而为人们的步行活动设计出不受干扰的运动路线。例如，对西雅图某一大型广场的研究表明：设计师错误判断了从东南角进入的人流数量，在高高的通风井和巨大的摩尔人雕像之间设置了一条狭窄的梯道，通风井和雕塑都遮挡视线，导致许多步行者在绕过拐角进出广场时撞到一起。一项评价研究建议移走雕塑并拓宽梯道，但这是一个代价昂贵的解决方法，事实上设计师对此问题应当早有预见（公共空间项目公司，1977 年）。

除了高峰时期进出建筑的人流以外，多数广场还应能满足以下 3 种交通形式：

1. 穿行：人们将广场视为一条近路或是一种赏心悦目的穿行空间。

2. 去往广场周边的咖啡馆、银行或其他零售商店。

3. 去往休息区或观光区：进入广场的人们是为了在那里沐浴阳光、吃方便午餐、看展览或欣赏音乐会。

前两类的人似乎喜欢开放的步行区域。德国的一项研究表明，前两类人反对展示之类的活动打断自己的步行交通（OECD，1974 年，P. 60）；根据对萨克拉曼多商业街（the Sacramento Mall）（1973 年，P. 105）的评价研究，使用者对广场上占主导位置的大型水泥雕塑景观持反对态度（对于设计师来说，它们象征着附近的内华达山脉）。

就步道尺度而言，如果设计师想在高峰时刻仍能保持相对不受干扰的交通流，普西卡雷夫和朱潘建议：平均每分钟内每英尺步行道宽度上至少应有两人通过。他们指出这个标准同现今芝加哥、伦敦和纽约公交运营机构使用的标准有明显的不同。在那里，每英尺的地铁通道宽度上每分钟分别通过 28 人、27 人和 25 人，被视为最大承载容量。显而易见，在户外广场上闲逛同地铁交通高峰期的标准是明显不同的。

关于对步行交通流的引导，普西卡雷夫和朱潘（1975 年，P. 156）从他们对曼哈顿的研究中观察到很有趣的现象，"行人完全不会注意步行通道上的任何色彩规律，虽然这些通道具有不同的砖或混凝土的色调，以及喷漆线条……（然而）行人却注意到空间上的阻碍物和质地的强烈变化"。我们自己在旧金山的观察也证实了这点。因此，如果有意引导行人走向一个特定方向，这些信息必须清楚地在空间形式上表达出来，可利用墙、种植台、广告牌等的布置或是质地、高差的变化来实现（行人常会避开卵石、砾石以及通风管等物）。

运动的行人交通流似乎倾向于出现在空间中心或梯道平台上，而闲坐、看热闹和聊天的人群则倾向于被吸引在空间边缘。这一现象可以通过一个芝加哥广场给以说明。

有趣的是，在那些一般认为行人和闲坐者冲突最大的梯道平台上，出现的恰是相反的现象。通过密度地图揭示、并经 35mm 幻灯证实，闲坐者聚集于平台边缘部位，不仅靠着翼墙，还斜倚着分隔梯道的扶手而坐。这样，对于多数地带来说，穿越的通道保持在中部。因边缘引力的存在而使中部穿行通道保持畅通，这种现象会规律性地在下层空间重复出现（景观设计学系，1975 年，P. 50）。

这一现象同样也在旧金山的许多广场上发现，尽管威廉·怀特对曼哈顿的研究却得出了相反的反应。对于超过一分钟的街道谈话，他注意到："谈话者并不走出主要的步行人流。他们待在里面甚至走进去，大量交谈在人流的中心展开，用房地产的术语来说是百分之百选中的位置"（怀特，1980 年，P. 21）。这可能意味着纽约人在公共空间中具有不同的行为模式或者，象怀特所总结的那样，在人流中，人们可以选择是停止交谈还是继续，就像人们在鸡尾酒会中一样。

关于交通还有最后一点需要注意：在有高程变化的地方，坡道必须总是平行于梯道，或是两者结合。整个广场必须同样能够被残疾人、老年人、推儿童车的父母以及推小车的小贩使用。必须遵守 ADA 对于坡道和梯道的要求，包括对以下一系列因素的规定：坡度（不大于 1：12）、最小宽度 [4 或 5 英尺（约 1.2 m 或 1.5 m），取决于人流量）]、停留点、扶手以及方向变化、踏面和阶高的特点、排水，以及台阶的标识性条纹（详细介绍可见戈尔茨曼、吉尔伯特和沃尔福德 1993 年 b，P. 29—33）。

休息设施

即使分区条款鼓励提供更多的城区公共开放空间，供人闲坐休息的地方却不一定会随之增加。例如，纽约市最初的制订于 1961 年的法规允许一些街道设施，像旗杆、喷泉、种植池和雕像，但长椅或是户外咖啡馆却不在其列。这些法规在 1975

年分区修正法案中得以调整，以鼓励提供座位和食品零售亭。然而，台阶、墙体、种植箱以及喷泉池边仍是大多数城区公共空间的主要休息设施。

作为可能是最详尽的户外坐憩行为的评价，威廉·怀特对曼哈顿广场的研究表明："经过3个月对不同因素的调查——例如太阳角度、空间尺度、同公交的接近程度——我们得出一个令人惊奇的结论：人们在有座的地方就座。别的事物当然也会有影响——食物、喷泉、桌子、阳光、遮阳、树木——但最简单的休息设施——座位，远超过广场各用途中最重要的因素"（1974年，P. 30）。广场中缺乏长椅不仅是因为奖励政策迄今为止尚未要求，也是因为许多建筑的管理。

> 过于害怕"不受欢迎的人"。这正是他们要求建筑师把栏杆横条做成尖角的原因，也是椅子很短的原因。如果你把它们做长了，酒鬼就可以在上面睡觉。这也是为什么麦迪逊大街商业中心大楼内的商人争吵不休的原因，将其开放，这里就会被嬉皮士、学生和其他不受欢迎的人闹翻天（商人们发誓说四处都可见嬉皮士，而我们在1971年结束的两星期的短观察研究却表明：人群主要是职员和购物者）（怀特，1974年，P. 30）。

对温哥华范库弗峰10个广场进行时段观察研究发现了同纽约市相似的模式：人们在靠近中心景观的不同形状和大小的人造物周围（长椅、台阶、种植池边缘）聚集；他们被喷泉和雕塑所吸引；他们沿边界聚集，并与别人所在的地方靠近。因此，对于用作静态活动、而不只是行人通道的广场，必须提供多种形式的歇坐、倚靠和休息的场所。

闲坐者是谁？

根据人们所坐的位置，城市广场中至少有五类闲坐者：

1. 为等公共汽车或出租车而短暂停留的人。

2. 坐在广场边界、观看过往车辆交通和人行道活动的行人（栏杆边的闲坐者，从广场的使用角度出发，依然应考虑在内）。这类使用者多是男性。

3. 那些只想静悄悄地走进并坐在广场中看热闹的人。以上这三类人多表现为个体而非群体，因此座位的布置应该使人并肩而坐，而不应太亲密，如面对面或成直角而坐。

4. 绝大多数使用者（如果这是一个使用率较高的广场）不愿坐得太靠近道路交通和人行道及建筑入口。群体和个体都是如此，两种类型都倾向于首先去边界地带或岛状的坐处，就像在餐厅用餐的人首先选择沿墙或位于屋子角落的桌子。通过空间边界的划分可以使边角座位的数量增多，同时也为小群体创造了亚空间。

5. 一类较少但却重要的使用人群可能就是伴侣和情人，他们寻求僻静、亲密的独处空间，还

图1-20 一些最受人欢迎的公共闲坐场所是沿着繁忙大街和人行道边的台阶和护墙，如图所示的马萨诸塞州剑桥的一处地方

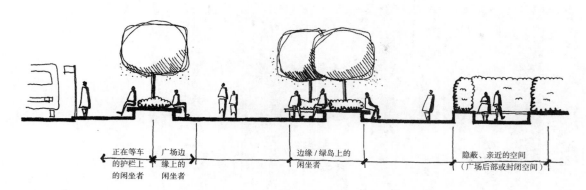

图1-21 人们喜欢坐在不同的地方：边界处目光向外、边界处目光向内、广场边缘、在绿岛上或位于隐蔽的角落内

有成对或成群的女性，她们喜欢处于内部、不会暴露的位置。一个不被人知但却重要的广场和城区公园的用途就是作为求爱和秘密联络的环境（广场作为幽会的场所）。这类人群的座位最好布置在广场的背部（如果有背部的话）或在一个死角空间，在那儿行人的干扰是最小的。与之相对立的是那些可归为"愿意展示的年轻恋人"，他们愿意坐在最暴露的位置上。

人看人

设计师在面对安排座位的任务时，他们应该注意到一年中的大多数时间（除了最为炎热的天气下）人们都喜欢有阳光的位置。因此，从上午11点半至下午2点半之间那些有阳光的地点应重点考虑。

不过，当天气很好，相当一部分空间都可以接受到阳光时，人们将被吸引到有其他人穿行的位置。例如，纽约蔡斯曼哈顿广场的研究，发现它有两个明显的亚空间：派恩自由区（Pine-Liberty area）紧邻活动场所，人流熙熙攘攘，到处都是看热闹的观众；拿骚自由区（Nassau-Liberty area）则比较偏僻，被使用的频率相当小（公共空间项目公司，1975年）。可见，对可能的步行运动进行先期研究可以揭示出哪一亚空间会是最繁忙的，多数座位应该布置在能够看到人群活动的视线范围之内。

主要和次要座位

尽管本章强调的是高峰时期广场的使用，但有一些使用者（旅游者、学生、购物者）却在午餐高峰时间之前或之后使用广场。大量的硬质开放空间或一排排的长椅在没有多少人的时候让人觉得有些恐怖和不友好。从这方面考虑，一个广场如果所提供的大量座位空间不全是长椅，那它在没有人时就不会显得过于空旷。它们被称作辅助座位——长满草的小丘、可观景的踏步、矮墙以及允许坐在上面的护墙——它们能够显示出设计欲表现的雕塑效果、而且没有人的时候也不显得荒凉（见图C-5）。一家主要针对纽约市的咨询公司曾调查过许多广场，它建议辅助座位最多占广场上总座位的50%。为了能够被使用，这类座位的高度应该在16～30英寸（约40～75 cm）（公共空间项目公司，1978年）。旧金山市的经验表明大部分这类座位高度应该在16～18英寸（约40～45 cm）。

座位的形式

不同的人想以不同的方式坐着，如果有足够的选择，每人都能找到最适于自己的环境。这样，为了服务于多种使用者，每一广场应提供多样的座位，不光指位置，还包括不同的坐姿形式。一项温哥华的研究表明，座位或倚靠设施在形状、尺寸和布置上的多样性极大地影响着对城区广场的潜在公共使用（乔达和尼尔，1978年，P. 489）。

长椅。对西雅图联邦大厦的研究发现绝大多数人最喜欢木制长椅，然后是台阶、花池以及（在排名中处于较后位置的）石质座位和地面（公共空间项目公司，1978年）。

一种3英尺×6英尺（约0.9 m×1.8 m）的木制无背长椅——有两个椅宽——提供了一种多

图1-22　台阶、护墙、土堆和花池等非正式的辅助座椅在没有人的时候，也不会显得空旷（摄影：罗伯特·拉塞尔）

功能的座位形式，它可以满足不同的人群和视线要求。两人可以舒适地坐在上面，之间还有足够的位置放三明治和冷饮。如果有第三或第四人加入，长椅则可以兼具桌椅的作用。四个以上的陌生人也可同时舒适地使用这一长椅而不会侵犯太多别人的私密性。这一长椅形式使人可以根据阳光、遮阳、所希望的视线等任何因素来任意选择朝向。另一种3英尺×3英尺（约0.9 m×0.9 m）的相同类型的长椅可以使人有一个单独的座位，但如果找不到其他合适的场所，也可同朋友一起坐在上面。尽管朝向和靠背（也可能没有靠背）的设计应适应不同使用者的需要，但座位高度则应符合使用者的平均尺度，譬如像《建筑制图标准》之类的手册规定的那样，这些高度标准同样适用于种植池和护墙的高度，因为这些设施也会被某些人利用，某些时候用来当作座位。怀特推荐的座位高度是17英寸（约42 cm）。芝加哥广场的一项研究讲到了一个普遍的问题：

　　位于饭店前低处的花池最不适合于任何类型的歇坐目的。它只有约1英尺（约0.35 m）高，这样坐着的人的膝盖就会抵到胸部。显然，花池做得如此之低是为了能够从饭店内部看到喷泉的景致。然而具有讽刺意味的是，尽管不舒服，在主要吃饭时间仍有许多人围绕花池而坐，结果他们的身体正好挡住了喷泉的景致，而且那些坐在花池另一侧面的人可直接看到餐厅内部，这可能正是现在饭店经营者为什么要遮掩窗户的原因（景观设计学系，1975年，P. 46）。

台阶和边沿　最适于坐的形式通常也是最简单的形式。只要宽度足够，人们（尤其是年轻人）会聚坐在台阶上和边沿上。在台阶上，人们可同形形色色的人群接触，这种接触比坐在固定的长椅上要多得多 。然而，对于三人以上的人群来说，成一条直线的台阶和边沿形式是不合适的。芝加哥广场就是其中一个典型，对它所作的评价发现：

　　利用台阶和花池可设置一些座位。尽管它们面对喷泉的朝向和熙熙攘攘的人群很适于"观赏"，但它们成一条直线的布置方式并不适于交谈。交谈者经常需要做出令人不适的扭头转身的姿势，因为相临交谈者之间需要有视线接触。事实上，许多人为了能够面对面干脆站着，而不去坐在花池上（景观设计学系，1975年，P. 46）。

一项温哥华的研究表明：水池和花池的转角处比笔直的中间段的使用更为频繁。沿着广场周边的栏杆，待在角上的休息者的密度远高于栏杆笔直的其他部位（乔达和尼尔，1978年，P. 489）。因此，边界和边沿越丰富多样，它们被使用的可能性也就越大。

可移动的椅子是很受欢迎的座位类型，它为人们在广场内部选择位置和朝向提供了数不清的可能性。在怀特拍摄过的一段经典录像里，一位活动座椅的使用者进行了一系列几乎难以察觉的调整之后，才高兴地坐了下来；这对于设计师的提示是：允许使用者控制自己的座位从而满足他们的偏好，这总能获得好评。

桌旁的座位　由于午餐时间和经济条件以及市区饭店的拥挤，越来越多的人自己携带午餐到工作岗位，尽管坐在长椅上也可吃东西，但成群的人仍觉得坐在桌旁吃饭更为舒适。这里有一些关于公共餐桌旁座位的很好的例子：例如，在旧金山恩巴卡德罗中心广场（the Embarcadreo Center Plaza）和很宽的步行道上，白色金属制成的漂亮的花园桌椅被广为摆放和使用，用螺栓固定在地面上，但绝没有给人带来州立公园或国家公园里那些被拴起来的桌子一样的感觉；在纽约 AT&T 大厦荫凉的拱廊下，类似的花园桌椅没有被固定，可供人们方便地挪动并参加到某一群人中去；旧金山 100 号第一大街（First Street）的屋顶花园也配备了时兴的活动铝制桌椅。当然，如果桌子专用于特定的咖啡馆或饭店，它们应该利用花台等设施巧妙地与道路交通隔离开。

为户外桌子加上阳伞也很有好处。①顶部的

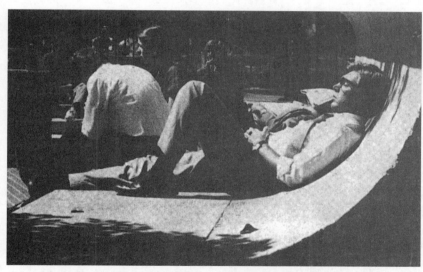

图1-23　不同的人需要不同形式的座位：一位年轻的公司职员在旧金山市贾斯廷赫曼广场内一个波浪形水泥台上休息（摄影：詹尼弗·韦伯）

图1-24　新奥尔良市的法国广场内，一位老人坐在一张舒适的木长椅上等待

图1-25　一个3英寸×6英尺（约0.9 m×1.8 m）的木质无靠背长椅提供了许多休息的可能性

伞盖能够为桌子的使用者提供空间的围合和私密感；②在炎热的区域，阳伞可提供荫凉；③阳伞可挡住从高层建筑上落下的物体；④它们能够带给过往行人以很重要的视觉提示，即这里欢迎你来坐坐和吃午餐。在一项西雅图的研究中，为咖啡馆外的桌子添加上阳伞极大地提高了广场该部分的使用率；确实，曾经有一个大晴天，因为疏忽而未撑起阳伞，结果桌子的使用率大大下降（公共空间项目公司，1977 年）。

独坐和群坐

为了满足独自到广场来想靠近别人就坐但又不希望与其他人发生视觉接触的广场使用者，这里建议采纳以下两种布置方式。第一，台阶、边沿或直线布置的长椅可以在人们之间造成自然间隔，而且不会像直角型或对放的长椅那样形成令人不悦的视线接触。第二，围绕花池（树木或花卉）的环形长椅能够使几个不熟识的的使用者坐得很近，同时又能保持各自的私密，因为他们可以向不同的方向观望（这被称为离心型交往座位）。

为了满足三人以上群体的要求，建议采取以下布置方式：无靠背的宽长椅，直角型长椅以及具有向内弯弧的长椅。也可以提供一些活动桌椅（在花园设计中）。在曼哈顿使用强度很高的帕雷和绿野公园（Greenacre Garden，面积很小，设计非常豪华，由水景、花木以及饮食服务构成）里，没有一个活动坐椅被偷走（然而应该说明的是，这些广场在夜间关闭）。

座位的朝向

座位朝向的多样性也很重要。这意味着人们坐着时能看到不同景致，因为人们对于观看行人、水体、花木、远景、身边活动等的需要各不相同；日照和阴影的多样性也是原因之一，人们不光根据季节的不同、也依据身边环境来选择对阳光需要量的多少。

一项温哥华的研究发现，在格兰贝勒广场（Granbille Square），"提供一组朝向不同的小型座位同那些常规直线排列的座位相比，吸引了更为多样的人，不同的年龄、性别、地位以及活动"（乔达和尼尔，1978 年，P. 489）。另一个成功的广场，澳大利亚悉尼的金斯路口广场（Kins Cross），是一个位于繁忙的街道交叉处的三角形广场，顶点处有一个引人注目的喷泉。长椅有的宽有的窄，有的有靠背有的没靠背，有的隐蔽有的暴露，有的可向内看有的可向外望，有的在阳光中有的在阴影处。几乎所有的歇坐需要在这里都可以满足。

座位的材料

木头作为座位材料温暖而且舒适；其他材料则要凉得多、硬得多，但用作辅助座位则别有效果。这类材料包括混凝土、金属、瓷砖以及石材。不幸的是，委托方为了预防恶意破坏行为，经常劝设计师采用这类材料，不过通过良好的设计使之不断有人利用、加以白天配备全职的管理／维护人员，恶意破坏行为就很容易避免。

有些材料，比如粗糙的未经打磨的木头或粗制混凝土也应避免，因为它们看起来都让人觉得会磨坏衣服。

座位的数量

公共空间项目公司研究了纽约和别处的许多

图 1-26 闲坐时的私密性：旧金山唐人街内的简单长椅可以让这些老人创造出自己的私密空间（摄影：安东尼·普恩）

广场之后，建议每 30 平方英尺（约 2.8 m²）的广场空间应该有 1 英尺（30.48 cm）的座位［迈尔斯（Miles），库克（Cook）和罗伯茨（Roberts），1978 年］。旧金山城区 1985 年规划要求每 1 英尺（30.48 cm）的广场边界应有 1 英尺（30.48 cm）的座位。如果广场位于潜在使用强度很高的区域、而且设计得很吸引人，那么所有的座位都能派上用场。怀特对于纽约 5 个高使用率的座位空间的研究发现每 100 英尺（约 30.5 m）的座位空间分布有 33～38 人。他据此推荐了一个预测高峰时期主要座位空间的平均使用人数的经验规律：座位边长英尺数除以 3。

种植

经过仔细的种植规划所创造出的纹理、色彩、密度、声音和芳香效果的多样性和品质能够极大地促进广场的使用。在对温哥华 10 个城区广场的研究中，乔达和尼尔发现人们能够被吸引到那些提供丰富多采的视觉效果、绿树、珍奇的灌丛以及多变的季相色彩的广场上（乔达和尼尔，1978 年）。它们不仅能够吸引行人进入广场，而且将大大提高进入者的体验。因为就像弗鲁因（1971 年，P. 120）所说的那样："一旦行人明确了他们的主要关注：方向和方位后，他们感觉的敏感度，如对色彩、光线、地面坡度、味道、声音以及纹理变化的感觉将会大大提高。"

对华盛顿特区 HUD 大楼周围空间的调查说明了雇员对于更多的草地、树木以及长椅的急切需要（公共空间项目公司，1979 年 a）。使用强度最高的一处开放空间是周围为繁忙的街道和冰冷的混凝土广场所围绕的，有草地、树木以及长椅的小型休闲花园。在使用高峰期，每个人只有 2 英尺 7 英寸（78.74 cm）的可坐空间，然而花园更大的面积（建在装卸码头上面）则完全没法利用，因为没有座位。因而为了使花木能够得到欣赏，必须有可休息的空间，或者对草坪的定位和设计必须有助于人们的坐歇活动。

种植的多样性

对于大多数广场而言，在相对较小的空间内利用不同种植为在那儿休息或穿行的人提供视觉吸引物是很重要的。大多数人喜欢待在广场上是因为其绿洲效应，因此就需要有些令人赏心悦目的东西吸引他们的注意力，尤其当①他们孤独时；②他们缺乏行为支持物（如午餐、书或报纸）；③缺乏可观望的过往人流时。旧金山的圣玛丽广场（St. Mary's Square）在这一方面尤为成功，其种植包括伦巴第杨、海桐花、桦树、石松、花李以及树下花池中的爱情花，它们产生了颜色、质地、高度和阴影度的变化。

广场越小（或越下沉），就越应选择羽状叶、半开敞的树木，这样使用者能够穿过它们看到广

图1-27 闲坐时的私密性：旧金山加利福尼亚街101号，台阶上摆设着盆花，这使独自或成对的人能够找到半私密的空间（摄影：詹尼弗·韦伯）

场的不同部分。这类树木还可使高层建筑产生的强风穿过其中而得到削减，因此使风带来的潜在破坏要比浓密的大叶树种小。

种植的高度

种植的高度和密度不应该挡住广场使用者观看活动和表演区域的视线。在芝加哥的一个例子中，种植沿着三层广场的中间层边缘进行，结果植物高度正好挡住了一个喷泉景观的视线，还对下面人流交通空间造成了干扰。更糟糕的是：

在使用高峰期，视线完全被坐在花池边缘的人的身体遮住。坐着的人为了看到下面的景致不得不让自己躬着背或是扭着身体处于不舒服的姿势。为了看到全景，人们只好紧贴着墙站着，或是像我们经常看到的一样，正好挡在了正准备休息的闲坐者的前面（景观设计学系，1975年，P.54）。

如果一个广场必须采取下沉形式，那么应该在其内部种植一些树木，它们会很快长得超过步行道高度，这样的话，即使广场除了穿行以外没有其他用途，这些树木的枝叶也能增加街道体验的娱乐性。旧金山的克罗克广场就是一个很好的范例，在那儿美洲皂荚树从下沉广场一直长到高过人行道，最后与用作行道树的相同树种融合在一起。

边界种植

如果广场的一面或多面被建筑围合，而且建筑不从广场进入，那么建筑的墙体应该用树木屏蔽。如果构成广场边界的建筑立面的窗户很少，无需考虑采光或视线，那么可以选择一些长得浓密的树木（例如旧金山泛美红杉公园内的红杉）。如果从审美角度出发，必须屏蔽建筑但建筑使用者又需要保证采光和视线通畅，那么就应该选择开敞一些的羽状叶的树种。一个出色的例子就是旧金山唐人街的老式砖建筑通过圣玛丽广场背部一排高大的伦巴第杨进行的屏蔽，这种树种具有冠幅较小的优点，因此并没有占据多少广场的可利用空间，杨树下面的低矮灌丛则弥补了其分枝通常不会低于12～15英寸（约30.5～38cm）的缺陷。

色彩和芳香的重要性

色彩是广场使用者获得乐趣的一个重要因素。种植台内一年或多年生的树木和灌丛具有丰富而且明亮的色彩，也可采用一些花灌木。除了色彩，还应考虑芳香；例如，坐在旧金山的哈利迪广场（Hallidie Plaza）上，闻着薰衣草不期而至的香味令人心情很是愉悦。

许多城市居民住在没有花园或阳台的公寓中，一天中会有8个小时生活在用塑料花卉装饰的环境中。在那些缺乏亮丽色彩的城市里，公共花园尤受欢迎，盆栽的季节性草花能够产生绚丽的色

图1-28 为摩天大楼所包围的某一个旧金山小型广场公园（泛美红杉公园）中的红杉树，它遮掩住了附近建筑，从而创造出一处绿洲般的环境（摄影：罗伯特·拉塞尔）

彩，同时不会产生过多的维护问题。但如果一个公共花园只用于观赏，却不能让人进入且坐在里面，这是合理的吗？旧金山集市街 555 号中的雪夫龙花园广场就是一个这样的例子：花岗岩石块、落水、花床、草地以及红枫以优美的几何造型组织在一起，广场只能透过周围的栏杆和在抬高的步行道上看到。为了减少维护费用并保持空间处于一种自然原生的状态，行人进入花园是受到禁止的（另据报道说是为了避免可能会发生的反石油公司的破坏活动——雪夫龙大楼前已有许多次示威游行）。在新的城区开放空间导则中，这类无法进入的花园将不再被承认为公共开放空间。

种植的保护

如果广场中没有足够的长椅、台阶等可坐设施，任何平坦的表面都会被人们利用，包括花池狭窄的边沿以及植物后面的墙或凸台（从而导致树木被践踏）。在旧金山的克罗克广场中，为了保护植物避免遭坐靠，不得不在圆形花台上套上丑陋的金属丝网。同样在旧金山的哈利迪广场，长满长春藤的矮墙也罩上网线以防人坐在上面，不幸的是，这一屏蔽结构正好遮挡住了部分坐在长椅上的人观望集市街上人流的视线。

提供草坪区

与主要交通空间和广场休息空间相接的斜坡草坪能够为人们提供远离混凝土和木头的审美心理放松；同长椅相比，草坪能让使用者以一种更随意的方式坐、躺或晒太阳；另外，草坪的使用者会得到较高的观看行人和广场活动的视域。

旧金山的泛美红杉公园（见案例研究 5）是一个面积很小但使用率很高的草坪空间的优秀范例。草坪背后有大约 20 棵 40 英尺（约 12 m）高的红杉，这不可避免的使得该区域的创造者将其称为公园，而不是广场（但根据我们的定义，它依然是一个广场，因为硬质表面占主导地位）。中午时分，可以看到坐在草坪上公开吸雪茄的人；而坐在广场长椅上的人则很少这样做。因此，虽然草坪在可视性和尺度上较小，比起其他广场空间来，它更让人感到随意和私密。在这个广场上，树木有效地屏蔽了位于广场东侧三四层高的建筑。午间时分草坪完全沐浴在阳光中（事实上，整个广场都是如此）。较高的地方可以看到广场上的闲坐者、喷泉以及种植台，以及科伊特塔（Coit Tower）、特利格拉夫山（Telegraph Hill）和诺伯山（Nob Hill）的远景。草坪的后侧边缘被巧妙地划分成许多人们可占据的半私密的休息空间。该草坪使用强度很高，主要用于野餐、小憩、阅读、晒太阳、观望人群以及躺卧。

草坪空间的设计和位置决定了它的使用情况。同泛美红杉公园高使用率的草坪形成对比的是旧金山阿尔沃广场中很少有人问津的草坪。后者面积大、平坦、四四方方，而且四边为步行道所围绕。无论是在公园、广场，还是在住宅开发、建筑内部，人们都不喜欢草地过于空旷。

地形变化

美学和心理影响

地形变化具有很重要的视觉、功能以及心理结果。对绝大多数观察者来说，具有适度但可感受到的地形变化的广场景观比那些完全平坦的广场更具有美学吸引力。地形变化还有很重要的功能优势——例如，休息空间和交通空间能够借助微地形变化加以分隔；上部还可作为一个临时的演讲或表演用的舞台（如伯克利校园中的斯普鲁会堂的台阶）；一个很大的广场还通过地形变化分成几个人性尺度的"户外空间"。

站在有利的顶点位置、舒适地斜靠在一些墙或护栏之类的支持物上、同时向下观望人群对人们来说是一种极大的满足。居高临下的有利位置强化了观望人群的自然吸引力。卡伦谈到过：城市景观中的高度相当于特权；深度则意味着亲密；而且根据人们不同的心理需要，具有地形变化的广场为人们的这两种情绪都提供了对应场所（卡伦，1961 年，P. 175—177）。然而，不同地形变化的处理必须慎重，以确保残疾人不会被排除在任何一个空间的使用之外。只要有可能，广场的不同高差之间应当有平行于踏步的坡道，或者用坡道代替踏步。

下沉广场的危险因素

人行道和广场之间的明显高程变化应该尽可能避免（弗鲁因，1971 年，P. 17）。在研究曼哈顿广场时，普西卡雷夫和朱潘（1975 年，P. 165）发现那些使用率低于平均水平的广场通常在高差、上下、障碍物以及缺乏座位等方面存在巨大的差异。旧金山市低使用率广场的例子包括：吉安尼尼广场，只有从加州大街登上一段高程后才能到达广场上部；采勒贝奇广场，不仅低于人行道，而且入口位置不明显，几乎没有任何座位（见案例研究 3）；哈利迪广场，可通过电梯到达，而且它是通往湾区快车 BART（Bay Area Rapid Transit）的地下入口，但它经常很热，而且视觉上令人不快。高于街道过多的空间——除非它是一个屋顶花园——会失去同街道的视觉联系。而

低于街道过多的小空间对使用者来说不很舒适而且只适于用作运动或出入口空间。

在地形略有变化的地方，通过维持高差之间的视觉联系来促进特定体验具有重要意义。例如，一处略高于街道的空间给其使用者造成一种眺望感和优势感，同时也保持了街上行人的视觉连续和趣味感。一处略低于街道的空间则给其使用者造成一种私密和围合感，同时给人行道上的行人带来眺望感和优势感。

下沉广场中的吸引物

如果广场不得不设计得低于地面，就需要有引人注目的东西能将行人吸引进来；广场越低，吸引力必须越大。在这点上，旧金山采勒贝奇广场（从人行道向下只有 6 ~ 8 个踏步）里中等大小的金属喷泉雕塑（它的水很少打开）就显得苍白无力；而芝加哥宽广的芝加哥第一国家银行广场（低于地平 30 多级踏步）中喷泉喷射很高则起到了积极的吸引人的作用。不过一旦将人们吸引下来，就必须有合适的场所可以坐下来，并欣赏周围环境。

如果人们被吸引向下走入广场，但除了一个地铁入口外别无他物，这时即使有座位人们也没有逗留的理由。在旧金山的哈利迪广场中，除了大面积的砖铺地、耀眼的大理石墙面（在炎热的日子它像一个烤箱）、树荫严重不足的小树以及色彩单调的花池以外，没有什么值得一看的东西。在交通高峰期，来自湾区地铁的阵发人流为人们提供了一点可观之事，但在周末当地铁使用率较低时，连这点吸引力都不会存在了。位于广场中部和上部的座位由于集市街上的行人和交通所创造的一些吸引力，使用强度总是高于那些位于广场下沉区域的座位，这一点并不令人惊奇。

抬升广场

相反，只要从街道望过去抬升广场在视觉上很显著（透过树木）、如果没有太多的上行踏步，坐在抬升广场上将会是一种愉悦的体验。高居于喧闹和汽车废气之上、并超脱于过往行人，无论在心理上还是在生理上都会令人心旷神怡。在旧金山的圣玛丽广场，那些长成的树木向行人暗示着这里有些有趣的东西，从而吸引了许多来自格

图1-29　西雅图政府办公楼的西广场略高出街道，可以让人登高眺望，但残疾人无法到达

兰特街和加州街的好奇游客爬上5～6级台阶。如果抬升广场从街道上无法看到，但却是广场和人行道的交叉部分，例如旧金山的金门［（Golden Gateway）、阿尔科阿广场（Alcoa Plaza）］，就必须有足够的理由（购物、建筑入口、餐厅）吸引人们登到上面去。

公共艺术

《适宜生活的城市（Livable Cities）》的作者提出了评价成功公共空间艺术的标准，即：它"应该为城市生活以及其居民的健康等方面做出积极的贡献。它应该慷慨地给予公众一些正面的益处——快乐、怡人、想象、高兴、社交——总而言之，一种社会公益"（克劳赫斯特·伦那德和伦那德，1987年，P.89，P.90）。在评价标准中，他们建议公共空间中的艺术作品应该：

1. 创造出愉悦感、快乐感以及对城市生活的惊叹感。

2. 通过对传奇、寓言、神话或历史的吸收，以及通过创造可以被人控制、可以坐在上面或从下面穿过的形式，激发人们的玩心、创造力和想象力。能够吸引儿童的雕塑或喷泉同样能够吸引成年人。

3. 促进接触和交流。醒目而且接近道路的雕塑或喷泉可以吸引行人停下来，甚至可能坐在附近或引发交谈。怀特在研究曼哈顿广场时也同时强调了这一主题；他把这种作用称为三角形作用，并鼓励将表演或公共艺术品作为沟通公共空间里相邻陌生人之间的潜在桥梁。

4. 在艺术作品内部或附近添加可让人歇坐或倚靠的台阶、凸台或栏杆。感觉体验——例如，可触摸的雕塑所具有的质感、喷泉所具有的声响和感觉——可能会带给人一种短暂但却愉快的感受。利用或着眼于自然现象（如雾、风、雨、火）的艺术品有可能成为一件自然的吸引物。

5. 促进人际接触、并将人视为演员而不是观众。劳伦斯·哈尔普林（Lawrence Halprin）设计俄勒冈州波特兰欢乐广场（Lovejoy Plaza）时，将人们的参与视为最主要的设计标准，儿童和年轻人在水中快乐地嬉戏，他们在体块上爬上爬下，这种参与性几乎是其他任何一种公共艺术所不具有的。在更小的尺度上，德国艺术家博尼费梯尔斯·斯滕伯格（Bonifatius Stirnberg）在许多德国城市所创造的雕塑喷泉以其简洁、易懂的造型代表着地方的特性和历史，这些作品中有很多都是铜制"木偶雕塑"，观看者可以移动并重新摆放

图1-30 咖啡馆能将人们吸引到高出街道的广场上。图示的一处咖啡馆位于西雅图第一联邦银行中心，可通过台阶和电梯到达

它们（克劳赫斯特－伦那德和伦那德，1987年）。哈尔普林和斯滕伯格的作品同塞拉（Serra）的作品正成对比，例如他设计的横穿整个纽约广场的庞大、沉重的锈蚀钢质桁条（斜弧线）是如此的不受人喜欢，以至于邻近办公楼中的员工请求将其拆除。除了促进抱怨者之间的交流，这一作品没有符合前面所列的任一标准［斯托尔（Storr），1985年］。

尽管为公共艺术作品制订评价标准会引起某些人的反感，我们仍然赞同《可居城市》的作者们的观点：

私人收藏的或向公众开放的个人艺术收藏作品可以贴切地成为艺术家的个性体现、个人幽默、内心感受的表白以及色彩、质地、形状等的美学综合，它们对一些人极为重要，而且能得到它们所代表的人群的访问和欣赏。公共艺术品则需满足上述某一或全部标准，除此之外，它还须深刻代表那些使用它周围空间的大部分人群（克劳赫斯特－伦那德和伦那德，1987年，P. 90）。

几百年以前，卡米洛·西特在他著名的《城市建设的艺术》（1889年/1945年，P. 72）一书中提醒我们：

我们必须记住（公共）艺术在城镇布置中具有合理而且重要的地位，因为它是唯一一种能够随时随刻影响大量公众的艺术，相比而言，剧场和音乐厅的影响则限制在较小部分的人群。

西特反对在一个广场的几何中心放置雕塑，因为这可能意味着该广场只服务于雕塑而不是公众；接近主要步行路线且偏离中心的位置是可取的。在那里，视线的组织是很重要的，例如，在建筑大堂和小汽车或出租车等候处之间，或在入口位置附近布置雕塑必须谨慎以免阻挡视线。

在全国范围内，围绕公共艺术的应有的作用经常展开一些激烈的讨论；艺术挑战、体现社会批判或塑造矛盾的能力不应该凌驾于使人们在公共空间内感到舒适的需要，也不应该一味追求艺术"美"而使所有这类公共作品雷同或肤浅无聊。在后期分析中，即在公共艺术进行委托或评标的过程中尤其需要慎重，使更多的公众参与到艺术中来会在产生上述诸多益处的同时避免了经常出现的"精英主义"问题。

有些广场不是将注意力集中在一件吸引人的艺术作品上，而是将整个广场视为雕塑庭院。例如洛杉矶的希蒂科尔普广场，它将一批特意制作的艺术作品精心地分布在整个广场，以强调个体作品的影响力或力求优化公众的视觉体验机会。就像博物馆会提供展览作品简介一样，希蒂科尔普也有一本专门的手册来引导公众到达不同的艺术作品（巴纳基和洛开透·赛德莱斯，1992年）。

图1-31　在欧洲的城市中，譬如图中的瑞典马尔
　　　　默市，帝王和英雄的雕塑通常都位于城
　　　　市广场中心的高台基座上

图1-32　瑞典马尔默市的当代街道雕塑，使得人
　　　　们可以接触和欣赏艺术

图1-33　劳伦斯·
　　　　哈尔普林俄波
　　　　设计的州波
　　　　勒冈的
　　　　特兰市广场
　　　　喷泉，设计
　　　　场设励人水
　　　　励人与
　　　　的接触

喷泉

动水在视觉和音响上的吸引力是公认的。紧邻座位的喧闹的喷泉可以成功地屏蔽周围交通的喧嚣,同时非常有利于创造一个令人愉悦的环境。温哥华的一项研究注意到:法院广场(Courthouse Plaza)中的一个程控产生复杂水形效果的喷泉导致了广场每天都人流不断,而一个街区以外的两个没有喷泉的类似广场则只被人们用于快速穿行(乔达和尼尔,1978 年,P. 489)。

水流声音减轻人们紧张感的作用也不容忽视。在拥挤的城市环境下,喷泉的设计应使落水的声音尽量响亮,而且座位的安排应使尽可能多的人们都坐在听力可及的范围内(图 C-4)。喷泉的尺度应与周围环境协调。在旧金山贾斯廷·赫曼广场开阔的开放空间中,威廉恩库特喷泉的庞大体量并不显得过分。相反,泛美红杉公园中的小喷泉,由 7 个简单的喷射不同高度的喷头组成,位于卵石镶边的水池内;舒缓的声音效果能被所有周围使用长椅和草坪的人听到(见案例研究 5)。

如果喷泉位于高层办公地区可能会产生问题。众所周知,高层建筑能够产生局部的扰动风,这些风会使喷泉的喷雾扬撒到广泛区域,从而使得部分广场区域无法使用。例如,旧金山吉安尼尼广场中的喷泉正是因为这个原因而不得不移走,换上了一个干扰较少的种植台:这是一个代价高昂的错误。解决办法之一就是雇佣一个全职的园丁或广场管理员,他会控制喷泉,并根据风速调节喷头的高度。

尽管喷泉和水景对任何广场来说都是非常宜人的,但在建造之前必须首先考虑它巨大的运行和维护费用。事实上,旧金山 PG&E 广场巨大的跌水喷泉由于运转时耗费大量的能量,而不得不在一定时间段内关掉。

铺装

只要对公共空间中的人们稍微进行观察,就可明显发现人们尽可能寻求由 A 点到 B 点之间的直线路径。所有主要的交通路线必须适应这一原则,否则人们为了尽快到达他们的目的地会超近路穿过草坪甚至植被带。大块的砾石和卵石是绝大多数人避免的地面类型(因此可用来引导人流),女性比男性更倾向于避过它们。

图1-34 西雅图市里不同情调的雕塑:伊桑姆·诺古奇(Isamu Noguchi)在一个银行广场上设计的禅宗般的雕塑作品

借助于对脚底和眼睛来说都很明显的铺面变化，例如从人行道铺装过渡到砖面能把广场界定为单独的空间，同时又不妨碍进入。伯克利BART车站的小广场不过是拓宽后了的人行道，但却全部采用砖铺装从而创造出一种空间感；同样的砖一直延伸至半围合的曲线形墙体。

食物

威廉·怀特在曼哈顿的观察中总结道：具有食品售货亭或户外餐馆的广场比那些没有这类要素的广场更能吸引使用者。这类广场不仅能吸引更多的使用者，更为生动，而且食物出售也是一笔很好的生意。可为什么美国在这方面的认识远落后于欧洲呢？鲁道夫斯基在《人性街道》中提出了一个解释，"心理学家将在公众面前吃东西比作不庄重的身体暴露行为……在不吃东西的人们的注视中吃东西通常会让人觉得不雅，如果不是有意作对的话……'吃的最基本的功能'，哈夫洛克·埃利斯（Havelock Ellis）断言说，'几乎像示爱一样显眼'"（鲁道夫斯基，1969年，P. 320—321）。

显然，美国的公众开始变得开放了。当怀特及其"街道生活计划（treet Life Project）"的员工们被要求对曼哈顿埃克斯克逊大楼附近无人问津的小型公园采取一些措施时，他们移进了一辆食品车、电缆卷轴以及种植台；结果，该公园的使用率明显增加。

增加生机和活动的一个方法（同时减少留给"不受欢迎的人"或潜在破坏者的空间）就是提供一个食品售货厅或允许推车零售食品的小贩进入。

如果你想使某空间充满活动，摆些食品好了。在纽约市，凡是每个拥有丰富社会生活的广场或台阶上，你将毫无例外地发现在角落处的食品小贩和围绕他的一群人，有的在吃东西、有的在交流，有的只是站着……食物吸引人，而人又能吸引更多的人（怀特，1980年，P. 51—52）。

在设计洛杉矶的维尔希雷广场内的费卡洛（The Figueroa at Wilshire Plaza）时，建筑师大卫·马丁（David Martin）刻意遵循怀特的基本准则，包括在办公楼的底层规划一个朝向广场的餐厅。而当业主为了更好的利润，选择将那个地方留给银

行时，他感到很沮丧，但当后来在广场上加了食品售货亭后，他开始逐渐认识到食品售货亭"使得空间显得不那么排它了"（巴纳基和洛开透·赛德莱斯，1992年，P. 139）。设有桌子、可移动的椅子和遮阳伞、不受干扰的区域既会被食品售货亭的顾客使用，也会被自带食物的人使用。管理中很快就发现：虽然后者的使用行为在开始设计时并未被考虑进去，但却是一种善意的公共行为。

对西雅图联邦大楼（the Seattle Federal Building）雇员的调查发现：他们有3/4的人在室内吃午餐，即使天气很好。绝大多数人表示如果办公大楼餐厅有外卖食品或广场上有优惠食品，他们会更多地在户外用餐。表1-9比较了西雅图联邦大楼内员工吃午餐的地点。

在自助食堂里吃午餐的男性比例较高而女性在广场上用餐的比例较高，这种现象部分归因于男女性之间的收入差别。只要女性从相同的工作中获得的收入相对越少，他们就越有可能自带午餐。因此，食品摊点和户外餐饮场所的设置应优先照顾女性的利益，算是对其工资较低这一劣势的小小补偿吧。

表1-9　人们在哪儿吃午餐

	男性	女性
在自助餐厅	41%	22%
在办公桌旁	24%	26%
在餐馆	19%	21%
在广场上	11%	24%

资料来源：公共空间项目公司，1979年b.

所有广场，尤其是那些在那儿可购买食物的大型广场应该提供所有人们在餐厅能够理所当然享受的方便设施，特别是饮水器、卫生间以及电话。另外，广场四处都应有垃圾桶，因为人们不愿离开坐椅或出入口而走很远去扔垃圾（ADA详细规定了对所有这些基本设施的设计要求。详见戈尔茨曼、吉尔伯特和沃尔福德的研究，1993年b）。

活动节目

设计师习惯于在施工完毕后也就结束了全部设计过程。但对于城市广场而言，同大多数其他设计空间一样，空间的后续管理对于其成败与否很是重要。在广场中提供食物是其成功的一个关

图1-35　夏季里在户外咖啡厅吃东西很受欢迎。在加拿大温哥华，图中左侧玻璃装潢的建筑提供了一些不一般的设施——室内公共桌椅，供那些想在室内吃饭的自带午餐者使用

键要素；另外一个要素则是提供节目。

　　广场中的节目包括那些由一个单位提供的，例如，芝加哥的第一国家银行广场中的表演；许多城区的季节性节事活动，例如达拉斯中心商务区协会（Dallas Center Business District Association）于每年秋季组织的长达5周的城市节庆活动；克利夫兰市郊联合政党（the Greater Cleveland Association's Party）在公园中的节目；将下班的人们留在城区的夏季夜晚音乐会；以及那些街道表演者，他们都通过了试唱并取得了执照，在主要城市广场和市场逗行人开心，如旧金山的吉拉尔迪利广场（Ghirardelli Square）和波士顿的法努尔霍尔广场（见图C-6）。

　　虽然还有许多公司广场仍然回避街头表演者，将他们视为不受欢迎的流民，但洛开透-赛德莱斯和巴纳基（1993年，P.8）注意到"为了在合适的监督和协助下促进有组织的表演和活动"，洛杉矶市出现了前所未有的公私部门之间的合作。加利福尼亚广场就是一个这样的例子，它的水景院（当把水放干时，需要1个小时的过程）设计得可容纳4000人观看编排好的表演或文化活动。开发商觉得：一个表演区如果没有表演时，人们就会在这里闲荡，正是基于此原因以及他们对无组织的活动或演讲的禁止，导致了这个颇具创新精神的解决方法的产生（洛开透·赛德莱斯和巴纳基，1992年）。

　　可能最有雄心和成功的广场节目是西雅图户外午餐（Seattle's Out to Lunch）节目，在夏季7～9月份之间，它在14个不同的城区公园和广场上每天表演音乐、舞蹈或戏剧。在城区商业组织、西

图1-36　滑板上的滑稽表演，旧金山市贾斯廷·赫曼广场（摄影：詹尼弗·韦伯）

雅图市、联邦服务总会以及美国音乐家联盟的赞助下，户外午餐节目每月都发行其活动的传单和图片，在每一个活动的表演场地上空飘浮标有"户外午餐"的黄色巨型飞艇，每年都会吸引大约70000人。对不同地点的4个不同活动节目的调查表明：87%的参与者去到了他们以前从未去过的地方，73%的人说他们在去参加活动的路上惠顾了商场。由此可见，城市广场中的节事活动不仅会令空间充满生机与活力，而且促进了人们对城区的了解，同时还促进了城市商业（公共空间项目公司，1984年，P.28）。

设计师对一个新的或改造的广场可通过以下措施为节事活动的未来发展提供便利：①说服广场的委托人/管理者这是一种很重要的广场利用方式；②提供永久或临时性舞台使观众能够比较舒适（注意不要有一些正对正午阳光的座位），而且其存在并不干扰正常的广场人流交通；③保证舞台提供后，在不开音乐会时也能用于闲坐、吃午餐等。

如果要提供一个供偶尔表演之用的舞台，其位置应该认真规划。一项芝加哥市城区广场的研究发现：当活动舞台布置于轴线位置时，穿越广场的正常交通受到了相当大的干扰。尽管它能很好地满足其娱乐功能的要求，但其位置却成了主要的交通障碍（景观设计学系，1975年，P.50）。

对西雅图联邦大楼在有节事活动和无节事活动的时候广场使用情况的比较研究发现：有音乐会时使用人数急剧增加。另外，通过对节日期间广场行为的详细观察也能为音乐会或大型观看活动的广场设计发现许多有趣、有用的导则：

1. 节事活动的位置不应严重干扰往来于建筑的正常人流交通。

2. 应该提供一些较轻的折叠椅子，并用第一排椅子界定出观众和表演者之间的距离。

3. 扩音器的声音不应太大，否则人群会站得很远，这样留给观众的空间会变少。

4. 节事活动的时间安排必须与正常的午休时间一致。

5. 在节事当天布置临时性的优惠餐饮会保证广场的高使用率。

6. 应该利用非常醒目的招贴广告宣传即将举行的节事活动（公共空间项目公司，1979年b）。

摊贩售卖

自城市出现之日起，城市广场中就有货摊、货车、手推车以及食品零售亭出售一些小东西。但当零售区发展起来、尤其是专卖店出现后，摊贩售货开始被视为商业区的有害因素。商人把它看作不公平竞争；城市官员则为卫生标准和交通堵塞而担心。

但从20世纪60年代开始，在许多城区这种态度出现了明显的逆转。商人开始认为在特定位置由摊贩销售某些类型的商品能够提高零售区受欢迎的程度，使广场或人行道环境充满活力，同时提供安全保障。成功的零售计划已在旧金山、伯克利、波斯顿、芝加哥以及尤金（Eugene）和波特兰（俄勒冈）建立起来。在这些城市，新的零售法规详细规定了其地点、大小和货车的设计；所售货物的类型；以及所允许的价格（公共空间项目公司，1984年，P.33）。这里所零售的东西通常是那些城区商店所不提供的，像水果、蔬菜、鲜花、手工艺品和外卖食品。

最合适的地点是那些已经很受午间休闲欢迎的广场，以及会有大量顾客的人行道和公交广场和那些人气不旺但布置一些食品小贩和可移动桌椅就能使其大为改观的广场。关于实际零售地点的细节内容包括：人行道宽度、行人流、建筑入口、可视性、可达性、街道设施、公共汽车站以及附近的展示橱窗。

由于顾客开始更加认识到新鲜农副产品对健康的益处，农贸集市很快成为一种流行的零售形式。在这类集市中，有一些只不过是农场主在停车场或街边停放货车的狭小空间，另外一些则是在城区广场内专门设计的摊位。对于康涅狄格州哈特福德（Hartford）市场惠顾者的调查表明：1/3去城区的人是特意为了去赶集市。巴尔的摩的一个集市每天服务于10000名顾客和超过100位农场主；它将如此多的人吸引入以前无人问津的区域以至于附近的空仓库开始变成商店（公共空间项目公司，1984年，P.40）。旧金山联合广场上的小集市每星期举行两次，为附近旅馆内收入较低的居民提供新鲜食品，同时方便办公职员在午间时分出来购物。接近可能顾客群的城区位置是至关重要的，其他重要的考虑因素还有相对拥挤的环境（令人忆起欧洲的街市）和价格优惠的食物供给。

据报道说，华盛顿特区内 HUD 大楼一个以前没人利用的入口广场，一个卖鸡蛋的人平均每天要卖出大约 3000 个鸡蛋。对此，广场的评价研究建议增加小商贩和农贸市场。他们还有一个可适用于任何地方的有趣的建议，就是为市场提供玻璃纤维结构或加盖屋顶，这样可以：

1. 为广场增添色彩和活力；
2. 提供庇护和荫凉；
3. 同周围环境的尺度形成对比；
4. 提高建筑入口可视性；
5. 在冬天或非高峰期使广场不会显得空旷。

信息和标识

尽管任何建筑内的正式雇员即使在没有任何方向标识的情况下也能很快找到路，但偶然的访问者或新雇员在没有标识信息时却会迷失方向。在这点上，华盛顿特区 HUD 大楼正是一个典型的反面例证，尽管它一度被视为城市再开发的典范。它由马塞尔·布鲁尔（Marcel Breuer）设计，1969 年竣工，试图象征政府对支持城市恢复活力的承诺。但 1979 年的评价研究作了如下报道：

（荒凉的前广场所表现出的）缺乏热情的氛围一直延伸至建筑大厅，在那儿，人们需要各种信息。……没有公共地图；户外方向标识太少也太小；地铁路标如此得不显眼以至于人们几乎无法发现……没有指示告诉参观者该从哪儿进入；入口难以发现……主接待席位于大厅南部，然而更多的人从大厅北部进入；信息栏不在人们需要的位置；市内电话没有清楚标明；餐厅入口和 HUD 信息中心过于隐蔽。最后，大厅本身是如此得昏暗无光——尤其是同前广场的耀眼形成对比——这也增加了混乱性（公共空间项目公司，1979 年 a，P. 13）。

显然，对于一个被期望服务于公众同时促进良好城市设计的机构来说，这是一种耻辱；随着 ADA 法规的通过，这种疏忽实际上已成为不合法的。

至少，建筑的名字应该清楚地标明并在夜间有很好的照明，同时主入口应该清晰明确。一进入一座经常有人光临的建筑，就应该有直接而明显的标识，指明如何去往问询台以及电梯、卫生间、电话以及自助餐厅或咖啡馆（如果有的话）。最后，对于那些要离开该建筑的人来说，应该有明显的去往公交车站、出租车站以及附近街道的方向指示；简洁明了的周围街区地图也会很受欢迎。装备这些必要的但经常被忽视的细节设施的费用肯定会比雇佣一个专门为人们提供这些信息的接待员或看门人的费用要低。

维护和便利设施

最后，在任何公共空间，一旦人们发觉管理者很爱护环境，他们也会如此。充满了枯死花草的花池、匮乏的垃圾桶，以及养护不佳的草坪不仅给邻近建筑带来很坏的形象，而且向人们暗示他们对空间的使用是不受欢迎的。在午间浇灌草坪也是一个不明智的举措，它阻碍了公众的接近。

垃圾箱似乎是一个经常被设计师遗忘的细节，但它对户外空间的成功运作至关重要。例如在旧金山，一个高利用率的城区公园（沃尔顿广场）几乎没有垃圾桶，结果为了处理每天午间的垃圾，不得不将丑陋的垃圾车开进来。华盛顿特区内 HUD 大楼附近的小花园使用强度如此之高以至于两个垃圾箱在午餐远未结束时就已垃圾泛滥。

案例研究

下面的案例研究结合具体情况说明了本章提出的许多观点。以本章前面介绍过的城区广场的类型划分为依据，这些案例分别代表以下类型的广场：

1. 克罗克广场：街道广场——拓宽了的人行道；
2. 梅卡尼克斯广场（Mechanics Plaza）：街道广场——采光角；
3. 采勒贝奇广场：公司门厅——醒目的公司前院；
4. 吉安尼尼广场：公司门厅——"舞台"；
5. 泛美红杉公园：城市绿洲——花园绿洲；
6. 布鲁明广场（Blooming Plaza）——屋顶花园；
7. 伯克利 BART 广场：公交集散广场——地铁入口空间；
8. 圣塔莫尼卡第三步行大街（Santa Monica

Third Street Promenade）：作为广场的街道——步
行商业中心；

9. 贾斯廷赫曼广场：大型公共场所——城市
中心广场（Urban Plaza）；

10. 联合广场：大型公共场所——城市广场
（Urban Square）。

1. 克罗克广场：街道广场——拓宽了的人行道[①]

位置及环境

克罗克广场位于旧金山城区一个车辆和行人
繁忙的交叉口处，金融区、商业区以及快速发展
的南部市场区也大致在此相汇。它由两部分构成：
一个与街面齐平的主广场和一个通往蒙哥马利大
街BART［湾区地铁（Bay Area Rapid Transit）］站
入口的下沉广场。这个近似三角形的场地朝向毗
邻人行道上的活动。一天中多数时间沐浴在阳光
中以及沿着"城市峡谷"街道走廊延伸出去的远
景提高了广场的开放感。邻近的街面建筑有零售
商店、餐馆和金融服务机构。

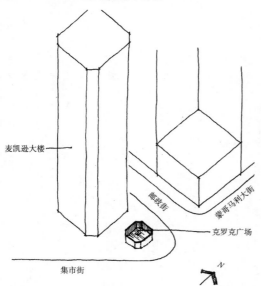

麦凯逊大楼

邮政街

蒙哥马利大街

克罗克广场

集市街

N

图1-37 旧金山市克罗克广场的位置

概况

克罗克广场的空间结构简洁：从远处望去，
它甚至都不像是一个广场——只有一条拓宽的人

行道和一个通往蒙哥马利街道BART车站的入口。
基本上，它就是地面上的一个八边形洞穴；人们
从下面离开地铁站，穿过一个小的下沉广场，再
走几步台阶就到了街道上面。在地下层上，八边
形在两个抬升的阶梯平台上重复出现；一个健身
中心、一座小的咖啡馆和一座花店构成了广场的
边界。

在地上部分，八边形变化成一系列可用于闲
坐的花岗岩台阶，背靠下沉广场周围的铁栅栏。
在八边形和集市街之间的三角地带中，位于低矮
灌丛中的两个混凝土方墩座凳形成了一处更为私
密的休息区。

下沉广场上，几棵高大的北美皂荚树为广场
的两层空间都提供了柔和的顶盖，而且同地面上
的树木绿荫融为一体。从集市街上可以望见这些
树，它向人们暗示在这个交叉口处有些与众不同
的东西。

主要用途和使用者

底层广场几乎完全用作去地铁设施的穿行路
径。作为一个闲逛或闲坐的场所，它似乎有些自
我封闭、阴暗，同时与上面的生活隔绝。即使在
午餐时间的高峰期，使用者的数量（一般是单个
读书的人）也很少会超过4或5人。

主广场在午间使用率很高，这时总有90到
150人坐在那里。大多数使用者是20～30岁的
青年人。使用者包括办公职员、建筑工人、购物
者以及一些显然是失业的人。在这里可以观察到
一些相当明显的使用规律：使用最多的是面向蒙
哥马利街和集市街交叉口的台阶座位，男性是主
要使用者，他们大多独自来这儿吃自带午餐，同
时观看集市街宽阔的砖铺人行道上的过往人流，
陌生人之间的随意交谈在这一小区域内很为常
见。朝向邮政街（Post Street）的台阶座位主要由
成对或小群的男女办公职员使用。向阳且可俯瞰
集市街的台阶及方墩座凳，一般由单独来此的女
性和不同种族的男性所占据。女性更喜欢使用面
向邮政街和麦肯锡大厦（the McKesson Building）
的较为安静的广场部分。男女使用者的比例大约

①根据学生达纳·班克斯（Dana Banks）（1988年）、古斯塔沃·冈萨雷斯（Gustavo Gonzalez）（1988年）以及迈克
尔·麦金尼（Michael McKiney）（1988年）的报告及作者的现场观察编写，1997年。

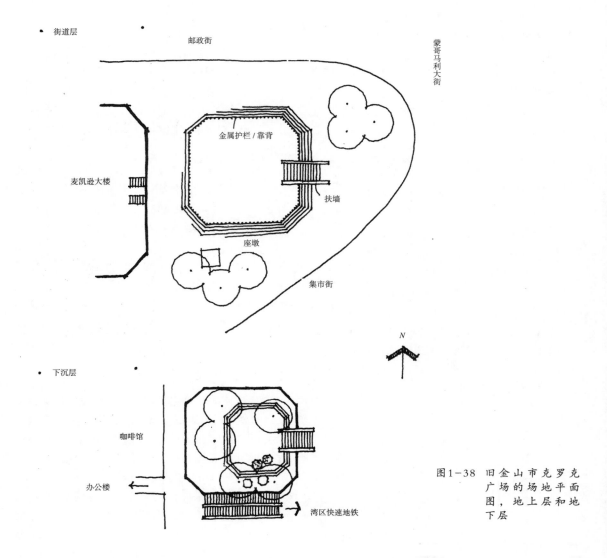

图1-38　旧金山市克罗克广场的场地平面图，地上层和地下层

是3:1。吃东西、阅读和观望人群是使用者最主要的活动。食品车、小商贩以及演艺者成天占据着人行道。1988年秋季，一个做10分钟头颈按摩的人在克罗克广场上的生意十分兴隆。这是旧金山市最为成功的广场之一：它位于一个十分醒目的位置，午间时分阳光灿烂，有食品卖，在不同位置有座位，以及有人流、车流通过。使用者似乎挺喜欢这种既是观众又是被看者的双重身份。

成功之处

- 位于繁忙的交叉口处。
- 阳光充足。
- 多样的使用分区。
- 座位充足，且朝向不同。
- 树木形成的顶盖连接起上下两层广场。
- 观众的存在引来了商贩和演艺者。
- 上层广场的视线向外聚焦于过往人流。
- 座位的随意性——台阶使得广场在没人时也不显得空荡。

不足之处

- 下层广场过于封闭，有些像井。
- 街道层上的花台没有像座位空间一样设计成双层。
- 对于那些想要正式座位的人来说，设施

有所不足。

- 作为一种辅助座位，台阶高度太矮，不舒服，尽管使用率很高。
- 主广场的嘈杂令人不舒服。
- 垃圾和污物明显可见。

2. 梅卡尼克斯广场：街道广场——采光角 ①

位置及环境

位于旧金山城区集市街和巴特里（Battery）大街的交叉处。梅卡尼克斯广场是一个很小的三边形的街道广场。其设计很简洁，由3排长椅、大型护栏以及梅卡尼克斯雕塑构成。通过两条大街的人行道可以不受限制地直接到达广场。广场的第三边是帝王银行（Imperial Bank）大厦。

概况

梅卡尼克斯广场视线开阔、可很好地接受到阳光和反射光，被设计成一个开放空间。尽管从集市街和巴特里大街很容易进入广场，它在空间上有着严格的界定，其引人注意的三角造型通过几个踏步层面的细微变化以及广场地面铺装材料的多样性得到了强化。另外，沿广场边缘的几个大型护柱界定了人行道 / 广场的边界，同时又不遮挡使用者观看街道活动的视线。集市街人行道上布置有一个饮水器。广场内，几排平行的木制靠背长椅全都朝向雕塑和街道。长椅是广场中使用最多的空间。然而，它们的靠背结构以及一致的朝向阻碍了人群交流。其他的座位是那些雕塑基座的边沿。该雕塑为广场提供了一个主导的视

图1-39　克罗克广场内人们互相观看。简简单单的台阶为人们提供了随意歇坐的场地；一位男按摩师自带座椅，为人们提供头肩按摩（摄影：迈克尔·麦金利）

<hr>

①根据学生霍利·杜拜克（Holly Duback）（1980年）和桑德拉·温德尔（Sandra Wendel）（1980年）的报告编写。

觉焦点，但却挡住了从长椅望向人行道路口的视线。一排树木使得广场和帝国银行大厦之间的视觉过渡变得柔和，同时为从长椅后穿过的行人创造了一条步行路径。夜间有灯光照明。

与广场相邻的人行道上有一个公共汽车站以及一排树木，树木柔化了该开放空间略显僵硬的外表。地面、长椅以及雕塑上的粪便说明广场上有许多的鸽子。

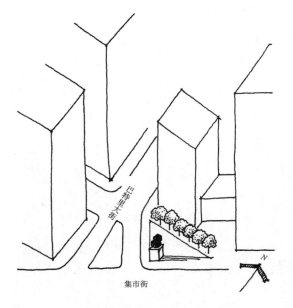

图1-40　旧金山市梅卡尼克斯广场的位置

主要用途和使用者

梅卡尼克斯广场的使用者来自于极为多样的经济和文化背景。像所有城区广场一样，它在午间自带午餐者到来时的使用率最高。成群或独自来的办公职员和建筑工人是主要使用者。男性的数量略高于女性。

经常可见"不受欢迎的人"睡在长椅上，以及翻寻垃圾箱，但似乎并未打扰任何人。第四类使用人群由"休息者"组成，他们在继续赶路之前利用部分广场区域等人或略作休息。除却"不受欢迎的人"，使用者逗留的平均时间是 20 分钟。由于它接近城区的步行交通道，梅卡尼克斯广场成为一个很好的顺便访问、临时利用的路边空间。

吃东西、阅读和观望人群是广场上的主要活动。绝大多数使用者坐在木制长椅上，建筑工人除外，他们喜欢面向街道坐在雕塑的基座上。

成功之处

- 便于交通组织。
- 接近街道和人行道的活动。
- 阳光充足。
- 雕塑作为聚焦点。
- 广场同人行道分离。
- 人行道上有饮水器。

不足之处

- 鸽子粪便积聚。
- 座位缺乏不同的类型和朝向。
- 护柱不可当座位用。

3. 采勒贝奇广场：公司门厅——醒目的公司前院[1]

位置及环境

采勒贝奇广场位于旧金山市金融区内集市街和布什（Bush）街之间的桑索姆大街（Sansome Street）上，有 4 个亚空间，包括广场的边缘、一个下沉广场（整个广场的主体）、一个室内平台以及广场入口处的台阶休息区。采勒贝奇大厦形成了广场的北部边界，一座一层的圆形零售建筑物位于广场的东部。有 3 条主要的入口步道通向主下沉广场，但却没有一条路给人以明显的进入感。邻近街区内的街面主要是商用建筑。

概况

采勒贝奇广场由四部分构成，但视觉上是连为一体的空间。沿桑索姆大街边缘布置有凸出的歇坐矮墙，由于其适宜的高度和宽度、阳光充足的位置以及接近人行道和街道上的活动，因而利用率很高。临街的一处小型节点将矮墙延伸入下沉主广场空间，使人们可以俯视广场内部，同时也为人行道上的行人提供了一处集散空间。沿集市街的边缘矮墙也是理想的吸引歇坐者的位置，

①根据学生桑德拉·温德尔（1980年）和特鲁迪·威斯克曼（1980年）的报告编写。

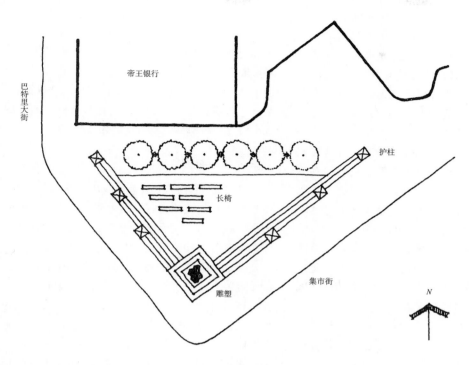

图1-41　旧金山市梅卡尼克斯广场的场地平面图

图1-42　暖春时节午后时分的梅卡尼克斯广场（摄影：罗伯特·拉塞尔）

但墙体过高，难以利用。一座花店和外卖咖啡馆占据了桑索姆市场的人行道的街角位置。

广场的下沉区域约低于街道地面8英尺（约2.4 m）。这一空间在使用上未能充分发挥其潜能，因为它进入感很差、高度低于街道、卵石铺装令人很不舒适、缺乏主要和次要座位，以及缺乏观看主要街道活动的视域空间。

采勒贝奇广场也有部分成功之处：所处位置阳光充足、沿周围墙体闲坐者有着受限但却有趣的视觉感受、作为一处受庇护且比较安静的集散空间颇具吸引力以及由小型喷泉雕塑和大量植被构成的宜人景观特征。

在一定程度上，下沉广场区人流穿行规律受到光滑的水泥路面和卵石铺面之间的质地变化的引导。穿高跟鞋的妇女更喜欢踩在光滑的水泥地上，而不是粗糙的卵石上。

到达下层广场的一个小的台阶状入口构成了采勒贝奇广场的第三个亚空间。它主要用作从集市街人行道进入广场的通路，其低低的踏步无疑可用于闲坐。这一亚空间的使用率高于下沉广场说明了人们对坐在低层广场的需要，同时也支持了怀特的判断：即人们喜欢处于交通流中。

采勒贝奇广场的第四部分是从布什大街进入采勒贝奇大厦的一个入口门厅；它由光滑的大理石地面和大楼自身的顶部天花构成。它位于街道层上，具有望向下层广场和周围墙体的开放视野。平台上没有座位，阳光很少，而且这一空间同底部下沉主广场空间没有直接的通道。

主要用途和使用者

广场不同区域的用途和使用者略有些层化。位于桑索姆大街的边缘坐墙主要用于午餐时间的闲坐、吃东西、谈话以及观望等活动。使用者主要是成群的男性建筑工人和自行车邮递员。一些男女伴侣、男学生以及成群的女性掺杂其中。这一段矮墙是该广场中使用强度最大的区域。

下沉区域是一个更为内向的空间，更多地为办公职员、伴侣以及女性使用。主要活动是吃东西、阅读、交谈、晒太阳以及打盹。人们喜欢坐在喷泉前的卵石上，通常坐在一些坐垫上或靠在广场边缘有阳光的墙上。晴天里，一些使用者喜欢去小树下的树荫和隐蔽空间。下层广场空间的

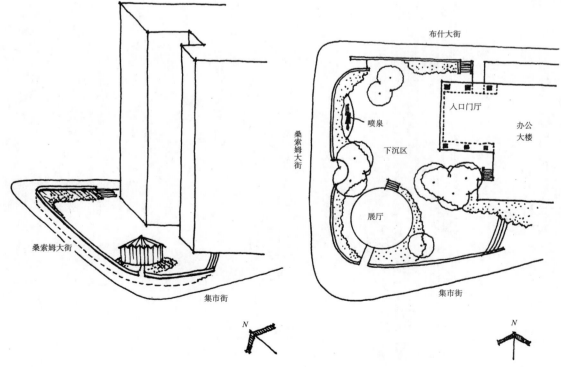

图1-43 旧金山市采勒贝奇广场的位置   图1-44 旧金山市采勒贝奇广场的场地平面图

设计本意是为采勒贝奇大厦的雇员创造一个半私密的广场，而不是为不同城区使用者提供高利用率的广场。

集市街上的部分入口台阶被男女办公职员用于午餐时间的闲坐。入口门厅完全由进出采勒贝奇大厦的工作人员使用，在那里有人在等人，有人在站着交谈，没有设置正式的座位，而且大楼的保安人员禁止人们坐在平台周围的栏杆上。

成功之处

- 可以接触到水景。
- 下沉广场有利于挡风。
- 可以随便闲坐的台阶。

不足之处

- 缺乏正式的座位。
- 卵石路使用不当，质地较差。
- 底部广场可进入感差。
- 沿集市街的墙体太高，无法坐在上面。
- 管理上对入口门厅的使用有所限制。
- 下沉广场同街道隔离。
- 植被缺乏色彩。
- 距主交叉口的位置欠佳。
- 没有食品供应。
- 入口门厅同底部广场缺乏连通。
- 桑索姆大街人行道和底部广场没有直接通道。

4. 吉安尼尼广场: 公司门厅——"舞台" [1]

位置及环境

吉安尼尼广场是旧金山市金融区内美国银行综合大楼的一部分。美国银行大厦（The Bank of America Tower）从广场中拔地而起，广场环绕着建筑。主广场区域位于卡尼大街和加利福尼亚大街的街角处，较小的次级广场走廊沿卡尼（Kearny）和派恩街道延伸。另外一个次级广场位于银行大厦的东侧，从街道上看不到。商店、咖啡馆以及金融机构一起构成了街面上的底层建筑。

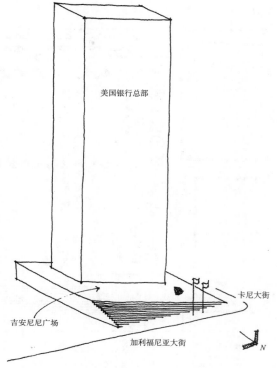

图1-45　旧金山市吉安尼尼广场的位置

概况

广场综合体由4个大小和特征不同的亚空间构成（见图1-46）。A区是广场中面积最大但使用程度最低的部分，是一个巨大的缺乏变化的空旷空间，从卡尼大街的人行道上可以进入，以及从广场下部、沿加利福尼亚大街分布的大型踏步向上也可抵达。该空间有一些圆形的花台，其中部分被低矮的坐墙围绕；还有一个花架、旗帜以及一个并不太吸引人的巨大的黑色花岗岩抽象雕塑，只有儿童偶尔试图攀爬它。广场的座位材料全为坚硬的花岗岩，即使在阳光下它也热得很慢。曾经在区域A内存在的四边形喷泉区由于被风吹得水花泼溅，已被换成花台和坐墙。

A区本来想作为进入美国银行大厦的主入口，但不幸的是它位于建筑的北侧而不是南面，从而形成了一个背阴、冰冷、无人问津的高耸建筑的入口。

---

[1]根据学生伊丽莎白·奥尔登（Elizabeth Alden）（1981年）、丹尼尔·麦克哈杜（Daniel Machado）（1988年）、海特西·梅塔（Hitesh Mehta）（1988年）、凯瑟琳·莱特（Katherine Wright）（1981年）和珍妮·威克（Jeanna Wyker）（1981年）以及作者1997年的观察编写。

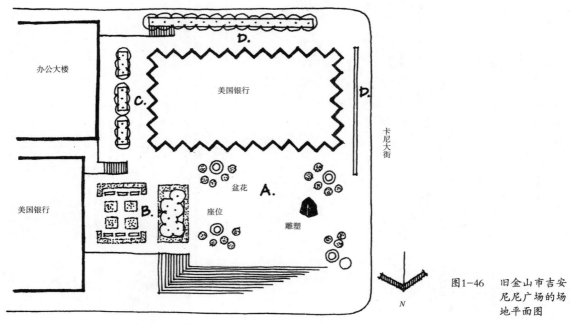

图1-46 旧金山市吉安尼尼广场的场地平面图

紧靠这一空旷区域的是B区，它是广场中最小且最隐蔽的空间。树篱将空间围合并减少了它同主广场和街道之间的视觉接触。绿篱内部包围着一些木质长椅和可坐的花台，在使用高峰期形成既可晒太阳又可防风的微气候。个人或群体可选择不同朝向及组合的座位。美国银行的一所支行大楼可通过此空间进入，但是植物遮挡了入口而且没有标识。

通往一处封闭的迷你购物中心的梯道将这一隐蔽空间同C区分开，该空间是连接广场南北的休息区域和步行通道。这一线性空间能接受大量午间阳光，但却完全隐藏在美国银行新楼和旧楼之间，从街道上无法看到。

3个很大的矩形花池被固定的长椅环绕，树冠提供了斑驳的阴影以及一种适度的垂直围合感，显得很适合这一空间。去往美国银行老楼的一个入口就位于这里。

吉安尼尼广场中的最后一处，也是阳光最充足的空间——D区，沿着银行大楼的南侧和西侧布置。沿着卡尼大街和一部分派恩大街分布有与街道齐平的通道。沿派恩大街的花台被用作午餐的桌面，因为它太高以至于大部分使用者无法坐

在上面。沿卡尼大街的一处坐墙阳光不多而且风较大，但它合适的座位高度和朝向吸引了许多使用者。沿派恩大街矮墙坐着的人可以不为人注意地观望下面的街道活动。银行高层塔楼的墙柱为坐在地上的人提供了受人欢迎的靠背。有趣的是这一使用强度很高的空间内竟没有正式座椅。美国银行大厦的使用最多的入口可通过这一狭长空间走廊到达。

主要用途和使用者

尽管空间B、C和D都是午餐时很受欢迎的空间，吉安尼尼广场总体而言并不是一个很成功的城市空间。A区是一处空旷的空间，除了有若干行人进出银行大楼外，它基本上毫无生气。如果这一广阔的空间位于建筑的南侧而不是北侧，整个广场作为一个健康的城市空间的活力将会大大增加。这一案例证实了阳光作为广场设计中的关键要素的重要性。

空间B、C和D的使用者和用途在其他城区广场也常可见到：吃东西、阅读、晒太阳、小憩、交谈和观望人群等午间活动。男性人数超过女性，约为3∶2。就安全性而言，空间B的视觉屏蔽并

图1-47　吉安尼尼广场能够在午间时分晒到阳光的少数地段之一（摄影：罗伯特·拉塞尔）

没有妨碍女性使用，通常情况下，2/3的使用者独自而来，1/3的人成对或成群而来，白领办公职员是最主要的使用者。建筑工人倾向于集中在沿街的空间D。空间B和C的不可视性似乎并没有妨碍它们的使用，这与怀特的观察结论有出入，即成功的空间必须有看得到街道的视域。所有这些空间，尽管有些隐蔽，但都有足够的座位和阳光，这说明：一些广场使用者更喜欢同街道活动隔离，而且视觉上的屏蔽并不一定会使女性使用者产生担心。

成功之处

- 隐蔽的亚空间为那些需要私密的使用者提供了私密空间。
- 空间B中座位的多样性和朝向都很好。

不足之处

- 主广场（空间A）位于银行大楼北侧阴影区，而不是南部阳光地带。
- 喷泉位于多风的位置，导致了它的拆迁。
- 缺乏有组织的活动来吸引人们进入空间A。
- 雕塑缺乏吸引力。
- 空间C和D缺乏足够的座位。
- 缺乏向人们指明银行入口和广场其他不明显空间的标识。
- 座位材料错误地选择了冰冷的石材而不是温暖的材料。
- 空间D内的花台过高无法坐在上面。
- 空间C内的植被未能遮盖住光秃秃的墙体。

5. 泛美红杉公园：城市绿洲－花园绿洲 [1]

位置及环境

泛美红杉公园位于旧金山城区克莱（Clay street）大街和华盛顿大街之间、与泛美皮拉米德大厦（the TransAmerica Pyramid）紧邻的街区内

①根据学生海特西·梅塔（1988年）、伊麦尔达·瑞伊斯（Imelda Reyes）（1981年）和凯瑟琳·莱特（1981年）所写的报告以及作者1997年的观察编写。

部。它被围合在周边浓密的红杉树中，红杉树成为空间的景观特征并构成了主要的视觉形象。尽管被官方定名为公园，但泛美红杉公园具有广场的功能而且确实发挥了这种功能。它的5处入口是5个不显眼的铁门，周末广场关闭时，铁门也关闭 [广场实际上是泛美公司（TransAmerica Corporation）的私有财产]。沿着从桑索姆大街通往广场的一个入口走廊布置有几处小型商业。位于泛美皮拉米德大厦底层的正规餐厅有很大的窗户可以使进餐者看到红杉树的景致。沿克莱和华盛顿大街有几处咖啡馆，但只为广场使用者提供有限的外卖服务。

概况

广场具有3个亚空间。穿过位于克莱大街上的两处入口中的任一个，使用者都可进入一处有喷泉的休息区域。一个不大的喷泉成为不同朝向坐椅和附近草坪就座区的视觉焦点。草坪不大，以树木为背景，使用率很高（见图C-7）。若干木

质和水泥长椅邻近草坪，构成了广场最主要的可坐空间。喷泉周围和长椅之间摆有盆花和烟灰缸。午间阳光可照到整个空间。5道喷射的水流使得喷泉充满生机。广场四处都有垃圾箱，且维护人员经常清空以防在使用高峰期垃圾泛滥。

小舞台是第二个亚空间，同喷泉休息区保持有视觉和空间上的联系。这一空间的主要特征是位于餐厅折面窗墙下面的一处略微高起几个台阶的舞台。餐厅淡彩色的窗户弱化了餐厅客人同广场使用者之间的潜在冲突。这一小型舞台是广场中娱乐者的集中表演区域。广场内的主要座位区都同舞台具有视觉联系，不过人们在有表演时一般会凑近到台前。舞台区内的几把长椅、坐墙和台阶使日常座位具有多样化的形式。小舞台所在的空间也能接受到大量的阳光。

两边排列着小商店的入口走廊将广场同桑索姆大街直接联系在一起。沿着这一通道，还可看到一些与木质和水泥长椅风格一致的座位，有几棵树木沿走廊排列，走廊中部还有一个花池。

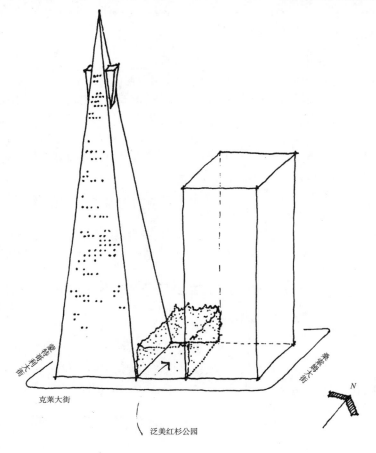

克莱大街

泛美红杉公园

N

图1-48　旧金山市泛美红杉公园的位置

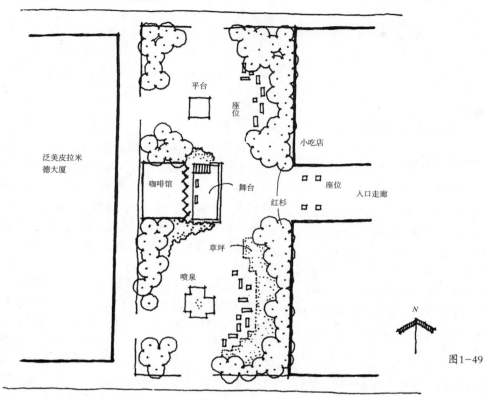

华盛顿大街

平台

座位

小吃店

泛美皮拉米
德大厦

咖啡馆

舞台

红杉

座位

入口走廊

草坪

喷泉

N

克莱大街

图1-49 旧金山市泛美
红杉公园的场
地平面图

位于华盛顿大街一侧的亚空间光照最少，但幸运的是午后时分有阳光存在。这一区域是广场中最小且最围合的空间，包括有一些长椅和一个可坐的正方形大平台。整个广场的设计运用了许多有凹凸的折线，创造出座位形式和使用者选择的多样性。

主要用途和使用者

不幸的是广场在周末不对外开放。由于红杉的分割及同城市街道景观的视觉隔离，广场具有半私密的、公园般的特征。泛美红杉公园是一处受人欢迎的成功空间，尽管它并不具有一般成功广场的许多典型特征：它不位于人气旺盛的道路交叉口处；广场的内外视线都受到一定限制；而且这里看不到街道小贩。不过，这里有其他重要要素存在，包括座位、阳光、娱乐和水景。成功的广场并不需要拥有所有的推荐要素。

女性的数量超过男性，比例为3∶2，该比例足以说明这一空间的安全性。在阳光灿烂的午间时分，广场中所有区域都被利用，而且随着阴影代替阳光，人群在空间中也不断迁移。当草地不是太湿可让人们躺在上面时，在草坪上晒太阳和小憩尤受欢迎。主要的活动是吃东西、阅读、谈话和观望人群。广场也被行人用来过路。同大多数旧金山广场不同的是，从泛美红杉公园到达不了一些主要建筑的入口。这里主要的使用者是办公职员，尤其是在午间时分。喜欢随意别致的年轻雇员似乎更喜欢在下午到这里来。

成功之处

• 水景。

• 座位的形式和朝向丰富多采。

• 广场的三处亚空间具有多样化的空间围合形式。

• 足够的灯光照明。

• 丰富的边界形式。

• 大量红杉林造成的同城市环境的隔离感造成了公园般的氛围。

- 安全感。
- 良好的维护。
- 午间时分有充足的阳光。

不足之处

- 周末不对外开放。
- 铁门和栅栏。
- 没有面向广场的食品服务。

6. 布鲁明广场——屋顶花园

位置及环境

布鲁明广场位于旧金山市集市区南部米审大街和第一大街的交叉口附近。周围混合分布有商业办公建筑、零售、教育设施和大型公交枢纽站。通过公司多层办公楼（第一大街 100 号）的底层大厅，以及从米审大街繁忙的人行道一路向上、沿着装饰有彩旗和花池的一列宽砖台阶可到达这里。台阶底部的小咖啡馆出售外卖食物和饮料。

概况

尽管该屋顶花园的大部分是铺装表面，其整体印象仍是一处葱茏的绿洲。浓密的树木构成了整个西部和部分东部边界的背景。不同高度、质地和绿荫的美丽植物柔化了东侧台阶边沿和西侧

建筑墙面的生硬。盆栽花卉到处可见。折角形、有水泥挡墙的多层草坪构成了花池的边界。矮树篱环绕着该矩形空间的南部边界，北部边界是栏杆，人们可凭栏眺望城市。一个呈折角形的流水墙位于花园南端；屋顶花园到处都备有铝制桌椅（固定的）。

主要用途和使用者

该屋顶花园主要受到大量办公职员、学生、旅游者和建筑工人的欢迎，他们在工作日的上午 11 点和下午 2 点之间使用此空间，其他时间使用者较少。多折角、多层次、以混凝土镶边的草坪区域可以服务于多种人群（独坐的人、成对的人或是成群的人）和多种活动（歇坐、平躺、晒太阳、吃东西、谈话、思考、阅读）（见图 C-5）。同具有成排坐椅的空间不同的是，花池边缘的非正式座位即使在人员稀少时也不会产生空旷感。在这儿：恋人可以寻找到隐蔽的角落；单个人可以有安静的场所小憩；一群同事可以在靠前的位置共享野餐。

尽管只高出繁华街道一层，布鲁明广场保证了安静祥和的氛围。午间使用高峰期间阳光融融，食品可在入口台阶处买到。尽管城市规划局未能说服邻近办公楼的业主在屋顶花园开设一处咖啡馆，但这似乎并没有妨碍该空间成为一处在午间受人欢迎的绿洲。

图1-51　布鲁明广场的屋顶花园——一处深受公司职员欢迎的午餐休息场地

成功之处

- 台阶、彩旗以及花池向行人们暗示：在街道以上会发现一些有趣的东西。
- 花园同外部交通空间的界限明晰。

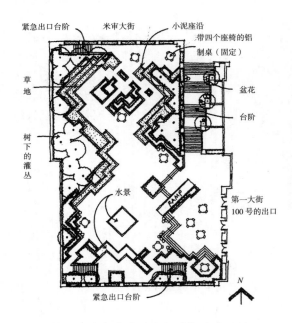

图1-50　旧金山市布鲁明广场的场地平面图

- 座位的位置和朝向多种多样。
- 对于独自和成群而来的人来说，座位都很舒适。
- 绿色、葱茏的氛围。
- 环境安静，没有人流穿过该空间。
- 良好的维护。
- 午间阳光充足。
- 安全感。
- 附近有食物提供。

不足之处

- 空间南端的波浪型树脂水墙未能同整个屋顶花园的美感氛围很好融合，且经常由于缺水而无法运行。
- 铝制桌面具有令人不舒服的反光。

7. 伯克利 BART 广场：公交集散广场——地铁入口空间[①]

位置及环境

伯克利快速地铁（BART）广场位于伯克利中心城区，沿位于阿尔斯顿大街（Allston Way）和中心大街（Center Street）之间的沙特克大道（Shattuck Avenue）的西侧延伸。其建设是为了满足新的伯克利地铁车站入口的需要。12 层的办公楼和银行大楼在广场的一端；罗斯服装店位于另一端，中间排列有各种零售商店。附近有邮局、市政中心、伯克利中学、主图书馆、加州大学校园西端、YMCA、银行、旅馆、商店以及影剧院。接近广场的居住区属于低中收入阶层。居民具有不同的种族和年龄，学生和老年人占此区人口的很重要一部分。沙特克旅店离广场有一个街区远，既住有居民也住有游客。

概况

广场主要是一处拓宽了的人行道，有一个街区长，两头都有出入伯克利地铁中央车站的主入口。广场长边一侧为商店和一座银行建筑，另一侧是伯克利主要的城区街道——沙特克大道。在广场北端，一座玻璃和钢结构的圆形建筑成为进

入地铁站主电梯的标志。车站入口外面尺度适中的广场空间通过花池和几处服务于通勤者和购物者的流动食品售货亭得到强化。大西部储蓄银行（The Great Western Savings Bank）的拱廊提供了一种避开广场西侧主要人流的庇护感。地铁入口南部是一个长方形的可坐空间，低矮的砖墙产生了一种远离两侧人流的界定感和庇护感，该区临沙特克大道一侧，几处向外的座位可作为等候出租车的场所。一处主要的公共汽车站和过街天桥构成了广场最南端的标志。座位、花池、灯柱通过地面和立面上铺设的红砖而得以统一。广场里到处都有砖和混凝土的花池，但大多空着，取而代之的是长势不好的残损植物。

主要用途和使用者

该广场的用途主要可分为两类：有意提供的，以及经过长时间自发形成的。有意设计的用途包括以下几类。

进出两个地铁入口的行人交通。食品零售亭、垃圾箱、电话亭和报刊栏服务于通勤者以及其他使用快速公交系统的人。

在中心街和沙特克大道上等公共汽车的人。沙特克大道上的汽车站设计得很差，最多只有 12 个人的座位，而在交通高峰时期，任何时候都有不少于 60 个人在等车。另外，也没有坏天气时等车的雨棚。

在商店外沿人行道走动的行人。对此的设计还不错，矮墙正好防止了行人穿越坐位区。

闲坐、吃午餐、社交等诸如此类活动。这些活动主要在歇坐广场上进行，广场四周的矮砖墙上固定有短木椅，适于单个人或成对的人。使用者一般是当地商店和办公室中的雇员，他们午间时在那儿吃自带午餐；当地旅店的老年人下午坐在那里；流浪汉在傍晚时分选择合适的座椅用作睡觉的地方。歇坐区并不十分吸引人，地面上有许多口香糖残渣和烟头，长椅上有奶酪留下的痕迹，长椅间的花台里只有枯死的花草，树干上留有锁自行车的伤痕。一些潜在的使用者可能会对流浪汉的存在以及空间的残破产生担心。

[①]根据学生朱莉·洛尔（Julie Lower）（1979年）、伊娃·黎伯曼（Eva Liebermann）（1979年）和凯瑟琳·罗哈（Catherine Roha）（1979年）的报告编写。

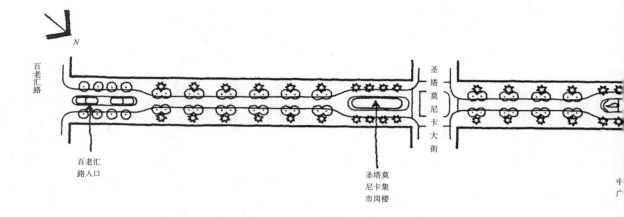

图1-54　加州圣塔莫尼卡第三步行大街的场地平面图

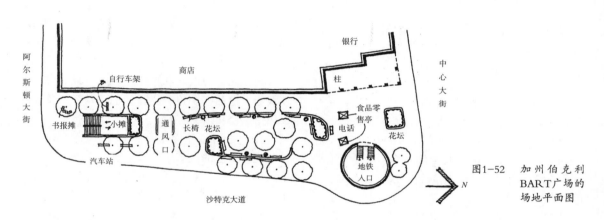

图1-52　加州伯克利
BART广场的
场地平面图

图1-53　伯克利BART
广场

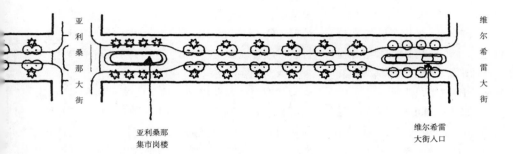

亚利桑那
集市岗楼

维尔希雷
大街入口

流浪汉的光临是该城区公共空间自发形成的功能之一，另外一种是四处游荡的十几岁青少年（见图 C-27）。20 多年以来，广场北端地铁主出口外面的那个花池是成群的青年人斜靠、闲坐、躺卧的地方。他们中的一些人来自附近伯克利高中，其他人则是乘坐地铁来自东部海湾区其他城市。这群人主要是男性，而且在星期五和星期六的晚上人尤其多，那时广场的功能是作为参加聚会的集会空间。这些年轻人的存在对于往来地铁站或穿过邻近人行道的其他使用者来说，似乎并不构成问题。

成功之处

- 所处位置阳光充足。
- 位于繁忙的交叉路口。
- 地铁主入口前的开放空间。
- 向内集中的中心座位区。

不足之处

- 公共汽车候车区设计糟糕。
- 座位的设计没有考虑到一群人时的情况。
- 垃圾箱和自行车锁车位不足。
- 花池中的垃圾多于绿色植物。
- 维护很差。
- 老年人和流浪汉在空间利用上存在冲突。

8. 圣塔莫尼卡第三步行大街：作为广场的街道——传统步行商业中心

位置及环境

步行街由位于维尔希雷林荫大道（Wilshire Boulevard）（北部）和百老汇大道（南部）之间的第三大街的 3 个街区组成。步行街作为餐饮、零售和娱乐的混合空间与附近街区形成了呼应；南部枢纽车站处有一个大型的区域购物中心（圣塔莫尼卡集市）。向西两个街区就是海洋大道（Ocean Avenue），视线可直达太平洋，还可到达圣塔莫尼卡码头（那里有餐厅和狂欢马术）和海滩。

在对占地 6 个街区的集中管理的贝赛德（Bayside）开发区（集中于步行街中心地带）的混合用途开发中，住宅建设在分区奖励法规的鼓励下得到了发展。附近还有几座饭店、银行和相当大的办公楼。本区不仅服务于当地、区域和旅游者，同时也是一个发展迅猛的商务区。

概况

步行街的 3 个街区于 1961 年禁行车辆，在那一时期，面临新兴近郊购物中心竞争的许多美国城镇开始在城区零售区域内尝试开办步行商业中心。然而，第三步行商业街没能取得成功，到 20 世纪 80 年代中期圣塔莫尼卡市决心采取改善措施时，这里还是一片充满空置店面、垃圾以及乱涂乱画的危险景象。一个非营利机构——贝赛德开发公司（或是 BDC，现在被称作贝赛德地区开发公司，负责该地区的管理和商业开发）代表着商家、居民以及地产主的利益，其成立是为了监控城市的复兴。1988 年，经过一个广泛的社区参与过程之后，罗马设计集团被请来重新设计该商业中心，新的第三步行街于 1989—1990 年间建成。

设计概念源自于繁荣公共空间取得成功的几个重要主题。首先，明确步行街不止是一个零售区，而是城镇中心———处包括办公、商业和居住的混合用途的区域，其功能是作为社区的生活空间。一个关键的现实问题是仅仅使街道禁行车辆并不会使街道上的人多起来，所以设计一开始仍然允许非常有限的机动交通——不过只是在夜间，并通过缩窄路面［20 英尺（约 6 m）宽］和围绕街道中心环岛的急拐弯来使车速限制在 10 英里 / 小时（268.2 m/s）——以确保全天都有活动。另外，一个极为成功的、每周两次的农贸集市为本区提供了起步阶段的吸引力。（令所有参与人员惊奇的是，步行街获得成功如此之快，以至于允许车辆通行的决定很快就被废除了；如今窄窄的路面只允许小型维护车辆的通行，并成功地缩短了空间的心理尺度）。在另外一个使步行街充满活动的有效策略中，圣塔莫尼卡城采取分区限制的措施，只允许在步行街上建设电影院，结果建成的 17 个剧场为该区域带来了稳定的观看电影的人流。

该街道最开始实行步行化时的失误之一是其过大的尺度；诚如一篇报纸上的文章所言：“该街道的尺度同人行道相比简直变成了一个机场，行人很快就体会到蚂蚁在标准人行道上爬行的感觉”［莱瑟姆（Latham），1992 年，P. 15］。事实上，步行街的 3 个街区约为 2000 英尺（约 600 m）长，街道两侧建筑之间的宽度是 80 英尺（约 24 m）。新的设计从所有空间维度上考虑了尺度的问题，垂直方向上，从树冠较低的树木、花台 / 街道的灯具设施、悬挂的旗帜、到建筑物在二三层高之上的进深退让；水平方向上，从街道当中的安全岛（由商店、报摊以及位于维多利亚电车上的咖啡馆构成）到别致的岗楼、古怪的 8 英尺（约 2.4 m）高的恐龙造形植物和水景。通过划分 3 条分带来使街道的宽度达到最小：从每侧建筑立面线向外 12

英尺（约 3.6 m）的区域是户外餐饮区，以一排高大的棕榈树为界，然后是 14 英尺（约 4.2 m）的步行空间，沿路沿排列着花池 / 灯光照明设施以及落叶角豆树，最后位于中心位置的是缩窄到 20 英尺（约 6 m）宽的路基。多种铺装的使用进一步打破了硬质表面，避免产生一种停车场般的感受。

人行道由饮水器、公共电话设施、自行车停车架、成组的盆花以及长椅等点缀，这些设施都能得到很好地利用、并有利于空间的划分。长椅的朝向垂直于步行交通流以避免长椅和店面之间出现“专有领域”，这是当流浪汉出现在公共空间时必须认识到的一个设计问题——现今所有城市都存在这种情况，就像罗马设计集团首席设计师鲍里斯·德雷姆夫（Boris Dramov）所解释的那样，“如果流浪汉或乞丐出现在面向店面的长椅上时，人流就不得不穿过他们所在的空间并同他们接触……不一会，他们已经占据了街道的公共领域。这使得人们在穿过该区域时感到很不舒服”［菲利普（Fillip），1991 年，P. 11］。正好相反，如果椅子转了 90°，“即使流浪汉坐在椅子上，因为他们同公共空间的其他人一样有权坐在那儿，他们的领域就会被限定在该区域……他们不会占领街道，而且他们更易于被行人接受，因为他们并没有被视为‘问题’”（菲利普，1991 年，P. 11）。

标注步行街布局和租户的名录位于每一街区的尽头，人行道上的标识引导着行人到达街区中部的拱廊街，该街道直接通向街区后部的 6 个城市停车库。平行的小巷既可通往停车场也可通往步行街商业店铺的后门，这样商店的运货活动不会直接干扰步行街的步行活动。步行街南端的岗楼被用作圣塔莫尼卡警察局的一个分站，警员人数平时是固定的，沿着街道步行或骑自行车巡视。

最后，管理对步行街的成功也起到了很大作用。通过罗莫所称的“有管理的街道”的运作方式，步行街以及周围区域从 BDC 进行的集中化管理的协作和能力中受益匪浅。维护水平和清洁卫生水平的提高、良好的绿化养护能力、改进的保安措施以及对吸引人流的特殊活动的监控都是步行街通过该途径取得成功的关键要素。

主要用途和使用者

步行街内商户的多样化，以及大量的街道设

施和使街道充满活力的街道小贩和表演者，从而产生了异常丰富的使用人群和用途。购物者既有那些心中已有确定目标的人，也有随意闲逛的人，还有单单观赏商品陈列橱窗的人。商品既有适合年轻人的也有适合老年人的（从玩具到旧乐器商店以及花哨衣服，高档的家居装饰、珠宝以及艺术真品），主要是为了刺激新奇性。与之相似的是，餐饮的选择也是从昂贵雅致的食品到汉堡和冰冻酸奶，大多数饭店外延至人行道，光临此处的顾客既是这幅市井风情画的一部分，同时也是观看这熙熙攘攘人流的观众。

旅游者在恐龙造型前留影，看电影的人在排队买票，老年人在长椅上打盹，年轻人在滑板上穿梭于街道。无论在任何地方，街头表演者都会吸引观众，从两三个人到成群的观看者，几乎堵住了通道（见图C-6）。

口音和外国语言表明了使用者在地理上的多样性，人群是多种族混合的，尽管主要是白人。人群主要有：成对的人——约会或搭伴闲逛，或是两个朋友一起吃饭；小群体——带小孩的一家人、年轻男性或女性的小团体以及晚上一起外出的同伴。也有一些单身的人——主要是老年人、遛狗者、滑旱冰的人。唯一明显规模较大的人群主要是十几岁的青少年，其中许多人显然是流落街头的，他们的存在引起相当大的异议（见下文）。

一天中的活动表现出一定的涨落之势，工作日的午间有一个高潮，且有持续至下午和晚间之势，一直到午夜晚场电影结束之时。看电影的人通常来得很早，或者在放映后待在那里吃东西、购物或欣赏景致，几家夜总会以演出活泼的音乐剧或喜剧而闻名，这就延长了步行街的活动时间。人群在繁忙的周末估计要超过15 000人，在有特殊节事活动的时期（每年的民歌节、爵士乐节以及意大利人节、艺术节等）可高达100 000人。

同样受到步行街宜人和安全氛围的吸引但并不被商家欢迎的一类人群就是无家可归者。BDC同警察协作，目前已经以一种低调的姿态成功地管理了无家可归者，杜绝了一些会产生麻烦的突发事件，这里主要依靠的是传统的智慧，即：红火热闹的氛围同人流稀疏的氛围相比能够包容更大范围的使用者。然而，无家可归的青年人在步行街上聚集的人数现在有逐渐增加的趋势，而且

是相当大的人群，这使得商家的顾虑增加。在全国范围内的这种类似情况里，商家对消费者舒适程度以及环境的经济成功性的关注已经同个人自由的主题以及缺乏对流浪者需要的考虑的现状产生冲突。

在写作本书时，圣塔莫尼卡已经通过了一项法律，严禁在人行道或街道路边上——这是年轻人喜欢聚集的区域——坐着或是躺着，其依据是西雅图实施的一个相似法律（在近期文章中一位未署名的西雅图警官称其为"来自地狱的法律"）。当然，并不是只有西雅图或是圣塔莫尼卡面临流浪者的严重现实，任何地方的设计师都面临着公众同情、人权以及商业利益之间日益激化的冲突。同样是该西雅图警官，他对社会倾向于将无法解决的问题推给警察表示失望，这里指无家可归者的问题。"我们象教师一般"他抱怨道，"每当人们无法处理他们自己的一些事情时"，他们说，"你来解决好了"［洛厄里（Lowery），1996年，P. 6］。哪些人构成了公共空间内的公众显然将成为未来的一个重要议题。

成功之处

• 大量座位，有正式和非正式的，包括长椅、喷泉、花池边沿。

• 在所有维度上都保证步行尺度——在长度和宽度方向上利用设计要素对空间进行了分割，以避免大面积的硬质表面景观，垂直方向也通过建筑后退和街道树木、旗帜等得以调整。

• 位于步行街两端的水景。

• 利用季节性花卉和旗帜为大型硬质表面环境引入了色彩。

• 小商贩和表演者是步行街的重要组成，并得到管理政策的大力支持。

• 所供应食物的范围很广，包括一些便宜的种类。

• 一些关键因素，如维护、绿化和安全保障，以及促销活动的组织和对商贩和表演者的注册许可等，受到集中管理方式的支持。

不足之处

• 虽然已有许多座位，再多一些的座位也许更好——长椅经常被占满，因为它们都是两人长

度，一个人就足以占据它。尺寸、形状更为灵活的座位可能会有用处——更长更宽的无扶手座椅，或是在街道内设置一些活动座椅（目前在户外餐饮区有许多这样的设施，但明显它们并不服务于辖区之外，也不服务于辖区内的非顾客成员）。有趣的是，供大规模人群使用的唯一可能的座位是围绕街道中央花池的台阶，这也许就是十多岁的少年为什么愿意坐在人行道上的起因吧。

- 缺乏公共厕所。许多商家将原来向顾客和大众开放的卫生间搬走，显然是考虑到步行街上流浪者数量增加的问题。在人们有可能逗留片刻的地方，公共设施是很重要的。

滚轴溜冰的人、骑自行车的人以及滑滑板的人可能会给行人带来危害，尤其是当步行街很拥挤的时候。然而，这些使用者为空间增添了色彩和意趣，增强了空间的包容气氛；从这种意义上讲它们是一种财富。也许可以强制性地把这些活动引到中央路面上去，这样可以及时采取应对措施。

成功：是诅咒还是祝福？

有趣的是，第三步行街的成功可能也正是其最大的潜在问题。每一参与该项目的人似乎都痛苦地意识到一处成功且繁荣的公共空间的脆弱性，许多人对韦斯特伍德村（Westwood Village）表示忧虑，韦斯特伍德村是另一处以步行者为导向的洛杉矶地区，它也获得了极大的成功，但成功很快导致了问题的出现——激增的年轻人群，破坏性的公共行为，以及与帮派势力牵涉的事故吓走了以前的顾客。

BDC 的工作力求使步行街对所有年龄和收入的群体保持吸引力，因此改善了城市停车场的条件，为街巷添加了灯光照明，限制了餐饮业的酒类服务，而且加强了维护以解决高强度使用带来的损坏问题。

然而，此类环境中因成功而带来压力的最主要启示可能也正是人们所直觉感受到的：我们需要更多有意义、舒适、安全和有趣的城市公共空间，从而让人们有更多选择，从而减小现有空间的压力。在一个有几百万人的大都市内，当人们都对两三个步行环境的成功出色表示认可时，显然就会出现问题。看来我们需要更好地理解创建新一代更繁荣的公共户外空间所需的必要

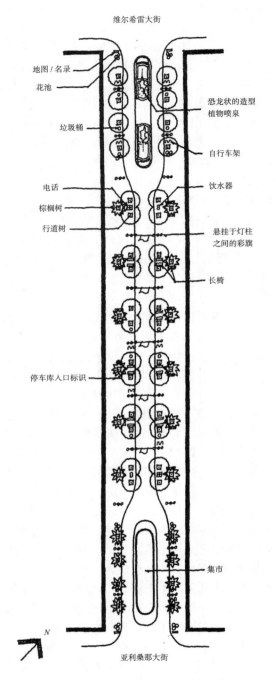

图1-55 第三步行大街：某一街区的细部。注意这里丰富的街道设施和绿化

元素和管理方法，新一代公共空间应满足地方社区，社区中的每一个人都可以在这里主动地去感受其他人的存在——无论是与自己相似的人还是不相似的人。

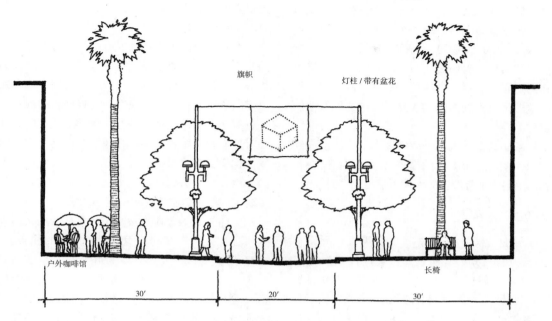

图1-56　第三步行大街：典型剖面。步行尺度通过绿化、旗帜、不同的铺装分区和街道设施等得以实现（插图根据罗马设计集团提供的资料绘制）

图1-57　经过重新设计之后，步行街刚一开放就取得了令人惊奇的成功。在以汽车为中心的大都市里，良好的步行环境深受人们珍视（摄影：罗马设计集团）

9. 贾斯廷赫曼广场：大型公共空间——城市中心广场[①]

位置及环境

贾斯廷赫曼广场作为恢复旧金山市已经衰退

的恩巴卡德罗街区的一个综合项目的组成部分，建于20世纪70年代早期。位于集市街的尽头和金融区的边缘，高层办公楼、海特摄政旅店（Hyatt Regency Hotel）、金门住宅区以及古老的渡口建筑（the historic Ferry Building）构成了广场边界。各建筑朝向广场的底层建有餐厅、咖啡馆以及商店。轮渡站、地铁系统以及电车和公共汽车线的终点站都位于附近，从而确保了稳定的人流从此经过。

概况

贾斯廷赫曼广场位于市区，尺度很大。在广场内略微下沉的大型硬质开放空间的一端布置有一个折角形的威廉恩库尔特喷泉，这是整个广场的焦点。该区域下沉12～18英寸（约30.5～45.7cm），以砖面铺成朝向喷泉雕塑的放射形。该开放空间内可坐的墩座和带顶棚的舞台使其成为开展大型舞台活动的良好场所。附近饭店和咖啡馆的桌椅区构成了广场的西边界。海厄

①根据学生凯瑟琳·艾什莉（Katherin Ashley）（1976年）、瑞恩·布拉德肖（Rene Bradshaw）（1977年）、托马斯·富兰克林（Thomas Franklin）（1976年）、凯瑟琳·冈恩特（Katherin Gaunt）（1980年）、米切尔·马兰基奥（Michael Marangio）（1982年）、吉姆·麦克兰恩（Jim McClane）（1976年）和戴维德·普夫（David Peugh）（1976年）的报告，以及作者1997年的观察编写。

特摄政旅店和一处高层办公建筑之间有一条花砖走廊，两侧布满小商店和外卖咖啡馆，走廊通至金融区。在步行交通内部是一个由街道商贩组成的热闹的集市，他们被从旧金山城区的人行道边迁移到这里来。尽管现在的人数比 20 世纪 70 年代少，但仍有大约 10 ~ 12 位商贩在这里做他们的生意。

广场中砖铺的大型开放空间上的人流没有经过组织，朝向各个方向的都有，这为那些坐在台阶和周围混凝土矮墙上的人提供了可观看的景致。

主要用途和使用者

工作日里，广场在午间主要为来自周围办公建筑的白领办公人员使用。该时间内大约有 300 ~ 400 人使用广场，大多数是白人青年，男性略占优势。自带午餐和外买食物的顾客位于广场和喷泉的外围；在餐厅用餐的人在室外的餐桌上享受他们的午餐。广场的尺度似乎大得有些吓人，使用者主要位于广场外缘，当有音乐会或特殊节事举行时是例外情况。西侧的高层建筑挡住了大部分下午阳光，可以观察到人们的活动随着太阳高度的变化而变化，这一规律控制了一天中使用者数量的上限。

在广场上偶尔可见到成群结队进行课外活动的儿童，十几岁的年轻人在这里能找到滑滑板的舞台，平日里在高台及其周围可以看到十几个或更多的这些杂技演员，他们为兴致勃勃的观看者进行表演。周末，他们的数量要多很多；广场管理对他们相当宽容，并没有像某些广场那样试图驱逐他们。夏季周末的大型音乐会把人们从更大的海湾社区吸引到广场上来。一年中，周末里最主要的使用者是旅游者和街道小商贩。

总体来看，贾斯廷赫曼广场是成功的，因为其所处位置和广阔的面积吸引了人们的注意力，也吸引了大群的人，一年里组织的大量活动同样为之增色不少。它是大型政治集会的最佳场所，也是从集市街游行的最佳出发点。事实上，比起城区的任何其他公共空间，这个广场能从更大的区域内吸引更广泛的使用者（工人、旅游者、表演者、小商贩、购物者）。对于任何城市，此类空间都应被视为是城区开放空间体系中的关键要素。

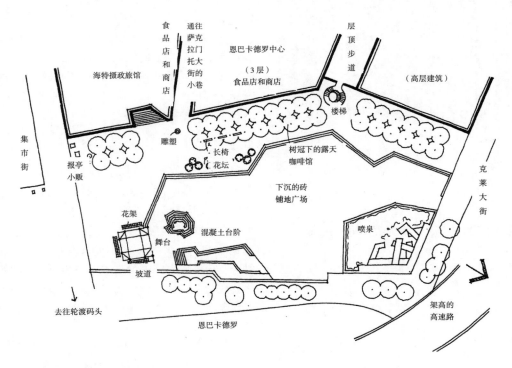

图1-58 旧金山市贾斯廷赫曼广场场地平面图

图1-59 暖春时节贾斯廷赫曼广场上的景象：人们坐在喷泉的边沿上吃自带午餐，观看人群
（摄影：詹尼弗·韦伯）

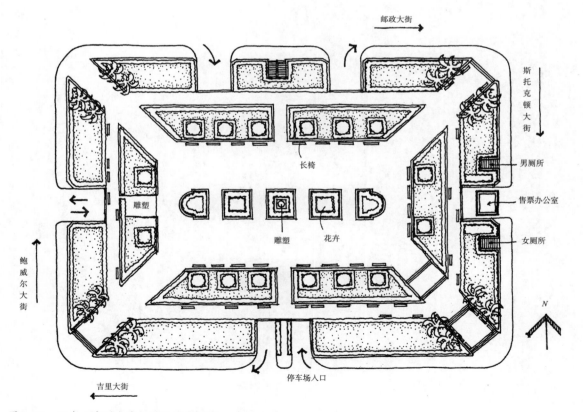

图1-60 旧金山市联合广场的场地平面图

成功之处

- 从许多方向都可看到入口。
- 多种使用者都可抵达（有超过100 000人的工人位于步行距离之内）。
- 有大量外卖食物和户外桌椅。
- 围绕广场边界有各种正式和非正式座位。
- 很吸引人的、可亲水的喷泉。
- 中央的大型开放空间可在集会或音乐会时容纳大量群众，甚至冬天可作为一个溜冰场。
- 配有供午间和周末音乐会使用的舞台。
- 为小商贩及许多顾客提供有空间。
- 滑板者得到管理者的容忍（尽管警察计划进行定期性的搜捕）。

不足之处

- 当没有人时，空间令人觉得有些害怕。
- 在干旱的年份，喷泉并不开放，这时许多人觉得它有些丑陋。
- 西侧的高层建筑挡住了下午的阳光。

10. 联合广场：大型公共空间——城市广场[①]

位置及环境

联合广场位于旧金山市中心购物区的中部。公共交通在围绕广场的 4 条街道上都有分布，这 4 条道路把该区域同金融区、唐人街、日本中心以及金门公园附近的居住区相连。广场附近分布有旅游者感兴趣的地点，主要集中在缆车、优雅的饭店、剧院区以及商店。几个街区之外就是一批餐厅、酒吧以及低收入阶层居住的旅店。

概况

联合广场于 1942 年重新进行了设计，当年在该场地上建起了世界上第一座地下车库。车库的 5 处出入口强化了场地外边界。广场位于向南

图1-61　联合广场是许多孤独老人的家园，他们生活在城市中心居住区的狭小房间内

①根据学生詹姆斯·奥斯汀（James Austen）（1977年）、萨莉·查菲（Sally Chafe）（1975年）、特里·弗林（Teri Flynn）（1975年）、劳拉·哈特曼（Laura Hartman）（1975年）、托马斯·约翰逊（Thomas Johnson）（1975年）、彼得·凯尼格（Peter Koenig）（1979年）和琳达·延（Linda Yen）（1977年）的报告编写；作者作了实地调查，1997年。

的斜坡上。呈矩形，而且占据了整个街区，每边都临街道。以棕榈树为标志的行人入口位于道路交叉处的每一街角。设计手法规则对称，场地外缘的草坪带被黄杨绿篱包围，中心广场为一圈长椅所环绕，沿中心轴线分布有一系列花池，正中是高大的纪念碑。广场的规则性通过 16 棵对称排列的树木和相同数量的灯柱得到强化。广场的西端是与两个旗杆相接的舞台。

主要用途和使用者

广场多样化的用途和使用者反映了周围区域的多样性。使用者包括偶然的参观者和固定的常客。偶然的参观者包括旅游者和暂时停留的购物者，通常时间较短，目的是为了拍张照片或吃份快餐，这些人包括：平日到这里吃午饭的商人、在组织的公共活动中的观看者和参与者以及其他周末出游的人。固定的常客包括附近旅店内的居民——大多数是老年人和男性——对他们来说，广场是唯一一处他们能够享受户外空间和进行社交的公共开放空间。其他常客是年轻人，通常是外出的单身汉以及逐渐增多的无家可归者。

广场中活动的多样性反映了使用者年龄的差异和广场各种亚空间之间的差异。老年人在这里闲坐和交谈，这也构成了城市繁忙生活的一部分。他们定时出现在广场中导致了不同领域的形成：有些人喜欢入口处，这样能够坐得很近，其他人则喜欢天天同那些说自己家乡话的人坐在一起。中年人多是购物者和办公室职员，他们在白天来这里吃东西、阅读和观望人群活动。还有许多人利用对角线从广场上抄近路，只是把它作为一条宜人的步行路线。草坪区，设计的初衷只是用于观赏，现今已变成炎热下午闲躺的场所。

最吸引人的一处草坪区——在温暖的午间，人员常常饱和——是与吉里街（Geary Street）成一定角度的斜坡空间，它让坐在上面的人可以一览无余地看到街道活动同时保留一定的私密性。中心广场内的所有坐位区以及沿周围步道上较为安静的地点同样坐满了人。

联合广场被设计成一个大型公共开放空间，它能容纳多种活动：从大型公共活动到公园长椅上的小憩，它还能容纳许多不同的使用者。尽管设计的正规性限制了座位的多样性，而且草坪的本意并不想让人们利用，但利用地形变化创造的多种亚空间、街角入口、绿篱区以及人行步道都是成功的，因为它们满足了在这种高密度内城中人群背景多样性的需要。

尽管这类城区开放空间似乎显得有些过时，但它是很重要的，因为它通常标志着城市的核心和历史焦点，能够适应多种类型的使用者。1997年，旧金山市的市长举行了一次国际性竞赛，斥资 8 000 000 美元来对联合广场进行再设计。同私人公司的广场不同，这类空间允许多样性，因此它在城区开放空间体系中的重要性和迫切性需要在再设计中认真给以考虑，这样合理的用途和使用者才不会被排斥在外。

成功之处

- 可以被不同使用者看到和接近。
- 适于多种使用者，从无家可归者到新潮的城区购物者和旅游者。
- 一天中大多数时间阳光明媚。
- 有足够的座椅，既有正式的长椅也有非正式的边沿、台阶、草坪。
- 各种软质和硬质的亚空间。
- 借助于中心纪念碑形成的对称设计。
- 中心矩形广场空间适于集会、公共聚会和城市庆祝活动。
- 对角线路径适于行人抄近道穿过广场。
- 小型草坪区作为半私密性的户外空间。
- 设置有货亭式的公共卫生间以及城市地图，不过却放错了位置，位于广场下的车库入口处。

不足之处

- 需要穿过繁忙街道才可到达广场。
- 当不得不从长长的闲坐者的队列之间穿过时，一些人可能会不愿从广场上走。
- 没有为聚坐在一起的一群人设计座位。
- 晚上会吸引溜滑板的年轻人，他们可能吓退其他使用者。
- 没有饮料或食物来源；一座不起作用的喷泉。
- 车库的出入口打断了广场周围的行人流。
- 没有给旅游者，一个很大的使用者人群提供信息服务。

设计评价表

1. 对附近公共开放空间的分析是否表明拟建的新空间将会受到欢迎和使用？

2. 委托人和设计师是否已定下了广场的各种设计功能——建筑的视觉退让距离、过渡区、午间休闲、等公共汽车、人行道咖啡馆、展示或展览、表演、街区内部的行人通道？

3. 在整个开发过程中是否考虑过街区位置和广场类型之间的关系，无论是在场地规划之初进行选址时还是在决定广场的具体形式和细部时，例如，街角位置适于高利用率的广场，尽端街位置适于绿洲型的广场？

4. 假定服务半径为 900 英尺（约 274 m），目前未享受到服务的人能在项目建设之后得到相应的服务吗？

5. 服务范围内是否有足够多的工作人员确保对午间光顾者的服务？

6. 广场的位置是否利于多种人群的使用——工作人员、旅游者以及购物者？

7. 广场的位置是否会对通往城市中心区的现有或拟建步行体系造成干扰？

8. 地方气候适合建设广场吗？如果户外空间在一年之中的使用少于 3 个月，就应该考虑建设室内公共空间。

尺度

9. 考虑到位置及环境的不同，限制广场的尺度时是否考虑了林奇和盖尔的建议？林奇建议合适的尺度是 25 ~ 100 m，而盖尔认为是70 ~ 100 m——两者都是看清物体的最大距离。

视觉的复杂性

10. 设计中是否将丰富多彩的形式、色彩、材质融合在一起——比如：喷泉、雕塑、不同的休息空间、角落空间、植物和灌丛、高程变化？

11. 如果从广场上可以获得丰富的视景，设计是否突出了这点？

使用和活动

12. 广场设计是适应闲逛者还是穿行者？如果两种功能都有，它们是否位于不同的分区以避免冲突？

13. 如果鼓励人们从广场上抄近道，是否已经消除了人行道和广场之间包括坡度变化在内的各种障碍？

14. 如果要鼓励人们在广场上逗留和闲逛，是否布置了大量的设施、引人注目的景点以及丰富多变的边界？如果需要举行音乐会、集会等，是否提供了没有障碍的开放空间？

15. 广场的设计是否注意到了两性的不同需要：男性对于"前院"体验（公共、相互接触）的偏好，以及许多女性对于轻松和安全的"后院"体验的青睐？

16. 广场的设计是否通过鼓励高强度使用来减少恶意破坏行为和"不受欢迎的人"的存在（或者使得他们在人群中显得不突出）？或者采取更为坚固的设计形式？

微气候

17. 广场的位置是否可以在全年内得到充足的阳光？

18. 在夏季非常炎热的地方，是否利用植被、遮阳棚、花架等提供了荫凉？

19. 作为一种城市政策，对建筑高度和体量的控制是否能够保持并增加到达公共空间的光照量？

20. 广场在午间时的温度在一年中是否至少有 3 个月超过 55°F（13℃）？如果没有，应该考虑增添户内公共开放空间。

21. 对于那些午间平均温度超过 55°F（13℃）的月份，是否研究了光影分布来预测座位区应该布置在什么地方？

22. 附近建筑的反光是否在广场中造成了令人不适的视觉或温度？

23. 附近建筑反射的光是否能用于照亮广场的背阴区？

24. 是否已经评价了广场空间中风的规律？刮风会不会导致广场无人问津，尤其是在那些几乎没有酷暑的城市中？

边界

25. 诸如铺装变化或绿化之类的边界是否能将广场与人行道划分开来，同时又不会在视觉或功能上阻碍行人对广场的接近？

26. 广场是否至少有两面朝向公共道路，除非它被有意作为一个绿洲空间？

27. 广场设计中，是否利用绿化等要素延伸到道路红线范围内来把行人的注意力吸引到广场上去？

28. 广场和人行道之间的高度变化能否保持小于 3 英尺（约 0.9 m）？

29. 广场和邻近建筑之间在视觉和功能上的过渡是否已经考虑了？无论是广场使用者还是建筑使用者，个人空间是否因坐椅、餐桌、办公桌过于接近窗或门而受到干扰？

30. 广场底层建筑进行用途安排时，是否利用了零售商店和咖啡馆而非办公室或空白墙体来使广场变得生动起来？

31. 户外咖啡馆的座椅是否具有吸引人的色彩以吸引行人进入？

32. 广场边界是否设计有许多凹凸空间以便为使用者提供多样化的歇坐和观看机会？

亚空间

33. 如果广场面积很大，它是否被分成若干亚空间来给使用者提供不同感受的环境？

34. 是否利用了高差变化、多样化的种植和座椅布置来创造亚空间？

35. 亚空间是否彼此隔离同时又不会让使用者在空间中产生孤独感？

36. 亚空间是否足够大，这样使用者即使进入有他人存在的空间也不会觉得自己侵犯了他人？

37. 亚空间的尺度是否恰当，从而使人们在独坐或周围仅有几个人时不会觉得恐惧或疏远？

交通

38. 广场的设计是扰乱还是改进了城区的现状交通模式？

39. 为了鼓励步行，是否利用由安全步道、商业中心及步行街等组成的人行系统来把各个广场连接起来？

40. 是否已经留心预测了在交通高峰期从人行道到建筑入口之间人们可能会走的的直线路径？

41. 广场的布局是否能使人们方便地到达周围的咖啡馆、银行或零售商店？是否能使人们方便地到达座位区或观看区；以及是否为人们提供了超近路或心情愉快地穿过广场的机会？

42. 如果需要或希望引导行人流，是否利用了墙体、花池、围栏、地面高程或材质的明显变化等形成空间障碍来达到目的，而不是利用那些已被证明无效的铺装色彩或花纹的变化？

43. 广场的设计是否适应了步行者在空间中心行走而闲坐者位于空间边缘的规律？

44. 广场是否适应了残疾人、年老者、推儿童车的父母、以及推着货车的小贩的需要？坡道是否尽量与梯道平行，或者至少与梯道每一层面都相通？

座位

45. 设计是否认识到了座位在鼓励广场使用方面是最重要的因素？

46. 座位是否满足了大多数广场上常见的各种类型的休息者的需要？

47. 座位是否布置在那些午间有灿烂阳光的地方？在很热的地方，座位是否有遮阳？

48. 广场座位的布置是否考虑到了闲坐者通常会被吸引到那些他们能够看到其他人穿行的地点？

49. 为了增加广场的整体座位容量，辅助座位（草丘、眺台、座墙、允许坐在上面的护墙）是否融入了广场设计之中，以免人数较少时，使用者置身于座椅的海洋之中而感到恐惧？

50. 主要座位的数量是否至少同辅助座位相同？

51. 那些可以作为辅助座位的要素（草坪除外）是否在 16 英寸（约 40.6 cm）（最好）至 30 英寸（约 76.2 cm）的高度范围之内（特别鼓励较低的高度）？

52. 是否优先考虑选择木质长椅，而且是否包括那些 3 英尺 ×6 英尺（约 0.9 m×1.8 m）、无靠背便于自由利用的长椅类型？

53. 是否有一些座位的排列呈线性（长椅、台阶或边沿）、环形、或者朝向外部，以允许人们可以同陌生人挨得很近进行交流，同时不必进行视线接触？

54. 有没有布置宽大的无背长椅、成直角摆放的座位以及活动桌椅等以便于成群人的使用？

55. 座位的位置是否允许人们在阳光和背阴之间有进行选择？

56. 是否通过花池或其他要素的布置为一些坐处创造了私密感？

57. 是否利用多样化的座位朝向来为人们创造观看水景、远景、表演者、树丛以及行人的机会？

58. 座位是否用的是看起来很暖和的材料，比如木头？是否避免使用那些感觉生冷（混凝土、金属、石头）或是那些如果坐在上面可能损坏衣服的材料？

59. 在决定座位的合适数量时，是否遵循了公共空间项目公司对广场中每 30 平方英尺（2.79 m²）面积就应有 1 英尺（约 0.3 m）长的座位的建议，或是遵循了旧金山中心城区规划要求每一直线英尺的广场边长应有一直线英尺的座位的导则？

种植

60. 是否利用了多样化的种植来提高并丰富使用者对于颜色、光线、地形坡度、气味、声音和质地变化的感受？

61. 在需要看到其他亚空间的地方，是否选择了羽状叶的半开敞的树种？

62. 如果广场必须下沉，所种植的树木是否能很快长过人行道地面的高度？

63. 在多风的广场中，为了减轻浓密枝叶和大风混合造成的潜在破坏，是否选择了树冠开敞的树木？

64. 是否选择了品种多样的一年生花卉、多年生花卉、灌丛和乔木？

65. 在视线、树荫、维护方面是否考虑到了植物长成时的最终高度和体量？

66. 是否利用了树木来遮盖邻近的建筑墙体，如果需要的话，是否能让阳光照到建筑窗前？

67. 是否有足够的座位以防止人们坐进绿化区，从而破坏植被？花池的座墙是否足够宽以防人坐进花池内部？

68. 草坪是否改变了广场整个特征，是否鼓励野餐、睡觉、阅读、晒太阳、懒洋洋地躺着以及其他随意活动？

69. 草坪区是否通过起坡或抬高来改善休息和视线的条件？它是否避免形成一个空旷的大草地，而是创造出小尺度的亲切空间？

地形变化

70. 为了创造亚空间，广场设计中是否包括了一些规模不大但很明显的地形改变？

71. 地形变化是否被作为一种分隔座位区和道路交通的方法？

72. 如果有地形变化，不同高程之间的视觉连续是否能得以保持？

73. 在有地形变化的地方，是否已提供了坡道以便于推婴儿车的人、残疾人等的通行？

74. 是否有带有护墙或护栏的制高点便于人们倚着观望人流？

75. 是否避免了在广场和人行道之间出现坡度的剧烈改变（无论是向上还是向下），因为这样的广场使用率很低？

76. 如果广场必须下沉很多，广场里是否设置了一些引人注目的景物来吸引人们进入？

77. 如果广场必须抬高许多，是否利用了绿化种植来表示广场的存在并吸引人们登至上面？

公共艺术

78. 如果广场设计中包含公共艺术，它是否能创造一种快乐和愉悦感、刺激游人的活动和创造性，同时促进观看者之间的交流？

79. 人们是否能与设计的任何一个公共艺术作品进行交流——触摸、攀爬、移动或在里面玩耍？

80. 该作品是否代表着大多数公众的心声而不是少数精英？

喷泉

81. 广场设计是否包括了喷泉或其他水景要素，以形成视觉和声音上的吸引？

82. 喷泉的声响能否遮住外面街道的喧闹？

83. 喷泉是否同广场空间成比例？

84. 风会不会扬撒水珠从而使歇坐区域无法被人们利用？如果会的话，是否有一名全职的园丁或广场维护人员来负责调控喷泉？

85. 喷泉是否设计得伸手可及，从而让广场的访问者能够接触到它？

86. 是否计算了喷泉的运转费用以确保喷泉能运转良好？

雕塑

87. 如果广场中有雕塑，它们是否同广场本身成比例？

88. 是否有部分雕塑是可体验的，即人们是否可坐在它周围、攀爬它、甚至改变其造型？

89. 雕塑的位置是否不会妨碍广场上的人行交通和视线？

90. 雕塑是否避开了中心位置，以免让人觉得广场只是雕塑的背景？

铺装

91. 主要的交通路线是否符合广场使用者"所希望的路线"？

92. 如果设计的目的在于引导行人，那些限制步行的地方是否用上了卵石或大的砾石？

93. 是否利用了铺装变化来标明由人行道向广场的过渡，同时又不妨碍人们的进入？

食物

94. 广场内部和附近是否有食品服务，如食品小贩、食品售货厅或咖啡馆？

95. 是否有舒适的空间以供人们坐下来吃自带的午餐或从小贩处买来的食品？

96. 广场售卖饮食的地方是否提供了饮水器、卫生间和电话亭等设施，就像在餐厅里一样？

97. 广场上是否到处都有足够的垃圾箱以避免食品包装和容器的废弃物堆积在广场上？

有组织的活动节目

98. 广场的管理政策是否鼓励在广场中举行特殊的节事活动，例如临时性展览、音乐会和戏剧表演等？

99. 广场设计中是否包括一个功能性舞台，在非表演时可用于闲坐、吃午餐等？

100. 舞台的位置是否能避免对交通流的干扰？是否能避免观众正对太阳？

101. 是否为观众提供了可移动的椅子，以及附近是否有不用这类椅子时的储存处？

102. 广场上是否有招贴活动日程和告示的场所，广场使用者可以很容易地看到？

103. 是否有对活动进行宣传的各种形式——装饰、彩旗？

104. 节事活动当天是否提供临时性的优惠餐饮？

摊贩

105. 广场的设计是否适应那些摊贩？他们能为广场增添活力、保障一定程度上的安全，同时增加周围零售商业区的人气。

106. 特别是那些已经在午间时颇受欢迎的广场、无人问津但亟须吸引使用者的广场以及行人如织的街边广场或公交集散广场，是否考虑过增设摊贩？

107. 广场是否包括能作为农贸集市的区域？

108. 广场为集市或摊贩提供的空间是否有一个色彩丰富的玻璃纤维篷顶，既能吸引人的注意力，又能提供遮蔽和荫凉，还能同城区建筑的尺度形成对比？

109. 摊贩或集市空间所处的位置是否易于到达，是否醒目，同时还不会妨碍广场的正常人流交通？

信息和标识

110. 建筑的名字是否清楚地展现出来，晚上的照明是否足够？

111. 建筑的主入口是否醒目？

112. 进入建筑之后，问询或接待处是否能一眼看到，或者至少有明显的标识指引？

113. 是否有标识引导访问者去电梯间、卫生间、电话、餐厅或咖啡厅？

114. 离开建筑后，是否有指示公交站、出租车场及附近街道方向的醒目标识？

115. 是否有一张简明清晰的周围街区图？

维护和便利设施

116. 是否有足够的人员来养护绿化，这样草坪才能保持常绿齐整、枯枝败花得以及时清除……？如果难以保证经常养护，就应该采用美观而且维护量低的绿化方式。

117. 是否有足够的垃圾箱，是否制订了垃圾清理时间表，以防垃圾溢满？

118. 是否采取了提前浇水的方式来使草坪和花池里的花草在午间时分已经干了？

邻里公园 2

克莱尔·库珀·马库斯　克莱尔·米勒·沃茨基
埃利奥特·英斯利　卡罗琳·弗朗西斯

　　本书的前提是，因地制宜对于空间设计能否满足使用者的需求是至关重要的，同时，一些定性的设计导则也是必须遵守的。本章给出的建议建立在对大量公园的研究的基础之上，在这些研究中，我们观察了在公园中的各类活动，采访了公园的使用者，分析什么样的设计形式是服务于人的。本章中的导则是操作性的而不是规范性的，可以应用到具体设计工作中去，或用来评估和发展一个公园的设计计划。本章分为六个部分：美国公园的历史、邻里公园的未来、有关公园的文献综述、设计建议、公园类型和实例研究。

美国公园的历史

　　盖伦·克兰茨（Galen Cranz）（1982年）认为自19世纪中叶以来，美国公园的发展经历了4个主要阶段：游憩园（the pleasure ground）、改良公园（the reform park）、休闲设施（the recreation facility）和开放空间系统（the open space system）。

　　游憩园流行于1850—1900年间，其发展至少部分起因于对新兴工业城市肮脏而拥挤的环境的反应。这类公园的典型样式就是浪漫主义时期英格兰或欧洲贵族的采邑庄园，它将原野及田园风光理想化。游憩园通常坐落在城郊，是刻意为周末郊游而设计的，以大树、开阔的草地、起伏的台地、蜿蜒的步行路及自然主义风格的水景为特征。由于这些公共设施可供所有的社会群体享用，人们希望工人可以在这里通过户外游憩活动来保持健康，希望中产阶级的行为规则能够影响到贫民。

　　改良公园出现在1900年左右，是改良主义和社会工作运动的产物。像早期的公园一样，其目的是为了提高劳动者的生活条件。改良公园位于城市内部，是第一批真正意义上的邻里公园。其最主要的受益者是紧临公园的儿童和家庭。其最重要的特征是儿童游戏场。对浪漫主义审美这种精英主义价值观的反对导致了改良公园设计中的僵硬刻板的功能主义，其特征就是利用直线和直角构成硬质铺装、建筑和活动分区的对称布局。

　　最后，社会工作运动的理念开始融入主流社会。休闲设施在1930年左右开始在美国城市和城镇中发展起来，并成为公园和社会改良目标之间的纽带。它强调体育场地、体育器械（休闲这个词变成了高档体育设施的同义词）和有组织的活动。随着郊区的扩张和小汽车使用量的剧增，新型的和更大规模的公园被建设起来以提供各种各样的球场、游泳池和活动场地。公园的吸引范围和服务区域增大，小汽车成为去公园的主要交通方式。体育锻炼——特别是团体运动项目——被认为对于在困难时期保持斗志是极其重要的，同时对于个体和公众健康也同样重要，这大大鼓励了早期的改良者。

　　自1965年开始发展起来的开放空间思想，是将分散的地块，如小型公园、游戏场和城市广场等联系成一个系统——至少在理论上是如此。开放空间思想与城市复兴运动一起发展壮大，而城市复兴是城市活力的一种体现。集中分布的邻里公园只是开放空间体系中可供人们消磨休闲时光的各类地点（如娱乐园、购物中心、跳蚤市场、街道集市、州立和区域公园）中的一种。

　　今天，绝大多数的邻里公园都包含有4个历史时期公园的成分，很少有某种单纯类型的公园。阻挠公园变化的阻力有时可归于人们认为公园只应符合一种模式的观念。然而，克兰茨认为设计师应把每种模式的各种要素混合在一起，因为设计师不知道什么是人们真正所喜爱的。克兰茨相信，为了满足实际需要，公园政策必须建立在对当今社会问

图2-1　20世纪80年代的典型邻里公园包括有公园设计哲学各要素的总和。图中的公园位于加州圣马特奥，包括一个儿童游戏场、运动场、一座社区建筑和野餐区

题和对城市的心态进行敏锐分析的基础之上。

邻里公园的未来

在过去的几十年中，地方公园的设计和管理几乎没有什么明显的改变。缺乏维护导致户外设施破损过时，许多公园同当时使用者的潜在需求毫无联系。西摩·戈尔德（Seymour Gold）（1972年）写到将地方公园融入现代生活主流的必要性，而盖伦·克兰茨（1982年）则将公园说成是城市休闲的"古董"。

对于公园的未来，几位作者提出了他们各自的看法。关于公园的管理和规划，戈尔德（1974年）建议，市民应全方位参与那些现有不能满足使用者需求的公园的开发、管理、更新和重新选址，尽可能自发领导并自我维持。戈尔德（1980年）相信，未来的公园需要新的活动内容、机构和理念以引导城市休闲活动的发展，可能要把从屋顶花园到城市露营地的各种公共和私人设施结合起来。

随着混合利用的观念逐渐占据主导地位，我们现在对城市中心区和居住区所做的划分可能会不再适用。商业中心附近的新型公园似乎已经自发地在郊区出现了，那种认为公园与商业用途不相容的趋势也在减弱，至少对公园的使用者来说是如此，他们经常要求在公园中设立售卖优惠食物的机构及其他零售设施。公园能够也应该继续满足整个社区物质和精神健康的需要（见图 C-8）。妇女在公园使用者中仍占少数，而克兰茨（1981年）则争辩道，妇女应该开始要求公平地享用公园资源。除改进现有的为女性服务的运动设施之外，保健中心、社区公园和托儿所也将成为对男性和女性都有益处的公园功能。同时，如果想鼓励越来越多的妇女使用公园，必须更全面地解决安全问题，因为调查结果表明，许多妇女避免去公园是由于害怕自身的安全受到威胁（案例见韦克利和怀茨曼，1995年）。

随着人们对空间使用的文化模式的深入理解，公园设计也许会跳出以往批量制造的僵化常规。单独、集中的公园对于一个依赖活跃的街道生活来维系其社会网络的社区也许并不重要［劳里（Laurie），1975年］。在一个具有广场而非公园传统的文化背景中，数英亩的绿地可能没有任何意义。为清洗和展示汽车提供空间可能会被认为是本地公园的一项合理功能，而不是像加州某一公园那样，只是一个设计图案［赫尔南德兹（Hernandez）等］。

实际上，现今大多数对公园的讨论都集中于更加多样化的需求——既包括公园的类型，也包括传统公园中的要素的多样化。海沃德（Hayward）（1989年，1996—1997年）指出了可替代传统公园的几种符合公众兴趣的类型——不必刻意到达、供平常随意使用的小公园和广场，植物园，滨水区，动物园；以雕塑或土方造型作品为主题的艺术公园；具有可以开展有组织体育活动的服务设施、露天座位和出租场地等的体育公园；以及将博物馆空间扩展到户外的公园。

许多作者都已经注意到，人口、生活方式、价值观和心态的变化使得公众需要更大范围的休闲环境——一些人甚至主张废除"公园"这个词以便于重新评价公共开放空间。尽管我们（和许多其他人）认为公园，包括非常传统的公园仍然具有一定用途，但很明显，公园同广场、集市、步行街和其他类型的公共空间一样，必须被视为是同一连续体的一个组成部分。

另一个在有关公园的争论中成为焦点的问题，而且也是极为重要的问题之一，就是生态的意识和责任感。在《过去和未来的公园》（The Once and Future Park）[卡拉索夫（Karasov）和沃因（Waryan），1993]一书中，始终贯穿文章始末的主线就是公园作为创建人与自然之间新型关系模式的典范所具有的独特适宜性。无论是原始环境中的自然化休闲，还是前卫抽象的表达，公园都在模仿自然，表达着人们对人与自然关系的文化态度。令人沮丧的是人类对于生态灾难不断迫近的明显征兆缺乏反应，对此，赫伯特·马斯卡姆（Herbert Muschamp）（1993 年，P. 16）在评论时指出："在这种情况下，我们不是质疑自己对环境的滥用。相反，我们怀疑的是我们对此做出协同反应的能力。"马斯卡姆和其他几个人强烈要求在公园设计中提高协作水平——不仅要包括景观设计师、艺术家，同时也要包括环境学家和社会学家。当然，一个明显的结论就是尽可能让更多当地社区的人参与到公园设计中来。这种协作过程，由于吸收了当地参与者的智慧，有可能创造真正与社区相关、具社会包容性、影响力大的环境。正如马斯卡姆所观察到的："公园实际上是这样一个地方，在那里，设计者通过他们的行动，最重要的是相互作用，开始使那种由环境主题所引发的悲观主义的忧郁、麻木的气氛得到升华……在不远的将来，公园里所发生的一切将不再只是具有现实价值，同时还将具有象征意义，成为一种符号，代表了在建构即将出现的全球文化中我们所能取得的成就"（1993 年，P. 16）。

游憩与犯罪预防之间的联系

低收入邻里中开放空间的缺乏早已为人所知。强调游憩空间的缺乏与青少年犯罪之间存在联系已经成为要求改善我们城市公园的一项紧迫的论据。

在 1994 年的一份出版物——《医治我们的城市（Healing Our Cities）》当中，《对公共用地的信任（the Trust for Public Land）》一文，引用了一些令人惊讶的统计数字。在费城，警察帮助邻里志愿者清理了一块空地并把它建成花园以后，辖区的犯罪率降低了 90%。夏季，凤凰城（Phoenix）的篮球场和其他娱乐设施开放到凌晨两点，报警电话表明青少年犯罪率下降了 55%。1992 年洛杉矶暴力事件发生后，一项对深受不安定因素影响的邻里居民的调查显示：77% 的人认为对他们的社区而言，改进过的公园和休闲设施是"绝对关键的"或"重要的"，他们认为这比医疗保健或商业开发更为重要。在骚乱之后的日子里，帮派成员们发表的声明也把公园和绿地空间的缺乏列为主要抱怨之一。在凤凰城，每个青年人每年花在午夜娱乐上的钱是 60 美分。青少年司法与防止不良行为办公室（the Office of Juvenile Justice and Delinquency Prevention）估计，为了防止一个青少年犯罪，1994 年一年的花销高达 30 000 美金。

犯罪学者们发现，无法直接衡量有多少犯罪是由开放空间和休闲机会的缺乏所导致，但是，大量的证据表明，当这类设施得到改进时，犯罪率通常会降低——有时是大幅度的……新泽西州纽瓦克（Newark）市的市长夏普·詹姆斯（Sharpe James）说，用于一个街头巡逻的新警官身上的费用可以雇佣 3 个休闲业领导人，而他们可能会更有效地防止青少年制造麻烦和减少犯罪。詹姆斯说，"对那些做了错事的孩子的对策不应该是令其离开街道、遣送回家或者关进监狱。我们应该能够告诉他们去哪里和做什么"[《对公共用地的信任》，1994 年，P. 5]

然而，在休闲项目可以使事情大为改观之前，对这些活动而言，安全与可达的公园仍是最基本的。卡耐基（Carnegie）公司 1992 年的一份研究报告表明"公众支持的休闲项目正在发展成为一个二元体系，郊区比不怎么富裕的农村或城市地区能得到更多更好的服务"［青少年发展卡耐基理事会（Carnegie Council on Adolescent Development），1992 年，P. 66］。1968 年，治安问题国家委员会（the National Commission on Civil Disorder）将城市暴力与内城休闲设施的衰落相联系起来。十年后，美国内务部（the U.S. Department of Interior）（1978 年）的一份研究实际上发现城市公园和休闲项目方面几乎没有任何改进。1993 年，公共用地托拉斯的调查发现这种局面并没有得到根本性改变（1994 年）。1983 年，费城的游憩产业雇有 1200 位全职雇员；而在 1994 年，却只有不到 500 位的员工在维护相同数目的公园。德州 A&M 大学的一份调查发现，在全国范围内，1990 年全职公园员工的数目少于 1978 年。

为了开始处理一些不足之处和不公平的问题，1994—1999 年间，公共用地托拉斯通过其绿色城市的倡议（Green Cities Initiative），已经划定了 12 个大都市和城市地区，以便进一步协助各城市的选址、土地购买和公园建设工作。人们希望，该机构和其他地方或国家的主动参与可以满足我们城市对户外空间的需要，尤其是满足那些中心城市邻里对休闲空间的迫切需要。

有关公园的文献综述

大多数有关社会问题和城市公园题材的著作都论述的是大城市公园的历史与领导其发展的个人［查德威克（Chadwick），1996 年；劳里，1975 年；克兰茨，1982 年］将大型和小型城市公园不断变化的形式视为其社会和政治背景的反映。而拉特利奇（1971 年）关注的是设计者、规划者、管理者乃至社区是怎样影响公园的最终形式的。

在 1961 出版的《美国大城市的生与死》（The Death and Life of Great American Cities）一书中，雅各布斯批评了在应用公园规则与标准时未能考虑文化、地理和其他方面的差异，这导致了许多邻里公园在社会使用方面的失败。接下来，不同作者的几篇文章试图描述和解释戈尔德所述的社区公园遭受冷落的现象［弗兰奇（French），1970

年；戈尔德，1972 年；约翰逊（Johnson），1979 年］。一些作者批评公园设计的用途成了社会控制的工具（有意或无意的），而且常常损害了正当使用者群体的利益（克兰茨，1981 年；戈尔德，1974 年；萨默和贝克尔，1969 年）。

20 世纪 70 年代初，研究者开始用调查和问卷的方法来确立公园的实际使用模式［班斯（Bangs）和马勒（Mahler），1970 年；德雅克（Deyak）和帕利尔门特（Parliament），1975 年］。后来的研究人员利用系统化的现场观测技术，有时结合采访和问卷，描画出了公园活动的细节［库珀·马库斯，1975—1993 年；戈尔德，1980 年；林迪（Linday），1977 年；拉特利奇，1981 年；泰勒（Taylor），1978 年］。20 世纪 70 年代末 80 年代初，研究报告中强调了公园中所存在的较为独特的问题，如那些在波士顿［韦尔奇（Welch）、拉德（Ladd）和蔡塞尔（Zeisel），1978 年；公园与游憩管理局（Park and Recreation Department）San Jose，1981 年］和西雅图［怀斯（Wise）等，1982 年］的城市公园中的故意破坏行为。

近来，研究人员将注意力放在公众对公园［戈尔德和萨顿（Sutton），1980 年］植被的反应以及公园与花园在美学上的主要差异（弗朗西斯，1987 年）。最后，作者建议通过集会、工作日等方式使社区居民参与公园的设计和规划过程。当地居民的直接参与和系统的行为记录资料，被看成是获取用于公园设计的可信资料的最佳途径［弗朗西斯、卡什丹（Cashdan）和帕克森（Paxson），1981 年；赫斯特（Hester），1975 年］。

尽管提供公园设计导则似乎与社区居民参与相抵触，但是我们相信这两者都是必要的。如果我们想要避免重蹈覆辙，那么分析现有的公园设施和布局是如何起作用的将是非常重要的。社区参与特定公园的设计（或重新设计）是必要的，设计者和设备供应商也许会发现，下面的设计导则是非常有用的方法。它使他们及社区了解到那些不能经常出席社区会议的人群的需求，从而提出可供选择的方案，这些人群——儿童、青少年、老人——常常是公园的主要使用者。

公园使用中的社会文化差异

绝大多数关于公园使用的研究都将中等收入

的成年男性白人作为典型的使用者。只是在最近几年，才考虑了妇女、低收入者、不同文化群体成员的特殊需求和价值观。但这方面的著作依然很少。所以，我们下面所引用的研究案例在很大程度上必须被看成是建议性的，而不是结论性的。创造和重新设计任何一个公园时，公众参与设计都是必不可少的，因为我们恰恰缺乏足够的有关每一潜在使用人群不同需求的资料。

英国一项对伦敦部分地区不同种族、性别、收入水平的公园使用者对城市开放空间的感受和使用的研究得出如下结论：不同生活经历的人都生就喜欢享受与自然之间的直接感官体验，但妇女在自然空间中会因为害怕暴力和骚扰而觉得拘束［伯吉斯（Burgess）等，1988年］。

一项对洛杉矶4个不同社会和种族的公园的研究发现，公园使用中存在着巨大的文化差异（洛开透－赛德莱斯，1995年）。例如，拉美裔的公园使用者使用更多的公园，且更频繁地到访，去公园时常常是一大家子，而且一到公园就喜欢占据较大的空间，他们在公园里开派对、庆祝生日和结婚纪念日以及野餐。与其他被观察的民族不同的是，拉美裔积极地占用公园空间，利用从家里带来的物品改变和丰富公园的内容，包括条幅、气球和毯子等，这些东西有助于界定和声明其活动领地。该群体将公园主要视为一种社交空间，并把公园的社会属性当作是一种最受人喜爱的属性。洛开透－赛德莱斯提出，对这些公园使用者而言，公园可能已经扮演了中美洲城市广场的角色，与典型的北美公园相比，它支持的活动内容范围更为广泛。美籍非洲人喜欢和朋友一起去公园，那些开车四处游荡或在街角兴高采烈说笑的年轻人常常成群结队而来，同时他们也最喜欢在公园中进行体育活动，成系列的体育设施和器材是公园中最受他们欢迎的要素。这个群体使用公园，但并非积极地去占领空间。白种人较少去公园，也更喜欢独自去逛公园。他们在公园中从事比较安静的活动如日光浴、阅读，坐一坐，或看看来来往往的人；有时也从事较为积极的活动如散步或慢跑、打网球或棒球以及遛狗。其他最常见的白人使用者是带小孩的父母。这类使用者很欣赏公园的美学属性——其风景、自然要素和绿色。华裔使用公园者的一个相对较小的样本（包括深入采访几位老年使用者）表明，中国人对公园的喜好可能与具有为运动和野餐而设计的广阔绿色空间的典型美国公园不同。"据被访问者所言，华裔人认为理想的公园是华丽设计的一种美学要素，'户外公园到处充满色彩缤纷的鲜花、水池、凉亭和茶室，供人静静地享受、观览和自我放松'"（1995年，P. 96）。典型的美国公园在中国大陆和台湾并不为人熟悉，被访问者说，绝大多数中国人会认为这些公园"太结构化"而且"景观贫乏"。他们来公园只是为了逃离狭小、拥挤、几世同堂的公寓和会见朋友。

一项对西雅图不同收入群体怎样使用和评价城市开放空间的研究表明，拥有私人花园的高收入者在利用自家花园的同时也去邻里的其他开放空间（公园、商业街、广场）；而拥有私人花园的低收入者却说，自家花园是他们在其社区中唯一使用的户外空间，因为几乎没有其他令人愉快的安全空间可供选择［塔特尔（Tuttle），1996年］。可能的时候，许多低收入者会离开自己的邻里去使用高收入者邻里的空间。但相反的情况却从未发生。最极端的差异存在于高收入和低收入的妇女之间：后者最可能表现出对城市开放空间的不信任，因此最不可能利用公园和商业街。高收入妇女则不太受此限制，而且是最常与自然界接触的群体。这项研究的重要结论是：尽管空间分布不均且以不同方式被利用，但人们欣赏户外空间要素却具有许多相似。各种收入的人群都说他们欣赏清新的空气、树木、自然景观、令人感觉舒畅的地点、孩子们可以安全嬉戏的场所以及可在户外步行和小坐的地方。

另一个研究引用新泽西州城市的民意调查说明，不同种族、性别和阶层的人对开放空间的评价没有区别。"呼吸新鲜空气"分值最高（72%），其次是"自然的景色"和"享受未被人类改变的环境"［福里斯塔（Foresta），1980年］。另一项研究评论了高收入者和低收入地区公园的不平等分布。西雅图的一项研究发现，在低收入社区中实际上不存在自然的公园类型，如带状公园、绿道或自然区域［迪登（Dieden），1995年］。"另一项针对条款13（Proposition 13）通过后的加州公园的研究发现，一个双层次的公园体系已经发展成熟，一类是私下为富人服务的公园，另一类是数目不断增加的坐落在富人较少的邻里中的'沉寂的公园（dead park）'［福利（Foley）和皮尔克（Pirk），1991年］。作者宣称这种'休闲娱乐的种族隔离'不只存在于加利福尼亚，而是一种不断增长的全国性趋势"（塔特尔，1996年，P. 28）。在对开放空间公平问题的回顾中，琼斯（Jones）同时指出安全高质量的开放空间在低收入社区中是一种珍稀资源（琼斯，1995年）。

设计建议

经常被提及的使用公园的原因有两个：一是对自然环境的渴望，二是与人交往的需求。

对自然环境的需求

公园经常被认为是钢筋混凝土沙漠中的绿洲。对过路者和那些进到公园里的人而言，公园的自然要素带给他们视觉上的放松、四季的轮回以及与自然界的接触。

根据两项通过访谈形式对公园利用方式所做的研究，在旧金山和伦敦，最经常被提及的使用公园的原因是"接触自然"。在伦敦，女性比男性、老人比年轻人、高收入者比低收入者更经常提及这个理由。同样地，根据对使用频繁的中心城区曼哈顿公园所做的一项研究，人们最常说到的理由是来放松和休息。当他们被请求用3个词来描述这些公园时，多半的描述都可以大致归纳成这样的名头——"公园是避难所"，他们用诸如绿色、自然、放松、舒适、宁静、平和、静谧、城市绿洲和庇护所等词语来形容公园。

把公园当成庇护所或绿洲的这种需要，最可能体现在城市中心的高密度区域。但是，一项对加州密度较大的萨克门托郊区的公园的研究却发现：即使在那里，公园植被的种类和数量对公园使用者满意程度的影响也是很大的（戈尔德和萨顿，1980年）。

建议使用下列导则来满足公园使用者的需求：

• 创造一处从美学上讲富于变化的环境，使人们渴望接触自然的感觉最大化。例如，提供不同颜色、质地、形状的植物；栽植芬芳的观花乔灌木；栽植可吸引鸟和蝴蝶的植物；布置流动的水（喷泉和瀑布等）和静止的水（如一个精雕细刻的水池）。潺潺的流水声给人带来一种幸福平静的感觉。同样，与活动和吵闹相隔离的空间可以满足喜好平静和安静处所的人的需求。德国一项对公园使用方面的研究发现，人们去观赏开敞空间的最主要原因是体验宁静［加布莱切（Garbrecht），1976年］。

• 用解说性标牌来标明植物的种类，标明公园设施和特色，甚至可以标出公园的历史。与通常以官方告示姿态出现的"禁止……"规则相反，这些信息可以很容易地被公园使用者所接

图2-2 旧金山市的莱维（Levi's）公园，由劳伦斯·哈普林设计。虽然一些设计师批评这个公园缺乏与周围环境——商店、办公建筑、港口和货运码头——的美学联系，但其自然主义的环境却受到附近的办公室职员和码头工人的热烈欢迎。周边浓密的植物、起伏的草地、人工溪流、景石及非正式的座椅结合起来形成了高度城市化环境中的一片绿洲

受，并有助于为公园塑造出一个积极的形象。"研究表明，人们想了解更多有关公园的信息，信息的缺乏阻碍了他们对公园的进一步利用"（海沃德，1989年，P. 205）。

• 给那些无需大量修剪的树木以适当的空间。大树以其巨大的体量和枝干来界定和围合空间，在营造自然氛围方面它们比经常与"公园"一词联系在一起的草地更胜一筹。伦敦经典的乔治亚广场（Georgian square），在很大程度上是用大树而不是树下一块块的草地和花床来界定树下的使用空间。树木同时也可提供荫凉和挡风。

• 在自然环境中或沿自然环境设置蜿蜒曲折的道路。有私密需要的人希望能够沿着一个景色不断变化、封闭空间和开放空间交替出现、能提供小坐或休息机会的曲折道路漫步（见图C-9）。最令人愉快的公园道路也许是环绕开阔水面的那一类。例如，在伦敦斯特詹姆斯（St. James）公园，每到午餐时间，数百名公司职员就会到蜿蜒曲折的环湖道路上来。他们在那里活动活动腿脚，看看鸭子和其他水禽，为伏案工作的日子创造一个令人愉快的休闲间隙。

• 在公园里保留一块让植物自然生长的地区。在城市环境中，这样一块地区可以在人与自然之间建立起一种重要的精神联系。这里建议沿小路两侧保留一条修剪过的草皮带，大约宽36英寸（约91 cm），它提醒公园使用者：这里是被有意识地保留其野生状态的——否则人们会认为这个地区是被人遗忘的，有人发现这种印象会增加公园使用者的不安。另一点需要重视的是，通往其他人流集中区的视线不应受到阻隔，既允许植物自然生长，又要避免游人的视线受阻。"最有价值的空间类型——树林、灌丛、草地——同时也是被一般公众特别是妇女看成是高危险区域，这一点似乎是自相矛盾的"（韦克利和怀茨曼，1995年，P. 128）。

• 单独提供桌子给那些想要在此地吃饭、读书或在自然环境中进行户外学习的人。安静区域是很有用的，它们那种安静和庇护的氛围应该表现得明显而强烈，足以使那些热烈吵闹的活动如大型野餐聚会等望而却步。这些桌子的布置，即使是出于保护私密的目的，在视觉上也不能是隔离的，其布置方式不能让使用者身陷其中，不

知所处。野餐桌必须满足ADA可达性要求，包括那些关于尺度和表面材料的控制性要求。

• 提供一些可让人坐下来的区域，它们既要靠近公园边缘，又要能部分屏蔽街道的喧嚣和活动。那些只在公园呆几分钟的人、那些活动受限制的人，还有那些安全意识很强的人，他们也许会希望选择那些可以欣赏绿色和自然、靠近公园但又不完全在公园中的区域。

• 在设置休憩区的时候，要弄清楚场地的小气候。日照、阴影、避风等对公园的使用将会产生重要影响。设计时既要考虑场地会遇到的极端气候情况（包括夏天的高温和冬天的寒风），也要考虑一般的情况（见图C-10）。对那些夏天炎热、冬季寒冷的地区来说，落叶树是最佳选择，一个在冬日正午能享受到充足阳光的休憩区在夏季因为有树荫庇护同样会受到欢迎。

• 在面对有赏心悦目的自然风景的绿地里放置长椅。那些背靠实物（如墙、植物或树木）的长椅比那些在开放空间中的长椅给人以更强烈的安全感。长椅周围环境的质感、气味和微气候也能强化了人们身处自然的感觉。

与人接触的需要

虽然大多数公园使用者宣称"接触自然"是他们去公园的主要动机，但通过观察人们在公园中的行为却发现，社会交往——公开的和隐蔽的同样重要。"人们经常根据其他人（朋友、他们害怕的人、家庭成员、毒贩子、巡警）是否去公园，而不是根据景观特征或休闲消遣机会来决定去不去公园（海沃德，1989年，P. 193）。对大多数人来说，他们使用公园是因为喜欢绿色比说公园提供给其与人见面和观察他人的机会更容易说的出口。

所有的公园都应该既为公开的社会活动或集会服务，又为隐蔽的社会活动或人们观察周围的世界服务。公园所处的位置在很大程度上决定哪种活动占优势。位于高密度社区中的公园也许更适于观察别人，而以住宅为主的低密度居住邻里中的公园，也许最适于聚到一起进行野餐、游戏、体育锻炼等等。公园的设计——休憩模式、道路系统、休闲设施等同样取决于人们更看重这两种人际交往中的哪一种。所以，一座许多人单独来此自我放松的中心区公园，也许需要蜿蜒曲折的

道路系统以使人们午餐后的散步距离最大，并且需要将长椅设计成为可以独坐或与陌生人并排而坐的形式（见图 C-9）。相反，位于一个建成的居住邻里中的公园——多数人来此的目的是使用某一特定设施，则需要一个简捷明了的道路系统，以便让人直接到达他想去的地方。

公开的社会交往

在现代公园中，至少可以观察到两类公开的社交行为：①与他人一起去公园，目的是在一起吃东西或聊天（见图 C-7）；②去公园是希望在那里能碰到定期去公园的其他人（见图 C-8）。

与他人一道去公园

青少年会打算在放学回家之前去公园见面聊天，家长们会计划带孩子去一处他们喜爱的游戏场，当孩子们玩耍时，大人们则可以闲谈。

无论对哪种情形（位置将决定哪种是最可能的），下列设计导则都会很有裨益：

• 会面空间的设计应该可以让人很容易地向别人描述。

• 恰当选择坐位的安排方式以满足所希望的社会交往方式。长椅的安放既可以促进也可以阻碍社会交往。例如，两把垂直布置的长椅会鼓励人与人或群体与群体间的交往，而如果一条长椅摆在另一条后面，则会产生相反的效果。相对的两条长椅，如果它们离得很近，就会促使人们互相面对（或避免坐下），如果它们距离很远，或被一条行人较多的小路分开，就会阻碍人们交往。一般说来，凹形的布置方式鼓励人们彼此交往，而凸形的则相反。

• 为那些具有自发组织特征的交往环境提供活动座椅。这种通过自行安排长椅、花园椅、扶手椅的方式获得的灵活性，可以大大地促进社会交往，同时允许使用者更好地控制自身的舒适程度（见图 C-4）。在伦敦的公园中，扶手椅每小时以象征性的价格出租，很受人欢迎。它允许人们自己选择坐在哪里以及与什么人坐在一起。威廉姆·怀特拍摄的纽约市广场使用情况的间断（stop-frame）照片表明，在提供活动座椅的情况下，人们通常会重新调整自己的位置，但并没有明确的动因，似乎想要明确地表示出他们对当前

环境的个人控制。

• 提供野餐桌。这种桌子不仅在家庭或朋友聚会的烧烤点很受欢迎，设置在中心区公园中的半闭合场所内供人们共进午餐，或者只是为一群人提供一个可团团围坐的立足之处，也是很受人欢迎的（见图 C-11）。野餐桌的设置必须符合 ADA 的可达性标准（见下文关于残疾人使用者部分）。

• 提供在视觉上有吸引力的穿行路线。对那些来公园只是为了在其中轻松愉快地遛弯儿的人来说，一条宽宽的、通过不同空间的步行小路可能会令人心情愉快。小路要宽到使步行者不会干扰路边坐在长椅上的人（见图 C-9）。

• 设计公园时，要允许公园的固定使用群体将某些地块据为自己的专用领地。根据年龄、性别和娱乐爱好来划分，各类固定使用人群应该有机会在公园中占有各自的活动领地，例如，一处特定的休憩区、一组桌子或一段海滩。无论多么不正式，占据某一地域使他们感觉到群体的凝聚力，并能预先知道在哪里能遇到自己的朋友，这是非常必要的（见图 C-12）。格雷（Gray）（1966年）进行的一项关于加利福尼亚长滩公园的研究确认出有明确领域的两个使用群体：底层社会的穷人和醉汉在公园的旧区活动，而退休的男女则在公园重新开发的区域内活动。观察旧金山唐人街港嘴广场的使用情况会发现：另一种形式的时间和活动分区允许不同的使用者人群使用同一个空间。例如，本地的居民将公园主要作为交谈和运动的场所，而旅游者在路过此地或有庆典活动时才造访它们。该公园被设计成多层的形式，所以它容许不同的固定使用者占据公园的不同部分：老年的华裔男性使用较高层上的空间，老年的华裔妇女和儿童使用较低层，而白人午餐者则占据最靠近金融区的一两条长椅（库珀·马库斯，1975—1988年）。

来公园与其他人见面

公园的布局和细部处理可以促进在公园中发生的偶然相会。学龄儿童可能来公园寻找玩伴；青少年在公园旁闲逛时或穿越公园时可以找到朋友；带着网球拍的青年人可以希望在公园中找到一个搭档。

采纳下面的全部或部分导则可以促进上述的公园相遇：

• 提供一个相对开放的布局，这样可以很容易地将公园扫视一遍，从而发现自己的朋友或群体。

• 将长椅布置在某一特定设施（网球场、儿童游戏场、娱乐场所等）附近，这样一个人可以有把握地猜测：坐在长椅上的人来公园是抱着与自己相似的目的，而这种猜测可以促进公开社会交往的机会。

• 创建一个交通系统，它可以引导人们经过潜在的社会交往区域而不会强迫他们停下来。在何时何地与其他人交往这个问题上，人们希望自己有选择的自由。所以，将一条路直通或止于某些社会交往可能发生的地方——如可能会引发交谈的向心布置的多把长椅，这是不明智的。相反，道路应该允许人们紧贴着这些场所经过，让人们自己去观察，如果他们愿意，他们就会去那里。

隐蔽的社会化行为

许多不同年纪的人来公园只是为了看看人，而没有与人交谈或会面的意思。许多老年人具有这样的行为；更多的导则参见老年人那章。一般来说，设置长椅是很重要的，这样，就可以不很冒失地观察从公园中走过或者沿人行道经过的人。

特殊使用人群的需求

有几种使用人群常去公园或者喜欢去公园，但他们的需求却常不被理解或不能很好地在公园设计中得到体现。这些人包括：老人、残疾人、学龄前儿童、学龄儿童和青少年。

公园使用者中的退休者和老年人

在内城和老郊区的邻里中，老年居住者人数不断增加，他们孤独而且对生活感到厌倦。对他们来说，离开孤零零的房间或住宅到附近的公园中去消磨时光是一种很受欢迎而且花销不大的短期休闲。这类人经常独自往返于公园与住所之间，虽然周围有许多同类者，但他们却将一天的大部分时间花在独自一人默默静坐上面。对有些人来说，这不是一生中用于剧烈娱乐活动或积极的社会交往的时期，相反，这是用于反思和对这个身边世界进行观察的时期（见图 C-13）。

但对另一些老人来说，去公园是为了寻找朋友。一个公园如果设计得当并且易于到达，那么它就能足以满足老年人的交往需求，从而获得固定的老年光顾者。在加利福尼亚长滩中心区的一项调查中，公园被描述成"人们的日常生活可在内进行的、巨大的户外起居室。在那里，人们参观游览、玩游戏、争论问题、看时光流逝"（格雷，1966 年，P. 10）。在这个实例中，老人对遇到新来的人并一起娱乐很感兴趣，实际上，他们的固定朋友通常是在公园中结识的熟人。一项洛杉矶麦卡尔塞（MacArthur）公园的研究报告说，2/3 的老人每天来公园，他们从 4 个街区半径范围内的旅馆或住家步行来公园，其中绝大多数老人是单身男子。虽然观察发现几乎所有的老人都是独自来公园的，但其中超过 2/3 的人都被吸引到公园中人流集中的地方，并将一天中绝大多数时间花在与一个或更多的朋友聊天上[拜尔茨（Byerts），1970 年]。

图2-3　许多人，特别是男性，把中心区公园［如图所示的明尼苏达州圣保罗市的莱斯公园（Rice Park）］当作进行私下交流的场所

下面的导则适用于老人可能去的任何一个内城公园或郊区公园：

• 在公园入口处设置休憩区。位于公园入口或人流集中地段附近的休憩区是一个可以很好地观察别人并让人很有安全感的地方。

• 将公园的主入口设置在有候车厅和斑马线的公交汽车站附近。对于一些老年人来说，哪怕是穿过一条街都可能是很困难的，从而妨碍了他们去公园。最起码，应该提供去公园的人行横道。交通指示灯的变换时间长短应保证行动较慢的老人安全地过马路。交通信号箱上应该配备有能让机动交通停下来的步行按钮。

• 将饮水器、公厕和有篷座椅放置在方便的地方，并确保它们符合ADA的可达性导则。当公园变成人们的"户外起居室"时，这些设施就成了必需之物。饮水器的放置不仅要确保站着的成年人使用时无需蹲下或大幅度地弯腰，同时还要满足儿童和坐轮椅者——因此最好配备两个不同高度的饮水口。饮水的开关控制要简单，无需让人做出抓紧或旋扭的动作；饮水口位置、表面材料、水池尺度等必须严格遵守ADA导则（例见戈尔茨曼、吉尔伯特和沃尔福德，1993年b，P. 50－51）。与年轻人相比，老年人更容易受炎热、寒冷和强光的影响，因此他们希望有遮蔽设施或凉亭，如果可能的话最好能靠近厕所或食品供应处。遮蔽设施不必太精致，只要在天气欠佳时可以让人在户外待一会儿、玩玩牌、与朋友聊聊天就可以了。例如，旧金山的老年人抱怨他们无法在海滩上看海，因为对他们而言，天气总是是很冷，而且缺乏可以坐的遮蔽设施。在英国许多已成为迷人的退休之所的海滨城市，海滨上用玻璃围合的遮蔽设施颇受许多老年居民欢迎。

• 如果周围社区中有许多单身老人，就要给他们提供见面的场所；如果有许多老人住在一起，而且已经有一些娱乐设施和娱乐节目来促进他们的社会交流，这时就要强调自然的环境和用于安静散步的空间。虽然许多老年人去公园是为了会见朋友、熟人并与他们交谈，但还是有相当一部分人只是想到一个有吸引力的、安静自然的环境中坐坐、走走、看看大自然，以及在清新的空气中打打瞌睡而已。一项对洛杉矶中心区公园使用情况的研究表明，住在公寓、旅馆和退休者之家的老人，那里虽然有娱乐设施和有组织的活动来鼓励社会交往，但他们依旧喜欢在公园中享受自然环境而不是与人见面。那些单独生活在公寓或房间里的人趋向于在公园中从事多种活动，特别是那些促进社会交往的活动（拜尔茨，1970年）。

图2-4　许多住在唐人街单身公寓中的老年人，每天来到旧金山的港咀广场（Portsmouth Square）玩麻将，与朋友聊天，或者独自坐坐（摄影：安东尼·普恩）

- 以不同方式布置长椅以便于人们交谈。如果座椅无助于人们交谈，或者坐的时间一长就令人很不舒服，那些"来公园主要是为了满足其交往需求的"老年人也许不得不转向别处（格雷，1966年）。长椅的设计和摆放对老年人使用公园有很大影响。如果长椅设计得比较短而且可以被个人独占，其他人就无法坐在那里，这样就可以避免不希望的交往（见图C–13）。如果长椅过长，人们往往占据两端的位置，这样就会因距离太远而无法进行交谈；而且第三个人会发现，去坐中间的位置是很困难的，所以他们宁愿走开、继续寻找另一处可坐的地方。所以，长椅的长度应该容纳坐下两到四个人，既不侵犯任何一个人的私人空间，又近得足以方便地交谈。许多老年人听力较差，如果多于两个人并排坐在长椅上，他们交流起来可能会很困难。

- 如果公园位于一个有较多老年居民的邻里中，就要设计一些坡度很缓（或根本就没有坡度）的连续环形步道。成环形并与不同道路相连的步道可以供不同体力的人使用。多变的道路坡度为那些希望定期锻炼的人提供了机会，但所有道路的坡度都不应超过1∶20。公园地图和标志牌应该标出那些用于提供更大挑战的设计路线，以便使用者能够选择他最满意的步行路线。

- 除非必要才布置台阶，并要有扶手。台阶表面应该防滑，不应该有可能让攀登者跌倒的凸出踏步。

- 沿小路，特别是在斜坡顶上布置长椅，以便老年人可以经常休息一下。如果长椅间隔较远或者沿道路根本就没有布置长椅，会使不太积极的人泄气而停步不前。

- 长椅靠背要有防护设施。在长椅后设置矮墙或树丛以增加安全感。

- 备有扶手和靠背的长椅会让坐于其上的人靠在椅背上四肢伸展而觉得非常舒服。没有靠背和休息扶手的长椅长时间坐下来会很不舒服。对于老人来说，还会有保持平衡以及从座位上起身等问题（更多信息参见第五章）。

- 步道要用平整的面材，但又不能太滑，并且不能反光。碎石、砖或者其他任何不平整材料的路面老年人走起来都会非常困难，特别是对那些行走有问题或拄拐杖的老人。在伯克利索拉诺大街上有一处引人注目的砖砌过街横道，因为害怕砖路不平，老年人在过街时经常贴着砖路外侧走较为平滑的铺装街道。混凝土路面虽然平坦，但并不受老年人欢迎，他们害怕混凝土太硬，一旦摔倒他们会很容易受伤。老年人同样会受到浅色路面的反光影响，所以大多数老年人似乎更愿意选择深色的沥青路。

- 有可能的话，为老年人提供有组织的活动和游戏。公园的自然环境不足以吸引某些老年使用者，但安排有许多活动节目的公园却可能刺激社会交流，从而创造出归属感。在一项对加利福尼亚长滩的一处使用率很高的中心区公园的调查中，格雷（1968年，P. 8）发现：在平常日子里，有150～200名男女从5个街区以外的地方来到公园，在此消磨几个小时的时光，在一起打打桥牌或匹诺可纸牌；他们中有许多人靠退休金为生，大多数人独居，他们中的一个人对在公园中玩牌的益处是这样叙述的："它使我们的生活变得有生气，使我们的头脑保持清醒（为了玩牌，你不得不思考），并保持一定的社会交往，鼓励我们对当前的各种事件和时政感兴趣，提供让我们来回走动的锻炼机会，防止我们控制不了自己的情绪而变得神经质"。老年人喜爱的活动是推移板游戏、桌面游戏、地滚球、掷蹄铁游戏和草地保龄。老人们对这些或其他活动的兴趣因文化背景和社会经济阶层而异。

- 在阳光下和荫凉处都设置游戏桌。

- 在运动场地周围设观众席并在附近布置存物柜和挂衣设备。

- 如果有些用地用作小花园，那就要保证为园林器械提供一个储藏室。小花坛最好位于有篱笆并上锁的社区花园内，或者公园的一部分特意留出来做此用途，并要防止有人故意破坏。

公园使用者中的残疾人

实际上，由于疾病、事故或年老体衰，每个人都会在其生活的某些方面感到无能为力。这一点在"美国残疾人法案（the Americans with Disabilities Act）"中集中表现出来，法案的目标是将"残疾人"的定义提升为"有特殊需求的人群"，以便使所有的使用者都可以接近创造出来的环境。身体残疾不应妨碍享受户外生活。实际上，体育锻炼及与自然环境接触有利于身体创伤的痊愈早已成为共识。当设计者创造了无障碍环境时,其结果是,这个地方即使对那些没有明显残疾的人来说也更舒适。例如,为轮椅使用者而设计的将路边缘石削平的路面,对骑自行车的人、玩滑板的人、推购物车及婴儿车的人来说,同样是很方便的。

虽然将每个人的需要都预计到是不可能的,但绝大多数一般残疾人的限制都可以通过对空间环境的设计而消减到最小。

步行路

• 小路和顺序活动中心要尽可能地沿等高线(或横坡)布置。坡度绝对不能超过ADA规定的最大值1∶50,因为该值对于使用轮椅者而言是极限。坡度变化的幅度应该尽量小,小路的纵坡不应超过1∶20。

• 确保没有道路穿越坡道入口,因为这种情况对乘轮椅者来说是很难控制的。设计的坡道要符合所有ADA导则,要有中间平台和栏杆(例见戈尔茨曼、吉尔伯特和沃尔福德,1993年)。

• 通过铺装材料的改变来显示地面水平高差、道路交叉口或道路使用类型的改变。但是,要保证所有的道路铺装都符合ADA指标,并防止因深槽、凸棱和大的接缝而阻碍运动。

梯道与坡道

• 遵循所有ADA规定的坡道指标,包括:最小宽度是48英寸(约122cm);坡度不超过1∶12;坡道边侧的下车或下轮椅的地点要有保护措施;坡道每30英尺(约9m)要有一个休息平台;坡道高于6英寸(约15cm)或长度超过72英寸(约183cm)时,必须有护栏。

• 保证达到ADA规定的梯道的最低要求,包括:踏步必须坚固;踏步的最小宽度是11英寸(约28cm);踏步沿要用最大宽度为1/2英寸(约1.3cm)的彩色镶嵌条给出清晰标示;必须有护栏;以及楼梯转弯或转折时的相关具体要求(例见戈尔茨曼、吉尔伯特和沃尔福德,1993年b,P.29—33)。

• 护栏安装在地面以上34～38英寸(约86～96cm)之间的地方,距相邻垂直墙面1.5英寸(约3.8cm)。安装时要保证安全,不能让护栏在

其基座上转动,不能有尖锐的边缘和毛边,并要保证圆形扶手表面光滑,直径为1.25～1.5英寸(约3.2～3.8cm)。扶手必须与墙、转柱或地面相接,或将露在外面的扶手端部做成圆形以防伤人。

停车场

• 在公园主要入口和活动区附近划定供行人上下车的地区。

• 根据需要量提供易于到达的停车空间(每25～100个停车位中应设置一个残疾人用的停车位),并且需有标牌和路面铺装的记号标明,位置尽可能靠近易于接近的公园建筑和活动区。每个车位最小宽度是9英尺(约2.7m),相邻过道最小宽度是5英尺(约1.5m)。必须有一个货车专用车位,其过道宽度是8英尺(约2.4m)。关于可达性的细节要求参见ADA导则,或见戈尔茨曼、吉尔伯特和沃尔福德在1993年给出的例子。

• 除非出于安全或者排水的必需考虑,否则要尽量避免用路碴石,而是用护柱来将步行区从机动交通中隔离出来。当必须使用路碴石时,应该把它们漆成彩色来提高其可见度。如果需要将边石做成坡道,它必须符合ADA关于防滑、位置、尺度、坡度及沟槽边缘警示的所有要求。

植被

• 将大量结果的落叶树和植物种在远离小路的地方,因为它们会威胁到步行者的安全。

• 修剪树木枝权以防其垂落或伸展到小路上。要总是保持小路上方有80英寸(约203cm)的最小垂直间隔。

标志牌

• 用浅色背景和深色字来做标志牌是最好的组合。可能的话应该对标志给予照明,高于地面4英尺(约1.2m)的地方是标志牌的视线焦点所在。

• 在标志牌底部容易触摸的地方设置布莱叶盲文标识条。

• 遵循决定标志牌特征的尺度、比例、基座和不反光表面的一切ADA导则。

设备

• 将桌子摆放在从硬质道路可以接近的

地面上。为了使那些坐轮椅者可以使用这些桌子，要保证桌子至少有一面不被固定的座椅和长椅所阻隔，桌下空间的宽度至少应该30英寸（约76.2 cm）、高度至少等于膝高19英寸（约48.3 cm），上桌面高出地面不超过34英寸（约86.4 cm），下桌面不低于27英寸（约68.6 cm）。

• 在所有长椅、桌子、游戏区和体育设施附近设置垃圾筒。垃圾筒应放置在硬地上，周围应有30英寸×48英寸（约76.2 cm×122 cm）的接近空间，在距地面9～36英寸（约22.9～91.4 cm）高的地方开口［如果是在前面开口，则需要在地面上15～36英寸（约38～91.4 cm）之间开口］。

• 将座椅布置在与道路或硬质地面相邻或相通的地方。

• 公厕必须符合ADA的不同层次的标准，主要根据它们是为多种类型还是单一类型使用者所设计。这些标准太过详细，所以不在这里一一介绍，在导则中会对此加以评述（例见戈尔茨曼、吉尔伯特和沃尔福德，1993年b，P.71—76）。

• 饮水器应既可以给儿童和乘轮椅者使用，也可以给站着的成年人使用，水的开关控制要简单明了（要求费力程度最小）。ADA导则中，要求饮水器需用壁龛、挡风墙、围栏或自身的表面材料加以保护，ADA导则还提供了乘轮椅者使用饮水器的必要尺寸、关于饮水器的位置及其控制的具体细节（例见戈尔茨曼、吉尔伯特和沃尔福德，1993年b，P.50—51）。

学龄前儿童使用者

为1～5岁儿童提供必要设施的公园现在非常受欢迎。孩子的监护人、家长和保姆带年幼的孩子来与其他的孩子们一起玩，同时自己也乐在其中。儿童活动场地通常会变成家长、保姆、同时也是孩子们的社交场所。其他人也许只是乐于看孩子们玩而被吸引到儿童活动区来（更多的指标参见第三章和第六章）。

• 儿童活动场尽量远离街道，如果它们离街道太近，即使围合起来，对交通安全的担心也足以令家长们难以放松。

• 保证公厕易于到达，并有可以给孩子换尿布的设施——一个15～18英寸（约38～45.7 cm）宽、3～4英尺（约0.9～1.2 m）长的专用架子，架子的支撑力达40磅（约18.1 kg），孩子在换尿布时可躺在上面。架子离地30～36英寸（约76～91 cm），表面采用易于擦拭的不渗透材料（如佛麦卡，一种强力合成树脂），架子边缘最好有一个突出的高2～3英寸（约5～7.6 cm）的棱以防孩子滚下去。应该有地方放置装尿布的背包和其他手头上的东西。在架子附近或下面要有足够的除污设施，架子旁应有下水道。

• 儿童活动场内部和通向那儿的道路表面要平滑。从公园边缘或停车场到活动场的步道应尽可能直接明了，道路的宽度和平滑程度要以让婴儿车和蹒跚学步的孩童用起来很方便为标准。在场地内部，年幼的孩子喜欢在沙坑里或器械上

图2-5　明尼苏达州圣保罗市一处由新郊区住房开发商提供的选址不当的儿童游戏场。它位于一座购物中心停车场的旁边，毫无围合感，没有给成年人提供座椅，给孩子们提供的游戏体验也极其有限

玩，也喜欢在硬质地面上骑四轮车或脚踏车，所以，通向儿童活动场的道路同时还要尽可能成环形围绕场地。最后一点，因为在沙箱中或沙地活动场上玩的孩子经常喜欢在玩的时候脱去鞋子，而在回家时再穿上，所以儿童活动场和周围道路之间的地方应该易于赤脚走路。

• 用3英尺（约0.9 m）高的围墙或篱笆来围合儿童活动场，既可以防止动物进入，又可以给儿童及其家长以安全感和封闭感。但篱笆或围墙不要太高以免坐着的成年人无法看到外面，而行人也看不到里面。篱笆或其他围合物不要使人在儿童活动场中迷路——要有一个以上的出入口。

• 提供可坐着看清整个场地的长椅。当孩子和家长可以互相看见对方时，他们会觉得更安全。年幼的孩子——如正在学步的只有一岁大的孩子——与年纪较大的学龄前儿童相比，需要离他或她的父母更近。沙坑边缘布置长椅可以满足前者的需要，而将长椅放得较远些可以满足较大的儿童及其家长的需要。

• 设置一些长椅以加强家长间的交流。最好是那种可以让两个人舒舒服服的坐下来、同时还可以放置多余背包、奶瓶、尿布和其他类似东西的长椅。

• 游戏器械要足够牢固，足以承受成年人的偶尔使用。成年人有时坐在秋千或其他设施上

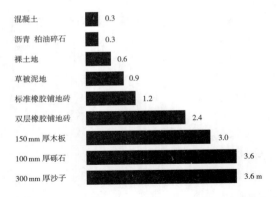

图2-6　活动器械下的铺面材料对于冲击力的吸收能力的相对比率。游戏场中受伤的最主要原因就是跌落到非保护性的面材上

是因为孩子们要他们加入到自己的游戏中来，或是因为家长们想坐着与其他家长聊天或坐着照看自己的孩子。

• 在游戏器械下面铺设沙子（见图C-14）。沙子是很理想的、非商业性的缓冲面材。树皮削片（棕褐色树皮）、豌豆碎石、注塑橡胶和橡胶垫也是可接受的弹性面材，但没有沙子那样的内在游戏价值。任何情况下，游戏器械都不应该放在混凝土或沥青地面上；草地效果也无法令人满意，因为它易于损坏，裸露的泥土在潮湿的天气中会变得很泥泞（更多细节见第六章中关于安全

图2-7　游戏区中为学龄儿童设计的一条舒适的长椅：可供孩子和成年人休息、观察和吃零食。不过，这种设施并不适于学龄前儿童，他们更喜欢玩沙子，沙坑的混凝土边沿可以让大人们与孩子们坐得很近

和游戏器械的部分）。

- 玩沙区宜隔离，由宽顶围墙围合，有部分遮荫，以低矮的桌子或用于表演活动的游戏屋为特征（另见第三章和第六章）。

- 提供既能饮用又能游戏的水源。孩子们在玩的时候会感到口渴，特别是在天气炎热的时候，另外他们可能把自己弄得很脏或者手上粘乎乎的而想去冲洗一下，成年人也喜欢在儿童活动场地中有水。同样重要的是，有了水之后，沙子可以用来做模型，可以做出小河和壕沟，这样沙子的游戏潜力将成倍提高。现在，许多公园的饮水器都带有一个水龙头，在水没关的情况下，把手会在弹簧压力下自动关闭，这样发水灾或浪费水的危险就会被杜绝（另见第六章）。

6～12岁的公园使用者

6～12岁的孩子通常是公园使用者中最少受关注、也是设计中考虑最少的群体，结果是，他们通常不到公园玩耍。我们都记得自己孩童时代最喜欢去玩的地方，它们通常是些几乎没有什么明确信息指导我们应该做什么的、杂草丛生的地方。神秘与兴奋来自于一些小东西，有时来自于传达了某种轻微危险信号的地方。空地一直都最受这个年龄段的孩子喜爱，因为它能提供做事和玩耍的自由。因此，回顾、分析并记住为什么这些地方如此特殊，以及为什么在那儿玩起来很充实，这会是很重要的。

- 对公园里的某些地块不加设计而保持其自然状况。如果植被是自然长起来的，那就不要去碰它；如果它不是自然长成的，那么种植一些不需养护的乡土植物品种。在这些地区，允许草类甚至野草自由生长，也允许孩子们在土里挖掘、在灌木丛中探险。与在经过人工设计的环境中的活动相比，这些活动可给孩子们提供更多实现梦想的机会（见图C-15）。但无论如何，都要确保不能因为视线阻隔或容易迷路而使这样一个植物繁茂的地区充满危险。

- 使地形产生起伏变化。变化的地势能让孩

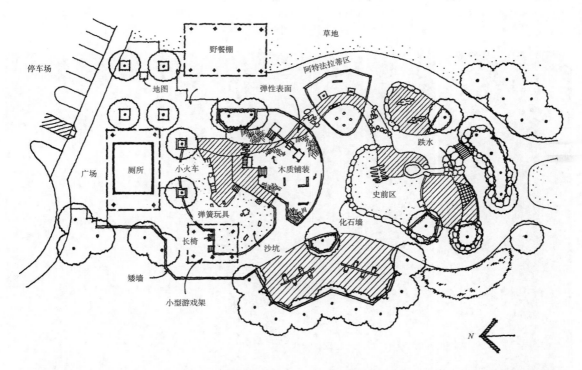

图2-8　俄勒冈州图阿拉廷（Tualatin）的伊巴西公园（Ibach Park）游戏区场地平面图。设计师设计游戏区的目的在于：通过与大自然的直接接触来创造一个可以作为教育资源、可以提供学习和游戏机会的户外环境。在伊巴西公园游戏区的建设过程中，进行了交互式的社区合作以及对场地历史的研究［设计方：穆尔、拉科发诺和戈尔茨曼（MIG有限公司）］

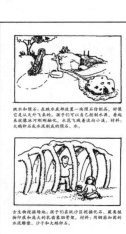

跌水和踏步石：在流水水底铺放置一块踏步石制品，好像它是从天外飞来的。孩子们可以自己控制水源，看起来就像冰河期刚融化，水流飞溅着流向小溪。材料：大鹅卵石和水泥制成的踏步石、水。

山丘：游戏场的最高点是用土和大鹅卵石堆成的山丘。孩子们可以攀登到地形的山丘顶部，俯瞰整个游戏场和游戏场台公园的其他地方。隧网提供了一套丰富有趣的上山路径，而滑道使下山的通路充满刺激。材料：大型游戏网设施、塑料滑道、大鹅卵石、有弹性的塑胶地面。

可以接近的水：降低一侧河堤的高度，以使坐在轮椅上的孩子也可以接近水源。孩子可以学习辨认马鹿、沉熊和兔子的脚印。材料：水泥墙、河石和水。

通往沙坑的过渡平台：一堵16英尺高的墙，带有一个架在半外的平台，这可以让轮椅上的孩子进入沙坑里。材料：水泥墙、景观材料、弹性塑胶材料、沙子。

古生物挖掘场地：孩子们在玩沙区挖掘化石、蕨类植物印痕和恐龙的乳齿象骨架等。材料：用钢筋加固的水泥雕塑、沙子和大鹅卵石。

化石墙：在玩沙区周围的水泥墙上雕刻出化石图案。包括昆虫、贝类、植物、鱼类及其存在自然系及原始社会生活中可以找到的原尽。材料：浮雕水泥墙。

鼓：布里高低不同度的水泥墩，给站着或坐着的孩子们玩。材料：水泥墙（基础上有金属接头）、金属鼓槌（材料长度可以产生低沉的鼓声）、木纤维和弹性塑胶材料。

游水过河：坐在"河"上的原木要去考察孩子们过河的平衡能力。这些原木使人联想起伐木节时水游戏里河道的情景。在沙坑更高的上游，有一个水泥做的独木舟，孩子们可以假装他们正在划船过河。材料：弹性塑胶材料做成的原木。

渡河："河"边有调头装置的平台恰如早期的渡口。站在高处坐在平台上的孩子可以操纵渡到河对岸。材料：大型旋转围栏、弹性塑胶材料。

游戏村：孩子们可以假装住有木屋、柱子和平台的早期居民。材料：大型游戏屋、水平台、弹性塑胶地面和木材桩。

小马车：一种带有埋在地下的马车轮子的攀爬器械。上面有车辙，就像四轮马车的辙道。马车置有弹簧瑞马。材料：景观游戏器械、弹性材料和沙。

儿童农场区：沙地上的农场场景是为3岁及更小的孩子设计的一口水井。在一个鸡窝形塑胶管边，周围做着奇怪的沙盘。一个适度的沙盘是为二个小孩准备的，并提供给大人休息的座椅。材料：Kompan游戏器械、水泥、木树和沙子。

俄勒冈州图阿拉廷市，伊巴西公园游戏区	**公园的游戏思想** 根据图阿拉廷的历史，游戏区被分成代表不同阶段的三个区：史前区、本土美国人环境区、美国早期欧洲移民的农场及建筑区。一条模拟的水道穿越整个游戏区，将其连接成一个整体，并让人们注意到这条曾对图阿拉廷人民生活具有重要意义的河流。	**MIG** 穆尔、拉科发诺和戈尔茨曼有限公司 199 E. 第5大街，尤金（Eugene），俄勒冈州97401

图2-9　伊巴西公园开发出许多有创意的游戏思想，挖掘出场地历史过程与自然过程的相互联系；保证了各种年龄的孩子都有游戏机会；为学龄前儿童和学龄儿童提供了成长发育所需的活动内容（加州伯克利MIG有限公司）

图2-10　在炎热的夏天，最受孩子们喜爱的活动之一是在浅浅的溪水中玩耍。在俄勒冈州的艾什兰德（Ashland），一个沿利西亚（Lithia）溪布置的很受欢迎的带状公园，从城市中心向外延伸了几英里，一直深入到乡村

图2-11　在伯克利的槲树公园中玩耍的孩子们证实了
许多观察研究的结果——秋千是最受欢迎的
一种游戏机械。一个轮胎秋千可以让两个或
更多孩子一起来配合玩这个游戏

图2-12　两个正在瑞典式探险游戏场中建造房屋的男
孩。一个受过训练的游戏领导者教授他们
如何使用简单的工具，并保证木块零件的供
应。在孩子们能到达的自然区域，或者在遗
留有修剪残枝等物的邻里公园里，即使没有
领导者和工具，这种建造游戏同样可以进行

子们在上面打滚、俯冲、滑行、躲藏（见图C-15）
等而令他们感到惊奇，这使他们对公园的印象大为
加深。体育运动需要平整的草地，在平坦的铺装地
面上玩跳房子、弹子球、杰克斯（jacks）和四角游
戏等等，因此硬质步道经加宽后经常产生令人满意
的效果。

●　允许孩子们戏水（见图C-17）。任何存
在于场地中的水体类型，或者可以兼用作排水沟
中的水，都应该尽可能保持其自然状态。自然河
床对各种年龄的孩子来说都是可以训练动手操作
能力的环境（见图C-11）。

●　把生命力顽强、分枝低的树木种在避开篱
笆的地方，这样树周围的整个空间既可以供树木
生长利用，也可以供孩子们使用（见图C-10）。

树木对孩子们来说变成了完整的环境。但经常的
情况却是，种植的树木品种不能承受过度的使
用，要么采取各种措施来把孩子们隔开，要么任
树死掉。使用分枝点低的强壮树种可以让孩子们
很容易地在上面兴奋地爬上爬下，还便于孩子们
在上面搭建树房子。

●　充分利用有可能用来玩耍的自然要素（见
图C-17，C-18）。孩子们喜欢自然的要素如沙子、
木头、水，如果它们出现在公园中（或者孩子们在
非公园环境中发现了它们）。如果卵石很大，足以
构成一种挑战的话，孩子们通常更愿意爬大卵石而
不是攀爬器械。这些要素应该很巧妙地布置在游戏
区附近，以及未经设计的自然环境中。

●　提供诸如秋千或吊环之类的耗费体力和

富有挑战性的活动器械。研究表明，孩子们通常更喜欢老式的金属秋千、滑梯、爬杆，而不是现代雕塑式的游戏器械——如混凝土做的乌龟、龙等此类物体。吊桥、爬网、平衡木和其他有动感的器械可以增加活动挑战性的程度（见图C–21，C–37）。在一些问题，如防止脑袋或手指被卡、危险的凸出物、挤压点及弹性表面（材料、厚度和必需的下落区）等上，都要保证符合美国"消费者产品安全法"（CPSC）中的相关导则。更多的信息见第六章，或见美国CPSC 1991，或见摩尔、戈尔茨曼和拉科安诺等，1992年。

• 为孩子们提供可活动的道具零件，让他们建构自己的游戏环境（见图C–19，C–20）。这种动手操作能力是游戏活动的特点之一，而在以往的公园中却很少考虑过。如果器具必须经过核对收回（特别是瑞典造的木质建筑模型积木），游戏就需要有组织领导者和储藏间。如果做不到的话，可以通过在公园中的自然环境或植物茂密区里定期放置活动板、木工角料、砖等物体来辅助进行这类活动。将这种活动引入公园中的这些地区是很重要的，因为孩子们喜欢在半隐蔽的地方建造他们自己的会馆和树屋，而成年人和公园管理者则往往很生气，因为他们认为孩子们的这种建筑行为不够文雅。

• 如果资金允许的话，可以雇佣一个长期负责儿童游戏的员工来做下面的工作：①组织比赛和/或出借那些孩子们组织比赛所需的器械（例如排球网、篮球、网球拍等）；②负责游戏道具（大型建筑模块、高跷等）；③充当社区资源监管人。很重要的一点是，这个人必须喜欢孩子并乐于和他们一起工作（见图C–22～图C–25）。

公园使用者中的青少年

在公共空间使用方面，青少年的问题有其特殊性，因为我们的社会没有完全认识他们的特殊需求。私密性是这个年龄段人群的一种强烈需求。青少年所面临的一个问题是：他们几乎没有不受成年人监视的地方可去。他们逃避成年人管制的一个办法就是很多人聚集起来去占据某一特定的地点（见图 C–26，C–27）。当青少年占优势而把其他人排除在外时，冲突往往就会发生。生活在城市中没有汽车的青少年的会面地点被限制在乘坐公交可以抵达的地点、或位于他们上学的路上（见图C–28，C–29），对这种情形之下的青少年来说，邻里公园也许是个重要的聚会场所。

邻里公园一般来说会设有篮球场、棒球场，但青少年对公园的使用并不局限于这些有组织的体育活动。从午后晚些时候（放学后）直到傍晚，青少年把公园当成他们的老巢，因为几乎没有其他可用以集体聚会的地方。但是，青少年所占据的许多地方都没能提供富有创意的活动内容，他们觉得很无聊，从而将此地变成了他们搞破坏活动的舞台。实际上，对许多青少年来说，破坏行为只不过是打发无聊的一种方式而已。

• 如果公园有一座社区建筑或娱乐中心，其中包含专供青少年使用的特殊房间和器械。负责游戏活动的员工同样能够提供青少年喜欢的节目和活动。

• 在靠近公园主入口或公园周边最繁忙的道路交叉口设置一个供青少年交往的区域。理想的位置是：那里既有机动车通过又有行人经过，是可以看见别人又可以被别人看到的最佳场合。空间的设计应该使青少年占据领地的可能性最大，同时还能允许其他人群占据自己的空间。位于公园两侧入口的座椅既可以服务于青少年，又可以服务于老年人。

• 设计一个能让青少年和行人之间视觉交流良好的聚会空间；明确划定此空间范围，并提供至少可供5～7人坐的座位。空间边界可以是堆出的地形、护墙、台阶（以上各类型都可以兼作座位），还可以是长椅的靠背。一个可以让人以不同姿势坐在不同高度上的环境是最好的。

• 在停车场附近设置一个青少年聚集点，这样开车来的人可以很轻松地泊车并加入到群体中来。如果公园很大需要修建停车场，可以在面对汽车并靠近停车场入口的地方设置一个座位区，以便使那些开车闲逛路过的青少年看清楚他们的朋友是否在那里。青少年喜欢在那些成人或官方力所不能及的地方聚集，而且因为多数成年人不会选择坐在停车场对面，所以，青少年会很容易地把这块地方据为己有。要是没有座位，他们也许会坐在车里、车上，或者靠在车旁。

• 考虑在公园内设置比较隐蔽的私密空间，一小群人或两个人可以坐在那里。这可能会为青少

图2-13　加州伯克利的槲树公园。在靠近邻里公园主入口，靠近一个热闹非凡的娱乐中心，有一处受人欢迎的等人和聚会的场所

年提供他们最需要的秘密聚会空间；当然，这里也可能成为进行违法活动或不正当活动的地方。

在午餐时间使用公园的青少年

如果公园离一所高中或初中很近，而且不限制学生进入的话，那么在午餐时间里公园就会拥挤不堪。这会带来许多问题，特别是对其他使用者和公园维护人员来说。例如，伯克利的马丁·路德·金公园，在休息时间和放学后，高中生在整个公园占绝对优势，以致其他人没法使用公园。因为这个公园是一个有些传统风格的长方形平坦绿地，其他使用者无法找到一个适于自己的子空间（库珀·马库斯，1975-1988年）。

如果公园邻近有快餐店，垃圾可能会是一个严重的问题。例如，当伯克利高中九年级的学生被转到离本校1英里以外的地方时，对吃午餐的少年们来说，附近的塔科贝尔公园（Taco Bell franchise）就像一块强有力的磁石。仅有的4张桌子很快人满为患，紧接着，年轻人在一个街区以外发现了一个新建的小公园。他们将所有的活动器械和少数几个野餐桌坐得满满的，每天他们走后，公园里都一片狼藉。这个公园的设计者绝对没有预料到会出现这种场面。

类似地，在旧金山的一个名为落日的中产阶级邻里公园里，从附近一所高中涌来大群的年轻人，他们在午餐时间买了肯德基穿过街道涌入麦克平（McCoppin）广场。广场上几乎没有垃圾筒，

而50年前建设该公园的初衷是用来散步、打网球和垒球、以及服务于小孩子们。在这样的一个公园中，解决问题的办法是开辟一个边界明确的有野餐桌的区域。该区域对高中生来说要方便、有吸引力，同时要设置足够多的垃圾筒，并用明显的标志牌来鼓励他们保持环境卫生，标志牌的语言和图解都要对青少年有吸引力。

典型活动

公园中的典型活动涉及到社会所能接受的方方面面。它们可能是传统的，如网球和野餐；也可能是非传统的，如遛狗和脚踏车运动，这也许会在使用者之间产生小小的冲突。但这两类活动都有别于反社会性的活动如流浪和故意破坏。

传统活动

场地比赛

- 在场地周围为观众设置长椅，如果可能的话，可以把场地设置在缓坡下面，以便观众可以看清楚整个场地；同时还要考虑到偶尔光临的观众。

- 把比赛场设在公园边缘，这样产生的噪声和拥挤不会干扰安静区域。

- 篮球场应远离儿童游戏器械。篮球场可能会成为青少年的聚集地，从而导致不同年龄段

之间的冲突。

- 在场地附近设置饮水器。
- 高大树木应离场地较远，以减少清扫落叶、剪枝等维护工作。
- 把窗户和照明灯具安放在不会被飞出来的球意外损坏的位置。
- 在场地附近布置挂外套的挂钩和设备储藏间。
- 考虑场地夜间照明以延长场地使用时间，还会使其他的公园使用者觉得安全。

非正式的休闲活动

非正式休闲空间所表达的是一种非直接的信息，而不是设计师所期望在场地里进行哪些活动的直接信息。例如，开放的草地可以进行多种活动，如捉人游戏、非正规的野餐、日光浴和放风筝等等。总的说来，所营造的空间应该既能提供多种用途的非正式活动，其功能又不能太含混以至于影响了使用，这是很重要的。实际上，这些活动在传统公园中始终很受欢迎，不能因为有了丰富的其他新式活动而对它们有所忽略。例如，对波士顿富兰克林公园的研究发现，70%的被观察者（研究中观察了7000多个个体）在公园里野餐、散步、闲坐/放松、玩耍（儿童）或坐在小汽车里聊天（海沃德，1989年）。

日光浴

为日光浴者提供一处阳光充足又可以遮挡盛行风的场地。场地不需要太大；为那些发现自己总受过路者干扰的人布置一些安静的半封闭的空间，但是，那些把日光浴当成是交往活动的人，也许更喜欢暴露在过路者视线之下的草地或斜坡。

草地运动

至少要提供一处较大、较平坦的草地区。关于大片草地是否合适的问题早就被提出过，特别是在土地贫瘠的西部。但还没有哪种材料像草地这样松软耐用非常适用于活跃运动。用在草地区的草种既要耐旱又要耐践踏。如果场地太陡或不适于活动时，就应该覆盖地被植物来保持其景观价值。

慢跑

可以考虑提供一条压实的土路来作为跑步线路。路线应远离植物，以免植物根系受到压实土壤的损害。总体来看，20世纪70年代流行的标准跑步线路现在已经不那么时髦了。

图2-14　加州伯克利的威拉德公园（Willard Park）。这是一处散植树木的开放草地。它在功能方面的模糊性很适合于这个面向学生的公园：任何一天里，都可以看到有人在这里聊天、交往、遛狗、锻炼、演奏音乐、学习、玩弗里比游戏（Fribee）和排球

滑雪橇

在地势和气候条件允许的地方，提供可以坐雪橇和滑雪的区域。其他季节里用于野餐和日光浴的斜坡在冬季可以用来开展此类活动。

滑冰

在冬季寒冷的地区，可以考虑把一块较大的平地做成户外溜冰场。用雪堆围起来的棒球场可以浇灌成溜冰场。棒球场边上供球员休息的地方可以供滑冰观众使用以及用作取暖的屋子。

野餐

邻里公园里野餐桌的使用会有这样的趋势：平常日子里，母亲带孩子在上午到晌午时段里使用餐桌，成群的儿童和青少年在放学后直到傍晚这段时间里来使用餐桌；周末时，一家人或一群朋友会来这里举行夏夜烧烤，因为对于短期出游而言，开车去地区大公园未免有些太远。另外，周末时邻里公园还会有生日庆祝、家庭团圆和其他的聚会。

因为来野餐的人既有开车来的也有步行来的，所以野餐区的入口应该让这两种人都满意。

- 把停车场设在足够近的地方以避免长距离的步行，但野餐设备要离停车场足够远以防止野餐活动被干扰。在两者之间设立植物隔离区就可以满足要求。

- 为野餐区提供舒适而有吸引力的环境。野餐区域应该借助绿化来划分空间、以及部分地围合；花架或凉亭可以创造出户外空间的感觉。根据当地气候，对阳光、风、暴雨的遮挡也应该予以考虑。每张餐桌之间没有必要隔离，因为一大群人也许要一起使用这个空间。

- 把野餐桌摆在硬地上以防止土壤侵蚀，并使所有来这儿的人都可以使用它们。为了方便轮椅者的使用，野餐桌的布置还要符合ADA导则。

- 在离每张桌子较近的地方设置垃圾筒、水源和烧烤架。桌子要设在烧烤架的上风位置。

- 如果不能经常打扫卫生，就要设置超大号的垃圾箱，并把它们安全地固定住，以防止被儿童、狗或其他动物弄翻。

- 在游戏器械附近放置一些野餐桌（见图C-11）。在野餐前后，孩子们会想去玩一会儿。如果野餐区与游戏区之间可以互相看到和听到，大人照管孩子就会容易些。同样地，家长们可以在周末时一边看孩子一边用这些野餐桌学习或工作。

非传统的活动

一些人认为有些活动不适合于公园，如遛狗、在咖啡馆或小摊上吃喝、骑脚踏车、溜滚轴旱冰、玩滑板以及用遥控器操纵玩具车等，但这些活动

图2-15　加利福尼亚圣马特奥（San Mateo）的一个公园。这是一个受欢迎的野餐区。大人可以选择在阳光下或在树荫下用餐，可以很容易地看到儿童活动场以及唤回在那里玩的孩子

并不违法。人们的兴趣和闲暇时的追求各不相同，那些曾被人嗤之以鼻的活动数量不断增加，而且正成为有用的和受欢迎的公园内容。正如戴布拉·卡拉索夫所注意到的，一些人正"舒舒服服地把公园当成他们修理汽车、随音乐起舞或聚会的地方。一些人觉得这样的行为是不当的，这一看法反映出我们现有的公园种类的单调，以及公园设计者对这方面问题的思考方式和解决方法的匮乏"（1999 年，P. 9）。下面我们讨论公园是如何更好地满足这些用途的。

遛狗

作为一种陪伴者和保护者，以及作为定期外出散步的借口，狗在城市中越来越受到人们的欢迎（见图 C-30）。但必须有个让狗来活动活动的地方，并且需要有多种办法来处理其粪便污染问题，例如：对弄脏了人行道的狗的主人进行罚款，实施"普颔-斯古颔（pooper-scooper）法律"，禁止在公园中遛狗，等等。其中，最后一条在不养狗的人看来是合理的举措，但养狗的人认为这是很不恰当的歧视。若干年前，在伯克利，这两种人之间发生的冲突终于导致了一个令人满意的解决办法：把公园的一部分用篱笆围起来并指定为"试验性的遛狗公园"，其使用规则包括：每个遛狗人所带的狗不能超过 5 条；遛狗时，主人要

待在围栏区内；遛狗人在遛完狗后要负责清扫。这个遛狗园是一大片草地，用五角型链索连接起来的栅栏围合，每端有一扇门，园里还有一个水龙头、一个垃圾筒、一个野餐桌和几条长椅。这个遛狗园是一个巨大的成功，人们从几英里以外开车来到这里，在气候温和的日子里，在下午 4 ~ 6 点之间，人们可以发现至少有 25 条狗和它们的主人在那里。养狗人成立了一个活跃的狗主协会［奥洛内遛狗公园协会（Ohlone Dog Park Association）］来负责维护公园、欢迎新顾客、并保证公园的长期存在。现在全国有许多社区已发展出类似的空间来满足城市里狗及其主人的需要。

当然，不是每个邻里公园都有足够的空间来建造一个遛狗公园。还有一些区域公园设计了特定的遛狗路（狗被用皮带牵着走，或者被放开自己到处跑动），但对邻里公园而言，这是不可能的。但是，大多数城市都应该至少有这样一个公园，它里面可以包含一处"狗专用"的部分。与所有公园都禁止狗入内相比，这看起来是一个比较合理的解决办法，因为禁令常常难以实行下去。如果遛狗公园在社区中拥有最高优先权，那么场地最好只具有单一的遛狗功能。例如伊索贝尔（Isobel）角（加州里士满的一条海滨小路）就是一个极受欢迎的遛狗公园，因为该空间是一处

图2-16　在加州伯克利的奥洛内公园（Ohlone Park）中，解决遛狗问题的一个很有新意的办法是建设一个封闭的区域专门用于此目的。这个遛狗公园，对许多社区都很有启发。它是在有公众参与的设计过程中作为养狗人和非养狗人之间的折衷而出现在邻里公园中的（见P.134的案例研究）

图2-17 瑞典某公园中一个半野生的区域。在那里,孩子们在自然的环境里开辟出他们自己的脚踏车障碍线路。城市街道对骑自行车的儿童来说是很危险的,但公园中又经常禁止这项运动

极为理想的遛狗场地,又没有与之竞争的其他用途,因此使用者之间不存在任何冲突。在高峰时刻,该遛狗公园中至少有 100 人和 100 条以上松开了皮带的狗,而狗与狗之间的争斗却很少发生(见图 C-30)。

骑脚踏车、玩滑板、溜滚轴旱冰

轮上体育活动(非机动的)是一种重要的全国性的社区休闲活动。骑脚踏车是数以百万的儿童和年轻人的主要个人交通方式,所以脚踏车常被他们用作去公园的主要交通工具。

为在公园里骑脚踏车、滑滑板和滚轴溜冰布置合适的空间。如果这些运动对公园其他使用者构成威胁的话,就需要通过调整管理政策来使两个使用群体互相适应。将脚踏车道封闭以便与公园其他部分隔开,为骑自行车者设立特定地区和障碍路线等,都是可行的解决办法。

将自行车停车支架设置在很容易看到的地方,并靠近高密度活动中心和游戏器械。支架的设计要让自行车能够很安全地用链锁或扣锁锁上。提供支架还可以防止损坏树木、标志牌和其他设施,因为在没有自行车架时,它们成了停放自行车的替代品。

将轮上运动所需的道路与步行路分开,或建一些宽度可以同时容纳步行者和轮上运动者的道路,并要标明哪一侧供哪个群体所使用。如果有老年人来光顾公园的话,这种分离就显得尤其重要了。

为骑脚踏车的人、玩滑板的人和溜滚轴旱冰的人设立特殊的行进线路,如有土丘和倾斜弯道的具有挑战性的线路。因为在城市的街道上,滑板运动常被禁止,而骑脚踏车也可能是危险的,所以可以在特殊的路段上或在公园未开发的部分给孩子们一些从事这种运动的自由。

反社会的活动

现行的犯罪事件有时会在公园中发生,当然也有许多措施来限制犯罪,比如:尽量消除那些有助于引发犯罪的环境因素(过密的植物、死角、暗淡的光线),或者加大公园的利用强度,以至于没有什么地方太荒凉或太僻静,从而使这些违法活动无法进行,或者通过鼓励警察的监督,例如纽约和伦敦在一些公园中设置巡警,这可以看作是一种可接受的警察在场的方式。在本节中,我们将讨论那些没有受害者因而不是很严重的违法行为:流浪、吸毒、赌博以及破坏公物。

流浪

在 19 世纪,工作让人精疲力竭,第一批城市公园中的许多都是被设计用作"城市之肺",工人们可以到那里去恢复精力、自我放松、重获力量以利于下一周的工作。今天,情况更为严重,工作让人既有压力又感到很无聊,所以一些人到公园来寻求刺激。

为什么人们会选择公园来减缓他们的烦闷呢？首先，公园是很自由的地方，在某种意义上讲，公园同时也是城市里最后的未经开拓的地方。19世纪里，一些人向西部进发到那些没有法制保障的聚居地去，某些被他们身后的东部所不齿的行为（赌博、卖淫、酗酒）在那里却无可厚非，与这种情况相似的是，今天的一些人逃避到公园里去做某些被社会的其他人认为非法或者不正当的活动。具有讽刺意味的是，这些人不得不在公园里做这种事，因为他们太穷了；中产阶级和上层人物也参与赌博、严重酗酒、嫖妓和吸毒，只是他们在家里、俱乐部、酒吧、按摩间或度假区做这种事而不被发现而已。

如果一个人住在旅馆的一个小房间里，或者住在没有私密性可言的过度拥挤的住宅里，他就会逃避到最近的自由公共空间中去，在那里他可以找到同病相怜者，至少通过匿名的办法他可以获得某种私密感。而当他们开始从事非法活动，或威胁到过路者及公园的其他使用者时，问题就出现了。

20世纪70年代早期，加州里士满地区的一个邻里公园主要是被白人、中产阶级年轻人（当地人）用来买卖和吸食大麻。家长们向市政当局请愿，让市政当局买走了这块地并关闭了公园。也就是说，他们对这个问题的对策就是铲除产生问题的场所。几乎就在同时，在萨克拉曼多商业

区上班的持月票者开始受到出现在市政厅广场上的大量老龄男性（他们当中的一些人就是曾在公园中喝酒的人）的侵扰。持月票的通勤者强烈要求市政当局来处理这个问题，其办法是移走公园中那些可产生大面积树荫的、在炎热的夏季男人们会在其下面聚集的大树。也就是说，"解决办法"是将公园中最能吸引人到那里去的要素消灭掉，但结果却是，人们只有更密地聚集到剩下的大树下面去（萨默和贝克尔，1969年）。在加州伯克利安静的中产阶级社区里，有一个横跨街道两侧的公园。当地的年轻人认为街道是不属于任何人的用地，放学后他们会骑摩托车或机动脚踏车来这里聚会，并且人数不断增加。居民们惊恐万分（虽然其中的一些年轻人就是他们自己的孩子）并请警察把这些年轻人赶走。

我们这里所面临的问题在很大程度上并不违法。骑脚踏车的一群年轻人或者在城市公园中出现的衣衫不整的人，在旁观者和居民们的心底足以引起忧虑和恐慌。或许他们是真的为自己和自己的孩子感到担心，但这也许只是人们对与自己不同的人心存疑虑的一种本性。在全国各地，这样的例子毫无疑问会不断重复地出现。所以，更仔细地看待这些反社会的公园活动以及提出一些处理方法是很重要的。

具有讽刺意味的是，早期公园的功能是为城市居民提供一个在自然环境里休息及沉思的场

图2-18　许多无家可归者把公园当成吃喝、睡觉和过夜的地方（摄影：安东尼·普恩）

图2-19 旧金山市腾德洛茵地区的博德科公园。它为这个多民族、低收入邻里的居民提供了一个使用率极高的聚会和娱乐空间。注意供巡逻警车使用的宽阔对角道路和在晚上要锁起来的门

所。今天，如果你是一个金融区里衣着体面的人，或者是在儿童活动场里带孩子的母亲，那还算没什么问题；但如果你衣衫不整，或者你是一个年轻的黑人男性、拉美裔人，或者你只是偶然地喝了点酒，或者你打个盹，或者更严重的，你们结帮成派，那么，同样的休息和沉思就会被贴上流浪、恶意闲逛的标签。

虽然在公园里有个别流浪的群体会贩卖毒品、侵扰过路者或者在路上行乞，但大多数还是守法公民。他们或者因为贫穷、失业、住在旅馆的小房间里而没有其他地方可去，或者想在放学后和同龄人一起消磨时光，才会在公园中闲逛。问题在于，作为一个社会，我们因为无法区分出公园使用者中的守法者和违法者，因此将他们都列入不受欢迎者之列。

威廉姆·怀特在《小城市空间中的社会生活（The Social Life of Small Urban Spaces）》一书中提出的办法是，创建一个对正当使用者来说非常有吸引力的场所以至于那些被认为是不受欢迎的人只能走开。实际上，这种办法曾在纽约的布赖恩特（Bryant）公园（这个公园用植物和栏杆把自己与相邻的街道屏蔽开）中被用来把公园从那些实际上已经占领了这个公园的毒贩子大军手中收回来。供卖花小贩和卖书人使用的活动设施和咖啡馆被移到这个公园中来，经过一个时期的愤怒和混乱，毒贩们终于走了［斯特里克兰（Strickland）

和桑德斯（Sanders），1983年］。这个方法虽然有效地为正当使用者收回了某个特定场所，但它也许只是把问题推到街区的相邻空间中去而已。

如果一个人正在为城市某一部分设计一个新公园，在那里他会期望流浪者和不受欢迎的人怎样呢？旧金山的两个例子也许会回答这个问题。在"泛美红杉公园"这个例子里，业主是拥有土地和邻近建筑物（泛美皮拉米德）的公司，具有通道（从一个街区到另一个街区）和目的地双重功能的一块非常小的开放空间被设计成一片美丽的绿洲，当地办公室的工作职员经常光顾此地（见图C-7）。如果"不受欢迎者"来了，他会混迹在人群之中；人群散尽之后，不受欢迎者还在那里，这时业主有两种办法来处理这个问题。因为这是私人所有的公共空间，一种办法是，值班的园丁和场地管理人员可以帮助维持秩序，另一种办法是在每天黄昏后和周末时把公园的门关上，这样"不受欢迎者"就不会混杂在正当的使用者当中了。

在旧金山腾德洛茵（Tenderloin）区博德科（Boeddeker）公园的例子里，业主是城市公园局。在这个住宅式旅馆不断减少的地区里，新来的越南移民使人口急剧膨胀，特别是儿童的数量急剧增加，对公园空间的需要非常迫切。公园所在地区以吸毒问题严重、失业率高和酗酒者多而出名。在设计和建设这个以前是保龄球馆所在地的0.125英亩（约0.05 ha）大小的公园时，采纳了许多从

一系列社区会议、居民问卷和当地儿童图画中得出的信息（见图 C-60 ~ C-62）。在该公园中，用来解决"不受欢迎者"问题的办法如下：

- 创造一个积极的、使用率高的空间，任何不受欢迎的活动在这里都会被驱散或被赶走。
- 公园里纳入一条将空间一分为二的宽阔步道，使许多抄近道者可以从此穿过，必要时，警车也可以通行。
- 用栅栏和门把公园围合起来以便在开放时间过后把它锁起来（即使这样，那些想去公园过夜的人还是能找到进入的途径，而警察则对此睁一只眼闭一只眼）。

两个幼托中心的孩子们每天来使用公园中的儿童活动场，许多老年人坐在附近观望。事实证明，该公园是非常受欢迎的。许多人坐在公园的主对角线步道上看过往的人群；一群失业的非裔美国男人在远离主路的地方占据了一张桌子和几条长椅；篮球场上已经形成一种自发的使用规律：亚裔青少年在上午来玩，非裔青少年在下午来玩。到现在为止，还没有一个公园使用群体把另一个公园使用群体列为不受欢迎者。令人略感惊奇的是，各种年龄和种族的人群同时在使用这个公园。

破坏公物

"恶意破坏"是一个用于描述几类不同的破坏财物行为的统称名词。心理学家菲利普·津巴多（Phillip Zimbardo）把它叫作"有原因的反抗"，其原因一般在于社会的退步。休闲学家乔治·肯兰（George Kenline）观察到，不负责任的父母可能是破坏行为的主要原因（肯兰，1976 年）。还有一些人认为建成环境的设计者也有责任，因为他们选择了不适当的材料，或者对公园维护政策缺乏了解。

虽然娱乐业专家会对破坏活动深感头疼，并一直想方设法来制止它，但其他人则采取了一种更为达观的态度，把它仅仅看成是一种"看家"问题，是公共设施管理的一部分内容。无论如何，公园中的破坏活动都有明显的消极后果。在曾遭到破坏的公园里，除了浪费纳税人的钱来更换或修理遭破坏的设施外，公众的缺乏人身安全的感受还在不断增强，而这反过来会使到该场所中来的守法公民变得更少。

把像故意破坏活动这样的广泛而根深蒂固的问题的全部责任都推到设计师身上看来是不公平的。但是毫无疑问的是，某些时候设计师的麻木加剧了这个问题的严重性。然而直到最近，仍然没有关于故意破坏行为方面的资料可用来指导设计干预手段来减少损失。

一项由加州圣何塞市的城市公园与游憩管理局（the Park and Recreation Department）所做的研究发现，10 ~ 25 岁的男性是最主要的破坏者，乱涂乱画是最常见的破坏形式，周末日落到日出这段时间是绝大多数破坏活动发生的时间（公园与游憩管理局，1981 年）。与之相关的原因有：无聊、滥用毒品、家庭破碎、黑帮成员、缺乏父母的管教、同事的压力、失业、不负责任的学校教育、娱乐活动的缺乏、或者有时也许就是娱乐活动本身的原因（例如舞会之后的斗殴）。

了解破坏行为的准确分类和努力探究破坏行为产生动机对解决问题大有裨益。华盛顿大学建筑系的"一项关于户外休闲环境的调查"（"A Survey of Vandalism in Outdoor Recreation"）（怀斯等，1982 年），把破坏行为分成 4 类：

1. 改变用途（如横穿草地踩出一条道路，把垃圾桶当成梯子等）。
2. 毁坏东西（用屋顶的木瓦来烧火，打碎窗玻璃或照明灯罩）。
3. 拆卸、偷盗（偷走标志牌和灯泡）。
4. 丑化形象（"在公共环境中，使用半永久的信息或审改已被认同的信息"——例如，乱涂乱画）。

在西雅图，最有可能受到损坏的公园设施依次是（按破坏事件发生频率的高低来排列）:桌子、长椅、墙、公厕、娱乐器械、树木、灯具、标志牌、垃圾桶、门和草地。一年中，大多数破坏事件发生在夏季：5 ~ 8 月份（怀斯等，1982 年）。

过去，公园的设计者和管理者曾尝试用"固化破坏目标"，或将一些设施进行超负荷设计以便使其能够承受更大破坏的方法来阻止破坏活动。类似的设计办法还包括：暂时搬走那些便利设施（一个不在那里的野餐桌是不可能被破坏的），或者使用有利于警察巡逻的设计方案，即通常使用平坦的地形、不用灌木丛、使用链索型围篱、强化照明和精心设计安全装置等。这些"解决办法"

图2-20　一些被标上"故意破坏"标签的行为也许可以更好地命名为"使用者所做的用途调整"。这条穿过树丛进到西雅图一座公园去的近道之所以被踩出来，是因为原先的设计没有预见到这种需要

可能是有效的，但它们经常与我们在这一章其他部分所推荐的那些很受好评的环境中令人愉快的事物（迷人的环境、绿洲效应）相抵触。通过行为分析，我们已经发现了更为有效的办法来缓解这个还没有人天真地宣称可以彻底解决的问题。

怀斯和他的同事们描述了一种分析破坏行为的方法。通过这种方法，他们检查了"在可以避免的情况下，破坏行为发生的可能性仍然很大"的"环境链"或者"循环"。设计者／规划者试图介入这个过程并通过"无机会设计"来打破该循环过程。这种方法在某些时候意味着试图控制公园使用者的无意识行为过程——例如，利用屋顶设计来减弱建筑群的心理尺度，就是说，建筑物看起来越不引人注意，它就越不会受到故意的破坏。在许多例子里，这意味着人们开始意识到，破坏行为的根源在于拙劣设计所导致的失望，只有调整设计才能消除这种失望。在社区参与的帮助下，对 San Jose 的研究建议进行更广泛的管理和活动调整，可以用来解决导致许多破坏行为的深刻社会问题和不满之处。

有关破坏行为的一般性导则包括：

• 规划和布置公园设施时要避免潜在的用途冲突。许多对美好事物的破坏都源于拙劣的规划。

• 为公园设置足够的出入口，入口不足可能成为穿越篱笆、踩出便道的理由。

• 与平坦开放的空间相反，创造一系列可被不同人群所占据的空间，以减少使用者之间的冲突（不然，这种冲突会导致对公园设施的滥用。）

• 一些永久性设施如垃圾筒、长椅、烧烤架的布置应使它们不会被用作爬上屋顶的工具。

• 设置能防止自由直接进出公园的门或护栏（维护时，可以被拆除）以使偷窃和破坏行动更加困难。

• 将窗子和天窗设在主要入口视线正对的范围以外，以减少它们被当成靶子的可能性。此外，特别易受攻击的窗子应该用普列克斯玻璃（一种用丙烯酸甲酯制成的透明塑料材料）制成或者用纱网罩起来。

围墙和围栏

• 将在某段时间内要关闭的公共区域用围栏围起来。

• 避免会降低可见度的高大实墙和门。

• 使用易于清洗和粉刷的材料。

• 暴露面的材料采用深色水泥以减少乱涂乱画。

• 避免使用大面积的浅色光滑材料。

• 消减不必要的围合，以减少设计上的失

败和管理上的苦恼。

桌子和长椅

- 对路边长椅的布置应能阻止横穿种植区的行为。
- 野餐桌使用覆以瓦拉森（varathane）或相似材料的浅色木质。这类表层材料很少能吸引人在上面刻划。

垃圾筒

- 提供可承受滥用的高强度垃圾筒。如果继续使用传统垃圾筒的话，要把它们放在另一类容器（如木箱）里，该容器应与公园周围的环境相融合。
- 在垃圾问题严重的地方设置更多的垃圾筒。

标志牌

- 避免大面积的白色背景，尽可能减少可被用于乱涂乱画的空间。
- 用难以搬动的宽大沉重的木头来做标志牌的支柱。要把标志牌和柱子放平齐，如果标志牌没有突出的部位，想要把它拔出来的企图就会难以实现。

种植

- 利用保安把小树保护起来。
- 对道路交叉口处和近道两侧的草地通过水泥砌块或圆石镶边来保护。

照明

- 使用有多表面的而不是只有一个连续表面的照明装置。球型灯具会成为投掷石子者的尝试目标。

管理和活动组织

- 组织壁画创作，或允许保留某些自发创作的作品，从而消除不堪入目的乱涂乱画。
- 保证快速有效的公园维护工作以防止滥用、疏忽和误用这一恶性循环的形成。
- 向年轻人提供奖励使其协助管理来减少破坏。
- 用特殊的活动节目吸引更多的使用者

来公园（比如舞会、家庭日、文化艺术庆典、剧院），提高对公园的自豪感，以及形成自然监督。

- 建立一个评估破坏行为的报告程序。如果破坏不是故意的而是由拙劣的设计所造成的，那就要修改设计。
- 由熟悉公园和邻里的警官来安排定期的警察巡逻以帮助提高安全意识，并促进对公园的使用。
- 对设施的运行时间进行统筹安排，如娱乐中心和游泳池的开放时间应尽可能与需求时间同步。关闭的建筑和不能用的设施会令人失望，从而导致报复性的破坏或未经批准、不受监督的使用。

公园里的安全问题

不幸的是，公园和其他公共场所更易受到比较严重的犯罪活动的消极影响，如抢劫和袭击事件。许多公园使用者不愿意去他们认为是不安全的地区。事实上，由于害怕个人的安全受到威胁，许多潜在的公园使用者都对公园避而远之。

那些最需要城市自然空间的人群最能反映出公园的不安全程度：妇女、儿童、老人、残疾人和易被认出的少数民族群体……研究人员发现，在多伦多的一个公园中，白天来公园的男性是女性的2倍，而晚上则是3倍。对犯罪活动的恐惧是那些妇女们所提出的不来公园的一个主要原因（韦克利和怀茨曼，1995年，P. 128）。

使犯罪机会最小化以及帮助公园使用者减少受到攻击的办法包括：调整设计、提高维护水平、提供安全巡逻和报警电话以及推出新的活动内容以便产生较高的使用程度等。

着眼于能减少犯罪事件的设计途径需要从公园设计的传统思维中转变出来。"传统的设计做法是利用缓冲带把公园围合起来以保护其不受城市噪声、交通和周围建筑物的干扰，同时使公园背对城市。但是，这种设计哲学所创造的隐蔽空间使公园使用者无法看清楚周围正在发生的事情，并对逃避路线构成了限制"（韦克利和怀茨曼，

1995年，P. 128）。在那些安全最受关注的地区，易于受到邻近街道监视的小公园比大公园更受欢迎（见第三章）。下面的建议值得参考：

• 尽量减少把公园与周围街道分隔开的围墙、篱笆、灌木丛及地形变化。

• 创造通畅高效的视线走廊和交通系统。

• 在公园边界的活动区安排新的活动内容。

• 把夜间活动集中在那些相对安全的空间中；安排有组织的活动；提高这些空间和通向这里的道路沿线的照明标准；不要让景观设施阻挡光线。

• 保证道路上的视线畅通无阻，在转弯和变坡的地方尤为如此。

• 在公园里提供可供选择的多条路线和多个出入口，特别是对有围栏的区域。

• 避免由于篱笆和植物造成容易迷路的空间。

• 整个公园都要有清楚的标识系统，标明道路、设施、出入口、公园总部大楼、电话亭、厕所，并提供如何求助和到哪里去报告维护问题的信息。

• 在隔离的空间和道路沿线设置求救电话。

• 把儿童游戏区设在其他活动节点的附近。

• 在处理公园中的公共安全问题中，很重要的一点是：要保证在设计和再设计过程中，让当地居民和企业主参与安全问题的定义及提出相应的举措。

公园类型

研究邻里公园的一个很有用的方法是根据类型学，即根据公园周围社区的特征对公园加以分类。有两个因素会影响公园的使用，因此需要在设计中给予了解，这两个因素是：整个邻里的住房密度和居民收入水平。利用这些因素，我们设计出包含6个单元的矩阵（如表2-1所示）。每种类型中被提到的公园都将被作为案例进行研究。

低密度，低到中等收入

低密度、低到中等收入的邻里公园一般位于较老的郊区里，建于第二次世界大战前后。这些公园通常很符合休闲公园的模式：占地2～10英亩（约0.81～4.47 ha）左右，至少有2～3个专门的体育设施如网球场、篮球场、棒球球场、儿童游戏器械。其他的设备一般包括野餐桌、烧烤架和供自由活动用的开放草坪，此外，公园还包含自然的要素，如水和长成的乔灌木。

有许多人从附近的邻里步行来这里；固定（每天）的使用者是初学走路的孩子和他们的父母、放了学的小学生、使用硬地运动场的成年人。在这些邻里和公园中，某一类人群常常占优势。

值得注意的是青少年和老年人并不去那里。虽然有人认为城市郊区是抚育孩子的理想之地，但青少年认为那里很无聊，他们在公园中的乐趣常常受到消极的设计信息对其行为的制约。在老一些的郊区，人数不断增加的老年人已经与这个地区一起变老，如果他们有自己的私人后院，那么他们是否会来光顾邻里公园就不得而知了，但对那些网球爱好者而言，设计强调活跃、喧闹活动的公园又把他们排挤在外。

因为住房密度较低，那里的人有较多的开放空间，并能接触到郊区中的绿色植被（例如，许多居民自家有后院），所以他们对自然休闲空间的需求与城市居民不同，但是，公园可以提供聚会场所、有组织的活动以及家庭所无法提供的特殊活动设备。

表2-1 住房密度和收入水平

		收入水平	
		低到中	中到高
住房密度	低	拉基（Larkey）公园，欢乐山（Pleasant Hill）加州伯克利市圣巴勃罗（San Pablo）公园	奥林达（Orinda）社区公园 伯克利市槲树公园
	中	旧金山市密申多洛雷斯（Mission Dolores）公园	旧金山市金门高地（Golden Gate Heights）公园
	高	旧金山市朴茨茅斯广场 旧金山市博德科公园	旧金山市悉尼沃尔顿广场

通用设计导则

• 确定所要服务的主要公园使用群体的需求。多数公园并不能为每一个人服务，希望它们这样做也是不现实的。有公众参与的设计会有助于确定优先权并保证当地的真实需求得到满足。

• 在位于中心的、被明确标出的位置上安排一座休闲建筑，以及一个常有人光顾的布告板和标志物。在与建筑相邻的地方设置座椅和集会场所，即使建筑关门，这个中心依旧保持某种社会交往功能，否则，当没有这些设施时，关闭的建筑物更有可能成为破坏活动的对象。

• 如果邻里中有许多养狗的人，而邻里公园又大得足以容纳一个遛狗场时，那么就在公园中设置一个。如果不能把狗圈起来，那么至少应该把它们隔离在儿童的玩沙区之外。

• 将公园的大部分空间设计成开放的和可见的，以提高安全度和安全感。使用大树而不用大面积的灌木丛可能是一个既不让人感到毛骨悚然、又可以保持自然感的途径。

案例研究

加州沃尔纳特克里克区，拉基公园①

位置和环境

拉基公园位于克里克的第一大街和比尤纳维斯塔（Buena Vista）大街，是旧金山港区的外郊区。附近有杂货店、教堂和小学。邻里由保养很好的分散式独户住宅所组成。居民收入中等到中下等。居民包括年轻人家庭、中年人家庭和退休者，绝大多数是白人。在这个地区中，几乎没有人行道，因为机动车几乎是唯一的交通方式。公园开放于1965年，以后逐渐发展起来。

概况

公园占地16.4英亩（约6.63 ha），是一个坡度不大的起伏台地，有一些草丘和为数不多的蒙特瑞松。其中的设施有：网球场、一个多功能游戏场、篮球场、娱乐场所、浴室、两个游戏场、一个野餐区、绳球场、排球场、掷蹄铁游戏场、带淋浴间的游泳池和两个停车场。公园还有一个自然研究区和一个自然博物馆，孩子们可以从那里借到小动物并带回家去养一段时间。

主要用途和使用者

平常日子里，家长们经常带年幼的孩子来游戏区，他们可能会从上午一直呆到下午；而在天气暖和的周末，他们也许会在那里呆上一整天。一般的情况是：蹒跚学步的孩子在挖沙，大些的孩子在爬高、荡秋千或在大型活动器械上滑行，而此时，大人们则四脚八叉地躺在草地上或游戏场的边缘上；打网球的人在下班后或在周末来公园；商人们在这里吃午饭；青少年开车来停车场聚会、吸烟、喝酒；较大的儿童在放学后会来参观自然博物馆，在小山丘上骑脚踏车，使用游戏场。大多数人都喜欢以家庭为单位来公园。

成功之处

• 公园的维护水平很高，使用者为此很自豪。

• 乘轮椅者可以从停车场抵达公园。

• 群体野餐区的桌子可以移动。

• 自然博物馆对孩子们有很强的吸引力，并增强了社区自豪感。

• 土丘和山地道路有益于自行车运动，而且看上去并不拥挤，因而不会产生麻烦。

• 保持得很干净的厕所。

不足之处

• 野餐区没有足够的垃圾筒。

• 青少年在停车场留下大量的垃圾。

• 松开皮带到处乱跑的狗让家长很为孩子操心。

• 从场地到居住区踩出的捷径。

• 较大儿童和幼龄儿童的活动场地分开，针对不同人群，各有利弊。

• 没有室内的娱乐空间，只有一座行政办公楼。

---

①根据学生希瑟·克伦德宁（Heather Clendenin）和维多利亚·戴维斯（Victoria Davis）于1977年所写的报告编写。

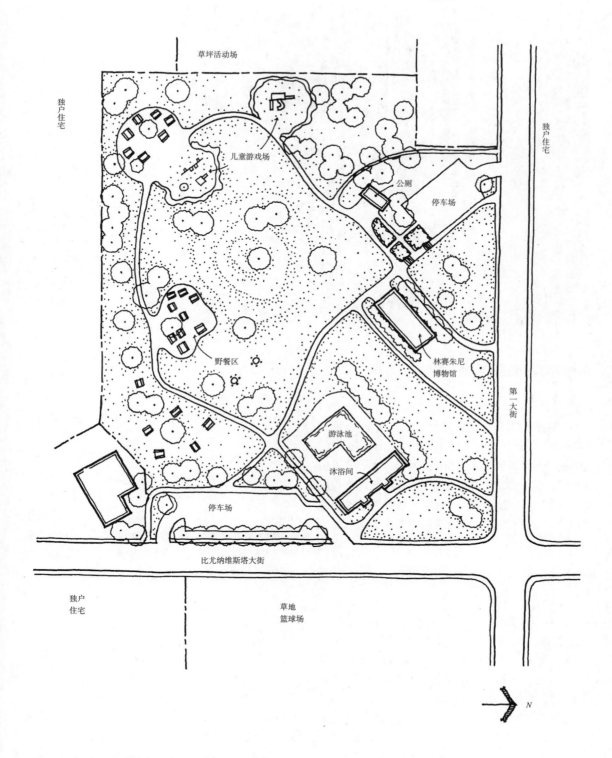

草坪活动场

独户住宅

儿童游戏场

公厕

停车场

独户住宅

林赛朱尼博物馆

第一大街

野餐区

游泳池

沐浴间

停车场

比尤纳维斯塔大街

独户住宅

草地篮球场

N

图2-21 加州沃尔纳特克里克的拉基公园平面图

图2-22　加州沃尔纳特克里克的拉基公园，早春的一个星期六下午。由图中可以看出隆起的混凝土构筑物既可作为玩耍的对象，同时也起到防止沙溅落到人行道上的作用

加州伯克利市圣巴勃罗公园[1]

位置及环境

该公园位于伯克利西部，四周分别是沃德（Ward）大街、梅布尔（Mabel）大街、拉塞尔（Russell）大街和公园（Park）大街。周围邻里由19世纪20～30年代修建的1～2层高的小平房和一些2～3层的公寓楼组成。邻里的居民主要是上班和已经退休的中低收入的非裔美国人，也包括一些高加索人、中国人和菲律宾人。

概况

这是一个平坦的、两个城市街区大小的长方形公园。其内的设施包括网球场和篮球场、棒球场、混凝土野餐桌、一个儿童游戏场、一个带浴室的娱乐中心以及网球场和棒球场内的长椅。植被主要是草坪和一些稀疏的树。公园维护很差。肮脏的道路环绕在公园周围，没有人行道。公园除了球场被围栏封闭外，其余部分面向大街完全开放。

主要用途和使用者

体育用途——网球、棒球、成年人为初中生组织的游戏占主导。晚上，喝酒和吸烟的年轻人常聚集在这里。父母很少带幼儿到这里来。大一些的儿童放学后经过该公园，并使用游戏设施，但却感觉游戏场"没什么特别之处"。娱乐中心主要提供各种活动——跳舞、举重、空手道、戏剧、刚果鼓、美工和手工艺、摄影、桥牌等等，但场馆管理很差，有时连活动时间表也不张贴。桑佩堡（San Pable）网球俱乐部在该公园里聚会，吸引了整个东海湾的青年人。非裔美国人是该公园主要的使用者。

成功之处

• 棒球场、网球场可服务于不同年龄的儿童；灯光、长椅和水景吸引着人们来到公园。

• 野餐桌靠近儿童游戏场地，以方便人们照看正在玩耍的小孩；但游戏设施创意不够，无法吸引儿童的兴趣。

①根据学生吉勒斯·圭格奈特（Gilles Guignat）（1977年）、洛纳·坦西（Lorna Tansey）（1977年）、基姆·麦克唐纳（Kim McDonald）（1982年）和彼得·布鲁亨（Peter Bluhon）（1988年）的报告编写。

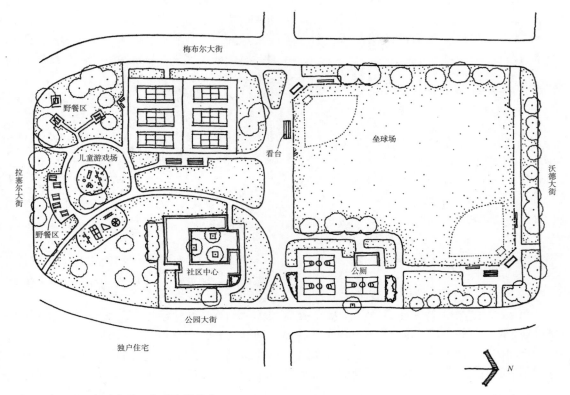

图2-23 加州伯克利市圣巴勃罗公园平面

(图中标注：梅布尔大街、野餐区、拉塞尔大街、儿童游戏场、野餐区、社区中心、看台、垒球场、公厕、沃德大街、公园大街、独户住宅、N)

不足之处

• 有许多支离零碎、使用不足、功能模糊的空间；公共厕所建在篮球场中，破坏了场地的气氛。

• 没有便于人们非正式交流或安静休息的长椅。

• 树木的位置限制了活动场地的尺寸和变化。

• 果垒由于缺乏使用和维护，人们对它了解很少；而且也没有征兆表明使用者需要这种设施。

• 野餐桌和长椅由坚固的混凝土制成，僵硬、冰凉。

• 野餐桌靠近街道；没有私密感或围合感。

低密度、中到高收入

低密度、中到高收入类的公园在新老郊区里都可找到。在老郊区里，这些公园符合休闲设施的模式，而新郊区的公园则分为两类：连接着市政建筑和主要商业街道的公园，以及较大的社区公园[20英亩（约8.09ha）或更大]。到达这两类公园的交通方式都主要是小汽车，停车场设在路旁。

大多数新郊区的公园通常为学步的幼儿和大龄儿童提供活动设施。另外也经常提供体育活动场，特别是网球场；十多岁的少年人通常不愿来这里，因为这里缺乏他们感兴趣的设施。颇具讽刺意味的是：这些公园正是因为设法排除了有损公园形象的人群或行为（如青少年聚会），有时能更好地服务于限定的顾客。较窄的使用者范围减少了相互冲突的可能性。这些郊区公园有很多用途，比如需要群体合作和参与的教育节目以及白天露营。公园里通常有很强的社区自豪和义务感，却很少有一成不变的公园使用传统妨碍公园的演变。

基本导则

• 公园选址应尽可能地靠近商业或市政设施，以吸引大量的潜在使用者。确保公园位于一条或多条公交线路近旁，以鼓励老人、青少年和其他没有汽车的人使用公园。

- 为大龄儿童提供一些兴奋点，如自行车道、游戏室或溪流等。
- 为群体和合作活动提供设施，如野餐、团体体育活动、聚会场所等。

加州奥林达地区，奥林达社区公园[①]

位置及环境

该社区公园位于伯克利和奥克兰东部山地的一个郊区，奥林达的奥林达街道上。这里呈山谷状，长满橡树，居住和商业开发用地点缀其中。该区域中的大多数居民是中到高等收入的高加索人，独门独户居住在宽阔的场地上。公园座落在被快速公交车道一分为二的购物区的最北面。公园于1974年开放，社区捐赠的资金使其逐步获得改善。

概况

公园大约3英亩（约1.2 ha）大，与很受欢迎的社区中心结合在一起。该公园——社区中心组合所在的位置以前是一所小学校，现在是奥林达的娱乐活动的集中地点。毗邻该场地的是图书馆、教堂、私立预备学校、消防站和开阔的山坡。奥林达的老人村项目HUD也位于公园旁边。公园的设施有：儿童活动场、大龄儿童的活动设施、网球场、野餐区、弯曲的小径和标准球场、服务于团体的圆形剧场、瞭望台、草地开放空间和自然区。小径可用来散步、并排跑步和骑自行车。公园不是很引人注目，因为它比街道高，周围为植被所屏蔽，且缺少明显的入口和标识。大树和灌木丛围绕着起伏的中央草坪和草场区。社区音乐会、网球比赛和艺术展览在夏天举行，吸引了许多非奥林达的居民。

主要用途和使用者

儿童活动场和网球场吸引了公园85%的使用者。妈妈带着3～5岁的儿童占据着儿童活动场。从早上到中午，网球场主要被成年女性占据，下班后会有男性和更多的女性涌入。灯光球场在下午和晚上使用率最高。几乎没有年龄在11～15岁之间的人群。年龄较大的青少年（16～21岁）喜欢聚集到能俯瞰街道和停车场的小空间内。这

图2-24　加州伯克利圣巴勃罗公园的野餐区很靠近游戏场，但二者都没有得到足够利用，因为野餐桌由冰凉的混凝土制成，并且靠近周边的街道，游戏设施也很枯燥，无法满足儿童的需求

①根据罗布·拉塞尔（Rob Russell）（1982年）的报告编写。

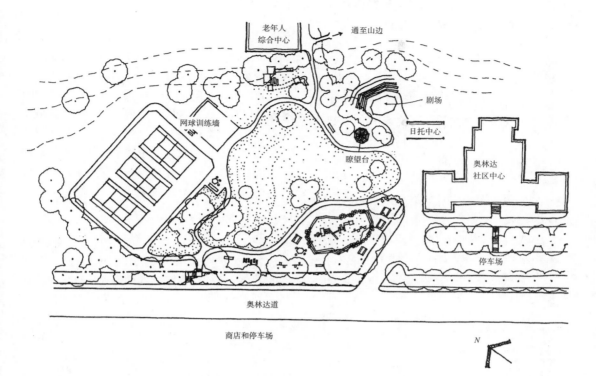

图2-25　加州奥林达的奥林达社区公园平面

图2-26　在中上阶层的郊区社区里，使用儿童活动场的母亲和孩子是这个很受欢迎的公园的最频繁的使用者

些使用者占总数的 12%。10% 的使用者 20 多岁；另外 30% 的使用者 30 多岁。40 岁以上的使用者所占比例相对较少。

成功之处

- 高度的社区自豪感和社区支持。
- 整个社区综合体起到当地休闲文化中心的作用。
- 公园的各个分区试图满足不同使用群体的需求。
- 公园很干净，而且显然对大多数使用者来说都很安全。
- 大型儿童活动场内具有各种设施；附近有野餐桌以供照看儿童的成年人使用。
- 单独的大龄儿童活动场（不过和儿童活动场相隔太远）。
- 骑自行车的小朋友经常使用围绕中央草坪的道路。

不足之处

- 公园入口不易找到，公园和社区中心之间的过渡也很差。
- 靠近儿童活动场和网球场的座位不足。
- 没有适合十多岁青少年聚会的地方。
- 儿童活动场上的父母和十几岁的青少年在野餐桌使用上有一些冲突。
- 草地排水不好。

加州伯克利市槲树公园[①]

位置及环境

该公园位于北伯克利沙特克（Shattuck）大街和沃尔纳特大街之间。该邻里内混杂着可追溯到 19 世纪初的老式独户住宅和建于 19 世纪 60 ~ 70 年代的公寓楼。许多房屋的住户就是房主，各种家庭都有，包括退休者、专业人士、学生和艺术家等。大多数是中等或中等以上收入的高加索人。街道气氛非常安静，但几个街区之外就是一处吸引力很强的商业中心。

概况

该公园占地 4.5 英亩（约 1.8 ha），坡度从东到西渐低，克多尼克斯（Codornices）河从中流过（见图 C-58）。树木苍翠、颇具野趣的空间内分布有安静休息区、野餐区和草地。正规娱乐区域布置有灯光篮球场、排球场、网球场；一处儿童活动场和多用途的游乐场。中间是一处大型娱乐中心，包括剧院、手工作坊、体育馆、厨房和一整套课后和晚班的活动安排表。

主要用途和使用者

公园的主要使用者是 20 ~ 40 岁的非裔美国人和高加索男性，他们主要使用篮球和网球场（见图 C-59）。篮球一直是这儿的宠儿，这里有许多职业水平的运动员。50 岁和 50 岁以上的高加索男性使用网球场，儿童和父母们使用游乐区域。其次，公园可用于溜狗、骑自行车、飞碟、跳房子游戏和足球。一些周期性的活动颇受欢迎，如手工艺品展览、文化节等诸如此类的活动。天黑以后，一些人在小溪畔饮酒、逗留。19 世纪 80 年代后期，许多无家可归的人成为公园的半永久性居民。显然不使用公园的人是那些不喜欢体育活动的成年人，特别是老年妇女。

成功之处

- 多样化的活动设施。
- 娱乐中心所在的中心位置成为很好的公园凝聚力量和重要的社区焦点。
- 照明使球场晚上也可使用。
- 几乎没有故意破坏——说明社区人很喜爱它。
- 在温暖的周末，开放的草坪区经常被用作阳光浴、读书和社交的场地。
- 溪流吸引了年龄较大的儿童。
- 刚学步儿童和大龄儿童的活动设施相邻，但又有所分隔（前者被围起来了）。

---

①根据学生威廉姆·布尔（William Bull）和斯蒂文·旺（Steven Wong）（1973年）；埃里卡·黑姆斯（Erica Hames）、辛西娅·莱斯（Cynthia Rice）和埃里克·冯·伯格（Eric Von Berg）（1974年）；斯蒂文·珀金斯（Steven Perkins）（1979年）；罗伯特·佩恩、莫拉·奎尔（Moura Quayle）和凯瑟琳·莱特（1981年）；马蒂·林奇（Marty Lynch）（1986年）；亚历山德拉·冯德令（Alexandra Vondeling）和弗洛拉·耶（Flora Yeh）（1988年）的报告编写。

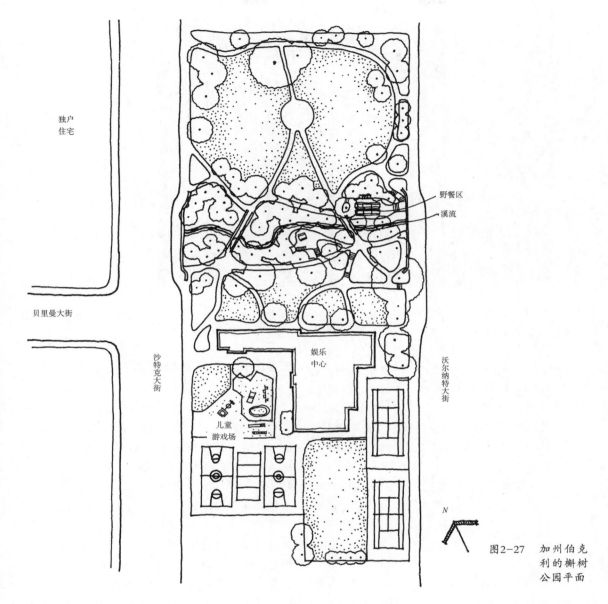

野餐区
溪流

独户
住宅

贝里曼大街

沙特克大街

娱乐
中心

儿童
游戏场

沃尔纳特大街

N

图2-27　加州伯克利的橄树公园平面

不足之处

- 有人认为公园内沿小溪的部分地区不太安全。
- 娱乐中心没有足够的自行车架。
- 栅栏限制了接近溪流的机会。
- 网球场和棒篮球场之间的草地区域被浪费了。

中密度，低到中等收入

中密度地区指的是复式住宅（attached housing）如二层楼和公寓，常见于城区，在当前新开发的郊区中也逐步增多。低到中等收入的居民是公园使用者的主流，人群构成很复杂，从单身父母到年轻的职业者再到老年人，而且经常是不同种族群体的混合体。

这种邻里中的公园应能对这种复杂的邻里居民之间的潜在冲突做出反应。应通过合适的尺度及仔细的设计来使公园满足不同种族、年龄或行为的人群的需求。这类公园中的成功者都采用了模糊设计，即使得公园对于时间和人口的变化保持弹性，同时又为那些能够使用的场地提供足够的设施。这些公园通常是周围地区最主要的公共

图2-28　加州伯克利榭树公园，当孩子们玩耍的时候，他们的父母在荫凉处聊天

开放空间，主要服务于公寓居民和其他少有或没有机会接近私人开放空间的人。它们的价值更多的在于为社会交往服务而不在于它们的自然美观。

这些公园的使用者中的相当一部分是步行或乘坐公共交通而来的，而且到公园里来已成为他们自身生活路径的一部分。公园也可能会成为那些没有其他社交场所的特殊群体的主要聚集地。这些公园内使用群体之间的领域冲突比那些服务于更为单一的人群的公园更加明显。

这些公园大多拥有一些常用设施如儿童活动设施和球场，但是它们也有可能因为棋类活动或太阳浴等而闻名全城。

基本导则

• 决定主要的使用人群及其需求，并为其聚会和活动提供独立的空间。空间应该划分清楚以减少由于空间界限的模糊而产生冲突的可能性。

• 提供大量的入口以吸引游客。被某一群体占据的空间，其他人应该避开。

• 提供一些大的模糊空间（如一块平坦的草坪），以满足快速变化的城市邻里的需求。

• 利用标识，特别是在入口处，给出公园的名称，开放时间等信息。这些标识对拥有较多流动人口的城市邻里来说特别重要。公园也要具

有很高的可视性，能予人以深刻的印象，以促进过路人的偶然光顾。

旧金山市米审多洛雷斯公园 [1]

位置及环境

该公园位于旧金山的米审区和诺埃（Noe）山谷之间，周边是第18大街、第20大街、多洛雷斯大街、教堂大街和铁路公交混合道。米审中学在其北边（第18大街），其他三侧是独户住宅、联排式住宅和公寓以及3～4层的公寓建筑。该邻里是旧金山的一个历史街区，公园建于1782年，离米审多洛雷斯有一个街区远。后来该街区成为旧金山犹太人的社区中心，公园本身也是犹太人公墓区，直到1894年公墓搬到圣马特奥。后来邻里由爱尔兰蓝领和德国人构成，现今正在提高档次，公园西侧主要是年青家庭和职业者（多是高加索人和许多同性恋），公园东侧米审区居住的是低到中等阶层的拉美人。该公园是这个区内最主要的开放空间。有时邻里居民之间，特别是同性恋者和拉美人之间，会发生一些语言冲突和打斗。

概况

该公园占地约14.5英亩（约5.87 ha），正方

①根据学生汤姆·奎恩（Tom Quinn）（1977年）、简·罗根坎普（Jean Roggenkamp）和贝斯·斯通（Beth Stone）（1981年）的报告编写。

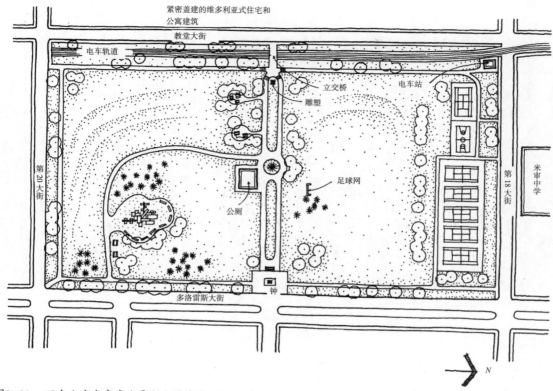

图2-29　旧金山市米审多洛雷斯公园平面

形，坡度从南到北倾斜。草坡被道路分成两半，点缀其中的都是棕榈和木兰树。公园的设施包括六个网球场、一个篮球场、一个儿童活动场、一所休闲建筑（楼上是游戏室，楼下是浴室）、一个精心设计的训狗区域、一处广场、长椅、多用途的活动场地、草地开放空间、野餐桌、掷马蹄铁游戏用的坑地和小型铺装区域。因为没有围墙、树篱和其他障碍物，从周边的大多数位置都可进入公园。

主要用途和使用者

男性使用者超过女性使用者，比例是2∶1。使用者的种族构成大约是50％的拉丁人（主要是墨西哥裔美国人）、33％的高加索人、10％的亚洲人和7％的非裔美国人。公园的用途很多样。十多岁的拉丁青少年构成一个稳定、主要的使用群体，他们在几个主要入口处逗留，入口处的墙和台阶提供了可坐空间。除了交谈和社交，其中的活动还包括喝酒、吸烟和毒品交易。在清晨和傍晚时分（下班后），年轻人和中年人在公园内慢跑、打网球和遛狗（主要在公园的周边）。活动场上的儿童及其父母是另外一个比较稳定的使用群体。在阳光明媚的周末，经常可以在较高处的草坡上发现晒太阳的同性恋者，而其他人则在野餐、读书、交谈或观看人群。公园中几乎每周都会举行一些大型公共活动，如戏剧、音乐会和政治集会。老年人和6～15岁的儿童少年很少光顾该公园。

成功之处

• 有挡球网的球场能够（且正被）用于几种不同的活动，如足球、排球、太极或只是坐坐。

• 沿道路排列的靠背长椅适于观赏景色或观望公园内的活动。

• 从公园的四周都可进入公园，便于工作压力较大的群体来这里放松身心。

• 公园足够大，能够吸引和容纳多种不同的用途和人群。

• 有供小孩使用的多样化的活动设施。

图2-30　米审多洛雷斯公园的一个颇受欢迎的大型活动场和旧金山市中心雾景

不足之处

- 缺乏为社交而设计的闲坐区域。
- 铺装入口处可供休息用的凸台被青少年所占据。
- 公园内仅有一个饮水机。
- 活动建筑经常被关闭、被破坏，而且使用功能也不明确。
- 只有一处野餐区，由于主要被青少年所占据，因此从未开展过野餐。
- 官方标识的内容大多数是否定和禁止性质的；不足以影响使用者的行为。
- 维护水平较低。

中密度、中到高等收入

中密度、中到高等收入的公园大多位于那些由相当富裕的年青家庭、中老年夫妇以及独居老年人构成的邻里中。该群体所希望的活动和设施以家庭聚会、体育活动为导向，尤其是老年人，他们需要闲坐和交谈或散步的空间。公园成为住宅后院的延伸。为狗设立的区域会成为这类公园中的一个重要问题。

旧金山市金门高地公园 [1]

位置及环境

公园的北、东边界分别是岩脊（Rockridge）道和第12大街，西部和南部直接和一些私人独户住宅的后院相接。邻里主要由价位不高的2层联排住宅构成，相对来说，住宅占地面积并不大。居民有职业者、青年家庭和老年人；大多数是中到高等收入的高加索人。

概况

金门高地公园坐落在一座山颠之上，地形从北面1英里（约1.6km）远的金门公园附近开始逐渐抬高。面积较小，约4.85英亩（约2ha），非常封闭且很自然，树木繁茂，在公园里还可欣赏到海洋、海湾和城市的优美景色。许多年前该公园被军队使用，第二次世界大战中其内安放的枪炮正对着太平洋，现今公园内仍有一条围绕着中央圆丘的12英尺（约3.66m）宽的铺装道路——曾经被军队的炮兵连使用，该道路的历史可追溯到第二次世界大战，但作为步行道似乎有点过宽了。

公园东北角有两个网球场，球场四周是金属

①根据学生罗拉·拉芙勒（Laura Lafler）（1977年）和咪咪·马拉杨（Mimi Malayan）（1986年）的报告编写。

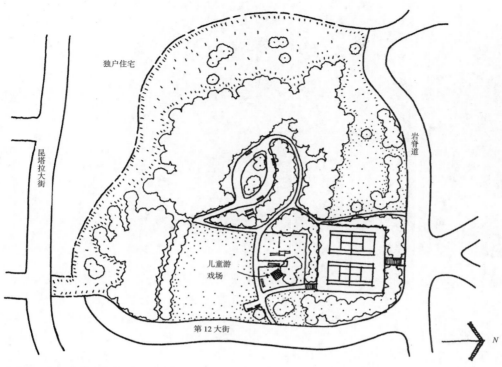

独户住宅

昆塔拉大街

岩脊道

儿童游
戏场

第12大街

N

图2-31　旧金山市金门高地公园平面

防护网和植物。公园南侧街道层面是一个儿童活动区域，除此之外，还有一处开放的草地（顶部草地）。圆丘就位于这块草地的西面，是该公园的制高点，中央安放着一些适于闲坐的大石头。网球场西侧，底部草地至公园逐渐倾斜，四周树木环绕。场地内的其他地方都为树木覆盖、植被繁茂且很陡峭。弯曲的小道穿越其中。这些自然区域中有两处特别好的观景位置，一处开敞、一处封闭。三条长椅沿着中心道路摆放，附近有一个带长椅的野餐桌；两把椅子和一个垃圾箱正好位于东入口处，一把双面椅位于沙地游戏区的中心，其西南两侧也都有长椅。主入口从第12大街进入，没有标识，非常隐蔽，而且由于地形的缘故，人们很难从其他方向进入公园。

主要用途和使用者

公园的主要使用者是来自附近的狗及其主人。许多狗的主人都是中老年人，相互之间非常熟悉，通常都是狗的爱好者。这些使用者对该公园非常满意，认为其繁茂状态非常适合。尽管有"狗不得入内"和"将狗栓起来"的标识，狗仍然被放纵在公园里随意跑动，包括儿童活动场，遍地的狗粪阻挠了其他使用者。

另一个主要使用群体是网球运动员，他们来公园只是为了到球场打球，很少到其他区域。网球场的位置加强了这种分隔状态，不管是视觉上还是实体上，球场都独立于公园的其他部分。

青少年主要在晚上使用该公园，喝酒、吸大麻、听喧闹的音乐。他们偶尔也驾车进入公园来到圆丘，也会步行去自然区的观景点。

成功之处

- 自然繁茂的景色。
- 网球场尽管破旧，但很受欢迎且使用频繁。
- 顶部草地开阔平整，足以开展一些非正式的体育活动。
- 为在儿童活动场看管儿童的成年人提供了长椅。

不足之处

- 狗主人和其他实际或潜在的使用者之间存在冲突。

图2-32 狗和它们的主人是公园的主要使用者；儿童们将位于树林和自然区中的活动场作为聚会的场地，之后便开始进行追逐和攀爬游戏

- 附近的许多居民很难进入公园。
- 儿童活动场非常单调，且和其他部分相隔离，没有适于学龄儿童活动的内容，并且因为狗的存在而很不卫生。
- 在军队进出道路上改造的步行道对公园内的任何用途来说毫无用处。
- 野餐设施有限，且位置不好。
- 入口不明显。

高密度，低到中等收入

在高密度、低到中等收入的公园中，公园的大小和安全性很为重要。这类公园处在人口稠密的城市区域，因此通常很小但使用率很高。其内经常没有球场和活动场地，但总会有儿童活动场地和适于人们交谈、观望和散步用的长椅和小径。这些公园对小孩和老人来说非常重要，因为他们最缺乏活动能力，不方便到较远的公园里去。对那些居住在硬地环境中和没有后院的人来说，充满绿意的自然环境特别受欢迎。另外，喷泉的落水声有助于掩盖城市的嘈杂，创造宁静感（见图C-4，C-57）。

旧金山市朴茨茅斯广场①

位置及环境

该广场周边是克莱大街、华盛顿大街、卡尼大街和布伦纳姆大街，距离主要的观光和购物街——唐人街林荫大道（Chinatown's Grant Avenue）有一个半街区远。公园周围三面是四到五层的公寓建筑，建筑的底层是旅馆和商店。东面穿过卡尼大街，就是主要由高层建筑组成的中国文化中心、一个假日酒店和中央商务区。附近邻里的多数居民是低收入的中国人，通常是刚刚移民的，在辛苦且工资低的工厂和唐人街的饭店里工作。许多人居住在极端拥挤的房屋中。广场本身具有历史重要性，和米审多雷斯一样，这里是城市最早的定居点，即19世纪早期著名的耶巴布恩纳（Yerba Buena）山庄。在填海造陆之前，旧金山海湾距离这里仅有一个半街区远。

概况

该公园面积约为1.21英亩（约0.5 ha）（一个城市街区的3/4），修建在一个朝东的阳光灿烂的两层台地上。20世纪70年代，在一项包括假日旅店和中国文化中心在内的再开发项目中，该公园得以重新设计，并修建在一个汽车库的上方。步行天桥连接着假日旅馆、中国文化中心和公园的上层。历史资料中记载了有关公园早期的故事。上层有中国棋盘和长椅、几处静坐区域和松树，一切都以亚洲为主题。下层是儿童沙质活动区，

---

①根据学生威廉姆·卡尼（William Carney）和多里斯·丘（Doris Chew）（1976年）；乔安纳·方（Joanna Fong），舍曼·霍姆（Sherman Hom），卡伦·潘（Karen Pang），马蒂斯·派拉克（Madis Pilak）和杰夫·延（Jeff Yuen）（1977年）；李察德·利特温（Richard Litwin）（n.d.）的报告编写。

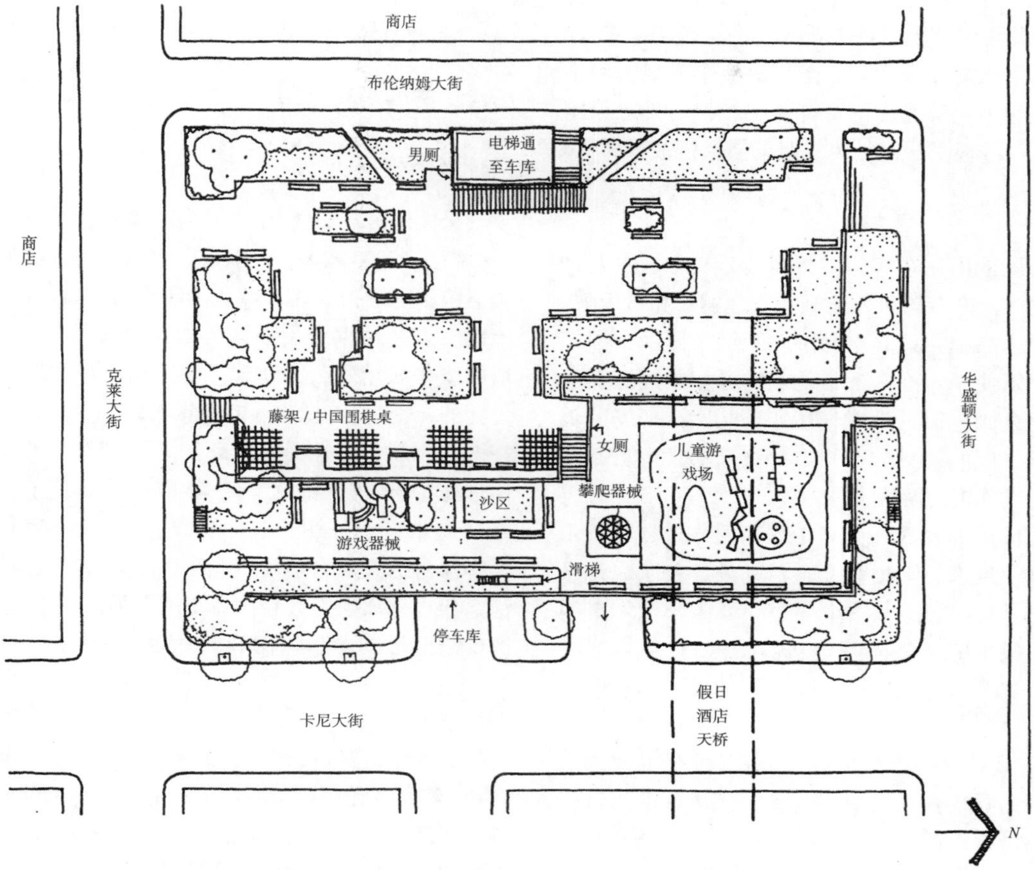

图2-33　旧金山市朴茨茅斯广场平面

图2-34　中国老年男性在朴茨茅斯广场的上层台地上，旧金山（摄影：安东尼·普恩）

内有一个龙的雕塑、秋千、攀援结构和滑道。另外还有几块小草地、许多长椅、浴室和几个喷泉。公园的上层有 4 个入口，下层有 2 个入口，包括一个到达上层停车库的电梯。除松树以外，公园里还有一些很受欢迎的树，但整体上植被很稀疏。

主要用途和使用者

公园的用途在空间上相当清楚，上层主要是华裔男性，许多老年人聚集在一起聊天和打板球。一些过客集中在独立空间中。下层主要由中国妇女和儿童使用。许多不带儿童的老年中国妇女也来到该公园，但只是聚集在靠近儿童活动场的长椅上。下层的第三个空间主要被高加索上班族和在这里吃午饭的游客占据。

公园被形容成一个老年华裔的户外社交俱乐部。除了武术、太极和儿童活动外，公园内几乎没有其他体育活动；它主要是一处闲坐和聚集的空间。很难见到青少年和年轻人。

成功之处

- 华盛顿大街和克莱大街上设有很大的入口空间，这使得人们可以看到公园内部的景致；但再往里看，视线就会受到屏蔽。
- 下面的停车库并没有损坏公园的景观（像通气孔、行车坡道等诸如此类）。
- 下层闲坐区非常适合老年人——荫凉、挡风；不用爬楼梯就可到达。
- 维护良好；公园服务人员非常留意人们的一举一动。

不足之处

- 儿童活动场缺乏适合看管儿童的成年人交流的座椅——成行或是平行的长椅。
- 重新设计削弱了公园的开放性和绿草遍地的特征；一些使用者很怀念公园的过去。
- 鸽子的排泄物带来维护的问题。
- 滑道很危险——儿童很容易掉下去。
- 步行桥很少使用，且遮住了下层空间。
- 缺乏足够的展示公共信息的设施。

- 厕所很难寻找，标识令人迷惑。
- 草坪太小，且维护不好。

旧金山市博德科公园 ①

位置及环境

公园座落在旧金山的腾德洛茵地区。尽管这里人口高达 27000 之多，大多数旧金山人仍然认为腾德洛茵不是一处居住区域。其四周的用途是商业、市政、居住的混合。该区内的建筑多数是 4～6 层的豪华旅馆和公寓建筑。旅馆最初是为旅游者设计的，现在住着低收入的老年人、移民和暂住者。在旧金山腾德洛茵是仅次于唐人街，人口密度排第二的地区。1/3 的人口是老年人，1/3 是东南亚裔的避难者，另外的 1/3 是暂住者、新来者和有精神障碍的人。大多数东南亚移民居住在公寓里，而老年人、高加索人和非裔美国人则住在旅馆内。腾德洛茵是该城犯罪率最高的地区之一。

概况

该公园占地 2.6 英亩（约 1 ha），位于埃迪（Eddy）大街和琼斯（Jones）大街的交点部位。它被分成两个空间区域，即活动区和安静休息区。活动区内有年轻人使用的半个篮球场；两块草坪；一处儿童活动场，内有秋千、带滑道和平台的攀援器械；另一处稍大的儿童活动区，内有橡胶秋千、双杠、攀援器械和消防爬杆（firemen's pole）。另外，还有许多沿公园主轴线两侧交替布置的长椅。这样的安排使得照看儿童的成年人能够靠近每一个活动区。轴线一直延伸到成年人安静休息区，该区内有两个带有游戏桌和长椅的阳台。两个活动区中都有沙子，整个铺装用的都是砖。树木只沿着公园的边缘种植，没有超过 18 英寸（约 45.7 cm）高的灌木，这符合保持高可视度的设计标准。设计师在成年人区设计了一个饮水器，它远离儿童活动区，以防儿童在玩沙和水时堵塞饮水器。

主要用途和使用者

公园的用途反映了邻里之间的巨大差别（见

---

①根据学生阿米塔·辛哈（1985 年）的报告编写。

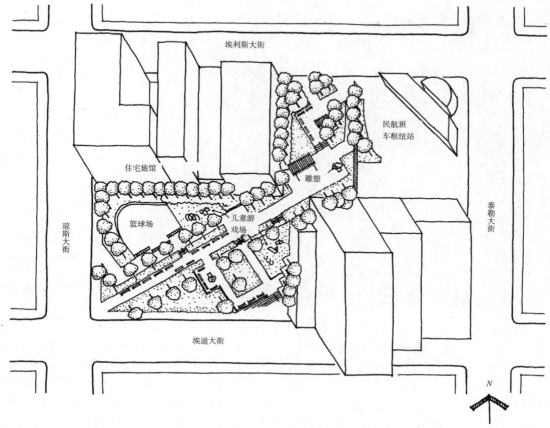

图2-35 旧金山市博德科公园的平面

图 C-60，C-61，C-62）。在任何给定的时间内，公园里都有所有种族和年龄段的人群。设计者［罗伊斯顿（Royston）、哈纳莫托（Hanamoto）、阿里和阿比（Alley and Abbey），加州马丁县（Marin County）的一个景观设计事务所］尝试通过不同高度和质地、篱笆和空间距离等方式分别将使用者分隔在明确界定的分区内。主轴线道路的宽度足够警车通过该公园，同时也可用作公园的交通线路在埃利斯（Ellis）大街与琼斯大街之间来往穿梭。公园的集中使用和穿越公园的人的存在有助于威慑犯罪。设计师主要关心的问题是，在有限的空间里，如何使所有年龄段的人都感到安全和满足。这些原则可以通用于犯罪率很高、空间非常有限的内城公园。因为该公园是腾德洛茵区仅有的两个公园之一，不同年龄段和种族的人都使用它。所有设施似乎都超负荷运转，导致不同年龄段、不同种族和兴趣的人之间发生冲突。母

亲们抱怨大孩子打断了儿童的活动；老年人则认为公园里的儿童和小孩过多；亚裔和非裔美国人都想将篮球场据为己用。

日托中心的儿童和学龄前儿童会在清晨来这里，许多年龄较大的儿童放学后也到这里来。篮球场被不同种族的年青人所占据，尽管有抱怨说球场被某一种族的人占用，但他们自己似乎已经制定了一个使用安排表。老年人、小伙子、易装癖者、暂住者都使用这个公园。儿童使用整个公园，包括成年人区和篮球场。绕公园走动对那些厌倦了固定的、单一活动设施的大龄儿童来说，也是一种活动。他们尝试用反常的方式来使用器械，如将秋千的顶端变成一股拧紧的绳，从滑梯上冲下来，从攀援物的顶端跳下来，吓唬学步幼儿等。正在生长的树叶被扯下来，较低的树枝也被折断。两块被抬高的草坪因为使用过多而枯萎。越南裔儿童在草坪上玩一种游戏，即将硬币抛进

图2-36　旧金山市博德科公园，春天的周末，儿童和成年人聚集在一起听街头音乐

在草地上挖的洞中。靠近活动场的铺装区使用强度很高，主要用于骑三轮车、骑自行车、跳绳、打石弹和其他与硬质地面相关的活动。

成功之处

•　在高密度的邻里中提供了人们非常需要的开放空间。

•　高可视性威慑住了高犯罪率邻里的犯罪。

•　通过划分活动区的方法将不同用途明确地分开，这消除了不同使用者之间的冲突。

不足之处

•　活动区内只有固定单一的活动器械，缺乏灵活性。这种设施的构件适合于粗笨的机械动作，孩子们除了滑动、荡秋千、攀援和跳跃之外很少能用它们做点别的活动。它们缺乏对运动技巧的锻炼，也没有考虑孩子们的认知、社交和感情发展的需求。没有提供儿童可控制的材料，例如水和球、轮胎等活动部件。沙和水出于维护的原因而故意被分隔开。

•　公园游戏设施只能让孩子们各自从事相关的活动，而无法将他们融入任何合作性的交往活动。

•　两处游戏场地之间缺乏空间联系，这妨碍了人们在进行完一种活动后进入另一活动场地。

•　残疾人能够进入该公园，但没有任何帮助他们使用公园的措施。没有一种游戏设施是为残疾儿童设计的。

高密度，中到高等收入

同样，由于高密度城市区域内土地经济的原因，高密度、中到高等收入邻里内的公园也非常小，通常不超过一个街区的面积。高收入的人有许多休闲机会，如健康俱乐部、划船、滑雪、背包徒步旅行等，因此他们并不像那些休闲机会较少的人那样需要更多地依靠社区公园进行锻炼和娱乐。无论如何，这些区域内的公园仍然起到了提供城市环境中所需自然环境和社会接触的功能。

旧金山市悉尼沃尔顿广场 [1]

位置及环境

悉尼沃尔顿广场是一座市属公园，它三面是相当繁忙的街道，另一面是高等收入者的住宅（见

[1]根据学生马修·亨宁（Matthew Henning）和帕姆·韦斯特（Pam West）（1976年）；奥尔加·莱文（Olga Levene）、马里·穆拉雅玛（Mari Murayama）、戴布拉·斯坦恩（Deborah Stein）和Ryoko Ueyama（1977年）的报告编写。

图 C–9）。向南步行不到 5 分钟的距离就是金融中心。北面和公园相连的砖混塔楼和周边两层的砖混结构商住楼和餐馆强化了"广场"的气氛，它们使公园形成一种都市化且具家庭气息的氛围。

概况

悉尼沃尔顿广场的面积不超过一个城市街区。它的设计风格和周围城市形成明显的对比，内有弯曲的道路、植有草皮的小丘、浓密的边界绿化带、丰富多样的视景、远景和亚空间。蒙特里松树围绕广场周边生长，经过修剪，人们可从树的下面看见街道对面的商店和旅馆。广场周围低矮的铁栅栏将草地和人行道分开。照明和栅栏的开口构成了公园的入口，其中一个入口则通过一个历史性的拱门进行强化，该拱门曾是这里一处蔬菜批发市场的组成部分。喷泉和艺术品突出了亚空间和道路节点，并为新来者带来一些兴趣。

周边高大的松树和围成圆圈的伦巴第杨树有助于遮挡南面的高楼，使蓝天成为高处视野的主景。广场中尽量避免使用灰色调及水泥、沥青等材料。

主要用途和使用者

对办公职员来说，悉尼沃尔顿广场是一个很受欢迎的聚会、午餐和娱乐的地方。公园北端的平滑草坡很讨人喜欢。办公职员们经常先派一个人在大量人群到达以前预先抢占空间，然后一起来这里野餐。另一处很受独坐者欢迎的地方是广场南边的一排树池座椅。广场南面的高层公寓挡住了下午的阳光，从而也降低了午后广场空间的吸引力。周末的使用有很大不同：唐人街的家庭会来到这里；比起午间时的使用人群，儿童们会更多地出现在小山坡和雕塑品旁；一些无家可归的人在使用高峰期过后也出现在公园里。

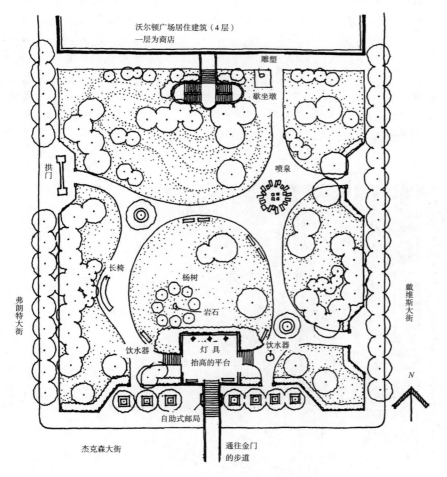

图2-37　旧金山市悉尼沃尔顿广场平面

成功之处

- 位置靠近潜在使用者密集的地方。
- 具有城市绿洲的特色且三面傍街，这使得其很容易被看到和引起人们的想象。
- 公园周边的栅栏和种植创造了良好的围合感。
- 高树部分地挡住了高层建筑，加强了绿洲的效果。
- 曲折蜿蜒的道路创造了各种散步线路。
- 植有草皮的山包成为人们视觉上的兴奋点，并允许吃午餐的人临时使用。
- 既适合那些单独到公园里来的人又适合那些成群而来的人。
- 男性和女性都喜欢这里。
- 展示在公园里的艺术作品创造了视觉上的兴奋点。
- 公园既是平时办公职员午餐时间的休息绿地，又是周末唐人街家庭的邻里公园。

不足之处

- 附近的高层建筑遮住了午后的阳光。
- 中心洼地排水效果很差，灌溉草地后就无法使用。
- 松树需要经常修剪，以避免生长过旺，遮住一些空间。

线性公园

概念和历史先例

　　线性（或带状）公园不属于上述所提类型的范畴，而是一类特殊的公园形式，可以位于任何一种邻里（依居住密度或收入划分），也可以跨越多个邻里。线性公园是一种位于城区或郊区环境中的可让公众接近的自然或绿化空间，长度比宽度大得多，经常沿着废弃的火车道、隧道、城市河流或小溪分布，或者位于快速交通高架轨道下面。为方便讨论，我们主要研究呈线性的邻里开放空间，而不是长距离的铁轨或绿色廊道、服务于汽车的公园道、或连接现有公园的带状绿地，这些重要的户外空间形式——它们的产生、历史和当前实例——已经在查尔斯·E. 利特尔（Charles E. Little）的《美国的绿色廊道（Greenways for America）》（1990 年）一书中有详细的记述。

　　美国城市线性公园的思想可追溯到弗雷德里克·劳·奥姆斯特德的绿色公园道规划或"林荫游憩大道"的规划，其旨在为那些步行或乘马车到达大型公园的游览者在思想和灵魂上受到熏陶。此类公园规划中最著名的一个是 1866 年首次提出的大洋公园道，它把布鲁克林（Brooklyn）的希望公园和科尼（Coney）岛的海滨连接起来。从此，奥姆斯特德和卡尔弗特·沃克斯（Calvert Vaux）发展起了相互联系的公园系统的思想，最早的公园

图2-38　办公室职员正在悉尼沃尔顿广场休憩

系统诞生于1868年的布法罗，而最著名的则是波士顿的绿宝石项圈（规划于1887年），它在环绕全城长达4.5英里（约7.24 km）的弧线内，通过后海湾芬斯河（Back Bay Fens）和马迪（Muddy）河把波士顿公地和富兰克林公园连接起来。（利特尔，1990年，P. 11）。

从此，线性绿色廊道运动逐步发展起来，经历了从罗伯·摩西斯（Rober Moses）的环纽约汽车公园道，到英国人霍华德、美国人雷克斯福德·特格韦尔（Rexford Tugwell）和本顿·麦凯（Benton Mckaye）倡导的控制城市扩张的绿带（greenbelts），最后发展到以美国阿巴拉契亚（Appalachian）步道为实例的长距离步行道，但这种步道系统在英国的发展更广泛。在近些年里，以伊恩·麦克哈格（Ian McHarg）和菲利普·莱维斯（Philip Lewis）的开拓性工作为代表的生态规划方法，导致了许多地方上开发河流和溪流系统作为城市绿色廊道的努力。

为了获得更多的有关正在发展的绿色廊道运动的信息，建议读者拜读利特尔的《美国的绿色廊道》一书，这本书中有非常出色的案例研究，从最早的现代地方绿色廊道系统——北加州罗利（Raleigh）的州议会区域（Capitol Area）的绿色廊道，到波特兰、俄勒冈、四十英里绿环，以及颇有争议的旧金山海湾的脊湾步游道（Ridge and Bay Trails）。

线性公园的优点和缺点

线性公园越来越多地出现在我们的城市中，我们应该欢迎和鼓励它们的产生，原因如下。

- 线性娱乐空间鼓励步行、骑自行车、慢

图2-39　加州阿尔伯尼的快速公交道下面的线性公园

跑等活动——这些活动有益于提高人们的健康，因此，越来越受欢迎。

- 和广场或矩形公园相比，线性公园的边界提供了更多进入公园的机会。

- 大多数线性公园的宽度相对较窄（半个到一个街区），从公园的两侧视线都能够穿越，许多人都认为这种环境要比广阔幽深的公园安全。这对女性特别重要。

- 城市的再开发，如为修建新地铁所挖掘的隧道、没有经济效益的废弃地面铁轨，都会为线性公园提供大块土地，而将其设计成传统的广场或长方形的邻里公园可能会存在更多的问题。

- 这种鼓励人们穿越多个邻里的公园空间能够以一种轻松、不带威胁性质的方式促进社会的融合。

- 线性公园的建设与当前对更加生态的规划，特别是恢复城市溪流、使用自然排水通道来组织城市开放空间的关注相吻合。

- 一般公园设施——儿童活动场、篮球场、体育活动区、网球场等等——在线性公园中

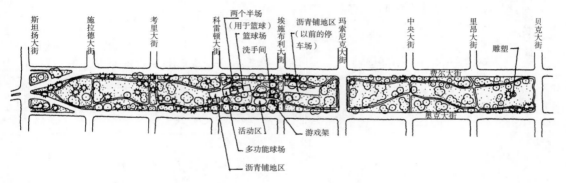

图2-40　旧金山金门公园潘汉德尔场地平面

比在传统的广场公园中更便于分散布置，可以形成串珠式的布局，因此，降低了不同使用群体之间的潜在冲突。

• 那些沿着线性公园开车或步行的人能享受到更长的绿色空间，这些公园周边通常就是城市街道。

线性公园可能具有的一些不利之处如下。

• 边界过长，导致受公园里喧闹而且持续很晚的活动影响的邻里的数量增加了。

• 因为有多个入口，因此，可能会产生不了令人印象深刻的主入口。

• 除非经过精心设计，线性公园对运动的鼓励有可能在散步者和滚轴溜冰者、骑自行车者和儿童、慢跑者和遛狗人之间产生冲突。

• 如果没有在铺装变化上明确表示的话，穿越公园的街道可能打断步行者和骑自行车者欣赏开放空间的线性延续感，还会对穿行者构成人身威胁。

• 线性公园宽度过窄，而且容易看到住宅和过往交通，这可能令那些希望彻底摆脱这些东西的公园使用者感到沮丧。

图2-41　金门潘汉德尔公园

延伸，宽一个街区、长八个街区，被人们形容为"锅柄"。该公园东起贝克（Baker）大街，西止斯坦扬（Stanyan）大街（入口正好对着金门公园），其余两侧都是繁忙的、多车道的城市街道——费尔（Fell）大街和奥克（Oak）大街。最初作为林荫大道的潘汉德尔公园创建于1871年，这一年威廉姆·哈蒙德·霍尔（William Hammond Hall）的金门公园规划被公园委员会采纳。

旧金山市金门潘汉德尔公园（Panhandle）

位置及环境

潘汉德尔公园从旧金山金门公园一直向东

概况

尽管潘汉德尔非常狭窄，但交通的噪声被它的草坪和大量大树——特别是蒙特里柏和桉树所消减。公园的设计非常简单，两条弯曲的道路贯穿整个八个街区长的公园，靠近费尔大街的服务

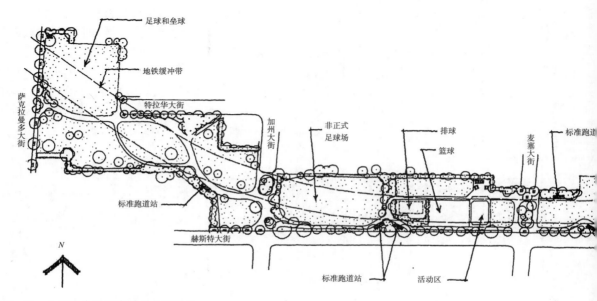

图2-42　加州伯克利市奥洛内公园平面

于骑自行车者和步行者，靠近奥克大街的则完全是服务于步行。后者提供了赏心悦目的步行体验，它不时地弯曲，有时靠近街道，有时延伸到公园空间的中央。深深的阴影和明亮的阳光交相辉映。漆成绿色的木椅排列在两条道路的边上，不幸的是垃圾箱很少，而且几乎都沿着最不需要垃圾箱的自行车道放置。尽管公园维护很好，但垃圾是个问题。

主要用途和使用者

　　最集中的群体活动可以在该线性绿色空间的中部发现。篮球场整天都有人使用，附近有围栏的游戏场（"儿童王国"）是为儿童及父母在晴天下午使用的，长椅、桌子、喷泉、洗手间、公共电话亭样样俱全。靠近活动场有一个拥挤的娱乐室，从上午10点到下午3点出租球类和游戏器材。篮球场和运动场是公园最活跃的部分，但主要的使用者还是那些沿公园线性方向运动的人，这些运动包括：骑自行车、滚轴溜冰、散步、慢跑、溜狗。

　　潘汉德尔的四周是由维多利亚式住宅和3～4层公寓建筑构成的邻里。公园的使用者反映了周围的人口情况：骑自行车的雅皮士、非裔篮球运动者、早起打太极拳的亚裔和高加索人、在活动场上一起活动的不同种族和收入的混合体、一些宿在灌木丛下的流浪汉、还有那些躺在草地上的

来自附近海特—阿什伯里（Haight-Ashbury）邻里的中年嬉皮士。

　　公园的使用情况和维护都非常好，尽管有一些排水不畅的地块，公园内的鸽子和八哥等鸟类非常喜欢这些泥泞的水坑。这是一个成功的公园，特别受那些想在离家不远的舒适绿色环境中锻炼的人以及妇女们的青睐。公园四周都是交通便利的街道，许多人认为比附近金门公园的繁茂森林要安全得多。

成功之处

• 吸引人的绿带，有很多大树，靠近相对高密度的城市开发区。

• 既可以休息也可以运动、既可以待在阳光下也可以待在树荫下，可选择的活动类型繁多。

• 公园较窄的宽度、加上附近房屋能够俯瞰公园，创造了一种安全的环境。

• 为步行者和骑自行车者设计了各自的线路。

• 活动区、篮球场和野餐设施构成的中心活动节点。

• 活动区布置了吸引人的富有创意的设施，顾客盈门的娱乐室出租游戏器械和球类。

• 养护良好的大片草坪可以用于随意的公园活动。

• 沿着公园长度方向上的每一点都能轻易

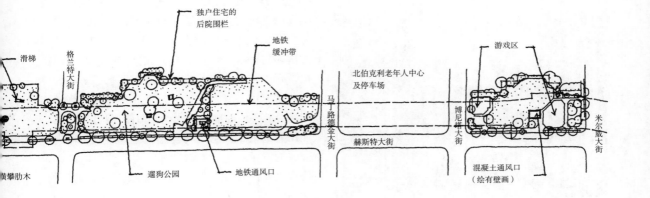

地进入公园。

不足之处

- 自行车线路在公园的两端突然终止。
- 过往车辆交通打断步行和骑车运动。
- 垃圾箱不够。
- 周边和街道对面的交通噪声有些烦人。

加州伯克利市奥洛内公园

位置及环境

这个受人欢迎、使用率很高的公园位于低到中等收入的居住邻里，六个街区长半个街区宽。1970 年，为了修建海湾地区的快速地铁线，拆了一些住宅开挖了一条隧道，在隧道之上修建了这个公园。公园东端起于米尔威（Milvia）大街，西至六个街区以外的萨克拉曼多大街。赫斯特（Hearst）大街沿着公园的南界，主要的使用者都从这条街道进入公园。北面用 6 英尺（约 1.8 m）高、爬生有藤本植物的链式围栏围起来，住宅的后院围墙面对着特拉华大街（北面的第二条街道）。除了一条道路（马丁路德金大道）外，所有横穿交通都被禁止，以确保沿公园长轴方向运动的行人、慢跑者、骑自行车者等不会被交叉交通所打断。

概况

该公园坡度向西逐步降低直至旧金山海湾，由一系列被灌溉草坪分隔的活动节点组成。从东到西，这些节点主要有：

1. 一个大龄儿童使用的沙地活动场，该场地上有两个野餐桌。附近有一个混凝土的矩形地铁

图2-43　加州伯克利市奥洛内公园

通风孔［大约 10 英尺（约 3 m）高］，四面绘满了展示最初居住在这里的奥洛内印地安人的生活方式的美丽壁画，以掩盖通风口，避免过于突出显眼。

2. 一个带有小孩子游戏设施的沙地活动场。该活动场被 4 英尺（约 1.2 m）高的链式围栏围起来，并备有成年人使用的长凳。不幸的是，以上这两个活动场整天都被太阳晒着，大热天里，无论是孩子玩耍时的感受，还是大人照顾孩子时的感受都非常难受。而且夏天沙子非常干，因此，作为游戏材料（制作沙堡等）缺乏吸引力。最近这两个活动场附近添加了 Port-a-Potty，很受父母和照看儿童的人的欢迎。

3. 博尼塔（Bonita）大街和马丁路德金大道之间，一栋建筑物打断了公园东西来往的人流，它就是北伯克利老年中心，停车场和宽阔的入口广场占据了两条街道之间整整半个街区的用地。这里很便于老年使用者进入，但由于马丁路德金大道的交通量很大，实际上将奥洛内公园分隔成两个部分。不过，作为公园南界的赫斯特大街的步行道可以起到连结整个公园的作用。那些到老年中心来就餐和活动的人似乎并不使用该公园，相反，他们只是坐在绿化过的入口广场上交谈或者等车。

4. 遛狗园最初规划的时候曾引起很大的争议，有许多市民参与进去。狗主人和无狗的人争执不下，直到有一天养狗人占了上风。奥洛内公园的遛狗园大约有 3/4 个街区长，半个街区宽；四周用 4 英尺（约 1.2 m）高的链式围栏所界定，两端都有入口。养狗人在宠物们在场地周围赛跑、并与同类们友好相处的时候，就聚集在四个野餐桌周围聊天。遛狗园从早上 6 点到晚上 10 点开放，相关规定包括"随时在狗后面清理排泄物；禁止发情动物在场；不许未经登记的狗进入；每人不得携带超过 4 条狗，不得大声喧哗或骂人"。场地使用非常繁忙，许多从远处赶来的人在此训练他们的狗。有一段时间，因为受到关闭遛狗园的威胁，使用者成立了奥洛内狗公园协会，并成功地为狗公园的延续进行了游说。公园里的这项用途对宠物很重要，对人们来说同样非常重要——通过狗，人们可以进行交往和聚会。

5. 一块草坪区，有 4 个独立的活动器械固定

在那里，其中有一个令人心惊的自制的横攀肋木，被涂画得五颜六色。该分区是 20 世纪 60 年代晚期在整个带状地区被作为公园规划和使用之前建设的。那时它被看成人民公园的附属空间，伯克利的示威者们被警察从人民公园里驱逐出来，就住在这块土地上并建起了这些活动器械。土地所有者——湾区快速地铁公司当时刚好完成一条隧道，非常明智地没有驱逐人民公园的这些避难者。最终，这块使用者自己建成的区域被并入了公园六个街区规划的一部分。后人很少了解这段历史，只是有时对被涂得五颜六色的横攀肋木感到迷惑不解，它在周围传统的城市设计风格中显得格外突出。

6. 在公园的北边有一个小的社区花园，四周是 10 英尺（约 3 m）高的链式围栏和紧锁的大门。

7. 第二个儿童活动场四周是 4 英尺（约 1.2 m）高的链式围栏，在围栏以内的草地上安放了长椅和野餐桌。与前面两个活动场相同的是，这儿也没有遮荫。

8. 紧临 Port-a-Potty 附近有一个完整的篮球场。

9. 一个硬质铺装的排球场。

10. 一块大草坪，一部分被围起来用作临时的足球场。

11. 公园最西端靠近萨克拉曼多大街有一个围合的垒球场，那里公园的宽度扩大到整个街区。

在上述的活动节点之间，是大块的草坪——草地上点缀着树木——人们在那里掷飞碟，和孩子们玩球，躺在太阳下，打太极拳，或者仅是静静地坐在那里。大部分使用者来自周围的邻里；活动场和球场的使用者来自较远一些的地方，通常是开车或骑自行车来。一些无家可归的人也出现在公园里，懒散地躺靠在公园北界围栏处的被褥和行李上。

主要用途和使用者

活动场、垒球场、篮球场上的人群是最引人注目的，而沿着公园南界的步行道上散步、骑自行车、慢跑的人流也很稳定。这条步道利用低矮的绿篱、灌木和高大的行道树巧妙地和街道分开来。沿着它散步，人们会感觉到和附近的交通已经安全地分离开来，目光也被公园的绿色深深地吸引住。不过，这条道路的宽度仍然存在一些问题，整个公园长度方向上的多数宽度只有 8 英尺（约 2.4 m）；手牵着手的情侣或者带小孩的家长就占据了空间的大部分，结果是骑自行车的人必须吆喝着让他们闪开。只有在公园的西端，主路宽度达到了 15 英尺（约 4.5 m），从而为不同的活动人群提供了足够的空间。在有些地点，道路向公园北界另分出一个环道，为步行者提供了辅助线路，既能远离交通噪声，又不会被骑自行车者干扰。

图2-44　加州伯克利市华盛顿学校的校园。原先全沥青的学校活动场被改造成不同用途的分区，包括一个沥青球场，沙地游戏设施，和一个由泥土、池塘和乡土植物组成的野生区

图2-45 华盛顿特区的布坎南学校。20世纪60年代晚期豪华校园的再现，这种风格在获得设计界的赞许以后就风靡全国。但是，老师们和休闲界首领们并不喜欢它，而更喜欢街道对面的自然地（摄影：纳奈恩·希利亚德·格林）

当标准球场非常流行的时候，公园里也增添了一个。不过，大多数锻炼站现在都处于荒废的状态，所有的设施已经锈蚀，很少有人使用这个设施。毕竟奥洛内公园的主要使用者是那些步行和骑自行车的人、狗主人、游戏场的父母和孩子们、篮球场上的成年男性和垒球队的青少年们。

总之，奥洛内公园是周围邻里的一个很有吸引力的绿色空间，安全，方便，管理良好。

成功之处

- 活动节点之间用草坪相互隔开。
- 沿着赫斯特大街的步道被巧妙得和外界交通分隔开来。
- 隔离了大多数的过境交通，使得人流运动不受干扰。
- 养护良好的灌溉草坪区适于各种临时的活动。
- 品种多样的大树。
- 多样的成年人使用的活动设施和足够的座椅。
- 容许被其他公园禁止的使用者——养狗主人。
- 沿着六个街区长的范围之内，附近的居民很容易进入该邻里开放空间。

不足之处

- 活动场缺乏荫凉。
- 老年中心将公园分成两半。
- 步行道宽度不够。
- 长椅太少，特别是在草坪区。
- 饮水器太少。
- 荒废的标准球场。

一个特殊的案例：校园公园[1]

20世纪60年代晚期到70年代早期，有些社区获得一些公共资金来重新设计公立学校的操场并建设为校园公园，学校放假后，不仅活动设施可以供居民使用，同时还有长椅、桌子、草坪、植物、步行道、游戏场等，因此，吸引了许多儿童和成年人在学校放学后来使用校园，特别是在周末。这种作法的目的是为了充分利用公共土地，特别是在高密度的城市区域，那里的邻里公园很少甚至根本就没有。

校园公园设计中存在两方面的内在冲突。一方面源于学校课间时需要为大量年龄相仿的儿童提供活动空间；另一方面是放学后和周末时，成年人和不同年龄的儿童对不受限制的舒适休闲空间的需求。另外，还要考虑创造能够支持孩子们的课程学习、社会交往与身心发展的户外环境。

---

[1]基于纳奈恩·希利亚德·格林的早期手稿。

尽管这样的公园必须满足学校人口的需要，但在没有公共户外娱乐设施的城市区域里，服务于社区的校园公园显得尤为必要。

加州伯克利的华盛顿环境广场是一个颇有创意的学校活动场的改造案例。华盛顿小学南侧平坦的学校活动场原先铺的是沥青，有一个用于接力赛等团体比赛的场地，也有常见的钢管活动设备——秋千、滑梯等。20世纪70年代早期，在景观设计师罗宾·穆尔及其加州大学的学生的带领下，在学校老师和家长们的支持下，部分活动场被改建成环境广场，包括一个有树、灌木、两个小水池和溪流的自然研究区；一个可以让儿童利用真正的建筑材料和工具来建造房子的冒险游戏区；一个儿童们能够在大种植器里种植蔬菜的区域。保留下来的硬质铺装活动场同样经过了重新设计以提高使用率，提供各种机会和活动，创造更加宜人的外观。放学后和周末，市民经常使用这个校园公园；多年以来，它一直是一个将健康的和残疾的儿童集中到一起的夏季活动场地。

最早的也是最出名的校园公园创意是华盛顿特区的沃特金斯布坎南（Watkins Buchanan）校园公园，位于国会大厦视域之内的美国黑人区。1968年重新修建后，该公园开创了采用昂贵的卵石小丘、混凝土结构、钢缆和重木组合成的活动器械等构成活动场的先河。全国的学校、邻里公园和小型公园都模仿这些设计形式。尽管建筑杂志和新闻报纸对此赞不绝口，有切身经历的老师们却注意到：公园里没有足够的开放空间供大龄儿童活动，还有许多事故发生：如小孩的头碰到坚硬的混凝土上。休闲委员会的人员每天下午来考察时感觉到该校园公园的设计仅仅是一个设计概念，并没有为教师授课或放学后的娱乐提供灵活的空间。事实上，考察者更喜欢从沃特金斯学校一直穿越大街的开放（自然的）草地。

显然，为不同的使用者或潜在的使用者设计校园公园是一项困难的工作。尽管设计师们知道在校儿童的数量和年龄，但对他们放学后的可能活动类型并不清楚。因此，建议在对住宅有无后院、幼托机构、老年居民等因素的邻里调查中包括一些特殊要素和设施。同样，设计过程中引入社区参与也可导致邻里对校园公园产生更高的认同和关注。社区参与对于与校园公园相似的情况非常重要，它可以促使人们使用以前无法利用的设施。

设计导则

许多迷你型公园（第3章）的设计导则和第6章中讨论的的概念对校园公园的设计非常重要。如下是一些具体的问题。

1. 从街道上看去应包括一些宜人的绿树。树木、灌丛和花卉表示这里并非只是一个学校操场。和成年人的访谈中也表明校园的绿化是决定他们使用校园公园的最重要的因素。

2. 大门和门柱的设计应该清楚地表达出"入口"的含义，而且应该具有吸引力。如果大门在学校上课时需要关闭，应该把向邻里开放的时间标清楚。

3. 入口处应布置富于吸引力的标牌，标出校园公园的名字、对公众开放的时间、规则和条例

图2-46　通过这件简单的活动器械，瑞典学校的儿童们对滑轮、沙的重量、重力、活板门和滑入小车的材料等知识有了认识

以及赞助机构的名称。

4. 确保到达学校公园主入口的步行道足够宽，即保证骑自行车者、坐轮椅者顺利通行的宽度、或者两到三人并肩走的宽度。

5. 如果使用者需要穿越繁忙的街道，应该提供由行人控制的交通信号灯，确保那些没有大人陪伴的小孩放学后到达公园的安全。

6. 为用车接送儿童提供安全的上下车空间，这样汽车也不会危及其他行人。

7. 将自行车停放架布置在学校公园的入口处，允许自行车停放上锁。如果学校公园太小无法骑自行车，自行车架应该布置在汽车上下客的地方，以此表示自行车不得进入。在没人监督的情况下，毫无疑问有一些儿童会将自行车骑进校园公园，所以在校园公园的整个设计过程中必须对此有所考虑。因为校园是为数不多的几个儿童可以远离交通危险骑自行车的地方之一，我们强烈建议在校园中的局部地段允许儿童骑车，可以是专门设计的自行车道，也可以只是进入体育活动区的简易道路。

8. 在学校公园的入口处布置一些长椅供儿童等候他们的父母、父母等待儿童以及邻居想在这里休息时使用。如果方便，将它和汽车站结合布置。

9. 给学校运货和日常维护用的机动车提供远离所有步行区的单独入口。

10. 使用围栏保护校园公园的使用者（如和机动交通、危险区隔离开），防止人或活动设备（如球）侵入邻近的私人地产。如果使用了链式围栏，应利用藤本植物或编织一些彩条把它遮蔽起来，或者将它喷成吸引人的颜色或花纹。

11. 如果仅是校园的一部分被改建为校园公园，应选择微气候最宜人的地块——拥有最多的阳光和夏季的荫凉，或者风力最小——同时考虑地形、现有植被、景观和出入口等因素。

12. 利用现状地形和植物来创造空间分区、瞭望台、山坡滑道或植被茂盛的冒险游戏区。

13. 通过场地交通路线的组织来满足上学时间的高峰使用要求、以及放学后人数较少但很随意的使用要求。

14. 通过壕沟、植物、木桩或大卵石等将活动区和安静区分开。

15. 将具有教育作用的要素结合进设计，如风标、旗帜、日晷、季节性的溪流、或者吸引鸟类、甲虫或蝴蝶的植物。这些要素在丰富环境的同时也促进了孩子们的学习体验。

16. 向老师咨询来确定能够支持课程计划的植物和种植区域，如蔬菜、能够产生自然色素的植物、或种荚或花朵可用于手工制作的植物。

17. 避免有刺的、有毒的、玷污性的或产生大量花粉的植物。

18. 围绕场地提供各种长椅，有些散布，有些集中供一群人使用。还要为孩子们做作业、户外游戏、吃午餐提供长椅和桌子；为观看者，为照看小孩、闲坐或沐浴阳光提供座椅。在任何公共空间里，最好能为人们提供各种休息方式的选择。

19. 提供诸如草坡、种植器边沿、石墩等辅助性的休息场所——让人们自己选择，以及在繁忙的时候使用。

20. 考虑提供一些户外舞台，孩子们在那里既可举行临场发挥的节目，也可举行计划好了的活动。哪怕形式非常简单，这样的空间本身就是别具一格，很受人们的欢迎。同时还要提供观众席，可以是草坡，或者长椅以及可坐的护墙。

21. 如果空间足够大，或者周围居民比较感兴趣，可以考虑增加烧烤。

22. 场地应该接近饮水器，尽可能配备有公共厕所。如果学校厕所不对外开放的话，哪怕有一个移动式厕所也行。

23. 与学校花园结合起来设计，让学生们可以学习土壤、生态、堆肥处理、蔬菜种植和综合害虫管理知识。这些活动可以和学校课程结合在一起，例如生物学、植物学、算术、气象学、地球科学等。

加州伯克利市约翰·缪尔（John Muir）公园[①]

位置及环境

约翰·缪尔学校公园四周环绕有克莱尔蒙特（Claremont）大街、黑泽尔（Hazel）大街、多明戈（Domingo）大街和阿什比（Ashby）大街，位

---

①由学生玛利安·考伯（Marian Cobb）和安妮·莫舍（Annie Mosher）（1980年）；安德鲁·布莱霍尔德（Andrew Blyholder）和莉莎·里德尔（Liza Riddle）（1981年）的报告编写。

图2-47　加州伯克利的约翰·缪尔公园。原先铺满沥青的倾斜校园场地被改造成几个沙质活动场和一个大的多功能草坪

于加州大学校园以南大约 1 英里（约 1.6 km）的地方。公园地处中上等收入居住邻里和一个小型商业区的分界线上，位于一个度假酒店——克莱尔蒙特宾馆的视线范围之内。周围邻里生活着不同年龄段的人。

概况

公园是一个呈 U 字形、非常平坦的开放空间，其中三面包围着一所小学。周围的植物、围栏以及附近一家汽车库的墙壁挡住了从公园里向外看的大部分视线。公园的活动场上有金属和木质的活动设施，一个沥青地面的活动场，一个儿童游戏场，一块草坪，一个自然溪流区，和三个入口。

主要用途和使用者

在上学时间里，公园主要供学校的师生们在

图2-48　加州伯克利的莱肯特学校。原先铺满沥青的学校校园经过重新设计后，包括游戏器械区、野餐桌、草坪和用于传统游戏的沥青场地

休息时间里使用。放学后，公园里经常有带小孩的父母们光顾，孩子们在这里使用游戏设施。公园使用者中也有少量不带小孩的成年人，他们通常是在放学后来，在草坪上闲坐、交谈、读书、睡觉和晒太阳。周末，草坪主要用来踢足球，偶尔也用于飞碟、棒球和遛狗等活动。

成功之处

- 公园里有丰富多彩的活动。
- 自然区，流动的水。
- 绿化率较高，绿树成荫。
- 平坦的场地可以进行许多体育活动。

不足之处

- 不同地点的休息空间不足。
- 对大一些的儿童、少年和老年人来说，设计缺乏吸引力。
- 游戏场过长，使得同时照看不同区域里的小孩很困难。

加州伯克利市莱肯特（Leconte）校园公园[1]

位置及环境

莱肯特校园位于伯克利的平坦地势上，俄勒冈大街、福尔顿（Fulton）大街、拉塞尔大街和埃尔斯沃思（Ellsworth）大街围绕四周。周围邻里生活的主要是中等收入的家庭，住房主要是独户住宅：粉刷墙面的一层小楼或木质墙面的二层楼。尽管与繁忙的街道只隔一个街区，整个邻里非常安静，这应归功于那些拦阻过境交通的屏障设施。南边的两个街区生活的主要是非裔美国人，不过生活在该邻里的却主要是高加索裔人，一些亚裔家庭也使用这个校园公园。学校开设的班级从幼儿园到三年级，共有约260名在校儿童，学校在放学后也提供额外的幼儿日托服务。

概况

该校园公园位于学校大楼的西侧。场地主要是沥青铺面，同时利用黄褐色、蓝色、铁锈色界

定出篮球场、垒球场和不同的游戏场地。在对硬质表面的校园进行公园化的改建时，增加了三个不同区域：一块大草坪，一个用铁轨道岔固定、包括各种木质和金属活动器械的大型塑胶区，以及一个小的野餐区。

主要用途和使用者

铺装区主要由那些进行团体比赛的男孩使用：踢球、墙手球、赛跑、篮球、垒球；游戏器械区的使用者男孩女孩都有；草坪区被用作跑步比赛和体操课；野餐桌被用来吃自带的午餐、交谈、以及放学后和周末的逗留。公园主要被如下人使用：①课间休息的儿童，其中有些是在放学后来的；②从下午1点到6点之间，幼儿日托班中被照看的小孩；③下午4点以后和周末时，当地的父母带着孩子来到这里；④下午晚些时候来使用篮球场的十多岁的少年。老年人很少使用该公园。

成功之处

- 很好地配合了学校的教学计划；老师和孩子们普遍表示满意。
- 对一些有小孩的父母们来说，该公园起到了邻里公园的作用。
- 放学后可以供一些在校生使用。

不足之处

- 没有足够的座椅供成年人使用。
- 草坪区使用率不高。
- 荫凉处太少。
- 缺乏适于年龄很小的儿童使用的设施。

设计评价表

一般使用者的需求

1. 在离活动区一定距离的地方，有没有布置一定数量的长椅并为休息者提供宜人的绿色景观？

2. 种植和细部设计有没有利用色彩、质地、

---

[1]由学生南迪塔·阿民（Nandita Amin）和肯·米尼奥（Ken Mineau）（1980年）；约瑟夫·P·达林（Joseph P. Darrian）和诺拉·沃塔纳比（Nora Watanabe）（1981年）的报告编写。

形状和味道的变化来创造丰富多彩的美学环境？

　　3. 种植树木的地点是否允许它们自由生长，而且无需修剪？

　　4. 是否沿着经过自然区的道路保留了一条大约 36 英寸（约 91.4 cm）宽的修剪草带，以免使用者认为公园疏于管护？

　　5. 弯曲的道路是否经过或穿越了不同的自然环境？

　　6. 多数长椅是否布置在一道墙、树篱或者树丛前面，从而形成背景，增加了安全感？

　　7. 有没有一些单独的桌子和长椅，可以让一个人独自在自然环境中吃饭、读书或学习？

　　8. 靠近公园周边有没有一些空间，可以让那些行动困难、没有时间、或者担心安全的人使用？

　　9. 安静休息区的位置是否考虑过微气候因素？有没有考虑过将其布置于落叶树下，以便在冬季能获得阳光、在夏季能享受到树荫？

　　10. 公园设计中，分区是否具有识别性，使人们能够容易地描述预定的聚会地点？

　　11. 座椅是否允许多样化的放置方式，既支持人们交往又不会被陌生人打扰？

　　12. 是否提供了一些可移动的椅子，或者出租的帆布躺椅？

　　13. 在大型烧烤区和比较隐蔽的地方都布置有野餐桌吗？

　　14. 有没有为那些只想穿越公园的人提供能产生愉悦体验的宽阔步道？

　　15. 公园分区是否能让固定的使用者群体占据某一特定地点作为自己的空间——比如某个休息区，或者一组桌子？

　　16. 公园的主体部分是否足够开敞，以便于人们寻找可能在场的群体或朋友？

　　17. 在各种设施——比如网球场、儿童活动场、娱乐会所附近有没有布置长椅，以促进人际交流？

　　18. 公园道路组织是否能让行人经过和摆脱那些可能进行社会交往的地方，而不是强迫他们加入？

　　19. 一些长椅是否能让坐在上面的人对经过公园或邻近人行道的行人进行观察？

特殊使用者群体的需求

老年人

　　20. 公园里有没有设置服务于不能或不想进入公园深处的老年人的休息区？

　　21. 入口规划是否恰好和公共汽车站和人行横道布置在一起？

　　22. 附近的饮水器、公厕和避雨区是供老年人使用的吗？

　　23. 如果周围的邻里有许多独居的老人，公园设计是否强调了亲切的聚会空间？相反，如果邻里中的老年居民有许多团体活动设施和交往计划，公园设计的强调重点是否落在了那些允许人们进入并欣赏自然环境的要素上？

　　24. 长椅尺度的选择是否有助于交流？在此基础上，有没有考虑到老年人灵活性的降低和听力的丧失？

　　25. 如果邻里中有相当多的老年人，有没有布置一条或多条坡度变化不大或没有坡度的步行道？

　　26. 在可能的地方使用坡道来代替踏步了吗？如果必须要用踏步，它们是不是防滑，有没有突出的踏步，而且配有扶手吗？

　　27. 沿着步道每隔不远的间距是否布置有座椅以方便老人随时休息？

　　28. 长椅后面有没有布置墙或植物以增强安全感？

　　29. 专供老年人使用的长椅是否有后背和扶手？

　　30. 步道的表面材质是否平整，而且不打滑、不晃眼？

　　31. 如果可能，有没有为老年人组织的活动和游戏？

　　32. 在阳光下和荫凉处都有游戏桌以方便老年人选择吗？

　　33. 如果游戏场是用来玩掷蹄铁游戏、推圆盘游戏、草地保龄球、或其他当地居民可能喜欢的游戏，有没有为观众提供座椅？附近有没有存衣柜和衣帽架？

　　34. 如果邻里有许多没有私人庭院的老年居

民，有没有考虑在公园中设计一些有围栏的社区花园（有储物柜、足够的水源和抬高的花坛）？

残疾人

35. 步行道的设计是否沿着用地的等高线，而且坡度不超过 1 ：20（或横断面坡度不大于 1 ：50）？

36. 有没有利用铺装的变化等信息来显示高程变化、道路交叉口以及用途的改变？

37. 在坡道和梯道处使用了满足 ADA 导则的扶手吗？

38. 当使用台阶时，每隔 4 英尺（约 1.2 m）有没有提供一个平台？

39. 汽车停靠站有没有布置在公园入口和活动区附近？

40. 停车场有没有避免路牙石？如果路牙是必需的，有没有涂上颜色以增加可视性？

41. 落叶树和果树所处的位置有没有避免掉落物可能给步行道带来的问题？

42. 有没有足够的养护措施以确保被修剪的植物能远离步行道？如果没有，种植设计应该考虑如何保持步行道的通畅。

43. 公园标识是否在浅色背景上使用深色字体？

44. 主要的公园标识晚上有没有照明来提高可视性？

45. 盲文标识是否位于易被触摸的地方？

46. 标识的视觉焦点是否位于 4 英尺（约 1.2 m）高的地方？

47. 桌子所在的位置是否可以从铺装道路上直接到达，而且桌子所在的地面易于残疾人走近？

48. 饮水器、垃圾箱和公厕符合 ADA 关于可达性的导则吗？

学前儿童

49. 儿童游戏场是否远离街道？

50. 儿童游戏场是否与带换尿布设施的卫生间接近？

51. 通向儿童游戏场以及场内的步道平坦吗？

52. 儿童游戏场是否被 3 英尺（约 0.9 m）高的围栏或浓密植被围合以防止狗和其他动物进入？

53. 有没有为看管儿童的大人提供照看儿童游戏场的长椅？

54. 一些长椅的摆放形式是否鼓励成年人进行交流？

55. 活动设施是否足够结实，能够承受成年人的偶尔使用？

56. 活动设施下面是否铺设了防止跌落损伤的沙子或其他 CPSC 许可的弹性表面材料？

57. 有没有为儿童提供一个单独的玩沙区？

58. 儿童游戏场有没有配备供饮用、玩沙或玩水游戏所需的水源？

学龄儿童

59. 公园的某些地方有没有被自然地保留下来、或者精心设计成自然空间？

60. 该空间的规划是否允许儿童在泥土中挖洞以及匍匐穿过灌木丛？

61. 公园地形是否既有起伏又有平地？

62. 有没有为儿童提供戏水活动？最好是自然化的溪流。

63. 是否种植了分枝点很低的生命力强的树种？这些树及其周围空间能够为儿童创造丰富的活动环境。

64. 为了便于儿童的使用，自然元素如原木和大卵石是否结合到了公园的设计中去？

65. 是选择了可移动的游戏器械以及需要动手操作、有挑战性的游戏器械，还是选择了死板静态的游戏器械？

66. 所有的游戏设施都满足 CPSC 安全标准吗？

67. 有没有在公园里提供儿童游戏所需的道具零件，既可以通过管理器材的游戏负责人来提供，也可以定期在公园角落里补充木板、砖等零部件。

68. 有没有可能在公园里安排一个长期负责儿童游戏的员工？

十几岁的青少年

69. 如果周围邻里中有青少年较多，有没有为他们设计一个聚会空间，通常位于既有步行又有车行交通的公园入口处，并能保证他们占据这块空间而不会与其他使用者产生冲突？

70. 在行人和占据该场地的青少年之间有无良好的视觉联系？

71. 青少年聚集空间的边界是否有清楚的定义？

72. 有没有在青少年聚集区里布置可供至少5～7人使用的座椅？

73. 有没有考虑让青少年聚集区的位置靠近停车场，从而让开车来的青少年参与到活动群体中去？

74. 有没有可能在公园里建立一些小的私密空间，两三个人或小团体坐在里面不会被管理人员看见？

75. 如果附近的中学或小学想在午餐时间使用公园，有没有为他们提供野餐桌和足够的垃圾箱？这类空间的设计是否和青少年聚集区的设计考虑一致，建成后对青少年是否很有吸引力？

典型活动

传统活动

76. 观众席是否与比赛场相邻？考虑过为偶尔的旁观者设计一个缓坡草坪吗？

77. 比赛场是否位于公园的边缘，以防喧闹声和人流拥挤干扰安静区？

78. 篮球场作为十多岁的少年和成年人常去的地方，是否与儿童游戏场有一定距离？

79. 所有的比赛场附近是否都有饮水器？

80. 球场是否远离高树以减少修剪、清扫树叶等维护工作？

81. 球场是否远离公园建筑以避免球打破窗户或灯具？

82. 球场附近是否设置有衣架和存放衣物处？

83. 有没有考虑过增加球场的夜间照明，以延长球场的利用时间以及保证公园在晚上更安全？

84. 有没有一个不一定很大、但朝东南方敞开、并避开主导风的阳光浴空间？

85. 人们能不能在隐蔽的阳光浴区和开放的阳光浴区之间进行选择？

86. 是否至少有一块大小相当、相对平坦的区域？

87. 有没有考虑过修筑一条压实的泥土慢跑路？还是建设一条标准跑道？

88. 在冬天下雪的地方，草坡有没有被设计成可以让人在夏天野餐、晒太阳，在冬天滑雪橇或雪板？有没有用来减速并停下的足够缓冲距离，而且缓冲空间中没有障碍物或其他冲突性的活动？

89. 在冬天温度低于零摄氏度的地方，是否考虑过浇出一块大小合适的平坦地面用作户外溜冰场的可能性？

90. 野餐区是否距停车场较近，既能方便食物和设施的搬运、又能与停车场上干扰性强的活动保持足够的隔离和屏障？

91. 对那些徒步来到公园的人来说，有没有方便的入口让他们心情愉快地进入野餐区？

92. 野餐区是否宜人舒适，是否利用绿化、花架、露台来界定并部分封闭了的空间？

93. 野餐桌是否安放在硬质地面上以防腐蚀？是否允许所有的公园使用者使用？

94. 野餐桌是否布置在烧烤架上风向以避免浓烟？

95. 野餐桌附近是否有垃圾箱、水源和烧烤架？

96. 是否为不经常打扫的地方提供了容量很大的垃圾箱？

97. 垃圾箱是否被安全地系牢或固定住以免被儿童、狗或野生动物碰翻？

98. 靠近儿童游戏场是否有野餐桌，可以让孩子处于正在野餐的父母的视线内，另外还可以作为家长们的临时工作台？

99. 在公共汽车站和野餐桌、活动场、儿童游戏场附近是否有避雨棚，可以让人在天气不好时使用公园？根据天气情况，有没有为众多使用者提供暂时躲避雷雨的场所？

非传统的公园活动

100. 有没有考虑在公园里设置遛狗的分区？

101. 公园里有没有骑自行车、溜冰、溜旱冰的地方？

102. 自行车架是否布置在活动频繁的地方或活动设施附近，而且易于看到？

103. 步行道和滚轴溜冰道是否隔离开，或者至少保证步行道的宽度允许同时容纳两种用途、并明显地标明各边的主要用途？

104. 是否考虑过为骑自行车者、溜冰者、溜旱冰者设置结合地形和弧度设计的特殊路线？

反社会的活动

105. 公园是否通过吸引守法的使用者、通过繁忙的使用来防止反社会的活动？

106. 有没有在公园中安排正式的园丁或者保洁员来增强公园的监督和安全感？

107. 有没有通过让公园在两条街道之间充当近道，从而让更多的人步行穿过公园来形成对公园的监督？

108. 如果预计到公园在闭园后会被非法使用，在这段时间内能否保证有美观的围墙和大门？

109. 公园设施的规划和布置是否避免了存在潜在冲突的用途？这些冲突常常是恶意破坏公物的原因。

110. 公园是否有足够的入口以避免破坏围墙、践踏植物以及诸如此类的行为？

111. 公园里是否有多样化的空间可以让不同的人群占据从而避免冲突和滥用，而不是只有一个平坦的开放空间？

112. 永久性的设施如长椅、烧烤炉和垃圾箱，它们所处的位置是否会给爬上公园建筑屋顶的行为提供方便？

113. 用来阻止外部机动交通直接进入公园内部的园门或活动路障是否会使偷窃和破坏公物的行为更困难？

114. 厕所的男女入口是否位于建筑的同一边，从而促进监督？公厕是否位于从公园入口不能直接抵达的地方？

115. 有没有尝试通过遮挡公园主入口和建筑窗户、天窗的直接视线来降低对这些目标物的潜在威胁？那些特别易受破坏的窗户有没有安装有机玻璃或用金属网罩住？

116. 那些在一定时段关闭的公共空间是否被围合起来？

117. 是否避免了遮拦视线的实体高墙？

118. 墙壁和围栏的材料是否易于清洗或易于涂盖？

119. 是否考虑过用暗色的暴露（exposed-aggregate）混凝土（能够防止乱涂乱画）来建造那些易受破坏的墙壁？

120. 有没有避免使用大面积的浅色光滑材料？

121. 有没有尽量避免不必要的围墙，以免妨碍使用者或灌溉？

122. 有没有通过把长椅沿道路布置来限制跨越种植区的行为？

123. 野餐桌的浅色木料上有没有经过瓦拉森（varathane）等材料的处理以防被人刻划？

124. 有没有提供高强度的垃圾箱？

125. 如果提供的是标准垃圾箱，它们是否被放置在其他容器如木箱中从而融入公园的环境？

126. 在改造设计中，有没有在垃圾问题严重的地方布置更多的垃圾箱？

127. 公园标识牌是否避免使用容易招致乱涂乱画的白色背景？

128. 有没有使用很难被移走的沉重木质招牌柱？

129. 标识牌是否沿着牌柱平齐布置？如果不止布置了一个标识牌，这些指示牌是否固定在了一起以防被拆掉？

130. 有没有切实安排保安人员来保护小树？

131. 有没有在道路交叉口和近道两侧使用混凝土砌块或者鹅卵石等镶边材料来保护草地？

132. 是否使用多面的而不是球状的照明设备来减少被当作靶子的可能性？

133. 公园是否通过接受居民自创的壁画或其他自发的艺术作品来限制不堪入目的乱涂乱画？

134. 是否规划了迅速有效的维护措施并作出预算来阻止滥用、忽略和误用或无用等的恶性循环？

135. 是否考虑过对年轻人提供经济奖励来帮助阻止破坏——这通常比修复和更换更划算？

136. 如果破坏公物是一直存在的问题，尝试过找出破坏者并对付这些特殊群体的方法了吗？

137. 是否考虑过在公园中设立特殊的节目——跳舞、文化庆典——来促进公园的使用（及自然监督）和社区荣誉感？

138. 有没有建立报告制度来辨别破坏是由拙劣设计造成的、还是由使用者恶意主观造成的，以便于日后改进？

139. 有没有在公园里安排警力巡逻——最好采取步行或骑马的形式，警察应熟悉周围社区——来增加安全感和使用率？

140. 娱乐设施的经营时间是否与使用者的需求尽可能保持一致，以避免因不满导致的恶意破坏行为？

公园里的安全问题

141. 是否避免了公园中的墙、围栏、灌丛以及地形变化把公园与周围街道隔开？

142. 视线和交通系统是否通畅高效？

143. 新的活动是否被安排在公园边缘的活动区里？

144. 夜间活动是否集中安排在非常安全的区域里？是否安排了有组织的活动？活动空间和相通道路沿线的灯光照明是否充分？景观设施是否遮挡住了灯光？

145. 道路上的视线是否畅通无阻，尤其是在转弯和变坡的地方？

146. 公园里是否提供了可选择的多条路线和多个出入口，特别是对被围栏围住的公园来说？

147. 是否避免了用围栏和植物造成容易让人迷路的空间？

148. 整个公园是否都有清楚的标识系统，标明道路、设施、出入口、公园总部建筑、电话亭、厕所，并提供有关如何获得帮助和到哪里去报告维护问题的信息？

149. 是否在隔离区域，包括道路沿线提供了求救电话？

150. 儿童游戏区是否设置在其他活动节点附近？

151. 在设计和重新设计过程中，当地居民和工商业主是否参与到发现安全问题及提出相应措施的过程中去？

小型公园和袖珍公园 3

克莱尔·库珀·马库斯
南奈恩·希利亚德·格林恩

美国小型社区公园的建设正进入高潮。1960年早期，宾州大学景观设计系的师生承担了一项调查费城空地和废弃物堆放点的项目，在此基础之上，开展了一个被称为"邻里公共空间（Neighborhood Commons）"的项目，即与低收入社区的居民合作，努力将这些空地改造为花园和游憩区，改造为社区自己可以拥有、使用并管理的土地（1968年）。但是，由于没有形成有力的社区组织，第一个邻里公共空间被改造成了学校，于是费城地方政府开始利用政府拨款和基金来修建后来人们所称的袖珍公园或小型公园。随后，其他城市也开始效法。

早期的小型公园被拍成照片在美国各地到处模仿，但是对此一直缺乏严格的评价[克莱（Clay），1971—1972年]。大多数人对小型公园的尺度——大约1～4个宅基大小表示赞同，但是不论过去还是现在，对小型公园的目的还存在很多不明确

的地方。它是不是邻里公园的在更小尺度上的翻版？它的主要作用是作为运动场地，还是为老年人提供休息场所，还是为生活在密集社区中的人们提供绿色空间，或是三者皆有？在专业文献中，几乎没有对这些问题的指导和讨论，官方也没有采取措施来沟通各城市之间的经验。一个值得注意的例外是在1969年，由美国景观设计师协会基金会（American Society of Landscape Architects Foundation）组办的城市开放空间研讨会。这次研讨出版了一本小书和几篇论文，旨在与使用者、城市政府各部门和投资者沟通，让他们认识到小型公园的设计建设其实是一项很复杂的工作（ASLA，1969年）。1972年的建筑论坛上有篇文章这样写道：

大量的运动场和小型公园的修建仅仅是因为有空地的缘故。在许多城市，由于拆除

图3-1 低收入社区中的空地常被用于非正式的社交活动，如图：1960年代费城某社区（摄影：南奈恩·希利亚德·格林恩）

建筑物、骚乱、火灾、甚至房产主不愿拔除杂草，留出许多空间，因而促成了建设小型公园的热潮；但建设小型公园更多的是出于让社区更整洁，而不是为了满足成人和孩子的日常需要。小公园的建设成了政府歌颂政绩的途径，而像住房建设等更麻烦的工程却在同时被耽误了，……在圣路易斯（St. Louis），人们错误地投资了15 000美元建设袖珍公园，后来又花了15 000美元将其改成了停车场（克莱，1972年，P. 36）。

另一篇文章谈了如何从公园形式来看这些小型公园的起源：

那些由富有的基金会资助建立的公园当然被希望具有纪念意义，以迎合捐赠者，但结果往往是把大笔的金钱浪费在一些奇形怪状的设施上。……而其他由设计师和学生设计的公园却常常喜欢使用华而无实的造型。另外一些像社区自建或青年人设计的公园则呈现半成品状——设计糟糕，过分的装饰，建造过程过于复杂而又呆板……那些在女士集团（Ladies' block）和花园俱乐部的赞助下种植的娇嫩的灌丛和花草非常容易受伤害，以至于不得不用围栏把它们保护起来，通常它们难以活过一个夏天……。上述这些公园都有一个共同点：过了几周或几个月的新鲜期后，它们就会令人感到

厌倦（克莱，1971年，P. 24）。

小型公园的概念是相对的：在像纽约、费城这样的大城市中，一个小型公园也许只有20英尺宽，而在得克萨斯州，一个小型公园可以达到3英亩（约1.21 ha）。但是通常情况下，它们的大小是一到三个宅基（见图C-31，C-32）。小型公园在造价方面差距也很大，如纽约的帕雷公园（Paley Park）是一个由私人投资建在高地价的商业用地上的公园，花费高达数百万美元；而那些建造在租用土地上的，由志愿人力和捐赠物资建成的公园只需花费几百美元。通常，位于中西部和西部的小型公园要比位于东海岸的小型公园面积大，造成这种情况的最主要原因是由于中西部和西部的城市密度低，还有一些未被开发的土地。

常见的小型公园包括以下全部或部分的设计元素：

1. 花草树木；
2. 服务于成年人的休息场所；
3. 服务于儿童的游戏场所；
4. 识别性强的标识：壁画、名字、图案；
5. 篮球架；
6. 可开展集体活动的大空间。

试图在一个面积很小的公园里容纳上述所有的功能会导致很多问题，这些将在后文中介绍。

无论小型公园的面积如何还是设计形式如何，许多小型公园在建成之后由于活动安排和保

图3-2　1960年代的一个设计得过于夸张的小型公园，这个公园吸引了众多设计期刊的摄影师，但是却没有多少娱乐价值（摄影：南奈恩·希利亚德·格林恩）

养管护的资金不足而不能正常使用或者失修残败。因此，对于设计师来说，为了学习其他城市的经验，首先认真评价自己所在城市中的小型公园和袖珍公园的命运是很重要的。成功的小型公园会对当地产生某些本书未提到的吸引力，而那些失败的公园则可能最终彻底消失。土地改作其他用途所产生的巨大经济价值也缩短了小型公园和社区绿地的寿命。目前在许多社区中，修建小型社区公园、花园，特别是在低收入社区中租赁的土地上修建公园已经重新成为许多社区组织的重要目标。正如莉萨·卡什丹（Lisa Cashdan）在1982年观察到的那样，"纽约现在有大约3000英亩（约1215 ha）的空地。政府将这些空地中的一部分作为开放空间出售或出租给社区团体，而不是将它们作为有巨大经济价值的地皮出售来攫取利润"［卡什丹，斯坦（Stein）和莱特（Wright），1982年，P. 90］。公共土地托拉斯（Trust for Public Land）就是提供建议和财力资助来支持社区团体拯救小片开放空间的组织之一。

与其他类型的开放空间相比，袖珍公园和小型公园的设计师需要了解更多的东西。他们必须懂得邻里的社会和政治关系的复杂性。因为，袖珍公园和小型公园服务于不同年龄、不同习惯和不同时间造访公园的使用者。设计师还应广泛听取整个社区代表们关于管理、使用和设计方面的建议（见图 C-33，C-34）。正如马克·弗朗西斯（Mark Francis），莉萨·卡什丹，林恩·帕克森（Lynn Paxson）（1984年，P. 197）所报告的那样：

一个能令社区团体感觉可以获得良好设计帮助的项目应该是这样的：设计师扮演帮助人的角色，给使用者提供多种选择，说明各个设计意图的含义，并成为该团体的支持者。总想控制和主宰整个设计过程的设计师一定会归于失败。

设计建议

本书涉及的研究主要是在1975年到1982年间在旧金山的湾区完成的。小型公园的兴建是约瑟夫·阿利奥托（Joseph Alioto）在1967年竞选市长时的一项重要议题，在他就职之后，大概有20个小型公园在城市各处出现，这些公园由市长办公室直接管理，经常作为专题出现在报纸的周日副刊中。同时间在伯克利，政府在没有进行大规模宣传的情况下，于1972年到1982年之间由城市公园和游憩局修建了10个小型公园。

读者应注意将以下建议仅作为参考，因为在修建小型公园时，下述问题应首先考虑：社区对公园的具体要求；场地实际条件的限制以及公园修建和维护的费用预算等。

选址

一般情况下，小型公园的选址应使得周围四个街区为半径范围内的使用者可以不用穿越主要街道而步行抵达。小型公园的位置是非常重要的，因为公园周围的任何因素都会决定公园的用途、使用者的类型、以及使用时间和活动内容。公园只有位于潜在使用者密集的地点，它才能服务于大量的使用者，这些地点包括：高密度居住区附近、活动中心、商店以及交通枢纽。举例来说，在邻里的商业区，靠近投币洗衣店旁的小型公园可以成为儿童的游戏场所；邮局附近的小型公园则可以为街坊邻居提供会面的场所；办公室、工厂以及外卖食品店附近的小型公园可以成为人们吃午餐的场所。就连建筑的屋顶（如奥克兰博物馆）也可以成为小型公园。服务于特定群体（如学前儿童）的公园应选择建在确实需要的地方。仅仅是为了填充空地的公园是对公共和私人投资的浪费。

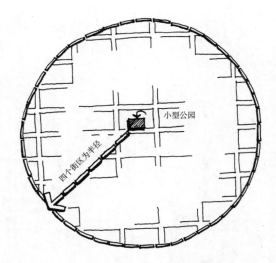

图3-3　很少有小型公园的使用者会步行穿越四个以上的街区到公园里去游玩，大部分游客来自一到两个街区为半径的地区

没有位于潜在使用者步行范围内的场地比较适合作为有专门用途的公园。一个可以提供别处没有的设施的公园同样可以吸引包括本街区以及更大范围内的游客，例如网球场和手球场，以及供租用的园圃。旧金山市苏厄德（Seward）街上的小型公园就是一个很好的例子。这个公园有一个布置在陡坡上的、很长的双层混凝土质滑梯，它吸引了包括当地邻里在内的全市的孩子和他们的父母［见期刊《景观设计（Landscape Architecture）》，1974 年，P.10］。

如果可能的话，小型公园的选址与筹划应与社区交通规划相结合。例如，一个非常小的小型公园如果位于街区中央并且延伸到街道边甚至跨过街道，从而与主要交通流接近，那么该公园的效果会大大增强。这种做法不仅提供了一个有吸引力的和有实际用途的交通中转站，而且可以使小型公园更易于从附近街区看见。

应考虑如何在满足社区需要的同时充分利用原有地形。有许多大树，且地形起伏变化的场地通常显得比较宽敞，并容易被开发为散步、晒太阳和野餐的地方；山地上的场地可以作为露天剧院或滑雪场；平坦空旷的地方更适于用作老人和残疾人散步、儿童骑三轮车、以及父母推童车的铺装步道。如果一块场地不能为周围街区的居民设计，那还是别把它建成一个小型公园为好；也就是说，如果这个公园只吸引社区外的游客，那将不得不面对陌生人过多、交通和停车等诸多难题。

设计师应考虑微气候因素对于各种天气状况下公园利用的作用。阳光明媚、树荫充足的地方会比多风、过冷或过热的地方更容易吸引家长们带着自己的孩子前来。无论在冬天还是在夏天，父母们都喜欢坐在舒适的地方看着他们的孩子玩耍。当然，如果小型公园位于一个对游憩空间有着强烈需求的邻里，那么无论微气候如何，总会有 6～12 岁的儿童和青少年来玩。

位置和尺度

城市小型公园有三种基本位置：街角落、街区内部、和跨街区。在对位于街道角落上的场地进行设计的时候要尽量利用其临街两边向过路人开敞的特点，可采取的手法如下：①设置一定数量的入口和作为近道可以让行人横穿街角的步道；②公园围栏和边界要设计成既可控制出入又可作为座椅的形式，这样过路人可以面对街道在此休息，或者可以和公共汽车站结合起来；③在适合的地方进行绿化，为驾车者提供绿色空间。

位于街区内部的小型公园则有利有弊。它的缺点在于小型公园面向街道的入口可能只有一个宅基那么宽，很容易被匆匆经过的行人忽视。另外，这样的公园很可能又窄又长，而且封闭，这样公园较远的一端将缺乏利用。对于只有一个人

图3-4 落叶树可以让冬日的阳光洒向这个位于加州的经过精心设计的小型公园。注意图中的玩沙场、幼儿尺度的桌子、饮水器、夜间照明和入口

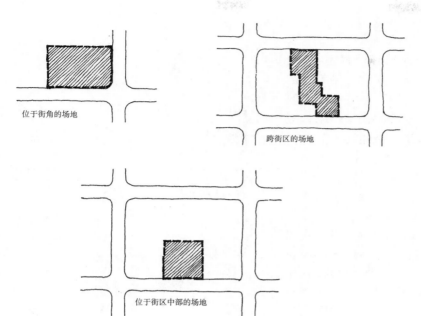

位于街角的场地

跨街区的场地

位于街区中部的场地

图3-5 小型公园的三种典型
位置

口的街区内部公园（即公园没有跨街区），它的长宽比为 2.5：1 ~ 4：1 是比较合适的（见图 C-31）；而当长宽比达到 5：1 或 6：1 时，就会让人觉得不舒服，同时它内部会有 1/3 的空间的利用率将很低（库珀·马库斯，1975 年）。位于街区内的小型公园的优点之一在于它是一个安静的场所，所以可以利用其作为老人休息的地方；其二，如果作为儿童的游戏场所，可以很好地避免交通事故。另外，这样的公园还是一个很好的避风空间。

跨街区公园的好处在于它可以连接两条街道，从而为人们上学、购物和访友提供了一条捷径。同时它还可以将两个社区联系起来。这种公园的缺点在于它可能会成为超速行驶的自行车的通道，还可能成为不同街区发生领地冲突的地方。

设计程序

为了确定小型公园的使用者，设计师应当对场址周围四个街区为半径内的区域进行调研分析。研究表明，小型公园所有的使用者几乎都是步行去公园的（班斯和马勒，1971 年；古尔德，

图3-6 一个位于街区中部的
小型公园，宽约一个
宅基。从街道上很难
看见这个公园

1972 年；梅森、福里斯特、赫尔曼，1975 年）。儿童们不会走很远的路去游戏场，因为他们喜欢并且只能被允许在家附近的公园玩。同时他们玩耍的时间也是有限的——只有在放学后和晚饭前，晚饭后以及睡觉前等时间段内——所以他们没有时间花费在长途步行上。同样，如果公园距离过远，老年人也不会使用，因为相对于年轻人，老人走远路更困难。在伯克利的小型公园中所做的访谈调查表明，选择某一特定公园的最主要影响因素是其是否方便抵达和离家距离是否很近（梅森、福里斯特、赫尔曼，1975 年）。

设计必须满足那些最需要游憩空间的使用者。在对伯克利六个小型公园的一项详细调查表明，小型公园最主要的使用群体是（按重要次序排列）：6 至 12 岁的儿童，青少年，幼儿和他们的家长。老年人很少使用小型公园。在旧金山的观察显示：小型公园只有在满足以下三个条件时，才会被老年人造访：①公园与他们住的地方很接近；②在公园入口或入口附近有座位；③公园内没有被大群的小孩或青少年占据，他们会让老人觉得自己不该待在这里（库珀·马库斯，1975 年）。

在对选定区域进行了分析以及了解了使用者的需要后，设计师应确定各种用途的优先次序，同时尽量避免使用群体之间可能出现的冲突。例如，如果场地狭小而且靠近居住区，那么最好将篮球这样的活动排除在外，因为它会产生很多噪声。伯克利有一个小型公园在入口处设置了半个篮球场，篮球场后面有草坪，这个公园除了 16 ~ 18 岁的孩子（几乎都是男孩）外，没有其他人使用。孩子们玩球时发出的声响以及设计粗糙的金属篮筐和篮板发出的震动声让周围居民有很大的意见。虽然公园后部有座位和沙箱，学前儿童和大人也很少来，因为这个充斥着篮球飞人的狭小地方令他们感到不舒服。此外，在街道上无法看到儿童游戏场，所以它经常被用作毒品交易的场所。这个小型公园最终被重新设计了：原来作为儿童游戏区的地方卖给了附近的居民；拆迁了原来的篮球场（在只有三个街区外的邻里公园里有大量这样的设施）；在入口附近建设了一个新的儿童游戏区和座位区。马上，这个小型公园的使用者变为了小孩子和他们的父母，以及老人。

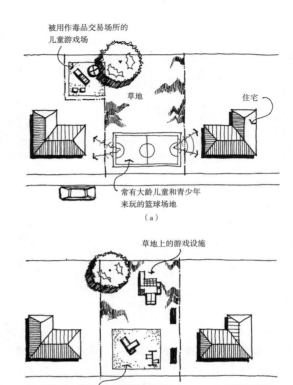

图3-7　(a)–(b)加州伯克利的一个小型公园（上），原来在入口处设计有一个篮球场地，但因为噪声问题阻碍了父母和学龄前儿童步行来到场地后部的游戏区。在成功的改造方案（下）中，篮球场被移到附近的邻里公园，并把那个招致麻烦的儿童游戏场出售，在入口处设置了新的儿童游戏场和成人闲坐区。

如果已知青少年是潜在的使用者，最好在邻里公园里而不是在小型公园中为他们提供比赛场地，因为他们比老人儿童都好动。可以考虑为小一些的孩子修建微缩比赛活动场（如较低的篮筐、小一点的场地），这样就可以让大孩子们上别处寻找正常大小的场地设施。但是，对于一个位于街角的、噪声污染严重、旁边又没有居住建筑的小型场地，把它作为青少年的专用篮球场地可能更合适。事实上，对高密度居住区中仅有的空地而言，如果被用作服务于青少年和成人的篮球场或许比改作服务于老人和儿童的设施更能满足社区交往的需要。根据公共土地托拉斯的调查报告，提供这样的比赛活动设施（特别是在有人监看的情况下），可以明显减少犯罪行为。因此，在一个位置不错的大片场地上，这样的活动应该引起足够的重视（公共土地托拉斯，1994 年）。

老人在接近学龄前儿童和他们的父母时会感到相当舒服，而靠近稍大一些的好动的青少年时则会感到不那么舒服。所以，如果需要为老人提供休憩空间，就应当在入口处划出一片明确的空间作为座位区——并让老人有朝向公园内看还是朝向公园外看的选择——同时把活动区布置的距离越远越好。

再来看一个伯克利的例子，有一个社区赞助建造了一个小型公园，但因为不希望附近一所高中的学生来此吃午饭，所以在最靠近学校的地方设置了篱笆。但学生们还是想方设法进入公园，因为这个公园的大草坪上有一个很吸引人的活动设施，可以作为聚会的场所（梅森、福里斯特、赫尔曼，1975 年）。一个更好的解决方法可能是与学校协商，让学校在校园里或某处空地上提供更多的可以让学生吃午餐的设施。设计师们也许不会同意独占公园的使用方式，但是他们应该认识到，与公园建设密切相关的邻里会对公园的使用产生强烈的领域意识。

社区参与设计过程对小型公园的成功有举足轻重的作用。小型公园是社区的公共设施，只有社区中的居民才知道什么是其最需要的；设计者不能将自己的价值观强加于它。居民会对社区帮助建设起来的公园产生认同感，并且会更愿意去使用和爱护它（梅森、福里斯特、赫尔曼，1975年）（见图 C-34）。

就小型公园的尺度而言，周围社区参与它的实际建设是完全可行的，因为小型公园的施工可以由非熟练工人来完成［修斯（Hewes）和贝克威斯（Beckwith），1974 年；霍根（Hogan），1974年］。当然对这个社区工程设立专门的负责人是非常必要的，为了确保安全，例如安装游戏器械或设备时，他要对工程进行监督并保证工序的正确性。这个城市本身、设计公司或承包商必须对此工程负责。另一个值得考虑的重要问题是志愿工作者本身。许多在 1960 年代后期修建的小型公园都没有最后完成，因为设计师没有正确估计到志愿者所愿意为公园付出的劳动时间。为了让志愿者带着成就感完成公园建设，施工应集中在相对较短的时间内进行（见图 C-35，C-36）。这个问题在 20 世纪 90 年代更为突出，因为人口的变化

和经济的压力使许多人没有闲暇时间参与社区活动。但是，如果社区志愿者共同努力来建设小型公园，它仍可以成为社区的焦点，重要的是这个工程不能让人感觉是没完没了的，而令人失望。

要为设计后预想得到的结果和预想不到的结果做准备。一个设计并不能总是像预计的那样发挥作用。例如，可能会有未预料到的客流使用公园。为对付此类事件，在预算中应尽可能包括以后改建的费用，以便让公园可以随社区的需求而不断改进。

注意公园使用情况的长期反馈信息。例如，可以用较少的年薪延聘设计师，让他根据反馈信息对原设计做修改。这些反馈信息的来源有：①每年召开 2 ~ 3 次的邻里会议，就公园进行讨论；②在经费允许的情况下，对使用者进行研究；③委托方和设计者对公园的使用做不定期观察；④由园丁、公园维护人员或游戏的组织者定期提供有关公园使用（及滥用）和维护的报告。

当公园按计划启用后，要留出未规划的场地供日后做修改用。在公园中保留小片土地，如无需维护的地被植物或一片掘土区，以便在将来进行改建，以适应新的需求。例如，伯克利的一个小型公园里面有一小片紧靠一座建筑的地区，原本计划作为社区交往场所，在该建筑对此有明显需要之前，地面上只有一些无需维护的地被植物。

入口

对于一个以步行为主的城市环境内的小型公园，一个小型入口广场是非常重要的。观察表明，许多成年人在路过小型公园时，喜欢停下来歇一会儿，边休息边观看街景，而不真正进入公园。旧金山市第 24 大街和布赖恩特大街之间，在繁忙的人行道边有一个砖铺地面的凹进空间，那里有面向街道和伸入小型公园的宽大无靠背长椅，人们常常在那里停留、闲坐或睡觉（见图 C-31）。另外一种安排方式是在公园一侧设置面向街道的椅子，同时在人行道边设置面向公园的椅子，这样行人可以选择两种方向落座。

公园的招牌和社区公告牌是很有用的。招牌可以表明公园是一个公共空间，同时告诉到访者负责维护该公园的组织。社区公告牌有助于沟通社区内的居民和团体。招牌可以是入口雕塑或标

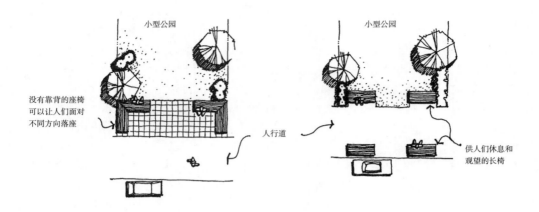

小型公园入口广场

图3-8　小型公园的入口要经过精心的设计，让路过的行人无须完全进入公园就可以看到公园里的活动。老人们特别喜欢这些人行道边的长椅

志的一部分，必要时，招牌的一部分还可以作为布告栏；但当它不用的时候，不应看上去空空如也或与社区毫无干系，如同一个空白的告示牌。

设计中应突出公园的位置。许多小型公园很难让人找到，因为它们太小了。为了让人们无论是步行还是坐车都能注意到公园的位置，应采取以下的措施：从公园向外延伸到街道之间采取引人注目的铺装，或在公园沿街面种植醒目的行道树。如果公园宽度只有一个宅基宽，而且空间很小，则可以考虑通过使用邻近入口的停车位将公园延伸一小段到街道边。

对移动设施应有所考虑。由于受到其位置和大小的影响，许多小公园被用作演出和音乐会。这时就需要接入电源设备。有些情况下还需要移动式厕所。另外，公园门前的停车区还可以预留作流动图书车、移动游戏设施或售货车。

边界

由于公私领地之间不可避免的接触，小型公园的边界应当明确划定。邻里公园的大小常常意味着它的两边或更多的边界是被相邻街道所明确界定。而由于小型公园面积太小，它通常有两边或三边是被相邻用地通常为居住用地所界定。因此，如果围栏太低，孩子们就会从公园跑到邻近私人地界上玩或捡球等，这样会引起邻居的不满（梅森、福里斯特、赫尔曼，1975年）。

小型公园的内在特性之一就是其很小的面积，因此，它的每一寸土地都要被充分利用。防止游人进入的地被植物和灌木要布置在游人不会去的地方。例如，这样的植被可以作为边界种植在公园活动区和附近居住区用地之间。但是，如果公园邻近的是工业或商业用地，而且孩子们在墙边或对着墙玩不会产生问题，就不需要使用这种隔离植被，活动区可以一直延伸到公园边界。

周围建筑的立面应在可能的条件下尽量加以利用。旧金山市第24大街和布赖恩特街之间有一个小型公园，其周围三面的建筑外墙都画了色彩鲜艳的壁画，这不仅给周围白色单调的混凝土环境增添了色彩，还吸引游人的视线到外面的丛林和河岸风景，从而使得这个公园的心理感受面积更大了（见图C-31）。相反，旧金山市的另一座霍华德和兰顿小型公园（Howard and Langton minipark）附近工业建筑的白墙壁就显得苍白而没有助益（见图C-32）。

如果某个小型公园附近的房屋窗户较低，而且通常需要采光和干净的视野的话，一个比较好的解决方法是用链式围栏（而不是实体墙）和快速生长的爬藤植物将公园封闭起来。在链式围栏中编织植物枝条不是一个好的方法，因为这会招致孩子们撬松这些枝条，围栏很快就会变得乱糟糟的。但是，像西番莲这样的适当高度的藤本植物可以很快让链式围栏改观。可是当邻近的地方

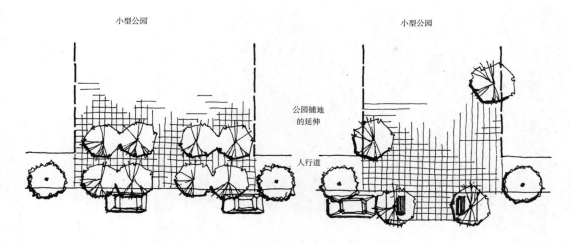

图3-9　如果将绿化和铺装从公园一直延伸到路边、甚至通过占用一个停车位来延伸到街道内，人们的视线可以被吸引到这个原本不引人注意的街区内部的小型公园

不是居民区，而无需关注视线私密问题时，应该让通向公园内部的视野开敞，以通过随时的监看来增加公园的安全感。

对公园临街一面的边界给予注意。应当考虑在公园沿街一面布置矮矮的而又很漂亮的篱笆或大门。这样做是为了：①引导行人沿人行道前进；②防止小孩出去；③防止狗进来。

功能区

使用空间应比观赏空间更重要。这是因为小型公园较小而且位于居民们很需要它的地方，因此，公园中每一寸土地都要充分利用。每一部分将来的用途都要经过反复的考虑，具有观赏功能的地方应具有双重功能（例如，树木可以在需要的地方起遮荫作用，草坪也可以作为日光浴的场所）。

公园形式应当是多种多样而且细节丰富的，但是应该让人们在入口处就可以看到公园内的活动和设施，以及通往那里的道路。

儿童将会是小型公园最主要的使用群体，因

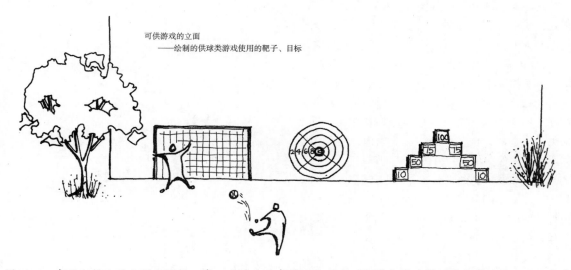

图3-10　在面积较小的小型公园里，每一小片土地都要充分利用。如果邻近建筑不是住宅（是工厂、仓库等），可以考虑在建筑墙面上绘制壁画或球类游戏的靶子

图3-11　在这个位于加州伯克利市某街角位置的小型公园周围，安装有隐蔽的围栏，既可以保证小孩呆在公园里，又可以防止外面的狗进入公园

此，在小型公园设计中要考虑儿童喜欢多变激动的环境这个特点。儿童喜欢在丰富多样的，充满惊奇的环境中游玩。他们很难长时间从事同一种活动，所以要有不同的活动选择余地以保持他们兴趣（见图C-37）。当儿童们全身心地进行有趣的活动时，他们需要隐秘的，可以躲藏的地方。他们还喜欢通过植物、土壤、岩石、水和昆虫来探索大自然。在场地规划中，应尽可能通过不规则的和多样的空间、地面、高程和植物配置来实现这一点（库珀·马库斯和萨基西恩，1986年）。

对喧闹的球类活动的场地安排应给予特别重视。在对伯克利的小型公园做调查时发现，公园附近的人们对于噪声以及打碎玻璃有很大的意见（梅森、福里斯特、赫尔曼，1975年）。针对这个情况，可以采取以下三种措施：①公园设计中不包括会产生噪声的活动；②将产生噪声的活动安排在最不会受到反感的地方，或安排在噪声可以被附近交通噪声或工业噪声掩盖的地方；③用围栏或植被来保护附近的窗户。

在远离街道的地方，提供一些隐秘的小空间。与主要活动空间分隔的小空间提供了私下交谈和独处的空间。各个年龄阶段的儿童都有独自探索和独自幻想的需要，而青少年则特别需要一定的私密空间来交谈、炫耀和谈情说爱。这样的地方应在视觉上进行部分屏蔽以加强隔离感，但是不能太隐秘，否则会没有安全感或成为非法活动的

场所。这种地方不应放在小型公园的最后部或封闭的尽头处，因为这里容易让游客迷路。

在整个场地设计中必须考虑到残疾人使用者的需求。必须遵从ADA的关于可达性的要求——例如步行道的尺寸和表面处理、标志系统、在有地形变化的地方要提供坡道和台阶等。

在设计中还应将自行车考虑在内。设计者应该在场地规划的预先阶段就决定是允许还是禁止自行车进入公园。如果允许，就应该有宽阔平坦的道路和大转弯半径的弯道。如果禁止，就有必要采取禁止自行车入内的设计手段，同时不妨碍

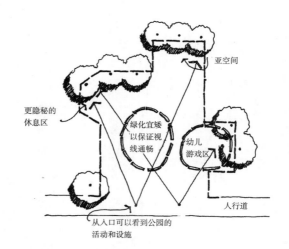

图3-12　使用者应能在公园入口处就可以看见公园里的活动设施并知道如何到达这些设施

残疾人进入。不论对于哪种情况，可以用抬高植篱的方法来防止自行车抄近路，并在公园各入口提供自行车停车架。

游戏区

由于儿童和青少年通常是居民区中小型公园的主要使用者，对游戏区的选址和设计进行仔细推敲就变得极为重要。传统的邻里公园中，为幼儿和大一点的儿童提供的游戏区是分开的。的确，随机调查表明，非常幼小的孩子会在为大孩子提供的游戏设施上严重受伤——即使当时父母也在参加游戏（穆尔、拉科发诺、戈尔茨曼，1992 年）。对于规模大一点的小型公园（4～6 个宅基所占面积那么大），这种传统做法不会产生什么问题。而对于小一些的小型公园来说，最好还是主要为年幼的孩子设计一个游戏区，因为年纪大的孩子

图3-13　在一个狭小的场地上，运动量大且十分喧闹的球类活动很难与儿童游戏区共存。如果附近的学校操场或邻里公园里有篮球场，那么在小型公园里就无须给予考虑（摄影：南奈恩·希利亚德·格林恩）

可以去大一点的邻里公园中的游戏场以及学校操场等。当然，总体来说，决定何种游戏设施——或何种要素应当被包括进小型公园——都应建立在对邻里居民和对相邻地区所拥有设施的调查研究之上。

如果空间有限，而又必须满足不同年龄段孩子的需要——如带弟弟妹妹出来玩的孩子等，则设计的关键在于实现游戏难易程度的分级；即提供攀爬、摆荡、滑梯和平衡等一系列活动，并可以让孩子们随着年龄的增长和能力的增强而依次使用［戴特纳（Dattner），1969 年］。如果只有为最小的孩子和胆小的孩子提供的设施，大一点的孩子就会觉得没有意思，并尝试采用不安全的使用方式；当然，孩子们通常只有在身体条件适应后才会去玩。通过游戏活动难易程度的分级，可以满足不同孩子的需要（见图 C-37）。

如果公园面积足够可以分成两个游戏区，或者邻里对分离游戏区有着强烈需求（例如，有许多大小孩和幼儿自己去公园玩）的话，最好把大小孩的活动区设在公园偏里面的地方。因为年龄大的小孩喜欢到公园内部去寻求一种私密性。家长们说，如果满足下面条件，他们会乐于让自己的年龄较小的孩子单独去玩：①他们的活动区与大孩子的活动区分离，从而减少他们被大孩子欺负的机会；②小孩子的活动区在公园的前部，使他们不必穿越大孩子的活动区即可到达；③在公园附近的家中，可以看到小孩子的活动区（梅森、福里斯特、赫尔曼，1975 年）。

单独为幼儿提供的游戏区，或是大型混合游戏区中服务于幼儿的区域应具备以下的条件和特征：

1. 按比例缩小的游戏设备对于三岁以上的儿童来说很重要，尤其是滑梯、秋千、攀登梯或游戏平台。

2. 在游戏设施下方及周围区域铺设沙子或其他弹性面材，防止孩子跌落时摔伤。据估计，大约有 70% 的事故是因为孩子们摔在没有任何保护层的地面上造成的。关于地面材料可以参见美国消费者产品安全委员会出版的《公共游戏场安全手册（Handbook for Public Playground Safety）》（1991 年），以及穆尔，拉科发诺和戈尔茨曼的《游戏活动设计导则：儿童户外活动环境的规

划、设计和管理（Play for All Guildelines:Planning, Design and Management of Outdoor Play Settings for All Children）》（1992 年第 2 版）。

3. 应单独为动手操作游戏提供沙坑。因为孩子们在通往其他游戏设施的通道中央玩沙子会很容易受到伤害，另外，挖沙坑等游戏会损害游戏设施周围沙地的保护性能。沙坑应能晒到太阳，这样雨后沙很快会干。同时应远离风道，以避免沙子被风扬起。另外，沙坑里如果只有沙子，使用率会很低（见图 C-38）；因此，一定要增加一些辅助元素，如增加可在夏天遮阳的阳伞、游戏屋、或一个平台空间以保持下面阴影区里沙子的湿润性和可塑性（这对小孩子们有很大的吸引力——见图 C-14）。值得注意的是：沙坑应远离那些容易打破玻璃瓶的物体，因为这样就不得不耗费气力去筛除混在沙子中的碎玻璃。

4. 戏沙区应有很好的排水系统，并应比地面低 6 ~ 8 英寸（约 15.2 ~ 20.3 cm），设置踏步和坡道通到下面。这样可以防止沙子被风吹出或被人带出来。利用宽长椅作为沙坑边界是一个不错

的做法。儿童和成人可以选择面向或背向幼儿游戏区就坐；在沙坑里玩的孩子可以在长椅上做沙饼，玩汽车模型等；长椅形成的障碍还可以防止小孩子轻易爬出沙坑，同时防止小狗进入，以及防止大一点的孩子骑车穿越。长椅边界比 4 英尺（约 1.2 m）高的链式围栏要好，后者会让空间看起来像一个笼子，而且形成的障碍经常超过实际的需要。

5. 在戏沙区内部或附近应有水源。因为湿沙子更具有可塑性，而大大提高沙子作为玩具的使用价值。这种水源以水龙头的形式提供要比饮水器的形式好得多，因为沙子可能会堵住饮水器。最好是能布置让孩子自己可控制的交互式的水源（例子参见第 6 章关于玩水的章节）。

6. 在幼儿活动区周围不同的地点为照看孩子的家长提供长椅。这样他们可以选择坐在阳光下或阴影下，还可以选择近一些还是远一些地看孩子们玩耍等。

7. 在幼儿活动区中应有一片硬地，供小孩玩小车，骑三轮等。最好有一个环形道路让孩子们

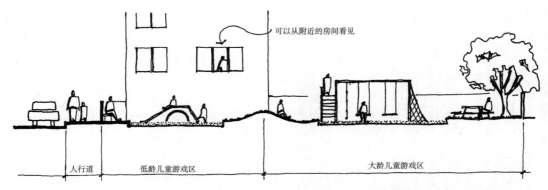

图 3-14　如果小型公园的空间足可以容纳两个游戏区，为小一些孩子提供的游戏区应安排在公园入口附近

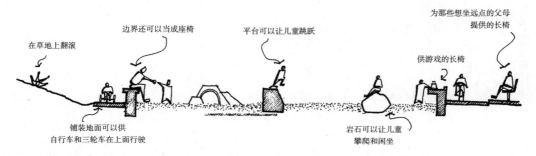

图 3-15　在幼儿游戏区里应提供沙地，以让孩子们玩沙子和蹦蹦跳跳；周围应有长椅或边沿可以让大人就近歇坐；要有供孩子们骑三轮车和其他童车的硬质地面；还要有供奔跑、打滚或休息的草地

图3-16　沙坑游戏区周围的混凝土边界既可以防止沙子落到场地外，又可以给成年人提供靠近玩耍儿童的方便座位

骑着三轮车来回转，并能回到父母身边。

8. 用来在上面打滚的草皮最好种在一个坡度较小的斜坡上（见图C-52）。

游戏设施的选择应迎合孩子们的喜好。孩子们喜欢可以让他们发挥运动技能的设施，喜欢可以让他们有动感体验的设施（穆尔，1974年b）。这样的设施有秋千、滑梯、攀爬架、跷跷板、平衡木以及环圈等。关键在于保证设施的多样性，因为孩子们会很快地在不同的游戏设施间切换，对于只有少量设施的公园，他们会很快地产生厌倦（见图C-37）。例如在旧金山的唐人街有一个造价很高的小型公园，因为里面只有两个滑梯、几个供攀登用的原木和一些沙坑，造成儿童很少使用。对湾区许多小型公园的观察证明：公园设施的多样性和公园的利用情况有着密切联系。旧金山市一个只有方形沙箱的公园几乎没有人使用，而另一个有着种类繁多的木制堡垒、桥和游戏塔等设施的公园则吸引了大量儿童。事实上，由于设施多样性和使用率的关系是如此的明显，我们可以确切地说：因为小型公园主要是孩子们在使用，而且孩子们需要多样的娱乐体验，所以如果小型公园缺乏游戏设施或者游戏场太小而只能提供有限活动的话，那么这类小型公园的建设完全是在浪费钱（见图C-38，C-39，C-40，C-41）。

用传统的或自制的设施要比那些定购的昂贵设施好。我们所有的观察结果表明：一个简单的、带有多层平台的木制攀爬器械，甚至是一个轮胎做的秋千都要比昂贵的定购器械，如迪斯尼的弹簧摇摆马和瑞士奶油筒（Swiss Cheese Cylinders）的使用率更高。同时，使用当地劳动力还可以降低施工费用（当然，如前文所说，必须考虑设施的安全性和可靠性；见图C-35，C-36）。在20世纪70年代，一场"自己动手做"（Do-It-Yourself）的游戏场运动创造出了许多有创意的游戏设施，而它们所用的材料不过是电线杆，铁轨道岔，旧轮胎以及绳子等（修斯和贝克威斯，1974年；霍根，1974年）。伯克利的一个小型公园［在埃克顿（Acton）大街］中有一个设计简单的、由当地居民建造的木制游戏设施，其材料费仅600美元，而一个由建筑公司承建的服务于大孩子的游戏设施则在材料费和人工费上耗资5500美元。不幸的是，20世纪90年代以来，人们对于设备公司的依赖使得这种富于创造力的工作几乎不可能实现。但我们仍深切地觉得，当一件儿童游戏设施中凝聚了社区的参与过程，这个设施会比那些从定单中挑选的设施更具有吸引力（当然，一些厂商已开始提供比原来的水泥乌龟更有价值的部件）。不过，我们提醒那些愿意开展社区自建活动的设计师和社区居民，首先要了解清楚市政方面的要求以及该游戏场的负责者。所有的活动场设施，无论是定制的或是自制的，都必须定期检查螺栓是否松动、有没有腐朽的地方，以及其他损坏的现象，

图3-17　与那些昂贵的游戏设施相比，一个老树桩或一棵倒下的树同样会引起儿童的兴趣（摄影：南奈恩·希利亚德·格林恩）

以避免对玩耍的儿童造成不必要的伤害。

　　在游戏场的建设过程中，要确保不对玩耍的儿童造成伤害。安全问题是建设一个好的游戏场的首要问题，包括设施本身对儿童所造成的伤害，和儿童从设施上跌落造成的伤害等问题。例如，设施上的开孔要避免夹住儿童的头或手指；突起物（如钉子和螺栓等）不会挂住衣服而导致人突然失去平衡造成危险；要避免锋利的边缘和尖角刺伤或割伤儿童；游戏区中要避免存在会压伤、夹伤、割伤儿童或他们衣服的地方。在所有高度高于24英寸（约61cm）的［对于学龄前儿童，则高于20英寸（约50cm）］的设施下方，要有保护跌落儿童的区域，该区域还应向游戏设施周围各方向延伸6英尺（约1.8m）。该区域表面应当是由保护性材料建成的（如沙子、碎石、树皮屑、橡胶垫或充填橡胶），而且符合国家关于安全方面的标准。在高出地面的地方，要在边缘设有栏杆以防止儿童跌落。这些具体要求，包括尺寸、缓冲材料特性数据可以参见后面书目中穆尔，拉科发诺和戈尔茨曼于1992年出版的书，以及1991年出版的美国《消费者产品安全法规手册［Consumer Product Safety Code（CPSC）Handbook］》。

　　游戏场中应包括那些可以激发儿童想像力的元素。儿童们喜欢可以发挥多种用途的简单器械。所以，一系列的平台、梯子和秋千等组成的设施要比定做的火箭飞船更受欢迎，因为前者可以作为房子、轮船、消防车、飞机等，而后者只是一个火箭飞船。

　　如果资金有限，要首先保证一定数量的由轮胎制成的秋千。秋千几乎是使用率最高的设施。尽管秋千很受欢迎，可传统秋千经常造成游戏场的事故，因此，在秋千周围要有很大的空间作为跌落区，并需铺设适当的材料。而轮胎秋千不需要太大的跌落区（当空间非常有限的时候，这一点尤其重要），不需太贵的地面铺装，并给玩伴之间的合作提供了机会。

　　滑梯应该可以供各个年龄层的儿童玩。如果场地上有山坡，或可以造出一个坡面，就可以沿坡面建设滑梯。这是最好的设置长滑道而无需注意跌落危险的方法。如果坡面较陡，滑梯会很令人兴奋，而一个比较平缓的坡面则适于建成供幼儿使用的滑梯。另外还可以将滑梯作为攀爬平台中各种出口中的一个——其他的出口形式还可以有消防柱、拉张网等。这可以为儿童提供各种类型和难度的挑战，可以最大程度地挖掘设施的游戏潜力。

　　儿童应该可以在小型公园中很方便地找到可躲藏的空间。儿童们有时需要一个属于他们自己的空间。一个水泥管道就可以成为一个不错的小屋子，还可以让孩子们在那里懂得什么是回声。

在欧洲，许多公园里有按儿童尺寸制作的小房屋。灌丛也可以考虑作为儿童隐藏的地方。出于安全原因，保护私密的屏蔽物只能是部分的，即在保证小孩可以被看到的同时给予一定的分隔感。同样，任何一个设计给孩子躲藏的小空间还应足够大以备紧急情况下大人可以进入。

儿童喜欢水，即使是最小的池塘也会吸引他们的兴趣。在公园里可以提供小喷水池或水塘，这样的设施不用太精致，也不用太大。如果没有这样的条件的话，应考虑在夏天时在公园里设置可移动的池塘，或者让工作人员在夏天最热的时候，在公园的部分地区打开喷水器。

儿童们最大的乐趣可能来自于亲自动手利用环境中非常简单的物体，并用可塑材料创造他们自己的景观（见图 C-14，C-19，C-20）。儿童们总是想找个地方挖掘，公园应在如下的地方来满足这种挖掘活动：（1）附近有水源的沙地；（2）一片泥土地，可以是位于杜鹃花这类灌木下的一片土地，孩子们可以在下面爬行同时没有地被植物的干扰。树棍、石头、树枝、树叶以及小塑料罐等东西在儿童的手里会成为砖块和灰浆，用来建设他们的景观或蛋糕工厂，所以公园维护人员不必太仔细地捡走所有的废物和垃圾（见第六章关于使用植物作为游戏道具的讨论）。

儿童们也喜欢闲坐和交谈。按儿童尺寸制作的桌椅可以让孩子们交谈和游戏。游戏场不应只强调大运动量的活动，交往也可能是孩子们到公园里来玩的原因之一。

植物配置

所有的植物对孩子们来说都是一种潜在的资源。我们不可能将全美国的植物按照不同地区气候进行笼统介绍，我们也很难对不同城市和社区的植物配置做出建议。例如在非常潮湿的南部地区，绿色植物可以在无需人工维护的情况下生长良好，对人们来说只有修剪的问题。而在纽约的一些地方，位于高楼的阴影下或人们使用率很高的地方，植物就很难存活在那里。在这种情况下，小型公园可当作地中海式广场（Mediterranean plaza）来处理，布置有趣味性的铺地，座位区和瞭望台（要获得植物选择方面的信息，我们强烈建议读者参考罗宾·穆尔的《可玩的植物：儿童

户外活动环境的植物选择指南》。除了各种植物的游戏价值，书中还讨论了屏蔽、侵蚀控制和植物毒性的问题，还就不同的气候带进行了讨论）。

在选择公园中种植的树木时，头脑中应具备一些标准。儿童们必然会爬一些分枝低的树木，这些树是攀爬类游戏设施很好的替代品。然而，如果要这么做的话，就必须考虑在树下设跌落区和铺设缓冲地面。如果场地上空空荡荡的而必须种一些小树的话，这些树一定要固定牢靠。这种情况下，最好先提供一个枯死的大树供孩子们攀爬，直到小树长大到足以让孩子们攀爬。最好选择落叶树，原因有二：第一，在夏天它可以提供遮荫，在冬天则可以透过阳光；第二，它还可以显示季节的变化。

要在座椅和草坪上种树，从而形成有遮荫的歇坐空间。城市中如果存在大量来自周围人行道、建筑和路面上的眩光，在公园里设置有遮荫的闲坐区是很重要的。旧金山市的一个小型公园里，只有三棵细长的树（其中一棵还已经死了）。在夏天，人们常聚集在另两棵树下，而公园 95% 的地方空空荡荡的。另一个例子是伯克利的一个公园，公园内所有的树都种在地被植物上以为它们提供遮荫，这使得夏天时人们没法享用树荫。如果需要的话，可在小型公园的周围种树，这样可以形成美观的边界，同时遮挡邻近的建筑。

儿童们夏天在户外玩耍时常需要有一片遮荫的地方，而此时有些大人们则希望能在开敞的草坪上晒日光浴。人们更经常在下午而不是上午使用小型公园，所以遮荫树木的位置要根据这段时间精心规划，尤其是在夏天。

精心设计树坑。树坑应该嵌在硬地中央，这样泥土就不会被带出来从而造成一种乱糟糟的样子，而且这样会让人们认为这里没有人维护而乱扔垃圾。在旧金山市的一个公园中，树坑与周围混凝土地面齐平，因此，那里总是乱糟糟的，到处都是沙子和土壤。一个好的多的处理方式是用没有抹灰浆的砖铺在树根周围，这样泥土就不会被水冲出或被风吹出，儿童们也可以骑三轮车从上面经过，但这种方法在有人会破坏砖块的地方是不适用的。

即便城市居民并不使用公园，植物也是最受他们欢迎的。凯文·林奇（1960 年）发现人们会

对城市中的小片绿地有很深的感情。通勤者说他们在驾车上班时，特地绕远路经过一个自己喜爱的公园或绿地。像这样驾车经过的人一般不算作公园的使用者，但他们一样珍爱绿色空间。因此，草坪和繁茂的行道树应布置在公园临街的一面。

用于防止人进入的地被植物不应种植在像小型公园这样的狭小场地上，除非有充分的理由要禁止游客接近公园中特定地方。主要用来观赏的地被植物在小型公园中是没有用武之地的，除非是在一个只用于闲坐和观景的安静公园里。

所有的植物必须耐久、耐踩踏、生长迅速而且没有毒性。儿童们需要一些植物当作剑或小会所的屋顶等。因此，所选的植物必须能经受这样的无意识"修剪"，并很快恢复（见表6-1，P. 282，穆尔，1993年）。竹子很适合用于儿童游戏中，因为它几乎是被摧毁不了的——但是有一些品种会生长过快而难以控制。在作植物种植设计时，要注意不要选择那些需要过多维护的植物，否则公园将变得乱糟糟的。

紧靠硬地的种植区和草地应有抬高的边界。抬高边界可以阻止儿童骑车从硬质地面穿过园圃和草地。但边沿不应太高而妨碍儿童方便地从步道进入草地。如果边界是用道岔这样有一定高度和宽度的材料修建的话，它还可以给幼儿当成平衡木来练习走路。

地面

不同的铺装材料应用于不同的用途。柏油这类的硬质材料最好用于建设穿越小型公园的主要道路。裸土或沙地，即使在很小的公园中，也因为其不稳定性而不能用作供人行走的路面。在坚实、平整的路面上，儿童们可以骑三轮车或者拉小货车；大人们可以推童车；残疾人也可以很容易地到达小型公园的任何地点。在雨季，这样的步行道会干得很快。混凝土地面也是不错的，但要注意在阳光强烈的城市环境中，它只会加重由人行道和建筑产生的眩光问题。老人们对眩光特别敏感，如果他们是公园经常的使用者，步行道和闲坐区的地面最好用混凝土嵌砖（尽量减少接缝，保持平整）或柏油铺地。

保护性的地面（例如沙地、树皮屑、橡胶垫）应铺设在所有的游戏设施下，以减少从设施上跌落的伤害性。柔软的地面，如铺在斜坡上供打滚的草地也经常使用。

仔细考虑草坪的作用。很多设计师经常夸大草坪的价值，而把它安排在不需要的地方。在将草地列入你的设计方案之前，应问自己如下的问题：

1. 这个社区真的需要草坪吗？

2. 由于草地的使用率要低于沙地、游戏设施和硬质地面，因此，把草坪用在一个范围很小的场地上合适吗？

3. 谁来维护这片草坪？花费会不会很高？

4. 草坪是针对什么活动而设计的？

5. 该地方是否只是规划方案中剩下的一个角落，而想种点草让它看起来完整一些？

草坪的好处主要有以下几点：

1. 成片的草坪比种植在硬质地面上的树林更能给使用者和经过者以绿色的感觉，因为人的视

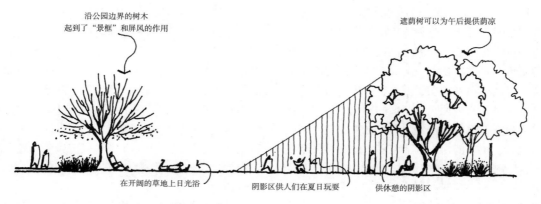

图3-18　入口处的树木要经过精心挑选以突出这个小型公园的存在，另外这些树还可以遮蔽夏日午后的烈日，树干可以让人倚靠，部分安全的地方还可让儿童们攀爬

线更容易被地面材质所吸引。

2. 尽管研究表明儿童较少在草地上游戏，而更多地在游戏设施和硬质地面上玩。但一个位置合适、略有坡度的草坪仍可以形成一个很吸引人的地方，供人闲坐、休息或晒日光浴。

如果公园中有草坪需要给予灌溉，应当在晚上给草地浇水，这样白天时草坪就可以干了以供人使用。洒水喷头应使用隐蔽型的，以免影响活动、造成伤害或者被人破坏。

小型公园中应有硬质地面供儿童玩耍。通过对中等密度居住区中的儿童的观察，发现他们更经常在硬质地面上游戏（库珀·马库斯和萨基西恩，1986 年）。小孩子们喜欢在硬质地面上骑三轮车和拉小货车，还喜欢在上面玩玩具车等。大一点的孩子会在硬质地面上玩球类比赛、赛跑、骑车、跳房子、跳绳、弹球、滑旱冰等等。因此，硬质地面应成为交通系统的一部分，可以作为主要步道的加宽部分，或者紧邻游戏设施区。

场地设施

公园场地上的设施应该针对具体使用者来设计、购买或建造。例如，适合成年人的长椅对儿童就不一定合适，适合让老人休息和沉思的长椅也不一定适合青少年聚会。在旧金山市的一个小型公园中〔位于安扎（Anza）大街和第 7 大街附近〕，所有的长椅前都有一个低矮的木制搁脚板，这也可以作为儿童就座的地方。

饮水器是很需要的。要保证儿童、坐在轮椅中的人可以和正常成人以及拄拐杖的人一样使用饮水器；同时饮水器的操作应该简单易行（不需要太大的力气就可以操作）。ADA 标准还要求饮水器有壁龛、挡墙、栏杆及铺装材质的保护；要求饮水器的大小可以容许轮椅接近；还有其他一些关于饮水喷头的位置和控制方面的细部要求（例子详见戈尔茨曼、吉尔伯特和沃尔福德，1993 年 b，P. 50—51）。一个好的饮水器的设计应在旁边备有一个可以洗手和向桶里灌水的水龙头。在孩子们使用沙子的地方一定要有水源。比较理想的位置是将水龙头设在玩沙区旁边，这样流出的水可以让沙子更易于塑造。

如果资金有限，必须考虑各个设施的优先次序。例如，在旧金山的一个小型公园中，有三个棋桌，但是很少有人使用；另一方面，那里却没有提供饮水器。一个经常使用该公园的托幼机构认为这是一个大问题，他们来公园玩因此而受到限制，因为小孩子比成人更经常需要喝水。

灯光照明可以为小型公园增色不少。尽管目前小型公园很少有照明，但照明可以给公园带来如下的好处：①公园的开放时间可以更长——例如在夏日晚上可以供青少年玩；②照明可以使夜间在公园里行走更安全。但是如果预算有限，游戏设施、长椅和饮水器相对于照明——除非在犯罪率较高的地区——应当在优先考虑之列。

垃圾箱是很必要的。儿童们不会走很远的路去扔糖果纸；因此，在场地的各个地点都应当有垃圾箱，尤其是在靠近活动区和公园出入口等地方。如果公园中还有野餐的地方，那里至少要有一个垃圾箱。垃圾箱不能被小狗和儿童轻易打翻，但要方便清理垃圾的工作人员清理。在垃圾箱旁要有 30 英寸 × 48 英寸（约 76.2 cm×22 cm）的空间，供轮椅靠近。垃圾箱开口应距离地面 9 ~ 36 英寸（约 23 ~ 91cm）左右〔如果是正面开口，应大约

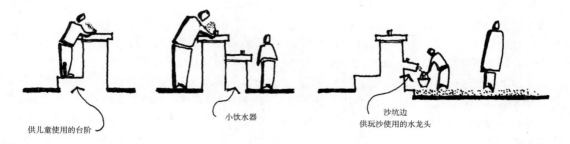

供儿童使用的台阶　　　　　　小饮水器　　　　　　沙坑边供玩沙使用的水龙头

图3-19　儿童比成人更经常地饮水，因此，很有必要提供符合幼儿尺度的饮水器。在玩沙区附近提供水龙头也很受欢迎。饮水器的朝向、尺寸大小、表面材料等要符合ADA的标准，以保证所有的人都可以接近

距离地面 15 ~ 36 英寸（约 38 ~ 91cm）高]。

提供多功能的桌椅。小型公园的设计者似乎很喜欢在公园中安排下棋的桌子。但是据对旧金山湾区公园的观察，这些桌子很少有人使用。每个设计师应考虑周围地区下棋的人们是否真的有这样的需求。如果这种需求值得怀疑，那么最好还是建一两个野餐桌，并在其中一张上内置棋盘。位于两种地点的野餐桌是会被经常使用的：一是在居民们没有私人开放空间的密度较高的居住区，二是在学生们经常在公园里吃午饭的中学旁边。对于后者的情况，青少年们还会使用各种游戏设施来进行社交、吃饭或聚会。因此，这些设施要足够坚固以承受他们的活动，并且要有不同的高程变化和各式各样的半私密空间供小团体社交活动。野餐桌必须符合 ADA 的标准：它们必须坐落在可进入的铺装地面上，并有道路可达。为了方便轮椅使用者，必须保证桌子一边没有摆放固定的椅子，保证膝部周围有至少 30 英寸（约76.2cm）宽、19 英寸（约 48.3cm）进深的空间，桌面上部应不高于地面 34 英寸（约 86.4cm），桌面下部则应至少高于地面 27 英寸（约 68.6cm）。在野餐桌下采用硬质地面还有一个好处，就是可以方便地清洗掉在地上的食物。

如果空间允许，烧烤是很受欢迎的活动。周围有圆木供人落座的烧烤坑是小型公园中一个相当不错的设施，并能起到不同的作用：一个大家烧烤野炊的场所、一个舞台、一个大家可以聚会的地方。但直立的烧烤架应考虑到坐轮椅的人的可达性。因此，如果在公园中包含烧烤设施，设计师在决定最佳的设计方式时必须认真考虑社区的需求。

在许多邻里，应当在小型公园入口布置可以锁车的车架。四岁以上的儿童有可能骑自行车或三轮车前往小型公园。而当他们在公园里玩耍的时候，他们就不再需要自行车，因此，一个可以安全存车的地方是很重要的。成年人和青少年也正越来越多地使用自行车，他们也需要停车架。

如果可能的话，应在小型公园中建厕所。儿童如果在小型公园中待一个小时以上，他们通常就需要使用厕所。但是，建造管线设备齐全的厕所是非常贵的，所以规划方案常常将其排除在外。而且，厕所也是公园各种设施中最容易受到人为

破坏的对象，因此，在很多社区中都没有厕所。在州立公园和地区公园中经常使用的轻型化学厕所则便宜很多，可以在特定情况下用在小型公园里。通过厕所的选址、外装饰和周围植物可以让厕所显得不会过于突兀，并方便公园使用者的靠近。

应考虑配备可以锁上的电源设备。只有在满足如下三个条件时，设计中才应包括电源设备：当周围邻里强烈要求小型公园中应有电源设备时；公园周围不是居住区；附近家庭不会被噪声打扰。

注意：关于长椅的设计、方向和布置方面的设计导则可以在第 2 章中找到。

维护

小型公园一个重要的要求是：公园应该易于管护，无论使用强度多大，公园环境看上去都应干干净净。当植被被践踏、道路边界被破坏，而且出现了很多近道时，公园看起来就会残破不堪。设计师用来帮助公园后续维护工作的设计手段有：限制到某一活动区域的人数；在设计中清楚表示（通过使用墙、树篱等要素）：什么活动应该在这里进行；准确预测交通流量。居住在一个维护得很差的公园旁边的居民会有这种感觉：这个糟糕的公园正好反映了整个社区的面貌和自己的经济地位。

重要的是要有足够的钱维持公园的长期维护工作。世界上再好的设计也会因为缺乏定期维护而衰败。如果没有钱来维持经常的维护，就应当重新考虑决定建设公园是否妥当。一个小型公园由城市某个部门出资建设却由另一方维护通常不是一个令人满意的安排。

要鼓励周围邻里的居民对公园有主人翁感，这样他们会爱护这个公园并为此骄傲。如果居民在公园的设计、建设和装配时出过一份力，他们会感觉这个公园是属于自己的。

要注意：如果公园设计成防止破坏的形式，它就会偏离原来的设计目标并引起那些它所服务的使用者的反感。当游客看着用链子锁着的设施，或是用很沉重的材料建造的设施，他们会感觉这个公园在鄙视他们而不是在为他们服务，甚至感觉这个公园的设计者把他们当成敌人。通常在这种情形下，这些设施毫不灵活、令人不舒服，同

时也缺乏吸引力。公园里应避免"禁止入内"这样的标志，因为这只能表明这个公园设计得很差，而且常常会诱使人而不是阻止人进入。事实上，这些标志本身也会成为被破坏的对象。

人员和资金

小型公园的建设资金最好逐步到位，以使设施和活动可以经过一段时间的检验，然后修改设计方案，并支付项目施工费用的和负责人的薪水。设计过程不应被理解为在公园开放那天就结束了，也不应理解为设计只关心公园里的物质要素。

如果公园雇用一些公园活动领头人，公园中的活动会大量增加，而且人为破坏的可能性会相应减小。20 世纪 70 年代，伯克利开展了一项成功计划，其中有两个游戏领头人和一辆游戏流动车（"大南瓜"），它们服务于全市使用率最高的 6 个小型公园。

案例研究

加州伯克利市，伯克利路小型公园[①]

位置及环境

这个小型公园位于伯克利路（Berkeley Way）上，距大学街（University Avenue）仅一个街区之隔，该大学街是联系伯克利市中心和高速公路的主要交通干道。这个公园位于一个中低收入的、各种族混居的社区，社区中大多是独户住宅。伯克利路上的交通量不是很大，因为这条街道的尽头在公园附近的一个街区。

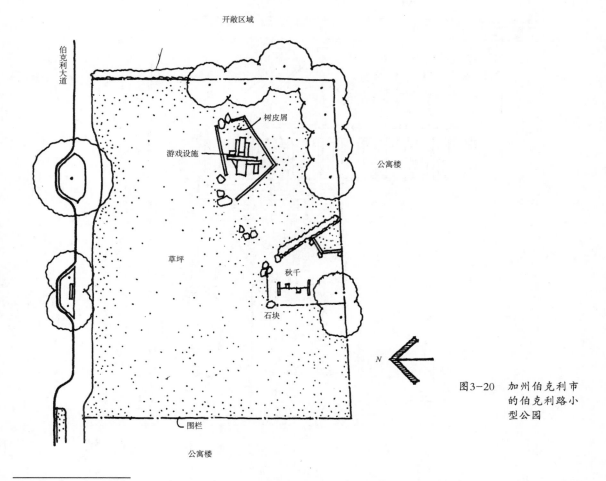

图3-20　加州伯克利市的伯克利路小型公园

①整理自学生李·布拉姆霍尔（Lee Bramhall）、查尔斯·布兰登（Charles Brandan）和丹尼斯·凯德（Dennis Cadd）（1975年）的报告。

概况

这个公园位于一个 0.43 英亩（约 0.17 ha）大的长方形场地，大约有四个宅基那么大。场地地势平坦，有一边面向街道，而在其他三边用高高的链式围栏围合。紧邻公园的是两栋公寓和一条沿着旧铁路线建的步行道。这个公园的 95% 场地被草坪覆盖，并有两片游戏区。其中一个是幼儿游戏区，被一条由藤本植物覆盖的低矮链式围栏部分包围，内部有嵌在红杉皮地面中的木桶秋千和一些大圆石。另一个游戏区——为大一点的孩子服务的——里面有大圆木和钢管做的游戏器械，地面铺有红杉树皮屑，四周用座位那么高的木制栏杆围合。

主要用途和使用者

这个公园的主要使用者是附近的儿童，年龄大约在 6～12 岁。其中大部分的儿童可以从三个街区以内的地区中自己来到公园玩。公园中的攀爬设施是最经常使用的；开放的草坪足够让孩子们在上面进行球类活动。人行道旁边的长椅可以让老人坐着观看他人活动。根据 1975 年的调查，公园使用者和周围居民对公园的评价是相当好的。90% 以上的居民喜欢居住在公园周围，俯瞰整个公园，并认为这是整个社区的一片绿洲。

成功之处

- 从街道上可以很容易地看见公园；有安

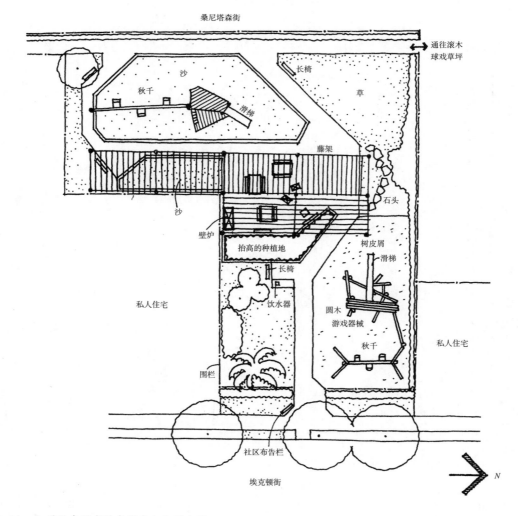

图3-21　加州伯克利市的查利多尔小型公园

全保证。

- 开放草坪区和游戏设施之间保持了平衡。
- 无障碍的草坪可以让孩子们在上面奔跑和玩球类游戏。
- 靠近步行道和自行车道，方便了步行和骑车来这里的孩子们安全到达公园。
- 大型游戏设施。

不足之处

- 没有给大孩子们提供大的秋千。
- 幼儿游戏区太小，设施多样性不够。
- 幼儿游戏区存在排水问题。
- 公园中没有座位，不方便父母陪伴孩子。
- 没有供孩子玩的沙子。
- 在夏天没有遮荫的树木。

加州伯克利市，查利多尔（Charlie Dorr）小型公园 [1]

位置及环境

这个小公园坐落在一个大部分是非洲裔美国人的中低收入居住社区中，位于伯克利西部一块平地上。这个公园在一条安静、狭窄、绿树成行的街道边，旁边是整洁的独户住宅。公园的两边是两层住房和庭院；在公园的后面是一个伯克利市的市政设施维护场。

这个公园在1973年建成，之前社区居民曾强烈抗议社区缺少开放空间，抗议将土地续租给一个街区外的伯克利草地保龄球俱乐部。这个俱乐部有一栋俱乐部建筑和两片绿地，但因为其会员都是非当地的白人，因此，当地居民很为不满

图3-22　加州伯克利市的查利多尔小型公园中，从公园后部向阿克顿街上的入口方向望去的景观。很少有人使用公园后部的这个游戏区，因为它位于死角位置。藤架下的桌子经常成为男人们和男孩们聚会的场所

①根据生乔恩·罗森（Jon Rossen）（1975）和索菲娅·罗斯纳（Sofia Rosner）（1989）的报告整理。

（俱乐部许多会员居住在富人聚集的伯克利山上，但那里没有平整的场地）。最后达成妥协，伯克利市政厅在埃克顿街上买了一块地皮并建成小型公园，由当地居民命名为查利多尔公园。

概况

这个小型公园占地 0.22 英亩（约 0.09 ha），在两栋房子之间形成了一个狭窄的开放空间。它较窄的一边正对埃克顿街。狭窄的入口、两边的房子和茂密的行道树几乎把这个公园隐藏了起来。只有一个小小的告示牌和公园的招牌将这个小型公园从人行道上显露出来。一个包括秋千和滑梯的木制游戏器械占据了公园的前面部分。狭窄的柏油小路穿过小片的绿地，引导游客到达一个大一点的游戏区，在那里，一个建在沙地上的攀爬器械占据了 L 形公园的后面部分。

一个为休息区和两个野餐桌提供遮蔽的藤架将公园分为前后两个部分。从街道上可以看见一个长椅和饮水器。灌木和地被植物覆盖了公园 5% 的场地，草坪也占了 5% 的场地，硬质地面（步行道和藤架闲坐区）占了 12%。公园其余的地方为沙地和红杉皮屑覆盖的游戏区。

主要用途和使用者

使用者从三到四个街区为半径的范围内步行或骑车来到公园。6 ~ 12 岁的儿童形成了公园的主要人群。青少年和青年男性会在藤架下聚会。相对而言，父母们较少来这里陪伴孩子们。根据 1975 年的调查，查利多尔公园是伯克利市被观察的 6 个公园中使用率最低的。

成功之处

- 较好地利用了非常狭小的场地。
- 铺地、材质、材料和高度都有很丰富的变化。
- 藤本植物覆盖的围栏形成了很不错的边界。

不足之处

- 由于入口狭小，公园经常会让人看不见。

- 游戏区与私人居住区太接近。
- 从街道上看不到主要的休息区，不能吸引游客使用。

加州伯克利市，伯克利托特兰德（Totland）小型公园 [1]

位置及环境

这是一个历史悠久的，受人喜爱的小型公园，位于伯克利市弗吉尼亚大街和麦克吉（McGee）大街的交叉处。周围是中等收入阶层的居住区，其中大多是独户的私有住宅。在道路交叉口的障碍物减少了过往的车辆。这个公园很安静，而且阳光充足。

概况

托特兰德是一个近似四方形的场地，占地 0.37 英亩（约 0.15 ha）。整个公园的南部 1/3 的场地是一片大面积的沙地，上面有各种各样的滑梯、秋千、涵洞、攀爬设施和弹簧玩具。一条水泥步行道穿过这个游戏区，在其两边的沙地上分布有长椅。公园北部 2/3 的场地是大片的草坪，其间有几棵不大的树和位于水泥平台上的五个长长的野餐桌。5 英尺（约 1.5 m）高的链式围栏将公园靠近弗吉尼亚大街和麦克吉大街的两边围合起来；一个由爬藤植物覆盖的更高的围栏将另两边和附近的住宅分隔开。三个大门保持紧闭，以防止狗进入。公园里有非常宜人的环境、各种各样的设施、饮水器、野餐桌、公共厕所和一个有时开放的社区活动中心，这一切使得公园颇受居民和使用者的欢迎。

主要用途和使用者

这个公园几乎就是一个家庭公园，主要服务于父母和他们的小孩，以及附近幼儿园和托儿所的孩子们。很少有大一点的孩子和青少年或老年人来这个公园，正如这个公园的名字一样，它是一个主要针对儿童的公园。尽管这个公园很小，但却有较大的吸引范围；许多使用者是从附近的社区步行而来，还有许多是从伯克利市其他地方

---

[1] 根据生乔恩·罗森（Jon Rossen）（1975）和索菲娅·罗斯纳（Sofia Rosner）（1989）的报告整理。

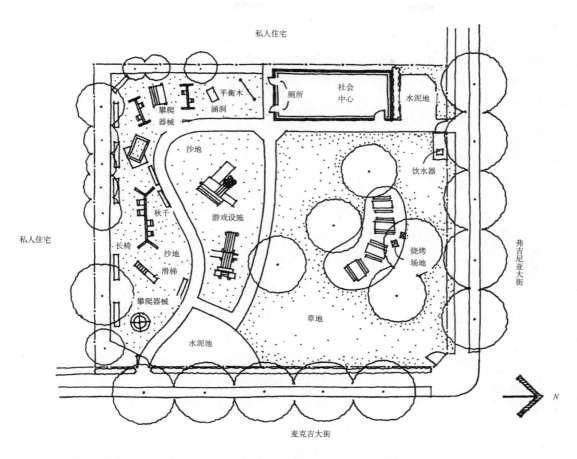

图3-23　加州伯克利市的伯克利托特兰德公园，这是一个受家长和学龄前儿童喜爱的小型公园

图3-24　伯克利托特兰德公园。一个像图中这样复杂的综合游戏设施可以让儿童们在一个相对狭小的空间内进行各种各样的活动——攀爬、走平衡木、滑梯、捉迷藏、荡秋千

驾车而来。还有许多人几乎每天都来，他们相互认识，当他们的孩子在玩耍的时候，他们就在那里交谈。有一个公园维护团体（在社区活动中心里有它的招牌）帮助维护这个公园。

尽管家庭和社区组织有时在天气好的时候会使用野餐桌，多数公园使用者则更为关注沙地上的游戏设施。散布的树木在草坪上形成了一片片的阴影，使这个地方不适合大孩子们玩球类游戏。整个公园从任何一点上都可以看见；大门始终是关闭的；而且没有什么危险会妨碍孩子们在里面自由地奔跑。毫无疑问，这个公园很久以来就是——而且现在还是——伯克利使用率最高的小型公园之一。

成功之处

- 简洁明快的平面布置。
- 公园非常容易被看到，而且能保证安全性。
- 公园被围栏封闭，以保证儿童的安全。
- 各种各样的游戏设施给了儿童们多样化的游戏活动。
- 野餐桌可以供成年人在照看孩子的同时，在上面学习、写字和吃东西。
- 树木形成了良好的环境，并在夏日提供了遮荫。
- 树木和野餐桌使这片场地不适合球类游戏，保护了小孩子们免受伤害。

不足之处

- 大多数的成人座位分布在沙地中。
- 野餐桌太大，而且过于集中，不适合个人使用。
- 在沙地上几乎没有遮荫，因此在夏天，沙子会变得干燥发烫而不适合孩子们玩。
- 缺少一些有难度的设施供那些小孩子们的哥哥姐姐们使用。

设计评价表

选址

1. 在场地周围四个街区为半径的范围内，有没有潜在的儿童或老年人使用群体？

2. 四个街区范围内的潜在使用者是不是可以不用穿越主要道路，而步行到达公园？

3. 如果场地位于某一安静街区的中部，那么是否可以将公园延伸到街道边，使得公园同时可以作为一个交通中转站？

4. 如果位于街区内部的场地只能有一个入口，那么该场地的长宽比是不是小于 4 ∶ 1？

5. 如果公园场地位于街角，那么它是否可能借助街角的人行交通而活跃起来？

6. 如果公园场地是跨街区的话，有没有根据行人的需要建一条穿越街区的近道，以增强空间的活力，同时创造一种安全感？

7. 如果有许多场地可以选择，那么其中一个是否有长成的大树和变化的地形，是否既有阳光充足的地方又有遮荫的地方？

设计程序

8. 社区有没有参与到这个新公园的规划和设计过程中？

9. 有没有考虑让当地居民来参加公园的建设和维护？如果是的话，公园的设计是否可以让非熟练工人们建造和维护？

10. 在设计过程中是否优先考虑了周围邻里居民对游憩空间的需要？

11. 有没有拨出一部分资金供公园投入使用一两年后做使用状况研究？

12. 能不能预留部分资金，留着当公园使用情况稳定后，对公园进行调整或添加？

13. 公园里有没有留出一小部分未开发地用于日后新的需求？

14. 在进行植物、交通和设施规划设计时，有没有考虑公园投入使用后的维护保养能力？

入口和边界

15. 公园入口有没有给那些路过但不想进入公园的路过者准备休息的座椅？

16. 公园邻人行道的边界是不是既鼓励行人进入公园，同时又保持公园内的封闭感和安全感？

17. 如果这个公园非常小，或坐落在街区中，设计师有没有通过特殊的植物、铺地或座椅将人们的注意力吸引到其入口处?

18. 在入口对面能不能建一个停车场,以方便载着幼儿的小型客车和游戏流动车停靠?

19. 公园招牌和社区公告牌有没有挂在入口合适的位置?

20. 小型公园靠近私人住宅的边界有没有适当的屏蔽,以保护他人的私密性?

21. 如果公园旁边的用地不是住宅,而是无窗的墙壁(比如说是一个工厂或仓库)的时候,能不能通过在上面绘制壁画来活跃气氛,并增加公园的心理感觉空间?或者在墙上粉刷上数字和靶子,以供球类比赛使用?

功能区和交通

22. 由于小型公园很小,公园每一个部分的利用是不是经过了精心考虑?

23. 公园是否经过了精心设计,以便让刚进门的游客可以一览公园中的活动和设施,并找到通往那里的路?

24. 如果公园很小,或靠近居住区,有没有在规划中去除篮球这类会产生噪声的活动?

25. 如果要在公园中设计一片草坪,那么社区(或资助部门)能否承担起它的维护费用?

26. 步行道上有没有使用柏油或类似的深色硬质地面?

27. 步行道中有没有展宽地段,以便让孩子们在上面玩跳房子或杰克斯游戏等?

28. 儿童可能是公园最主要的使用人群,他们对于多样化环境的需求有没有得到满足——有没有可以让他们探索和躲藏的地方?有没有他们可以接近大自然的地方?

游戏区

29. 孩子们几乎永远是公园中最主要的使用者,公园中的设施能否满足他们各种各样的游戏需要?比如,能不能在公园里荡秋千、滑梯、攀爬、练习平衡、跳跃、捉迷藏等等?

30. 有没有一个游戏设施可以提供不同难度的挑战性?

31. 设备的设计是否考虑到让儿童发挥想象力?

32. 如果一处设备区域用来服务于几个年龄组,这处区域是否置于靠近公园后部?

33. 如果该公园规模和服务区域可设两处游戏区域,其中为磊一些的儿童所设的区域是否置于靠近公园后部?

34. 部分或完全为学龄前儿童而设的游戏区域是否配备尺度合适的秋千、滑梯和攀爬块料?

35. 沙堆中所设的岩石、块料和平台是否可让儿童从上往下跳?

36. 沙堆处是否排水良好,有无边界,如长条椅等,可防止沙子被风吹出或践踏出来?

37. 的沙子区域是否有水龙头或是附近是否有喷泉,可将水取到沙子处?

38. 如所处区域夏季干热,沙子区域附近是否有棵树或游戏塔,令沙子部分区域保持潮湿和韧性?

39. 残疾儿童是否可以进入公园与游戏设备区域?

40. 如果坡度是有陡然变化,山体上是否嵌入一部滑梯?

41. 公园的游戏是否略带水的特色,如涉水池、喷泉、水龙头?

42. 游戏的领导人在现场是否要创造节目,设计公园时是否考虑到这些活动?

种植材料

43. 栽种的树能在需要的时候与地点产生荫凉吗?

44. 种植的设计是否考虑到给过往的驾车人以对公园的享受?

45. 树木是否(最终)可以攀爬?

46. 地表覆盖是否全部是必要的(即有些地方是要避免人的进入)?

47. 具体的种植材料是否速生、有弹性、容易维护和无毒性?

48. 种植园地及草坪是否用凸起的边缘界定,以防止土壤被冲刷出去,并防止自行车从中通过?

地场家具

49. 长条椅是否满足使用者对舒适方面的需求？例如，长条椅是否有老年人所需的靠背和扶手？长条椅是否按儿童的较小尺度制造的？

50. 是否提供了多用途桌子？

51. 是否考虑设置带棋盘的桌子，是否有证明说明当地居民会利用？

52. 是否提供烧烤和野餐桌？

53. 是否有小孩和坐轮椅人可及的饮水喷头？

54. 在关键地点是否设有果皮箱（出口处、游戏区和长条椅附近）？

55. 公园入口处附近是否有存放自行车的架子？

56. 是否有便宜的、适当隐蔽的、油漆涂色的化学厕所？

57. 是否考虑夜间照明？

58. 邻里是否要求给予电力输出口？

59. 是否不用设置"请勿践踏"标牌，不使用大量设置防止破坏的设备？

大学校园户外空间 4

克莱尔·库珀·马库斯
特鲁迪·威斯克曼[①]

　　评价一个校园规划好坏与否的重要标准是看规划方案能否最大限度地激发人们与其他学生、教师、游客、艺术作品、书本及非常规活动的即兴交流……校园规划的功能不仅仅是为大学正规教学活动提供物质环境。每个人的大多数受教育机会都发生在户外，并与他所选修的课程关系不大，只有当校园规划具备能够激发好奇心、促进随意交流谈话的特质时……它所营造出的校园氛围才具有真正最广泛意义上的教育内涵［基斯特（Keast），1967 年，P. 13］。

　　许多世纪以来，西方世界出现了许多风格不同的校园规划，从牛津、剑桥儒雅的封闭院落，到杰斐逊的弗吉尼亚大学的正规"学院村"，从伯克利校园内规整布局和别致建筑（ad hoc building）的融合，到加拿大一些大学内的巨大单体建筑，再到加州大学圣克鲁斯分校，其建筑布局主要由地形和生态决定。

　　校园规划无论选择哪种模式，无论位于哪个场地、位置和地区，它都是对建筑及其之间空间的某种组织。但是，户外空间却常常被校园规划设计的书籍所忽视。这些户外空间——它们的交通、学习、休闲和美学欣赏等功能——理应受到更多的关注。对许多大学校园的观察表明，在天气允许时，大量的随意交流、偶遇、娱乐及班级间的学习交流都发生在户外，这是因为在现代城市中，校园生活在很大程度上发生在既定活动和固定建筑之间；有人认为这正是生活的内容；没错，在学术环境中，这种随意性的交流正是大学精神（collegiality）的核心。

校园开放空间的文献综述

　　如果你想寻找一些有关校园开放空间如何利用（实际上是校园建筑如何利用）的出版文献，你就会发现这是一项多么艰巨的任务。《有用的校园建筑（Campus Building That Work）》（大学建筑师协会，1972 年）和《校园规划设计（Campus Planning and Design）》［施梅茨（Schmertz），1972 年］这两本书都是附有引人注目的照片（通常没有人存在）和极少量文字说明的建筑图集，主要侧重于探讨技术创新和建筑形式。除了可能对建筑师设计新建筑时的常规思维有些用处外，这些书对景观设计师或任何从事建筑之间空间设计利用的专业人员来说很少能有所裨益。在写作这些书的年代（20 世纪 70 年代早期），设计师们认为别具匠心的建筑物必须通过一系列纪念性的台阶或穿过巨大、空旷的广场来接近，却很少认识到需要在建筑入口处创造宜人的随意性的集会地点。设计师只认为建筑的远景形象是十分重要的，但在人眼高度上和人们平时穿过建筑之间空间时的感受似乎就不那么重要了。

　　校园规划的文献（相对于单体建筑设计来说）在数量上和内容上还是比较丰富的。20 世纪 60 年代接连出现了许多书籍、案例研究和会议文集，这与大学扩大招生及校园大兴土木有着密切的关系。但是这些文献对校园开放空间的设计师却没什么用处，因为毫不奇怪，它们的焦点集中在财政问题、教育政策和大尺度的规划上。

　　《校园规划与建设》［布鲁斯特（Brewster），1978 年］中有关绿化建设的章节集中介绍了植栽、

①特别感谢朱迪·切斯（加州大学伯克利分校，规划师）、迈克尔·豪厄尔（哥伦比亚大学，城市设计师）、哈维·赫尔方（加州大学伯克利分校，前校园规划师）以及娜娜·柯克（加州大学伯克利分校，博士候选人）对本次修订工作的贡献。

图4-1 建筑之间的空间：加州大学伯克利分校的下斯普鲁广场

灌溉、养护等活动，但完全没有涉及人的使用。《校园规划》上刊登过一篇关于校园规划设计的重要座谈会的文章：《再设计－再开发－再思考（redesign-redevelopment-rethinking）》[迈里克（Myrick）－纽曼（Newman）－达尔伯格（Dahlberg）及其他人合写，1983年]，文中也没有谈到户外空间。有关这方面最近出版的书是《校园建筑：学林中的建筑（Campus Architecture: Building in the Groves of Academe）》[多伯（Dober），1996年]。该书阐述全面，图片优美，其作者写过很多有关校园设计的书，早期作品是《校园规划和校园设计（Campus Planning and Campus Design）》。多伯近期出版的这本书就像它的标题一样，主要是关于单体建筑和建筑风格的，但最后一节涉及到树林、方庭、院落和草坪，不过，其思路仍是建筑化的，户外空间被看作是评价建筑的历史象征意义和美学价值的构图要素，却没有谈及作为大学校园环境主体的现实的人们如何感知、评价和使用这些空间。

校园设计文献中对于户外空间认识的匮乏很令人遗憾。对于大多数校园使用者来说，校园"景观"对提供富于想象力的校园生活氛围是十分重要的。举一个对比的例子，奥克兰的莱尼学院（Laney College）中的硬质铺地、集中分布的城市场景，与加州大学圣克鲁斯分校的具乡村风貌、树木散布的广阔区域相比，给人的感觉是完全不同的。二者的区别不在于某栋建筑的设计差异，而在于建筑之间环境的尺度、设计及细节的不同。

在一些把使用状况评价作为课程内容的学校，师生们的研究正开始补关于校园户外空间利用文献的匮乏。这些内容都是本章中设计导则制定的依据。

设计建议

我们的基本假设是：校园户外空间使用者的需要对于决定如何设计是至关重要的。尽管每一所北美大学的校园都不相同，但户外空间的用途相对来说是可以确定的。因此，回顾已有的少量校园利用的研究，我们会发现：在类似的环境中存在有某些固定规律，并开始被作为这类空间设计的导则。当然，如同所有的导则和建议一样，它们受限于我们当时的认识水平。如果有了进一步的深入研究，毫无疑问这些导则将得到改进。

本章所提出的一系列建议是以下述研究为依据的：伯克利分校景观设计班的学生对其校园的详细研究（库珀·马库斯和威斯克曼，1983年）；还有对湾区（Bay Area）其他一些校园[斯坦福大学、梅里特大学、莱尼学院、富特尔希学院（Foothill College）]的非正式观察；以及新墨西哥大学（环境教育研究所，1982年），伊利诺斯州立大学尚佩恩－厄巴纳分校（柯克，1987年），加州大学欧文分校（校园环境处，1982年），俄亥俄州立大学[纳泽（Nasar）和费希尔（Fischer），1992年]和渥太华卡尔顿大学[克洛达夫斯基（Klodawsky）和伦迪（Lundy），1994年]等多所高校有关校园户外空间利用的专论和文章。这些导则主要强调将户外空间设计成能让人"驻足其中"而不只是经过的区域，因此，我们只略提了一下校园的整体交通规律和行人、汽车及自行车之间的潜在冲突。另外，我们所关注的不是学生宿舍，而是他们每天使用的教室、研究楼及行政管理楼之间的户外空间利用。

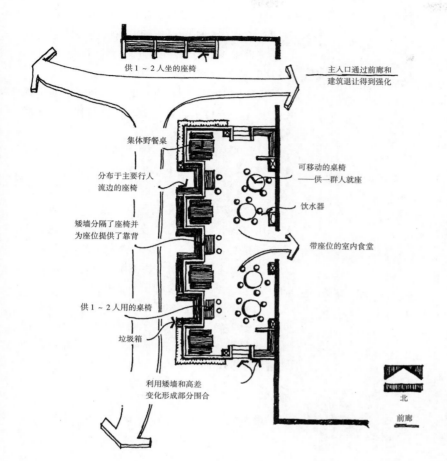

供1～2人坐的座椅

主入口通过前廊和
建筑退让得到强化

集体野餐桌

可移动的桌椅
——供一群人就座

分布于主要行人
流边的座椅

饮水器

矮墙分隔了座椅并
为座位提供了靠背

带座位的室内食堂

供1～2人用的桌椅

垃圾箱

利用矮墙和高差
变化形成部分围合

北

前廊

图4-2　每栋校园建筑的主入
口都应建有前廊

图4-3　加州大学伯克利分校
的埃文斯大楼有一个
不很成功的前廊：绿
化破损，人们席地而
坐，人流你拥我挤地
在教室之间穿梭，长
长的队伍等待使用楼
里的自动售货机。在
这个典型例子中，校
园的人流交通方式和
埃文斯大楼中报告厅
的所在位置导致大楼
的次要入口变成前廊
空间

基地空间: 特定建筑所邻近的空间

研究校园户外空间的利用时，首先要明白：每个学生、教师和职员都可能有一个工作或学习的基地，他们的日常校园活动围绕该基地空间展开。为了了解伯克利分校的学生们是否觉得他们有这样一个基地，1981 年，研究者们随机抽样调查了近 400 人，要求他们在一张校园地图上标出他们视其为基地的一座建筑或其他空间。出乎意料的是，92％的人觉得他们确实有这样的基地；这个结果与研究人员对研究生及教职员工的预计一样，因为他们都可能拥有一间办公室或是一张办公桌，但没想到本科生也是如此。

正如人们料想中的一样，学生们的基地通常是他们的专业院系。在这里，学生们完成大部分的课程学习，与导师见面，以及参与系内活动等。显然每个人都有强烈的归属感，所以大多数学生，甚至是那些不属于任何建筑的学生（例如还没有确定专业的人），也想有一个每天能来的地方。考虑到这些离家者们对于家园的心理需要，在规划校园建筑周围的空间时，比较有效的方法是将这些建筑看作"家"，而将邻近的户外空间作为具有"前廊"或"前后院"特征的地方。在这些与"家"相关的空间之间，则是真正的校园空间，它们并不附属于某一特定建筑，所以它们的利用方式就有些不同。

如果设计师未能认真考虑哪个是"前门"或主要的步行入口，哪个是用于卡车装卸有毒物品（如在化学系和生物系）的"后门"，那么校园建筑周围就可能出现严重的混乱。校园中原有的空间利用方式和拥挤的校园交通都会造成限制，从而加剧这种混乱。对许多大学校园的观察表明，无论设计师怎样设计，学生们最经常使用的入口往往就是他们所认为的前门或主入口。因此，在这个入口处，应该创造一个过渡性的前廊空间，用于等待、约会、随便聊天等活动。这似乎是很显然的道理，但很多大学建筑都未能满足这种需要。

前廊

房屋的前廊构成了由公共社区生活向较小社会群体（一般为家庭）的私密生活在空间和心理上的重要过渡。校园建筑的前廊同样能提供这种过渡：从整个校园过渡到一个系或学院；它还是一个重要的聚会、学习、约会、进餐的场所（见图 C-42）。在长滩州立大学（Long Beach State University）校园内进行的一项详细的行为研究中，迪西和拉斯韦尔（Laswell）（迪西，1974 年）注意到建筑的主入口是校园户外活动最集中的地方。通过与学生们交谈，他们了解到学生最需要的是能够有更多的空间在户外舒适地学习、进餐以及在课余时间与老师随便交流。针对此，迪西和拉斯韦尔提出了一个重新设计校园主入口的规划方案，其中包括学习空间、餐饮空间和非正式座位区。这是一个很好的方案，值得那些一年中大部分时间的气候都适于户外活动的大学效仿。

在对伯克利校园的研究中，我们发现各建筑主入口处的空间利用率都很高。那些提供了各式座椅或台阶的入口很受欢迎，学生们可以在那里等人或约会，而没有这些休息或学习设施的入口同样使用率很高。甚至，在一些内部设有自动售

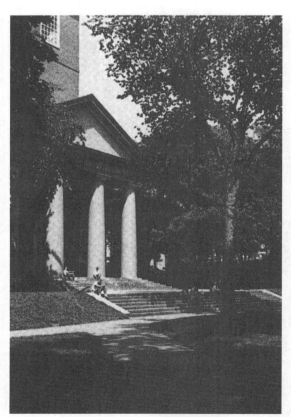

图4-4 哈佛大学中一个古典的台阶式入口，学生们可在这里闲坐、晒太阳和聚会

货机（可以吃快餐）的建筑［如埃文斯（Evans）大楼］，大量学生们进出大楼，却无视前廊的存在，从而成为校园中最糟糕的入口之一。

所以，在设计前廊时应考虑以下问题：

• 设计任何新的校园建筑时，设计师应根据学生的步行人流确定建筑的主入口，进而设计某种形式的前廊。

• 夜间前门/门廊需要有充足的照明，以显示建筑名称和指示进入楼内的明确方向。联邦法律如ADA已经针对标识和方向指引信息制定了新标准。

• 前廊应该是夜间景观中的显著标志之一，从而提高照明及可能活动的安全性。如果建筑在晚上要锁门，与保安系统相联的电话必须设置在前廊内。

• 前廊应部分围合，这样经过前廊的人才会觉得这是一个过渡的空间，同时使静止的使用者觉得自己与附近的行人或自行车流有所分隔。

• 前廊/主入口及门前通道应该在同一水平高度，或采用坡度很小的坡道，以便于残疾人能通过自如。这方面必须遵循ADA有关坡道的规定。

• 在那些一年四季气候温凉的地区，应通过墙面、门道、绿化、座椅以及其他要素的组合来创造采光井（sun trap），并尽可能形成庇护空间。

• 在纬度较高的地区，前廊尽管在冬季很少使用，但如果布置在合适的位置——如能收集到冬日暗淡的阳光和建筑通风口释放的暖气的地方，它们能促进冰雪融化，从而在春天和秋日形成一处可以利用的场所。

• 在炎热的天气里，前廊应通过挑台、植物和自然微风的组织来创造荫凉的空间。

• 主要行人流进出建筑的通道边应设有舒适的靠背座位。

• 设计中应既有供1~2人使用的比较私密的座位，也有可供3~4人的小团体聚会交谈的座位。在新墨西哥州大学的校园里，米切尔沙龙（Mitchell Seating Hub）就是一个很受欢迎的入口设施。其形状很像多纳圈，里圈是一些内聚的半私密座位，外圈则是一些开放的可四处观望的座位。

• 既服务于健全人又服务于残疾人的组合式座位应该精心设计，并符合ADA的标准。

• 为自带午餐的人或一起学习的团体提供野餐式的桌椅。

• 主要建筑的前廊/前门处或附近应有价格合理的餐饮售卖点。

• 座位区附近应设有饮水器、充足的垃圾箱和可回收物收集桶，其设计也应符合ADA的标准。

• 长凳应避免太长，因为太长会使单个使用者感到不适，还会限制两个以上的人之间的谈话。

• 在那些一年中大部分时间都不适于户外活动的地区，设计师应考虑在主入口内部建设类似的前廊，这样，临时聚会、进餐、学习和社交等同样的活动可在室内开展，其位置应接近主要的步行人流。

前院

当一座典型私人住宅的前廊和门前通道为硬质铺地时，其前院通常作为私密空间与公共空间之间的绿色软质的过渡带或缓冲带。一些校园建筑似乎也有前院——大片的绿色空间，建筑中的人可以在那里进行各种不同的放松活动。他们可以与朋友聊天、晒太阳浴或睡觉、进餐、学习，或者在靠近基地空间的地方开班会（见图C-43）。显然，环境的变化对于人们的精神健康和紧张程度具有重要意义。

对伯克利大学环境设计专业的一班学生所进行的一次随机试验，揭示了建筑内外的显著差异。学生们被要求在武斯特（Wurster）大楼（环境设计学院）内随便一处待5分钟，同时记录下他们所感受到的印象过程；然后再在大楼外部重复这一过程。对建筑内部的形容语言包括"封闭""无聊""沮丧""焦躁""紧张"等。而当他们来到外面时，表现出的则是另外一种感受："从容""平静""放松""和平""绿色""舒适""安祥"等。大多数人也许都有过这样强烈对比的体验——也就是说，在建筑内部我们会感到应该做点什么（学习、工作、演讲、整理文件、回电话、开会），而在外部则可以什么也不做，因此，就会产生从紧张的工作学习中解脱出来的平静感觉，更不用说某些建筑设施所引起的一些心理压力（空调、荧光灯、电脑屏幕、建筑材料污染等）。

基于以上这些原因，前院的概念就变得非常重要。一些人可能还不能接受在公共空间晒日光浴和放松思想，但在一个熟悉的地方休息、沉思、

图4-5 仅仅布置一条平行于建筑的长椅是远远不够的。这样就白白丧失了创造一个受人喜爱、且具有功能性的前廊空间的机会

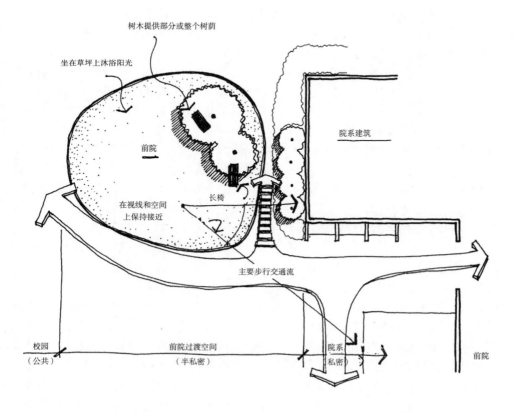

图4-6 接近主入口的前院，为晒太阳、聊天和户外学习等活动提供了一个适宜的非正式空间

浮想联翩，就像在自己的基地附近一样，周围都是熟识的人，这可就易于接受多了。

为了检验基地附近庭院或草坪的概念是否有效，研究者们一次抽样调查了 400 名伯克利大学学生，要求他们在校园地图上标出自己心目中的基地草坪所在区域（库珀·马库斯和威斯克曼，1983 年）。被调查的绝大多数学生（90%）都觉得他们确实有一处基地草坪或其他熟悉、舒适的地方。基地草坪的尺度小可到紧邻基地的空间（也就是我们所称的前院），大可到基地附近很大的一片区域。本科生由于上课需要在校园的许多建筑之间往返，倾向于指定面积最大的基地草坪，而研究生则更倾向于指定紧邻他们基地建筑的地方。教师们则有的认为没有这样的地方，有的指定紧邻基地的某处空间（男性和女性的反应没有明显的差异）。前院的概念可能对于研究生和教师们来说更有意义，因为他们在校园里的大部分时间都只是在一栋建筑内部或周围活动。

显然，校园人流的走向影响着人们对基地草坪的感知。建筑之间人们最经常经过的地方，和那些气候适宜在户外进餐、学习、娱乐的地方，逐渐为人们所熟悉，并最终形成一种领域感。就像居民生活在社区邻里一样，伯克利的学生和教员在他们的基地草坪上感觉很舒适，因为他们可

以见到熟人。但我们觉得同居住区相比，校园里的基地草坪的意义更为重要，人们之所以在心理上依赖校园中的某处空间，是因为户外空间不仅是一处休息的场所，也是一处穿行空间，即在闲坐、放松、进餐或交谈中，人们已对周围的景物、声音、感觉和视觉景象逐渐熟悉。在校园内浓厚的制度化氛围中，人们可能特别需要户外空间，在那里人们能找到家的感觉，每天都可以很方便地见到特定的朋友，或只是放松一下。例如，当伯克利校园中心靠近老图书馆的临时建筑被移走、改造成一片草坪之后，很快就有成百上千的人们在那里开始了各种活动，从随意的日光浴到掷飞碟和草地槌球等游戏。

在为新的校园建筑进行设计和选址时，以下是前院应该考虑的问题。

• 合理安排草坪、植物和道路以暗示（而不是强化）前院的存在。应该有足够的视觉暗示，使特定建筑的使用者易于识别这个空间，并感到舒适。

• 草坪最好能有全露天、半露天和全遮荫的不同区域。这不仅能为行人创造出赏心悦目的景观对比，而且还为固定的使用者在不同季节里创造出不同的小气候。

• 树木的布置和树种应考虑各自的特点，

图4-7 加州大学伯克利分校中一处被学生高度利用的前院空间

避免对使用者造成危险或限制（例如加州橡树尖锐的落叶或是郁金香树夏季黏稠的树液）。

- 长凳和座墙应尽可能围绕空间的边缘布置，或者布置在特别巨大、给人印象深刻的树木周围。如果这些地方有人歇坐或走动，树根周围的土壤应采取措施避免被踢实（例如采取地面铺材，铺面，盖板）。

- 在适于在草坪上休息，以及必需灌溉的季节里，浇水应该在傍晚或夜间进行，这样到午餐时间草坪就会变干。

后院

就像每家通常都有一个路人可以看到的半开放前院一样，大多数住家也有一个全部或部分封闭的后院，用于私人休闲和其他实用功能。我们认为一些校园建筑同样应设有后院——与建筑相连、或被建筑部分围合的空间，在那里"居民"会比在前院感受到更强烈的领域感，他们可以在此举行一些半私密的院系活动。

伯克利校园内武斯特大楼（环境设计学院）的 U 字形的东院就是一个很好的例子。它被大楼三面围合，其用途恰似一家住宅的后院。人们三三两两地走出来坐在外围的长凳上吃午餐。尽管这里不是校园里最优美的地方，但至少这里很安静、有屏蔽、很放松。大楼里的教职员工经常在这里吃自带的午餐，而避免去学生们喜欢的楼西的前廊，那里过于拥挤吵闹。另外，武斯特大楼的这个半私密后院还可以用于展览设计作品、建筑模型、照片、美术作品，进行排球比赛，举行特殊的活动如毕业典礼、文艺舞会和过世教员的纪念仪式等。显然，这个地方对武斯特大楼中的人们的社区意识来说，具有重要意义。在大型校园的匆忙环境中，这种社团精神往往极为缺乏。

显然，环境设计、艺术、戏剧和文学等院系很需要这样的后院用于非正式的课堂教学，而其他一些院系（工程、生物、地质等）则需要用实验室或仪器设备，无需使用户外作为教学空间。不过，在为各学科院系提供设施的计划中，营造利于交流的空间正在成为设计师们最经常提到的目标之一。当然，空间的舒适性（温暖、遮荫）和功能（休息、学习、交谈）必需给予更加认真的对待。我们所考察的每个大学似乎都有大量潜在的后院空间，通常是那些因为对美学和功能需要的细节考虑不周而荒废或空置的庭院。

图4-8 在加州伯克利校园中，学生们在毗邻南北大道的公共草坪上享受春日的阳光

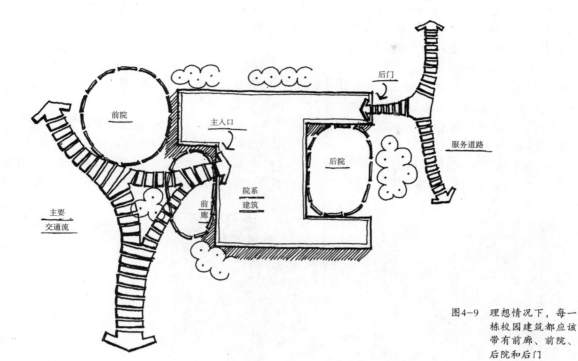

图4-9　理想情况下，每一栋校园建筑都应该带有前廊、前院、后院和后门

在一个适于建设后院的地点，应考虑以下这些方面：

- 这个空间应该远离主要步行人流，从它所服务的建筑又可方便地到达这里。它的位置应对建筑的经常使用者比较明显，而对过路者比较隐蔽。

- 该空间应符合ADA所有有关残疾人的规定。

- 大多数经过这里的人们应将建筑本身作为目的地。后院不应该成为大量过路者的通道。它应该让人觉得这是一块安静的绿洲，只有零星的路人。

图4-10　加州大学伯克利分校的工程综合楼有一处少数人光顾的屋顶后院。其牛眼形的圆形空间让人置身其中觉得很不舒服；路人和校警都无法看到这一空间；周围建筑中，只有一栋楼有门开向这里

• 尽管硬质铺地似乎最适用于后院，但其材料也应该是温暖而且吸引人的。一项对加州大学欧文分校校园中一处无人使用的医学院方庭的研究表明，刺眼的混凝土地面和荫凉地的缺乏使得学生们很少使用这里的几个座位。环境心理学小组的学生们提出的改造建议包括：增加一个木质平台，上面有遮荫花架以及一些可移动的座椅（校园环境处，1982年）。

• 座椅应围绕边界处布置，或靠近空间中的绿岛，因为人们在身后有墙或植被时会觉得更舒服。

• 在恰当的地方提供可移动的桌椅，使人们可随意组成小团体活动。

• 后院空间应足够大，足以应付偶然的"家庭式"活动之用，如毕业典礼，但也不能太大太开敞，否则会使一两位使用者单独在场时感到过于暴露而不自在。

• 后院应可以为特殊活动（如毕业典礼）提供临时座椅，还应有户外麦克风连线。

• 避免将后院处理成一个维修杂院，使用廉价材料而且不注重细节。

图4-11　加州大学伯克利分校内的拉蒂莫（Latimer）广场，是一栋化学楼的后院空间——其绿化和座位的布置经过了精心设计——这里本可以成为吃午餐或课间喝咖啡的宜人场所，但是除了进行毕业彩排以外很少被用作其他用途

图4-12　伯克利环境设计学院中一处成功的后院，主要服务于临时学习、户外教学，模型制作和一些特殊的仪式

后门

大多数住家的前后门的景象有着很大的不同。同样，校园建筑也应该有一个明确的后门或服务入口。那里①可供运货卡车停车卸载；②储存有毒物品；③装载垃圾。如果前后门不分或者只有一个门，就会带来许多问题和麻烦。当卡车为自动售货机卸货、图书馆货车装卸书籍等活动发生的时候，人们就几乎无法安静地谈话、吃饭或学习。所以建筑后门应该①是一个功能明确的服务入口；②便于卡车和货车停泊工作，同时又不干扰该建筑或邻近建筑的前廊和前院空间；③所处的位置应该确保机动车的噪声不会干扰附近没关窗的教室。

一些已建成校园由于缺乏预见导致交通问题长时间积累下来，如何适应这种拥挤的既成现实对上述导则构成了挑战。不过，如果可能，还是应该通过对新建筑的处理来改善过去积累下来的问题。

公共绿地：人人使用的校园空间

如果将校园建筑附近的空间视为住家的邻近空间，那校园建筑之间的公共区域就可以被看作是大学城内的街道和公园——那些空间不是某个特定建筑或院系的附属领地。应该尽可能地创造可命名的空间，这不仅可以强化公共空间的空间结构，而且可以赋予这个地方以特定含义。另外，还应利用连贯的标志系统来加强校园的空间结构。

校园入口

如果校园位于乡村或远郊地区，学生们乘汽车或公车上学，一座雄伟的校园大门无论在图纸上看来多么吸引人，其实际作用也许会适得其反。停车场的布置应使乘车者在进入学校和停车时对校园产生的自然和社会影响尽可能小。加州大学欧文分校有许多通勤的学生，停车场被设计在校园周围，呈环状分布，这样学校就有多个入口。这在功能上是很有意义的，尽管学校因此显得有些缺乏中心焦点。相反在加州大学伯克利分校，正式规定的主入口［在班克罗夫特大街（Bancroft Street）和特里克拉夫大街上］也是主要的人流集散地（斯普鲁广场），同时还是从校园南部（大多数比较便宜的学生宿舍都位于那里）步行上学的学生们的主要进出点。再加上这里没有机动车出入口，因此，这里成为一处利用率很高的校园入口。伯克利校园中其他一些出入口则都不很成功。北侧校门在1990年被重新设计以前，步行者和汽车一直共用这个拥挤的、毫无美感的大门。学校西面有一个正式入口，它是按照奥姆斯特德最初的校园总规建设的，20世纪60年代又由托马斯·丘奇（Thomas Church）重新设计，但它似乎更像是一个被放错位置的纪念碑，因为很少有人从这个

图4-13 在伯克利环境设计学院的后院里进行的毕业典礼［照片提供者：吉尔伯特·哈克（Gilbert Haacke）］

图4-14　前后门的混乱。一列正式的台阶构成了这栋建筑的前门，而运送货物和装垃圾的后门则位于底部，可通过一条倾斜的车道到达。位于坡道顶部的垃圾车与人行道上的行人产生冲突

方向进入校园。这个入口是如此不显眼，以至于一位游客站在西校门处向一名伯克利的规划师打听校门的位置！

校园入口不仅应设在步行学生进入最多的地方，而且应提供宜人的等待、用餐、临时学习和张贴报纸、通知及海报的附属空间。许多校园的内部布局都不同于外部街区的布局形式，而且校园建筑上都没有街道的地址，所以第一次到访的游客很容易迷路。为了使校园地图清晰、易读，应该在上面标明主要和次要出入口。这些都应该符合 ADA 的规定。

主要广场空间

几乎所有的校园里都存在某种形式的中心广场或集会场所。就像每一个传统村庄或小城镇都有其公共绿地或城市广场一样，每一座校园都需要有一个朋友聚会、乐队表演、开办展览、举行集会的地方，人们来这里观看他人表演或只是在课余放松一下（见图 C-44）。这类空间的种类很多，像伊利诺斯大学尚佩恩－厄巴纳分校中的带草坪和树木的中心步行街；新墨西哥州大学中的黄砖铺地的巨大的斯密斯广场；还有伯克利分校中别致的斯普鲁城市广场。广场提供了整合校园文化与校园空间结构的机会。可能的情况下，还应布置纪念性的植物造景和其他识别性强的空间造型。

尺度

中心广场的尺度差别很大，要看它服务的是一座主要的大学还是一所小型的初级或社区学院。学校的中心广场内可能会举行大型集会、讲演及表演活动，如果广场的尺度大到足以容纳这些活动，那在没有活动的时候广场就会显得空旷单调。中心绿地步行街——如在伊利诺斯大学尚佩恩－厄巴纳分校和弗吉尼亚大学校园中的步行街——在没人利用时并不显得空旷，而硬质铺装的广场常令人产生这种感觉。例如，被新墨西哥州大学学生看作是校园中心的斯密斯广场，就十分适合举行集会和节日庆典。但是当人群散去的时候，校园中的人们就觉得广场太大、太单调，给人一种压力，穿过这里都觉得不自在。尽管常常有人来这里滑旱冰、扔飞碟，但在任何校园中，

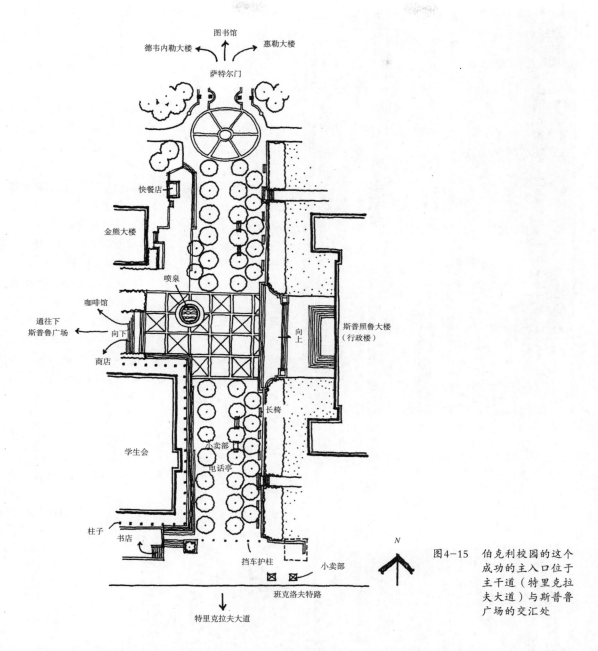

图4-15　伯克利校园的这个成功的主入口位于主干道（特里克拉夫大道）与斯普鲁广场的交汇处

这样的广场对于学习、谈话或是休息来说尺度都有点过大了（环境教育研究所，1982年）。伯克利校园中的下斯普鲁广场也存在类似的情况，旁边一座高层建筑投下的阴影加剧了问题的严重性，这使得广场在一年中大多数时间都让人感到不适。而上斯普鲁广场则处理得较好，既适合几千人的大型政治集会，也适于人们在此安静地学习、谈话。绿化和铺装的巧妙运用使得这个适于大型聚会的空间在其他时候也不会显得过于空旷单调。

位置

　　中心广场应位于公共绿地的位置，在那里，所有周边建筑和邻近区域的使用者都会感到同样舒适。在1981年进行的近400人的访谈中，所有被调查者都可以说出他们心目中校园公共绿地的

图4-16 加州大学伯克利分校的斯普鲁广场之所以成功,很大程度上是因为它位于主要人行交通的入口处。线性的设计加上边缘的座位、用于集会和演讲的中心开放空间以及广场周围的高使用率建筑,使得广场可以容纳大量人流

名称;其中将斯普鲁广场看作是主要出入口 / 聚会场所的人所占比例最大(几乎 2/3)。并非偶然的是,斯普鲁广场边缘分布的是学生会大楼和中心行政大楼,大楼内有一些辅助性办公室,如学生档案室。

- 中心广场周围应该是一些全天都被高度利用的场所,包括:学生中心或学生会、图书馆、剧院、体育馆、食堂、行政中心、书店及邮局。

- 中心广场还必须位于主要步行人流经过的地方,这样许多人都可以熟悉该空间,在不同季节里以不同心情看到它,并逐步有意识地欣赏它。川流不息的行人流本身就很重要,因为这会使观望者及等待朋友的人们有很多可看的东西。

- 中心广场还是一个重要的社会心理和视觉上的方向标识,因此,道路都自然地向这里辐聚,并导致许多人会聚到广场上来。在加州大学圣克鲁斯分校,规划师被特意指示不要在校园里规划这类集会空间(为了避免出现伯克利校园内的自由论坛、人民公园等类似的集会场所),结果人们在校园里产生一种强烈的方向迷失感,甚至是学校的正式人员。

空间属性

- 一所大型校园的主广场的功能如同一个舞台,一些人"表演"(走过、演奏音乐、演讲、发放文学作品),而另一些人则来观看或是

图4-17 西雅图市华盛顿大学的"红场",因为其尺度过大且缺少边缘空间,个人或小团体在使用时会感觉不太舒适,但它是一个行人交通中心,滑板爱好者也经常来这活动

被看。因此，一个成功的广场应该能够满足以下两种基本活动：路过和静态行为（闲坐、学习、等人、进餐、观赏）。广场的基本设计必须能令这两种活动同时进行而且互不干扰。打个比方，就好像一条向前流动的溪流（人流的运动），两侧同时产生出旋涡（休息、观望）。应该为这些需要休息的人流提供显眼的和比较隐蔽的位置。对几所主要校园的观察表明，只有少数人喜欢在主广场上选择某一容易被别人看到的座位区，估计是为了朋友间的日常会面。比如，在加州大学伯克利分校和伊利诺斯大学尚佩恩－厄巴纳分校中，非洲裔男生常在学生会大楼主入口附近显眼的坐墙边停留。在伯克利分校，这些地方后来被所谓的街民所占据。其他人或团体也许会选择不太显眼的地方。例如，在一些位于市区的大学校园里，老年人（尤其是男性）倾向于把校园主广场视为户外活动的主要场所，但常常选择安静的、有靠背的座位。

• 像在所有的公共空间中一样，人们更喜欢坐在空间的边缘，而且靠着什么东西。因此，校园的主广场应尽量使其边界空间丰富多彩，而且多设置一些"锚点"（比如树木、柱子、花坛）。在伯克利分校斯普鲁广场上的观察表明：女性比男性更喜欢选择边缘、角落及自然环境。在另一方面，男性是暴露位置的主要使用者，像

晒太阳用的草坪或一系列可观察行人的台阶。因此，广场应该提供各种不同的可坐位置。

• 非正式和正式的座位区都应该能够满足各种不同的需求，从安静地学习、偷偷地观察人，到正面地观察人以及在某个显眼的地方等候朋友。相比其他任何单独的校园空间，主广场更应该提供多种多样的座位。

• 因为使用者的不同，相应的，中心广场上座位的实际形式也各不相同，从带靠背或不带靠背的长凳，到台阶和护墙，以及喷泉的边沿等。

• 如果校园中有自行车，广场内就必须有大量自行车停车架，或可用来停靠自行车的长凳和树木，那就会造成校园环境在景观和功能上的混乱，并对行动不便的人们造成严重影响。

• 张贴官方通知的布告栏可以是玻璃橱窗，而非官方的海报则可以贴在板报栏或广告板上。应该注意的细节有：露天布告栏所处的位置应该避风，且应有很短的挑檐来遮雨，另外附近还应有座位，座位的位置既可以使人能不受拘束地坐下来休息，又不会挡住布告。

• （在气候允许的地方）在广场上能看到的范围内应布置有自助餐厅或饭店，以及小食品摊或手推车，这样学生们在广场内或附近就可以买到便宜的小吃。对市中心办公区和大学校园广场的观察表明，许多人常喜欢借在公共空间里

图4-18　加州大学伯克利分校的教工草地（the Faculty Glade），在对学生进行的调查中，它被认为是受欢迎的校园空间

吃饭的机会，一边读书、学习或是观察周围的世界。

• 在气候适宜的地方，主广场空间中建造一座可以接触的漂亮喷泉会增色许多。它会成为一处景点，成为该场所的象征，如果人们能坐在喷泉边缘，将手脚浸在水中，踩着踏步蹭水走过，或者有其他戏水的活动，喷泉就会成为一个吸引成人的游戏空间。

受人欢迎的户外空间

校园环境是步行人群占优并居主导地位的少数北美城市空间之一。城市要素与自然绿地和谐并存，这是许多校园的独特景观。1981年对伯克利校园的调查表明，大多数学生对这两种空间都喜欢，但选择"更多开放空间和绿地"的学生还是远多于选择"步行街和广场"的学生。在衡量校园用地是否均衡时，人们往往担心更多的建筑、停车场及其他城市要素会逐渐蚕食校园自然环境（库珀·马库斯和威斯克曼，1983年）。这种担心主要源于开发压力的持续增大，而资金却不断减少；另外对校园开放空间的保护和投资也很匮乏。

同一调查中，研究者要求被访者在一张地图上标出他们最喜欢的空间。事实上每个人都能毫不犹豫地指出一个空间，并强调它的重要性。这些受人欢迎的空间往往是绿地或"自然的"环境，他们没有被当作任何特定建筑或院系的附属空间或基地空间。学校中的人们利用这些空间就像城市中心的办公人员经常使用公园或是其他绿色公共空间一样——他们来这里缓解工作的紧张、竞争的压力，以及放松休息一下。被访者们列出了一些选择的原因：

自然、树木和绿色	60
安宁和平静	36
荫凉和阳光	30
有人，可以观察别人	28
接近水面（小溪）	27
草地和开放空间	26
感觉自由和舒适	12

虽然伯克利校园中受人喜爱空间的最主要特点是自然，但自然的表现形式还是多种多样的，从修剪整齐的草坪和中心钟楼下成行的悬铃木，

到"教工草地"中有树木边界的圆形草坪，以及蜿蜒的斯特罗伯里小溪（Strawberry Creek）两侧高高的桉树林。这些受人喜爱空间的共同特征是构成空间边界的自然元素（树木、灌木、草坪、小溪）部分或全部地挡住了周围的建筑和道路。在这里可沐浴阳光、可小睡，也可临时举办一些安排好的活动（音乐会、舞会、接待会），还可安静地学习、谈话、进餐或观察他人、沉思、喂鸟和松鼠、玩飞盘等。

显然，上述活动能有效地减轻学生和员工的学习工作压力，同时还可以使课堂、讨论会和办公活动的紧张单调变得更易于忍受。就像一座城市需要公园、海岸及公共户外空间作为它的"肺"，城市中的校园也需要有自己的绿色空间。新墨西哥州大学中最受学生欢迎的地方是一个带有瀑布和木桥的鸭池，周围还有起伏的茂密草坪。对于这样一座被主要交通干道一分为二的校园和炎热

图4-19 加州大学伯克利分校的钟楼广场是学生们户外学习和课间休息最喜欢去的地方之一

图4-20　加州大学伯克利分校的贝奇特尔（Bechtel）中心屋顶花园，是一处受人喜爱的吃午餐、晒太阳和阅读的地方

的夏季来说，鸭池确实是一处引人入胜的绿洲。

　　有趣的是，学校里不同年龄阶层的人群所选择的休息场所也有显著差异。在1981年伯克利大学的调查中，抽取的样本很大，但未区分本科生和研究生，结果斯普鲁广场被指定为校园中他们最喜欢去的地方之一。随后的跟踪调查只抽取了很少量的研究生，询问1981年提到的那些受欢迎的校园空间的问题（希格登，1988年）。所有这些学生都将斯普鲁广场排在了最后。"大多数人都认为它主要是一个适合年轻人、特别是本科生的地方，许多被访者（研究生）在这里感觉不自在。'忙碌、注意力分散、困惑、混乱以及不可预测'是一些他们用来形容这个空间的词汇"（希格登，1988年，P. 22）。研究生明显喜欢更安静、更利于沉思的地方。

　　在一次非正式的随机抽样调查中，大多数年轻的被访者（不一定是学生）在感到"消沉、沮丧或厌烦"的时候，一般倾向于去比较嘈杂的公共场所（商场、市中心、书店、喧闹的街道），而大多数成年人则更愿意去利于沉思的地方（海滩、自然环境、安静的咖啡屋）（弗朗西斯和库珀·马库斯，1991年）。这表明：在既有年轻新生也有教授和快退休教工的人群类型多样的校园环境中，受人欢迎的空间也应既有活跃的城市空间，也应有安静的自然空间。由于我们已经讨论过有关活跃的广场空间的设计问题，下述建议则大多针对

的是适于休闲和学习的自然空间。

　　• 在一个新建的校园中，应划定出独特或特别吸引人的自然景物（如溪流、池塘、树林、山岗），视其为"圣地"，确保它不会被旁边的建筑所占据或受到视觉上的侵入。在已建成的校园中，应通过调查或观察确定出受学生们欢迎的场所。与新校园一样，这类空间也应明文规定避免受到城市要素的侵蚀。

　　• 规划多样的自然空间，从大型、开敞的草坪或山坡，到隐蔽的溪畔空间。在可能的地方尽量利用生物过滤法净化溪流水质，利用雨水补给地下水。

　　• 创造利于野生生物（如鸟类、松鼠、蝴蝶和蝙蝠）生长的自然环境。应牢记这些生物也是校园生态环境不可缺少的组成部分，同时它们还起到了控制校园害虫数量的作用。我们必须把它们也当作是校园的合法使用者。

　　• 为学习、进餐和谈话布置桌椅和长凳。一项有关新墨西哥州大学鸭池及附近绍勒斯（Scholes）公园使用情况的研究表明，绿意葱茏的自然空间中由于没有足够的座位，所以只有那些愿意躺在草地上的人们才能在这里尽情享受。

　　• 确保树木或其他植物在垂直或水平方向上构成这些空间的自然边界，同时避免产生视觉上的孤立感。为了达到这一目的，需要经常对未来建筑的选址进行长期、细致的规划，还需要关

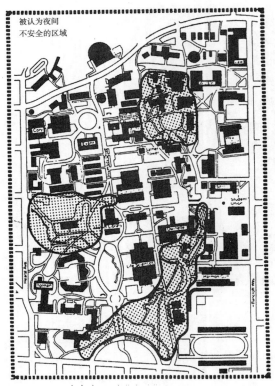

图4-21　1981年在对400名伯克利学生进行的抽样调查中，图中所划区域被认为是夜间不安全区

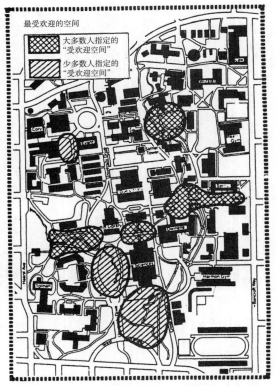

图4-22　图中所划出的区域是1981年在伯克利校园里进行的调查中被认为的"最受欢迎的地方"。其中许多地方同时也被认为是夜间不安全区

注未来的预算、景观维护计划以及树木的寿命和生长速度。

• 这类空间的内部和外缘绿化应满足多数使用者的心理需要：使他们背靠场地的边界或内岛，同时出于安全的考虑应确保植物的精心修剪。

• 确保这类空间远离校园建筑，以使任何院系或学生团体都无法将它们视为是自己专有的领域空间。

• 校园主要交通路线应规划在这些空间的边缘，这样既提高了空间的可达性，其内部活动又不会受过往人群的干扰。

• 应提供充足的夜间照明。校园中受欢迎空间（远离建筑，被植物覆盖）的自然特征也许同时造成了它们在夜间的不安全性，特别是对女性而言。事实上，1981年伯克利学生选出的受欢迎空间的大多数同时也被认为是校园中"夜间最不安全"的区域（库珀·马库斯和威斯克曼，1983年）。应用广谱户外照明可以营造出一种更加舒适的夜间环境。我们经常使用的钠气灯所产生的单色光会损害视觉，而且令人感到自己软弱无助。如果劣质照明对环境质量的影响已到了使其遭人遗弃的地步，那么使用节能钠气灯所带来的节约也就得不偿失了。因为金钱只是花在了无人使用的空间里。

• 应在晚上或傍晚浇灌植物和树木，这样草地在高峰使用期之前就会干。

户外学习空间

天气允许的情况下，校园的公共绿地区域（以及建筑周围的绿地）很适于随意的课间学习或进行在图书馆中容易干扰别人的讨论。一次暖秋时分在伯克利校园进行的调查显示，半数被访学生"经常"或"有时"在户外学习。限制户外学习的因素有（按重要性排列）：拥挤、没有座位、缺少时间、阳光或建筑反射到书本上的耀眼光芒、机动车的噪声、户外的嘈杂、狗的干扰、没有写字或靠着的空间（库珀·马库斯和威斯克曼，1983年）。如果位置、设施和细部设计都合适，可用于户外学习读书的空间会在好天气里大受欢迎，从而缓解图书馆和自习楼中人满为患的压力（见图C-45）。

以下位置是最适合于随意户外学习的地方。

• 主要建筑的入口处，课间和午餐时间学生们可以在接近其基地和自己熟悉的地方学习。

• 靠近便宜食品或零食卖售点的地方，因为学生们经常边读边吃东西。

• 对于那些喜欢在靠近基地的地方、或喜欢在周围有广阔空间的更具公共性的场所学习的人来说，开敞的草坪比较适宜。

• 对于那些喜欢沉思或做私人活动的人来说，最好有较小的隐蔽空间。伯克利校园中1/3的被访者希望在横贯校园的溪流边有更多的地方可以坐下来学习（这方面应认真处理，以避免土壤侵蚀的问题）。

• 远离机动交通和停车场的地方，因为噪声会影响人们的学习。

• 图书馆外半围合的露台和踏步可以提供一个与室内读书环境不同的空间。

• 主要步行人流旁边的"涡流"区。

• 大树下自成一体的亚空间。一个环形长椅可以创造出舒适的外向氛围，那些不想交谈的人们可以在此坐下来学习。

• 正对建筑末端或白墙的位置，因为这里不会被认为是某个特定院系的附属空间。

设计户外学习空间时，应注意以下几点。

• 利用距离、绿化、高程变化等方式将户外学习空间与主要步行人流隔开，这样当有大量人群经过时，视觉和听觉上的干扰就不会那么强烈。

• 利用明确的边界将学习空间部分围合，这样使用者就会觉得能够躲避可能出现的干扰。但这些空间应避免视觉上的孤立，同时也应注意不要形成没有回路的死角。

• 最重要的是应提供舒适的座位。坚硬、冰冷、没有靠背的长凳不利于户外学习。

• 应提供某种类型的桌子。尽管有些人觉得一个舒适的座椅对于读书和谈话来讲已经足够了，但还有些人喜欢将书本摊在桌面上，以及写字时靠着桌子；所以应该设置一些类型多样的写字平面。许多人习惯于独自或同一个朋友一起学习，这样，1～2人用的小型桌椅可能要比大型的野餐型桌椅更适用。当问及伯克利校园中户外学习还应有什么设施时，3/4的人提到"长凳和桌子"。奇怪的是校园中的户外桌椅非常少；设计师们似乎只把桌椅看作是野餐和吃饭的附属设

图4-23　学生像大多数人一样，喜欢坐在开放空间边缘，身后有靠背或植物给与保护。如图所示加州大学伯克利校园中的一处空间

施，却很少认识到它也有助于户外学习。贝奇特尔中心的屋顶花园是许多伯克利学生最喜欢去的地方之一。它位于一座部分下沉的建筑的屋顶，可以全天受到日照，花园中有一个小咖啡屋、座位、绿化和一个三面有玻璃隔断的带屋顶的学习室。这些学习桌特别受欢迎。

- 确保所有的桌椅都符合ADA标准，包括高度、膝部空间的尺度以及通向设施或位于设施之下的地面要求。

- 在那些气候常年都不适于户外学习的地区，设置室内学习空间是十分重要的，尤其是在图书馆里；同时还应与外部空间保持视觉联系。人们在专心读书和学习时，经常会向窗外凝视一会儿，或者发一会儿呆；其实，这些短暂的休息对于概念的理解、问题的分析解答都是非常有用的。

限制校园外部空间使用的问题

犯罪和对犯罪的恐惧

　　尽管大学校园的环境树林茂密、引人入胜，但它绝不是没有犯罪发生的圣地（Smith，1988年）。在一次全国范围内的对一万名随机抽出的本科生的调查中，近40%的被访者在大学期间都曾经成为犯罪的受害者［鲍塞尔（Bausell）和马洛伊（Maloy），1990年］。1981年研究者抽取一

图4-24　贝奇特尔中心屋顶花园，在远离主要人流、有藤架遮荫的地方设有小桌。1981年的调查中，"更多的桌椅"是学生们提出的帮助改善户外空间利用的首要建议

大批伯克利学生进行调查，让他们列出影响他们使用校园户外空间的因素，结果对犯罪的恐惧成为一个很重要的原因。那些被认为是最不安全的区域包括：植被繁茂的地区，自然景观中的空地，以及夜间不常使用的道路或小径。但是，并不意味着除此之外的所有地方就都是安全的。相当多的一部分被访者认为整个校园在夜间都是不安全的——这全是女性被访者的回答。相同比例的男性被访者们却感到：除去很少的地方，校园中的

图4-25　贝奇特尔中心屋顶花园中颇受欢迎的半户外阅读室，设有课桌和电源插口

任何地点都是安全的（库珀·马库斯和威斯克曼，1983 年）。15 年后，人们对犯罪的恐惧及感到易受伤害的心理仍旧是影响伯克利校园户外空间使用的重要因素。社会政治环境使得街道上无家可归的人越来越多，无论是在社会上还是校园中，这些人的存在和他们常常做出的反社会举动都限制了人们对于某些校园空间的使用，特别是对女性而言。

在伊利诺斯大学尚佩恩 – 厄巴纳分校中，有一次对影响人们安全感的因素做了调查（柯克，1987 年），结果校园中的高度绿化区和风景区，像纪念地、伊林尼（Illini）树林等，都被认为是最危险的地方，特别是对女性。学生们列出的影响其感知危险的最重要的因素是"照明不足"和"存在隐蔽场所"。但是，当被问及对提高校园安全性的建议时，没有一个人（在随机抽样的 67 名男性和女性样本之中）提出要移开植物。人们提到最多的是建议改进照明，增加警力巡逻，以及设置更多的紧急电话。

在对俄亥俄州立大学校园的研究中，调查者的结论是：犯罪和恐惧犯罪的多发地点常常是那些环境的微观设计使得犯罪者得以藏身的地方、过路人无法看到的地方以及逃脱的可能性较小的地方（纳泽和费希尔，1992 年 b）。研究者们还特别研究了学生们在威克斯内尔（Wexner）中心［一栋新建的竞赛优胜建筑，埃森曼（Eiseneman）设计］周围环境中的心理感觉（纳泽和费希尔，1992 年 a）。他们发现最令人害怕的地方，尤其是在夜间，主要包括：路边植物高达 7 英尺（约 2.1 m）的小路，没有出口的死胡同，灯光昏暗的地方，还有缺乏逃跑（或向旁人求救）路线的狭长巷道空间。研究者们的结论是，由艺术家和建筑师们组成的评审团所挑选的设计方案常常在微观的行人尺度上不甚令人满意，所以应从各种尺度研究校园环境，以便于发现导致人们恐惧心理的细小设计要素（纳泽和费希尔，1992 年 b）。

一项对新墨西哥州大学校园的研究将人们对于犯罪的恐惧视为限制校园夜间利用的主要原因，研究者建议划定出一系列具有良好照明和巡逻的"夜间安全道路"，以此连接校园主入口和夜间活动区（如图书馆、实验室）（环境教育研究所，1982 年）。加州大学伯克利分校推荐了一些适于夜间行走的通道，并且将张贴和分发这些道路的分布图作为校园安全计划的一部分。

建筑立面上的照明也有助于照亮那些可能藏匿人的昏暗区域，同时校园地标上的照明也有助于人们找寻道路。有了方向感就会使夜间校园的使用者更有安全感。校园和紧邻校园的街道的照明应使用较低的、间距短的照明设备，并使用广谱的灯光，这样才能反映物体的真实颜色，并提高人们视觉的敏锐度。然而现实中，道路常常遵循高速公路的照明标准，水平光线从高高的灯柱上射出。这并不适合夜间的步行者。所以设计照明系统的关键就在于将灯光设计师与校园工程师、城市设计师的建议相互结合，而且更重要的是要考虑使用者的要求（例如：学生团体、妇女安全团体等）。因为在城市街道中，灯光与人群的结合似乎是制止犯罪的关键途径。

对校园中人们担忧自身安全的研究表明，同居住区相比，女性更害怕在上面所提到的各种校园环境中走夜路。这并不令人奇怪，因为那些校园建筑之间的树木和开敞空间在人丁稀少的夜晚比起居住邻里更具有潜在的危险性。

对加拿大渥太华卡尔顿大学的研究表明，天黑以后人们在校园中感到害怕的最重要的四种原因分别是：灯光昏暗，孤单一人或周围人很少，存在有可能藏匿人的地方，以及缺乏遭遇危险时的逃脱路径［利奇（Leach）、莱修克（Lesiuk）和莫顿（Morton），1986 年］。这一结果对研究者来说并不奇怪，因为他们发现这个校园处于两个水体之间，面积达 153 英亩（约 62 ha），林木密布，如同一座公园。过境交通和周围用地照明的匮乏，加上连接建筑和周边停车场的长达 5 公里（5 km）的地下通道，共同造成了人们在夜间的恐惧感。

八年后研究者们又进行了第二次校园调查，这次的被访者大约有 1500 名男女学生和教职员工。2/3 的女性教员和研究生表示出对校园人身安全的关注，而在城市邻里中这一比例刚刚过半。只有 4% 的男性教师和 8% 的男性研究生表示担心自己的人身安全并因此限制自己的行动（克洛达夫斯基和伦迪，1994 年，P. 131）。总的来说：夜晚时，女性在校园中都会感到害怕，特别是在容易产生问题的地下通道和停车场中。许多女性在自己感到不安全的环境中会采取一些应对之策：

"我不会在晚上 7 点后上课,除非不得已我不会在天黑之后留在学校"(女教师);"我不会在图书馆或办公室里待到很晚"(女研究生);"如果我在晚上上课,我会把车就近停在不准停车的地方"(女教师);"如果拿到停车罚单,我会拒绝付罚金"(女研究生)。相反,很少有男性被访者表示会因为担心安全而改变自己的行为(克洛达夫斯基和伦迪,1994 年,P. 132)。

物质环境对校园安全的影响正越来越受到重视(柯克,1988 年)。例如,许多加拿大大学都被下令改善"空间的安全性,例如:教室、保管室、图书馆的自习区和书库、步行道和小路、停车场、汽车站、居住区、校园操场及任何令人感到不舒服的地方"(METRAC,1991 年)。

为了降低校园犯罪率、减轻人们对犯罪的恐惧,设计师和管理者需要针对以下开放空间的设计因素,对新方案和改造方案进行评估:

- 植被的数量、密度和位置。
- 照明的数量和位置。
- 公共空间的可视度。
- 罪犯的藏匿机会。
- 从不同地点逃脱的可能性。

电话和紧急呼救器的位置、数量和可见度最需要详加注意的几类区域包括:

- 步行道和小径。
- 停车场。
- 公共汽车站。
- 地下通道。

- 自然或公园区。
- 建筑入口处。

尽管这本书主要关注的是户外空间,但是我们应该注意校园犯罪不仅发生在户外,而且还会发生在室内[布罗姆利(Bromley)和特里透(Territo),1990 年]。例如,尽管人们对校园犯罪的恐惧主要发生在户外,但某种特定罪行的实际发生率——例如性骚扰——却是在室内的更高(Day,1994 年)。

最后,在犯罪问题上评价一所学校时关键应考虑以下各方面:男性和女性的安全;校园中健全者和残疾人使用者;步行者、骑单车的人和开车的人;白天或夜晚、周末或其他日子;在物质环境、安全巡警、护卫服务、学生教育、建筑开放时间及校园维护等各方面遵守相关规定。总而言之,校园安全问题是复杂的、多因素的。在回顾女性对性骚扰的惧怕心理研究时,戴总结道:

大学校园中推行的只是个体主义的、"以受害人为中心的"犯罪预防策略,实际上是支持了父权式的社会标准,它剥夺了女性在公共场所追求舒适、不受限制、自由和独立行为的权力。相反,校方采取的防止性攻击和个人犯罪的策略应该集中在改善校园的物质、社会和团体环境,同时与对性攻击的重新认识和教育的策略保持协调一致。这样的策略才可以创造出一个更有安全保障的校园环境,同时减少女性的恐惧心理,促进她们毫无顾忌地参与校园

图4-26　虽然许多校园设计都鼓励学生们使用自行车,但大量停放的自行车会堵塞建筑的出入口——或者就像图中加州大学戴维斯分校的情况一样——将草坪区完全隔开,使人们无法使用草坪

活动，从而激发她们积极的自我意识。

交通

当学生们被问及影响伯克利校园户外空间使用的（除犯罪之后）原因时，学生们抱怨最多的就是交通车流、机动车噪声、车辆停泊、空气污染、及建筑入口处的维修车辆等问题。通过对伯克利校园的观察，我们发现：助动车的使用——正悄悄地进入校园并加剧了步行道的噪声——也许会成为将来的主要问题。年纪较大的校园使用者们还将自行车视为一个问题。

交通对于户外空间利用方式来说是十分重要的，因为它常常直接或间接地影响着步行者的行为。机动交通和铺装路面所带来的噪声、交通堵塞、难闻的气味和散发的热气，都大大限制了人们对户外空间的使用，尤其是户外放松和休闲。伯克利校园中所有最常被提到的受欢迎空间都远离日常机动交通和机动车服务区，无论是在空间距离上还是在视觉上。

步行者、骑自行车的人和汽车司机之间的互相冲突似乎是许多校园中都存在的一个问题。很多伯克利校园中的被访者们都提到，学校里缺少明确的自行车道，因此，自行车不得不占用步行道，另外学校里没有足够和安全的自行车停放点。这些设施无疑是十分必需的，因为自行车是学生们最省时也是最经济的交通方式。

校园中步行者和汽车的冲突常常发生在：①汽车和行人共用的、而且没有划定人行道的校园出入口；②不能满足高峰期步行人流的狭窄人行道；③没有明确穿行标志的人行道与汽车道的交叉处；④兼做人行道的停车场；⑤服务车辆通过前廊靠近建筑时（例如没有后门的建筑）；⑥新建筑的选址、新道路和停车场的规划忽视了现状步行交通。

大多数校园的交通基础设施对汽车的支持都是以削弱其他交通方式为代价的。考虑到私人汽车的使用对社会、环境的许多负面影响，我们确实应该优先考虑更多人而非更多车辆的需要。

相关建议如下。

- 通过交通需求管理减少机动车的使用。
- 鼓励骑自行车、步行或者其他可持续的交通方式。为自行车通勤者提供充足的服务设施（例如洗车处以及安全的存车棚）。
- 创造一个步行为主的交通环境（例如提供充足的人行道，在步行空间与其他交通之间建立足够的缓冲带）。
- 采取限制交通的措施，并关注道路的养护、积雪的清除以及骑单车者的需要。

因为本章的主旨并不是要解决校园总体规划中的机动交通、停车等问题，所以以上几点只是对交通规划师的一些建议。众所周知，汽车（运动的和停泊的）与步行者之间的冲突是每一所大学校园中都存在的问题，它时刻影响着人们对校园户外空间的使用和享受。

校园的损耗与破坏

景观中的行为痕迹是人们使用空间环境所留下的证据，例如废弃物、残破的植被以及人踩出的小路。大学校园内垃圾的多少通常与食物的来源（特别是零食摊和自动售货机出售的食物）以及人们喜欢进餐的地点紧密相关。垃圾的出现可能是由于人们的疏忽、不经常清理垃圾箱，以及主要地点的垃圾箱数量不足。垃圾也可能与风和垃圾箱的类型相关：在那些建筑布局或地形易于引起旋风的地方，开口垃圾箱内的垃圾会被风刮出来。采用翻盖式的垃圾箱可能会解决这一问题。所有垃圾箱都应符合 ADA 条例的要求，包括垃圾箱开口的高度和方向、垃圾箱周围和通向垃圾箱的地面条件，以及开启箱盖所需用力的大小。除此之外，目前大多数校园都已采用了回收利用箱，其位置和设计上存在着特有的美学问题，必须给予特别的关注。

校园植被的破坏可能是由于过度使用、疏忽大意、漠不关心、植物选择和配植不当、超近道等原因所致。有些近道特别是那些出现在街角处的，可能是由那些偷懒或粗心的行人造成的；而其他近道则是设计欠妥造成的——也就是说，对那些不直接的道路、对那些阻碍通向目的地的绿化植物，超近道是人们的自然反应。人们之所以放弃设定的道路，最后还有一个，也可能是最重要的原因是人们更愿意走在草坪、土地这些自然地面上，更愿意穿行在自然景观中，同时避开拥挤的人群。

除了在雨天和浇水期间，由于地表变得松软行人为了避开泥泞会践踏更大的区域之外，并不能说任何近道都是难看的或有问题的，柔和亲切的自然路面会给人带来视觉和身体上的享受，并且还能够把许多校园区域从毗邻的城市景观中区别出来。找出一种既允许甚至鼓励对自然景观的享受，同时又能避免对它们造成破坏的规划方法是一项很有价值的挑战性工作。

加州大学圣克鲁斯分校的情况可以作为案例让我们了解到关于校园中穿过自然景观的近道的许多问题。圣克鲁斯分校被规划成一个田园式的校园，其建筑都布置在一片巨大的红杉林中或附近。主要的校园车道及停车场地都进行了仔细的规划，但对步行路线却重视不够。结果，整个校园被学生从宿舍到教室、图书馆和体育设施行走所踏出的近道任意分割。尽管这些穿过森林、草地的道路十分吸引人，但是同时也带来了不少问题，例如在冬季，降雨和大雾使路面变得泥泞不堪；在晚上，这里非常漆黑；还有在学生们攀登陡坡时可能会出现危险。尽管有些学生十分喜欢这条路线的田园风光，但是它们确实给那些身有残疾以及那些穿着正规的人们带来了不便。所以新的或重新设计的校园道路必须符合 ADA 条例，其中包括坡度限制、栏杆要求、路面要求以及步道宽度等。

道路指引

对于校园的经常使用者来说，因为他们每天都身处其中，所以或许会忘记他们的校园其实覆盖了很大一片土地，容纳有与一个较具规模的城镇不相上下的人口数量。在一些大学校园中（例如南加州大学）部分城市道路就穿过其中，从而使新来的人更易于识别校园。但是在其他许多校园（如加州大学伯克利分校）校园的道路一般来说没有命名而且不依常规形式，初来乍到的人很容易迷路，失去方向。以 1981 年在伯克利的调查为例，超过半数的被访问者感到校方提供的地图和标志不够完全。从那以后，伯克利校方就着手解决校园的标识问题，包括为校园的道路和小径进行系统性地命名及标识。

以下是我们对校园道路标识的一些建议，其中许多已被 ADA 条例所要求。

1. 在校园主要入口和道路沿线布置校园地图，并注意维护保持（夜间提供良好的照明）。

图4-27　路德维格喷泉，是伯克利校园斯普鲁广场中人们经常去的约会地点，它是以一只小狗的名字命名的，在20世纪60年代这只小狗每天都走数英里来这里站在水中玩耍，接受学生们的喂食和宠爱

2. 在所有校园建筑的前门布置标有名字的牌子，并保证它们的夜间照明。

3. 在建筑的正式命名下，标明使用该建筑的院系——如，地球科学楼：古生物学系，地理系，地质系和地球物理系。

4. 在所有的主要交叉路口布置设计美观、照明良好的路标指示。

5. 遵守 ADA 条例的要求，充分考虑残疾人的需要，比如说通过地面色彩、材料和形状为视觉有障碍的人提供特殊标识［例见 MIG 有限公司（MIG communication），1993 年 a］，充分考虑校园残疾人的体验［利夫切斯（Lifchez）和温斯洛（Winslow），1979 年］。

结论

虽然我们这些建议几乎可应用于每一校园，但是对已建成校园进行改建规划或增建规划时，

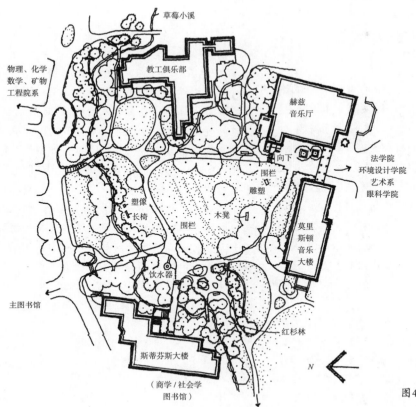

草莓小溪

物理、化学
数学、矿物
工程院系

教工俱乐部

赫兹
音乐厅

向下

围栏
雕塑

法学院
环境设计学院
艺术系
眼科学院

塑像
长椅

围栏

木凳

莫里
斯顿
音乐
大楼

饮水器

主图书馆

红杉林

N

斯蒂芬斯大楼

（商学／社会学
图书馆）

图4-28 加州大学伯克利分
校中的教工草坪的
场地平面

斯普鲁广场
学生会

建议进行一些使用状况评价的调查，收集所有学生和教工对校园户外空间的详细要求，并分析备案。规划新校园时，这些建议将有助于校园建筑的总体布局、特殊空间的保护、校园入口和主广场的选址、以及建筑入口和户外学习空间的细部设计。同时，新校园的规划也是安排交通路线、服务设施和开放空间系统的一个不可多得的好机会。

校园户外空间常常被简单地视为校园建筑布局后的剩余部分，这是景观设计师介入设计过程过晚的又一个不幸实例。在校园主要场地规划完成后，景观设计师的作用主要是来修饰涂抹空间，而该空间的用途几乎不被人考虑。事实上，校园规划与其他形式的场地规划一样，景观设计师应从一开始就参与进去，强调对建筑前廊的设计，关注人们对公共绿地的需求，精心保护特殊地段，熟练地利用植物和场地设施的设计和安排来更好地促进人们在户外空间中的学习、休闲、思考、集会以及娱乐等活动。

最后需要指出的是，当前大学校园建设投资是以单个项目为基础的，这很难为长远持续的景观规划设计保证足够的资金。从长远来看，从大角度来看，这可能是现代校园规划中最不利的因素了。现在的项目往往严格限定在一个很小的场地范围内，结果设计所导致的交通和整体利用上的新问题比它所能解决的问题还多。此外，用于改善校园基础建设比如自行车路网的资金非常匮乏。我们并不是在夸大其词，这种破碎、割裂的校园设计方法不仅会加剧现状问题，而且会带来更多的新问题。校园建设投资的内容不是本书的讨论范围，但我们大力鼓励各单位能够找到合适的融资途径来支持校园交通路线和公共开放空间系统的持续设计。也许通过筹集目标基金或是通过对个人开发项目征收附加费不失为好方法。

案例研究

加州大学伯克利分校的斯普鲁广场

位置及环境

斯普鲁广场位于加州大学伯克利分校的南边。它是进入校园的一个主要入口区，同时也是一个树木成行的长方形广场。周围紧邻学生会楼、斯普鲁大楼（学校的行政大楼）以及金熊中心（the Golen Bear Center）（咖啡厅和助学办公室）。广场由一系列宽阔的台阶连接到下斯普鲁广场——一个宽一些的长方形广场，周围是采勒贝奇（Zellerbach）大楼（剧院和音乐厅）、"熊穴"（咖啡厅）、金熊中心、以及埃舍曼（Eshelman）大楼（学生及社团办公室）（平面参见 P. 187）。

概况

斯普鲁广场采用轴线对称设计，约 530 英尺（约 162 m）长，75 ~ 100 英尺（约 23 ~ 30 m）宽。该广场将学校的古老大门——萨特（Sather）门与城镇连接在一起，同时它也是学校特里克拉夫大道的终点。这条"大道"在接近校区的几个街区的沿路分布有咖啡厅、书店、花店、服装店，并且一直向南延伸 5 里（0.5 km）到达奥克兰市中心。

斯普鲁广场以前曾作为特里克拉夫大道的一部分，现在看起来仍然像是一条街道。广场沿班克罗夫特路的边界处分布着一排挡车护柱，表明这里完全是步行空间。成排的高大悬铃木强化了其轴线效果，创造出一种"林荫大道"的环境。大约在广场中部，一条东西向的校园轴线横穿广场，把斯普鲁大楼的醒目入口与下斯普鲁广场内的活动空间连系起来。在两条主轴线的交叉处，广场扩展为一个大致成正方形的亚空间，并以铺装的变化、连续树列的中断以及一个带有低矮坐台的喷泉为标志。正是在这里，1964 年 10 月 1 日，马里奥·萨沃（Mario Savo）登上了一辆警车的顶篷并由此揭开了"言论自由运动"的序幕。20 世纪 60 到 80 年代，许多令伯克利学潮闻名于世的集会、会议都是在这里举行的。广场的重要中心位置使得这里成为一个政治集会场所：斯普鲁大楼前的台阶是演说的舞台；广场本身作为演说厅；而金熊中心前的台地和学生会楼前的台阶、阳台正好可以成为后面人群的展演空间。

主要用途和使用者

斯普鲁广场的设计师们——建筑师弗农·德马斯（Vernon Demars），唐纳德·雷伊（Donald Reay）和唐纳德·汉迪森（Donald Handison）以及景观设计师劳伦斯·哈尔普林从 20 世纪 50 年代末就开始着手设计这组将来会成为校园社会活动中心的建筑及户外公共空间。正如罗杰·蒙哥马利（Roger Montgomery）（1971 年）对他们所付出努力的评价一样："成功一个接着一个地来了。"

斯普鲁广场服务于不同的使用者及其活动，而且效果很令人满意。广场的轴线形状为每天成千上万从校园南部宿舍区赶到校园中心图书馆和教学楼学习的学生们提供了步行通道。如果把这条轴线道路比作是一条大河，那么路两旁的树木、广告亭、自行车架、台阶和长凳就好比是主流之

图 4-29　教工草坪。午间时人们进餐、放松和学习的好去处

外的"涡流区",正好为行人提供了驻足观看通知、和朋友交谈或者闲观往来人群的空间。广场南端的停车栏与班克罗夫特路之间那条宽敞的人行道已经成为小贩们喜欢的摆设流动食品摊的场所。威廉姆·怀特曾在他对曼哈顿的研究中提出,有食物出售会大大增强城市广场的受欢迎程度,斯普鲁广场当然也不例外。

仔细观察我们就会发现,斯普鲁广场鼓励需求不同的人群对广场的使用。所谓的街民(住在学校四周的非学生人群)常常占据着正对特里克拉夫大道、平行于学生会大楼前部拐角的一组台阶;喜欢观看往来人群的男学生们则喜欢坐在斯普鲁大楼的台阶上;女生们喜欢一些较为隐蔽的场所;而那些老年男性在和暖日子里把广场视为城市公园,他们背倚大树坐在广场东边的那些长木凳上。

成功之处

• 建筑围合了广场空间,同时汇聚了人流。

• 建筑之间的距离能够容纳大量的步行人流,还可以在路边留有座椅的位置。

• 树木加强了林荫道的感觉,还为休息者及广告亭提供了空间。

• 紧邻广场的建筑能够促进人群活动。

• 食物来源各种各样。

• 喷泉形成了一个吸引人的视觉焦点和集会地。

• 广场中心为集会、演说、演出提供了宽敞的空间。

• 学生会和斯普鲁大楼前的台阶可以作为面向往来行人的非正式座位。

• 高大的悬铃木缩小了坐在广场边缘区的人对广场的心理尺度。

不足之处

• 在活动举行期间,远离人群的安静空间不足。

• 包括自行车在内的高密度交通,有时令人感到害怕。

• 某一特定年龄组(18～30岁)的人群对广场的频繁占用使得广场对于年龄较大的研究生、教职员工来说显得不够亲切。

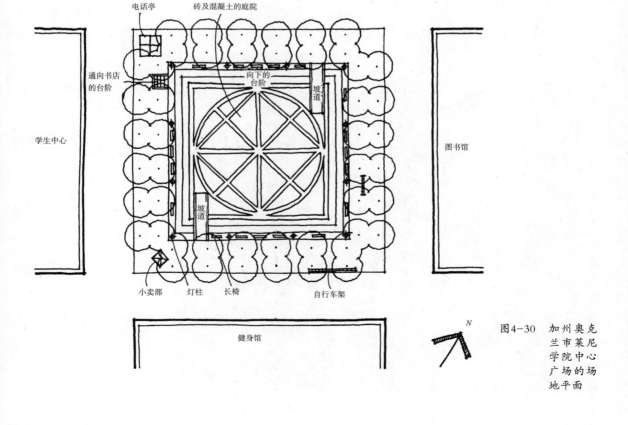

图4-30 加州奥克兰市莱尼学院中心广场的场地平面

图4-31 尽管位于中心位置，而且周围都是潜在的高使用率的建筑，莱尼学院广场仍不能说是完全成功的，因为其中两栋建筑（健身馆和图书馆）挡住了通往广场的入口，其他建筑（剧院）又很少有人使用。广场上长凳的设计很糟糕，尺寸似乎更适于中学，而不是大学校园

加州大学伯克利分校教工草地

位置及环境

教工草地是一片地势向西北方向倾斜的碗形开放草地，四周被大树和小路包围。这片颇受伯克利师生欢迎的空间四周分布一系列低矮的建筑：教工俱乐部、音乐系以及社会科学图书馆，但浓密的树木枝叶将它们遮蔽在人们的视线之外。聚集在校园东南部的职业学院，包括法律学院、环境设计学院、眼科学院、艺术学院、音乐学院以及商学院到教工草地都十分方便。

概况

教工草地位于山边，地势向草莓小溪倾斜，从而形成一处非正式的草地看台。四周及内部的几株古树虬枝错落，平添了几分历史的苍桑感。站在山坡顶端越过树林可以看到钟楼，而坡脚的平地又为音乐爱好者们提供了演出的场地。草地边的数个出入口方便了许多人在课间穿越草地去教室。通道在穿过树林、遇到小桥、通过拱廊的地方变窄，这与阳光充足的大片草地形成了饶有趣味的对比。小路分布于主要开放空间的边缘，留下完整的山坡绿地供人们闲坐、晒太阳和学习。

主要用途和使用者

在 1981 年的调查中，大部分学生都把这片

图4-32 加州大学伯克利校园中，人们对惠勒（Wheeler）大楼前廊的利用

绿树环绕、充满自然风光、宛如公园一般的空间选为校园最受欢迎空间之列。人们来到这片阳光充足的山脚地带学习、与朋友聚会、享用午餐，或许仅仅是在课间小憩一番。这儿唯一可见的硬质表面就是步道和一条水泥长凳，与绿地形成鲜明对照的是那些高大树木之后的众多建筑，以及一条被植被遮蔽的校园主干道。在晴朗的天气里，这里有着充足的日照；四周的树木阻挡了来风；山坡顶上的橡树又投下一片荫凉。对那些喜欢安静的人们来说，草地边缘也有好去处，那就是草莓小溪畔红杉林内的空间。

和气氛活跃、使用者以本科生居多的斯普鲁广场相比，教工草地则是一处教工和学生同样喜爱的安静地带。由于接近教工，每天都有许多教工从这里走过；这里有时也举行毕业典礼。

成功之处

- 碗状的环境。
- 开旷的草坡。
- 四周树木环绕。
- 在树木遮掩下可以隐隐约约地看到附近建筑。
- 步道和行人分布于空间边缘。
- 全天阳光充裕。
- 空间的位置和形式促进了课间的休闲活动。

不足之处

- 由于行人从东南入口到西北入口之间抄近道，形成了一条横穿山坡的对角线泥路，直到采取措施用栅栏封堵了一端。
- 可供那些不想坐在草地上的人们休息的长凳仅有三条（一条为混凝土质，其余两条为木质）。
- 草地边缘没有能供学生在温暖天气里学习用的桌椅。
- 浓密植被的隔离及有限的照明使这里在夜晚显得不够安全。
- 下坡道上有许多快速行驶的自行车。

加州奥克兰市莱尼学院中心广场

位置及环境

莱尼学院是一所小型的两年制社区大学，主要设置的是职业化课程，服务于当地的美籍非洲人。这里离奥克兰市中心很近，是这个城市再开发计划的一部分，该计划还包括奥克兰博物馆、奥克兰市民中心和尼米茨（Nimitz）高速公路。

这个紧凑对称的校园是由斯基德莫尔（Skidmore）、奥因斯（Owings）和梅里尔（Merrill）共同设计的。除了地处法伦街的校园入口处那栋引人注目的八层办公大楼以外，学校里大都是些两层的低矮建筑。与大多数校园设计把建筑、广

图4-33 春天，在加州大学伯克利校园中，学生们把前院空间当作户外课堂

场和绿地空间混杂布置的做法不同，这里的设计
把所有的建筑像中世纪城堡一样集中布局，而把
四周剩下的 30 英亩（约 12.14 ha）空地分别安排
成户外运动空间，休闲空间和停车场。

概况

中心广场位于校园内正方形建筑区的正中
央。由于建筑是按照棋盘式格局分布，因此，许
多条笔直的道路都相交于此，而广场四周则是四
栋校园内使用最频繁的建筑：学生中心（包括食
堂和书店），剧院，图书馆和健身馆。

这一简单的四方形广场大约为 120 英尺 ×
120 英尺（约 11 m × 11 m），包括四个同心的分区。
一是广场四周分隔建筑的灰色水泥步道。二是广
场内侧一个中空的正方形柏油地，并有双排树列
和布告栏，其内侧边缘则布置有一些短小的、无
靠背的凳子。第三个分区是向最后一个分区过渡
的几级低矮的台阶。最后一个分区是一处用砖及
混凝土铺成的开敞的下沉庭院，可以用以举行演
出、演讲及展览活动。

主要用途及使用者

交通路线沿广场周边分布，没有什么穿越
中央广场的近道。人们通常来这里消磨课间时
光或享用午餐。大都背靠树木或报亭坐在内庭
院的周边，或坐在凳子和台阶上。使用者们常
常抱怨这里有时太热而且阳光太强，另外，由
于周边建筑的聚风效应导致这里风力过强。这
些风甚至可以把垃圾箱里的废物也刮出来。一
些学生不愿使用广场，因为这里经常有警察巡
逻，而且校园里还有别的地方也可以享受温暖
的阳光，还能居高临下地欣赏运动场上的活动，
充分休息而不被打扰。

成功之处

- 地处校园中央。
- 与人们使用频繁的建筑毗邻。
- 四周建筑很好地界定出了这片户外空
间，而且也没有造成压迫之势。

不足之处

- 这里常常刮风且阴影区太大；使用起来

不太舒适。
- 由两座高使用率的建筑通往广场的门被
锁住了；而建筑的主入口又远离广场。
- 长凳的设计更适合用于高中而不是大学
（看起来太窄，太不结实）。

设计评价表

前廊

1. 校园建筑有前、后门之分吗？
2. 主入口处的前廊是否有特定标识，并且是
否有学习、进餐和聚会的非正式场所？
3. 在那些一年中以温凉气候为主的地区，前
廊的设计是否能够采光？
4. 在有降雪的地区，建筑暖风出口所在的位
置是否有助于融化前廊的积雪？
5. 天气炎热的时候，有没有利用遮阳物、植
物和自然微风来帮助前廊区降温？
6. 是否既有适合于 1～2 人使用的座位，又
有适合 3～4 人集体闲坐的座位？
7. 是否有用于进餐或学习的桌椅？
8. 附近是否有很多出售便宜食品和饮料的
地方？
9. 是否有足够的垃圾桶？
10. 每一栋建筑的主入口和名称标志在夜间
是否都有良好的照明？建筑名称的下面是否都注
明了系别或该建筑的功能？
11. 在那些一年中绝大多数时间气候都不适
于户外休息的地区，是否有一个类似功能的户内
前廊？

前院

12. 全部或大多数校园建筑中是否都有明显
的标识指示出前院的位置？
13. 每一个前院空间是否都有光照区和遮荫
区之分？
14. 草坪（即使是在树下）是否也适合人们
休息？
15. 浇灌草坪的时间是否安排在夜间或早晨，
这样白天草坪就会变干便于人们休息？
16. 座位是否被安排在空间边缘或是吸引人
的大树下？

后院

17. 是否所有或大多数校园建筑都有后院？

18. 建筑的后院是否适合它的服务人群，是否具有较高的可达性？

19. 是否每一个后院都能使人产生避开校园主要人流、进入"涡流区"或隐蔽空间的感觉？

20. 后院使用的铺装材料是否温暖舒适？

21. 考虑到小气候因素，后院是否有足够的光照区和遮荫区，特别是在午餐时间？

22. 座位是否被安排在了空间边缘或中心岛的位置上？

23. 是否提供了可移动的桌椅？

24. 是否每一个后院都能够用于特殊的场合（毕业典礼、集会），而在平时里又不显得空荡？

后门

25. 是否每一栋校园建筑都设有后门作为服务入口，用于卸货、收集垃圾等，而且不容易与前门混淆？

26. 卡车等机动车辆是否能够在不干扰同一建筑或其他建筑的前廊、前院的情况下靠近后门，而且也不会影响附近开窗教室内的教学活动？

校园入口

27. 校园的主入口是否位于大多数学生步行入校的地点？其设计是否适于大量人流经过、等待、进餐、临时学习、观看通知等类似的活动？

28. 机动车和行人共用的入口在设计中是否仔细考虑了使用者的多样性，并明确划定各自的路线以避免相互冲突？

29. 是否所有的校园入口都在显著位置安有设计清楚、照明良好的校园地图？

30. 对每一栋主要建筑，校园中是否都有足够的明确标明的方向指示？

31. 校园道路是否都有名称而且被明确地标示出来？

主要广场空间

32. 广场如果被作为校园主要的人群聚集地，其位置是否在横穿校园或校园内部的主要步行路线上？

33. 广场周围是否都是一些从早到晚都被高度使用的建筑（例如学生会、校医院、剧院、书店、行政管理部门、邮局）？

34. 广场空间的设计是否既能满足集会、演出等活动，在没人时又不会显得很空旷？

35. 广场的设计是否能令人们的两种主要日常活动——路过和闲坐比较舒服？

36. 在广场边界处是否布置了丰富多样的可供人们等待、学习、进餐、和朋友谈话的座位和停留空间？

37. 是否提供了形式多样的座位，让人们能够左顾右盼、安静学习、闲躺、独自闲坐或多人聚会？

38. 是否提供有自行车停放架？或者是否有集中存放自行车的地点？

39. 是否有张贴通知的布告栏或广告亭？其设计是否合理，既能避风遮雨，同时远离座位区？

40. 在广场附近或广场内部是否有出售便宜食品的地方？

41. 广场内是否有令人注目的标志物，如喷泉或雕塑，以形成一个视觉焦点或容易辨认的约会地点？

受欢迎的空间

42. 如果是新建的校园，是否有特别吸引人的自然景观——水潭、小溪、树丛、自然坡地——而且不受附近建筑的侵蚀和干扰？

43. 在已建成的校园中，是否能够通过对校园使用者的调查得知不同团体（本科生、研究生、教师、职工）所欢迎的空间，进而保护这些地方不受破坏、保持原状？

44. 校园中是否有各种类型的自然空间，从开放的大型草坪到比较隐蔽的溪边林地？

45. 在这些自然空间中，种植设计是否保留了部分或全部的树木边界，从而使休息者能够找到空间边界及中心岛的位置坐下来？

46. 现有或潜在的一些受欢迎空间，是否没有位于某一特定建筑或部门的附属空间或前院空间？

47. 现有或潜在的受欢迎空间是否考虑到了校园交通路线的规划，从而既允许人们穿过、停留却又不相互干扰？

48. 这些空间的夜间照明是否充足？

户外学习区

49. 在建筑的主入口处是否安排了户外学习区？是否接近便宜食品的售卖处？是否在前院区？是不是受欢迎空间？是小型的隐蔽空间吗？是否位于主要人流的边缘地区？是否在大树下？是否正对着建筑的空墙？是否在半围合的庭院或台阶上？

50. 这些空间是否都有舒适的座位以及——可能的话，适于 1 ~ 2 人进餐和学习的野餐桌和小桌子？

51. 是否能通过距离、绿化、高差变化等手法使学习区与主要步行人流隔离，从而减少行人带来的干扰？

52. 在那些全年中有几个月气候不适合户外学习的地区，是否在靠近宜人户外风景的地方设置了室内学习区？

限制校园使用的因素

53. 校园的夜间照明是否良好，特别是在高度绿化区内和经常使用的步道边？

54. 校园户外空间和附近街道的照明是否使用了较低矮的、间距近的广谱型照明设备？

55. 停车场、停车库、隧道和车站内有没有认真考虑照明和保安的问题？

56. 建筑周围空间的微观设计是否能够消除人们对于犯罪伤害的恐惧——特别是那些可能藏匿罪犯的地区；视野受限制的地区；以及逃生机会有限的地区？

57. 是否在显著位置布置了足够数量的紧急电话？

58. 天黑之后，是否有足够的巡逻保安人员，特别是在经常使用的道路沿线？

59. 校园内是否明确标出了自行车线路？

60. 在每一个校园入口和主要建筑入口处，是否都布置了足够的、安全的自行车停放点？或者，是否提供了集中的自行车停放区？

61. 在允许汽车通行的校园里，是否有足够宽的人行道来容纳高峰时间的行人流？在人流和车流相互干扰的地点，是否布置有明显的天桥或地道？

62. 在规划新建筑或停车场时，是否考虑到了现有或潜在的步行路线？

63. 规划方案是否提供了解决现有交通矛盾的机会？

64. 在外带食品售卖点附近和人们喜欢吃袋装午餐的地方，是否设置了足够的垃圾箱和废物回收投放器？

65. 垃圾箱所处位置是否避开了盛行风道和建筑引起的局部紊流区？

66. 收集垃圾和可回收物的清洁人员是否足够？

67. 是否定时清除布告栏的旧广告？

68. 当新建一座校园或是在已建校园中新建建筑时，是否能够在步行路线已被大家接受之后，再进行路面的铺装？

69. 如果可能，设计时是否能够对人们在两栋建筑之间走直线捷径的天性给以考虑？

70. 校园中的一些地方，如溪流沿岸、穿越树丛之处——是否有自发踏出的小路？

71. 校园主要目的地之间的直接路线是否是硬质铺地？残疾人是否能够使用？照明是否良好？是否设有停留区和学习、休息区？

72. 在主要步行路线边是否有照明良好的校园地图？

面向未来的规划

73. 规划一座新校园时，是否准备在校园部分或全部建成 1 ~ 2 年后进行一次使用状况评价调查，以发现需要重新设计或修改的地方？

74. 考虑到校园的不断发展，校园规划时是否能划出一部分预算用于将来对已形成的使用模式进行调整和改进？

当开发基于单一项目的基础之上时，有没有安排预算或进行融资，用于支持整个校园开放空间的长远连续规划？

老年住宅区户外空间 5

黛安·Y·卡斯坦斯

设计和老龄化

专门为老年人（通常是指大于 65 岁）设计住宅正成为解决目前老年人住房问题的普遍途径。现在越来越多的老人离开他们的孩子，离开与他人合住的住房而独立居住。人口统计表明，美国老年人的总数从 1900 年的 310 万上升到了 1994 年的 332 万，即从每 25 人中一个老人上升到了每 8 人中一个老人，并且总数将在 2050 年达到 800 万，即每 5 个美国人中就有一位老人（美国人口普查部，1995 年）。这部分人群的住房需求相应地也将要大量增加。此外高龄老人（大于 85 岁）是一个快速增长的群体（1994 年共 300 万，占老龄人口总数的 10%，预计在 2050 年将达到 190 万，占老龄人口总数 24%）（美国人口普查部，1995 年），他们的住房、保健和服务也应受到特别的关注。

毫无疑问，居住在老年住宅中的老人们非常重视宜人的户外环境。在对新泽西州 8 个中低收入老年人居住区中 280 名房客的调查显示，46% 的人表示如果天气条件允许的话，他们会每天在户外坐上一会儿，82% 的人说他们在夏天的时候喜欢坐在户外（克兰兹，1987 年）。在一项旨在了解居民对旧金山某高层老年住宅的看法的调查中，75% 的人回答说他们会利用户外空间进行锻炼和休憩（库珀·马库斯，1990 年）。

在"南加州一个独立的、高收入的城市"，研究人员在所做的关于老年住宅中受欢迎的服务及设施的调查中发现，对户外园林的渴望在 70 个选项中占到了第 11 位，前 10 位的选项包括厨房设计、建筑安全和急救设施等［雷尼尔（Regnier），1987 年］。有意思的是，在同一调查中，"草木茂密的园林"和"用于锻炼的小游泳池"同样名列前茅，而传统的掷木盘游戏场地、掷马蹄铁游

戏场地和小型高尔夫场地被大部分的被调查者舍弃。因此，尽管居住在老年住宅中的老人大都希望有用来观赏、运动和休憩的户外场地，但具体何种设施得到老人的喜爱则随不同的地区、生活经验及收入而异。因此，重要的是在设计中要将以下的指导原则与当地经验结合起来，最好是与对未来居民喜好的调查结果结合起来。

对老人来说，舒适、安全和保障、户外空间的易于通达以及同其他人相遇和交流的机会正越来越成为老人们利用户外空间的重要目的。同样重要的是他们可从中享受自然，并通过散步和晒太阳使身心受益（见图 C-13）。然而同老年住宅相连的户外空间基本上是由停车场和服务设施等功能要素构成，其娱乐功能却常常被忽略，或者因为设计墨守陈规而忽略了老人现实而多样的需求。

同样值得关注的是管理影响着居民对户外环境的满意程度和利用水平。譬如组织野炊活动也可鼓励老人利用户外环境。所以在规划设计的开始阶段就需要把这种活动考虑在内。不过，最重要的恐怕是要对户外空间的设计和建设有相应的资金支持。

老年住宅

尽管大部分老人仍住在自己家中，特地为老人设计的新型住房如今已经开始供应，其中包括从独立居住到完整的养老护理等各种类型的住房。全美退休老人协会（American Association of Retired Persons）所做的全国调查显示，50 岁以上的被调查者中，81% 的人想留在目前的住房内，64% 的人自信有能力独立生活，即使他们将会衰老或遇到许多身体方面的困难。然而，如果要求他们必须迁出现在的住房时，大多数（将近 60%）的老人选择有生活助理服务和设施的住房，

图5-1 位于布什大街1760号的旧金山住房局的老年住宅。入口旁有一处安全的采光角，从那里可瞥见街上的活动和来往的居民。由图上大家可看到清晰的街道地址、有遮蔽的等候区和符号化的入口，这些都标示了公共和半私密区的界线

体服务，如饮食等；提供生活助理或居住护理设施等非药物性的护理，比如为身体虚弱的老人提供沐浴、美容服务等；长期的家庭医疗护理；安排老人医院以提供更为细致的护理等。每一种类型都强调特定的需要，每一种模式都给设计者以提示。然而，这些需求会随着在某一住宅中老人的年龄的增大而变化，还会随着不同的住宅类型而变化。

将老人分为不同的但又有重叠的三种类型很有助于分析问题（见表5-1）。第一种类型是那些行动方便，表现活跃的低龄老人，他们会选择退休社区，能提供高尔夫、网球、聚会等从娱乐到社交的各种机会。第二种类型是那些行动迟缓，70多或80多岁的老人更倾向于选择中性的生活方式，例如提供集中护理或家庭护理的社区，使日常生活的护理和服务得到保证。他们通常不需要医疗监护，只是日常行动需要帮助。他们从事相对消极的社交活动，如散步、野餐、打扑克、草地槌球等。第三种类型是行动困难的老人，或称为"高龄老人"。这代表了目前总数少，但正快速增长的那部分老人。他们通常80岁以上，需要老人护理院里多层次的个人化医疗护理。他们的行为更倾向于消极，如静坐和社交、观赏鸟、或在住宅的前门随便转悠。所有的老年住宅类型表中都没有专门为老人提供的户外康乐设施清单。关键在于要弄清楚老人的需要和喜好，以及特定服务对象的需求，并对此做出相应的安排。

这个比例多于选择与家庭和朋友生活在一起的人数比例［哈尼（Harney），1996年］。很明显，美国必须全面考虑老人的住房问题——与英国及其他国家一样增加家庭护理，并且丰富住房类型。现有的可参考的模式有：单体套间住房（最能满足对独立的需求）；集中布置住宅以提供某些集

老年住宅周围的户外空间通常可有多种形式，或为围绕一栋高层建筑的园林，或为低层建筑所围合的户外空间。即使在高层住宅区，户外空间也应相对地从附近的街道易达或可视，或出

表5-1 住房类型

	低龄老人	中龄老人	高龄老人
居住类型	退休社区、成年社区	集中护理所、继续护理中心、家庭护理	护理所、家庭护理、个人护理
年龄段	在 55 ~ 70 岁或以上	在 70 ~ 80 岁或以上	大约在 80 岁以上
能力	自立的、活动性强	半自立的，半活动性的（以集体形式）	依赖性的、有限的活动能力、非常需要健康护理
活动类型	自我为中心、休闲、娱乐、社交、健身等	自我或集体为中心，更趋于静坐、社交、健身等	有限的（以护理人员为中心的）、集体活动、静坐、社交、治疗等

于私密和安全的需要而封闭。

这一章节不讨论选址，尽管它似乎与老人对户外空间的利用有重要关系。例如，精心地选址会确保居民享有安全的户外空间，如果居民可通过这个场地到达附近的商业区，或在此可享受良好的视觉景观，那居民就有足够的理由来利用此户外空间。靠近商业、服务和保健设施的户外空间选址可减少其对这些设施的需求，从而减少项目开发的投入［有关选址的一些较好的资料可见：中央抵押住房公司（Central Mortgage and Housing Corporation）1975 年；MSHDA，1974 年；蔡塞尔（Zeisel）、埃普（Epp）和迪莫斯（Demos），1977 年］。

有关设计与老龄化的文献综述

随着美国老年人口的增加，老龄问题的研究也同样在增多。社会学家研究了社会联系、私密性、个人空间、安全和社区流动性方面的课题。其他非设计领域的文献，如游憩娱乐方面，也同样有助于理解影响老人参与户外活动的因素，尽管许多该方面的文章侧重于室内活动和设施。在老人学研究方面的新书也很少讨论人与环境的互动，但仍有一些例外，比如洛顿（Lawton）（1980年），帕斯塔兰（Pastalan）（1970年）和雷尼尔，派努斯（Pynoos）（1987年）等的一些文章。

这些研究成果有三个明显的趋向：①对老人住房的规划设计和管理要求有更完整系统的方法；②编写有特别针对性的设计手册（主要针对室内空间）；③重视患早老性痴呆症老人所需的设施。

采用更综合系统的方法为老人提供优质住房的论述最早出现在一篇短小的报告中：《老年住宅的行为要求［Behavioral Requirements for Housing for the Elderly）》（拜尔茨和康韦（Conway），1972年］。在那篇文章中，作者将住宅视作一个"复杂的交付系统"。设施的设计只是整个住房系统的一部分，其他的还包括规划、休闲和服务项目的安排以及管理等。由于老人会更多地呆在家中，更多地依赖于周围的环境来获得友谊和活动及服务设施，这个研究方法特别重要。《老人集中住宅：20世纪80年代的解决途径（Congregate Housing for Older People: A

Solution for the 1980s）》［切里斯（Chellis）、西格尔（Seagle），1982年］中采用了类似的方法，围绕老年住宅的规划，开发和管理讨论了一些关键问题，尽管它过于针对室内环境。

《老年住宅：私密性和独立性（Housing for the Elderly: Privacy and Independence）》［霍格伦（Hoglund），1985年］和《老年住宅（Housing for a Maturing Population）》［城市土地研究所（Urban Land Institute），1985年］研究了现有住宅的各种可供选择类型及相关问题，并包括图文并茂的案例。前一本书主要是介绍北欧的情况，后一本则重点在美国，但这两本书都侧重于室内环境。

关于设计导则方面的文献，有《老年住宅：开发与设计过程（Housing for the Elderly: The Development and Design Process）》［格林（Green）等，1975年］，这是一本早期有关室内外空间设计的有用手册，它涵盖了设计过程的各个阶段，从设施的安排、场址的选择和设计，到技术标准。《低层老年住宅：用于设计的行为标准（Low Rise Housing for Older People: Behavioral Criteria for Design）》（蔡塞尔，埃普和迪莫斯，1977年）一书基于老人的需求和问题，提出了在设计初始的纲要阶段的设计导则。其内容相当有用，包括室内外空间设计的原则，对一次低层住宅设计竞赛中许多方案的评价，及对每章中设计关注问题的概括。另一本书出自同一位作者，书名是《多层老年住宅（Midrise Housing For the Elderly）》［蔡塞尔，韦尔奇（Welch），埃普和迪莫斯，1981年］，其中述及了高密度住宅的类似问题。《为老人设计：使用模式（Designing for the Aging: Patterns of Use）》（Howell，1980年）是本关于高层住宅中老人对环境需求的好书，它主要介绍了私有的及公共室内空间，而很少涉及户外。另一本有趣且有用的书是《老年住宅：设计导则和政策研究（Housing the Aged: Design Directives and Policy Considerations）》（雷尼尔和派努斯，1987年）。它每一章都是一份图文并茂的研究报告或规划策略（每章都有不同的作者），每章都有设计导则和关于政策方面的讨论。

现在已有人开始研究老年住宅户外空间的使用模式，并有研究成果发表。加州大学的一份硕士论文（沃尔夫，1975年）是关于老年住宅中私

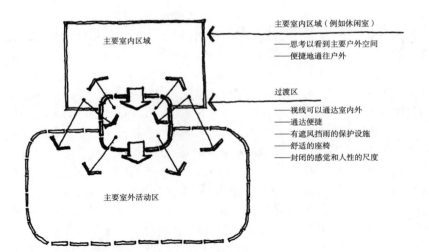

主要室内区域（例如休闲室）
——思考以看到主要户外空间
——便捷地通往户外

过渡区
——视线可以通达室内外
——通达便捷
——有遮风挡雨的保护设施
——舒适的座椅
——封闭的感觉和人性的尺度

图5-2　室内外活动区之间的过渡区可能会很受欢迎

有及公用空间使用情况的第一份研究报告。伊尼西和洛夫林（Inese and Lovering）在1983年研究分析了加拿大13个集中住宅和护理所，结果表明有四个因素影响户外空间的使用，它们分别是：动机（活动场所的吸引力）、独立性、微气候条件和座椅的舒适性（雷尼尔，1985年）。布朗（Brown）在观察研究了加州一个老年居住区之后，总结得出3个影响户外空间使用的设计因素，分别是方向感、感官刺激的机会和对环境的"掌握和控制"（雷尼尔，1985年）。

1985年维克多·雷尼尔在他的专著中提到了洛杉矶12个老人居住区的案例研究。书中采用了各种数据统计方法，如对特定群体的分类和行为图式等，得出了一整套的设计导则，以"尽可能清楚地向设计决策者阐述自己的研究成果"（雷尼尔，1985年，P.131）。最后还有黛安娜·卡斯坦斯的《针对老人的场地规划和设计：问题，导则和方案（Site Planning and Design for the Elderly：Issues，Guildelines and Alternatives）》（1985年），这是第一本分析与户外空间规划设计相关的老人需求的综合性手册（本章就是由这位作者完成，是对该书的概述和补充）。

近年来一些出版物提出了针对某一特殊老人群体的设计导则：早老性痴呆症的老年患者。随着老年人口比例的增加，得早老性痴呆症和其他老年痴呆症的人数也在增加，环境和行为方面的研究者也正将注意力转向特殊护理单元中居民的环境需求。其中包括M·P·卡尔金斯（M.P.

Calkins）（1988年）；U·科恩（U.Cohen）和G·威斯曼（G.Weisman）（1991年）；U·科恩和K·戴（K.Day）（1993年）；M·P·洛顿（1990年）以及J·蔡塞尔，J·海德（J.Hyde）和S·莱文考夫（S.Levkoff）（1994年）等研究者。本章结尾概述了这些出版物中关于户外空间的设计建议。

场地规划、设计和细节的导则

户外空间的整体布局和不同空间之间的关系会影响户外空间的使用、吸引力以及安全感、方向感、服务的有效性，甚至是居民对社区的印象。建筑体量和高度的问题会影响日照、阴影和风向风力，因而也与老年住宅周围户外空间的享用相关。

总体布局和集中布置

• 活动和服务设施的适当集中布局能增加居民随时享用的机会，进而提高居民活动水平和设施的使用率。例如，邮箱、座椅和户外庭院可集中在社区某个主入口，以增强社区整体活力，增加居民偶然相遇的机会。如果活动项目过于分散，社区就会显得沉闷，缺乏活力与生气。

• 20～30个住宅单元（或8～12个早老性痴呆症患者的住宅单元）的集中布置可使场地更具居住区的特征，给人以社区感，特别是要同时建设小的公共空间时。

• 交通系统是组团的重要组成部分。连接

主要活动空间的主步行道同样可提高设施的使用率和居民的交流机会，特别是当步行街连接的是使用率比较高的设施，如停车场、餐厅（如果社区中有的话）和主要入口等。

在同一场地中混合不同层次的护理服务

当同一场地里提供不同层次的护理服务时，规划师的工作会变得更复杂。一个值得重视的问题是如何将这些不同层次的护理和相关的服务设施统一起来。居民们是否愿意同更虚弱的老人共同享用设施？怎样才是最经济有效的管理和服务方式？本章无法深入讨论这些问题，但它们仍相当重要，建议参考《针对老人的规划和设计（Site Planning and Design for the Elderly）》（卡斯坦斯，1985 年）和《老人集合住宅（Congregate Housing for the Elderly）》（切里斯、西格尔，1982 年）。

不同层次的护理服务（如独立生活、提供帮助的半独立生活和特殊护理下的生活）之间是否相互联系影响着社会联系、社区形象、老人相互帮助的机会，甚至是服务的有效性和费用。应当考虑如下几点。

• 随着场地中护理服务层次的增加，重要的是避免社区给医院或护理院的印象。通过规划设计的手段可缓解这个问题，如：①在一定的护理单元住宅旁配以一定比例的独立生活的单元住宅。②位置和关系的问题：不同层次的护理是否应集中在同一栋建筑中，还是应当相邻或完全分开？它们是否应当共享部分类似多功能活动操场等这样的设施和服务？③设计的形象、建筑和外部空间的尺度和形式以及细部设计、设施的类型等因素都会影响人们形成独立社区的感觉或是一个老人护理院的印象。

• 无论是从居民的感觉还是从管理的角度来看，有一些设施更适于共用（但自理能力强的老人可能不愿和自理能力弱的老人共享设施）。

微气候

雷尼尔在研究洛杉矶 6 个高层老年住宅的风问题时发现，4 个用于进行户外活动的住宅底层存在严重的倒灌风现象。其中一个住宅因为风太大，庭院被迫关闭。另一方面，得到适当控制的微风对高温地区来说是很可贵的，在高温的日子里，封闭的庭院中没有微风实在是一个问题（雷尼尔，1985 年，P. 138）。老年人对温度的变化、过冷、过热和眩光都非常敏感。雷尼尔研究过洛杉矶 12 个老年居住区中的微气候，9 个居住区中至少有一个主要户外空间会因午后的高温和眩光而限制居民的使用。根据这项研究，老人更倾向于在上午外出购物和做家务，而下午在户外活动。因此，在新的场所中规划户外空间时，

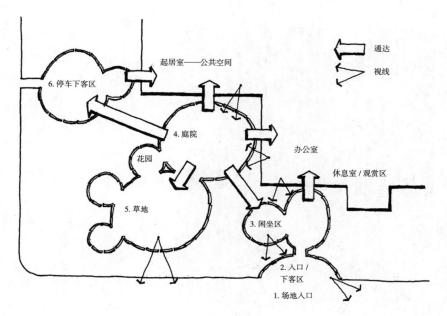

图5-3　集中的活动区可增加居民的随机使用，并让居民感到这里更富生活气息和更安全

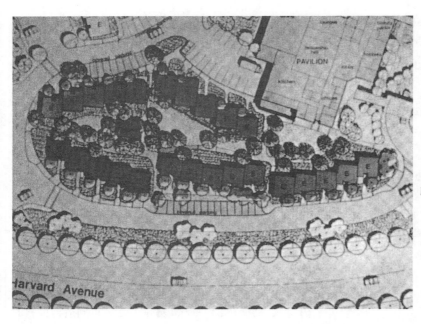

图5-4　加州欧文摄政潘因特（Regents' Point）的一个集合住宅，内有一条公共步行道连接着住宅后门和公共设施/洗衣房以及主活动楼。这种安排可增加这里居民的见面机会（摄影：黛安纳·Y·卡斯坦斯）

很重要的一点是要找出是上午还是下午的使用率高，并以此来安排建筑的位置，以保证夏季遮阳，冬天透光。

设计建议

• 在建筑设计阶段进行风道分析，以避免建成后出现风的问题。风道研究能指出具体问题以便于及时修改或缓解。

• 通过在适当的位置设置悬挂物、屏风、植物、墙或小隔板以缓解倒灌风和穿堂风的问题。

• 将庭院和休憩区布置在夏天可获得凉风的地方，这对于夏天较热的地方尤为重要。

• 提供户外休息或散步区，同时确保它们在每天的不同时段都既有日照又有阴影，以供老年居民选择。

• 在建筑物的入口处，设置遮阳篷或棚架，以减少眩光问题。

• 在棚架上种植落叶藤类植物，这样可在

图5-5　加州西好莱坞（West Hollywood）金斯（Kings）路上，可移动的座椅、带遮阳伞的桌子和大树可让居民细微地调控温度和日照强度（摄影：黛安纳·Y·卡斯坦斯）

夏天遮蔽烈日，在冬天透进温暖的阳光。

• 提供居民或管理者可移动的带遮阳伞的桌子和雨棚，以便在每天不同的时候都能获得阴影。

• 考虑树的阴影及郁闭度，因为它们会影响附近的座椅。

• 使用深色无反光的面砖，以减少眩光。

基于老人交往和心理需求的设计导则

老年人对户外活动的关注及其对空间的需求和偏好要求我们在针对健康状况不佳、社交圈狭小的老人进行设计时，应注意以下问题。

提供一个具有适当挑战和所需帮助的"辅助环境"。一个辅助环境就是让老人借助必要的帮助设施，独立完成具有挑战性的活动，尽管他们的身体上存在某方面缺陷。这需要对老人身体运动的缺陷有一定的认识，以找到相应的环境辅助设施来帮助老人完成更高水平的活动（洛顿，1970 年 b）。不断提供挑战和帮助设施是种能让老人锻炼活动能力和独立能力的方法，同时可消除他们的忧虑，以及面对挑战性活动时产生的胆怯。不断的锻炼对于维持老人身体功能、认知能力和社交技能也是很重要的［阿奇利（Atchely），1972 年］。

设计建议

• 提供难度和长度可选择的步行道（例如既有斜坡步行道，又有水平步行道）。

• 设置辅助性的设施和要素，如扶手，以鼓励行动不便的老年居民参与活动（见后面有关扶手的设计标准的章节）。

• 娱乐休闲活动多样化，包括观赏、散步、园艺等。

提供多种户外空间和活动。不管是在室内还是在户外，设施和活动都应保持多样性，留有选择的余地，特别是在许多老人共享的规划住宅中，以及行动不便的老人更多的呆在家中，依赖周围环境来满足他们日常需要的住宅中。如果可选择的话，老年人就可参加最适合他们活动能力的活动（洛顿，1970 年 a）。

设计建议

• 提供正式的（即经过组织的）和非正式的户外空间。

• 创造既适合社交又可提供隐蔽和私密的环境。

• 空间尺度应有变化，既有大的开放空间，又有小的角落。

• 提供可进行单独和团体活动以及业余爱好活动的各种设施。

通过让居民自己完成一些日常工作，以鼓励自立和老有所为。在一些住宅中，统一提供的集体服务和设施替代了老人的自主活动（洛顿，1980 年）。另外，退休也会让老人感觉自己没有用或失去重要性。因此，设计和管理手段上应能让不同活动能力的退休老人完成力所能及的一些或大部分日常行为，以增强他们的自立和自尊。

住宅单元外的私有小天井和阳台令人有独立感和有用感。这些空间可用作室内生活延续的场所，例如园艺、晾晒衣被、储藏、看小孩、小修小补和烧烤。门廊、后院、天井和花园等都是很好的私人活动区域，可增强自我意识。每个居民都应有些私人的户外空间供独立的家庭生活使用（沃尔夫，1975 年）。

设计建议

• 确保户外设施易于通达，而且使用起来方便舒适。

• 设置保护私密性的设施，如帷帘、百叶窗和屏风等。

• 鼓励老人参与户外设施的维护，并对户外活动的安排和活动设备之类的东西承担一定的责任。

• 每个住宅单元里都应有一个私人的露天庭院或阳台。

• 提供一些可成为老人私人园圃的地方，而且允许他们在公共空间养花种草。

利用户外空间设计来增强现实和精神上的安全感和私密性。对许多老人来说，他们害怕跌倒，害怕被陌生人打搅，害怕孤立无援。害怕遇上罪犯也阻止了老人对户外空间的享用。给老人以安全感可鼓励老人外出，而且在很大程度上决定了老人对生活的满意程度（洛顿，1980 年）。所以确保户外空间的安全性、私密性和流通性的措施是至关重要的。

不幸的是，太多情况下锁门成了防止潜在威胁的最常见的管理措施。雷尼尔所研究的洛杉矶12个老人居住区中有5个采用了锁门的方法来限制户外空间的使用。

锁门是如此简单的一件事，它不会给管理者带来任何直接的损失……正是因为这只是一个简单的措施，以至于在绘制建筑图的时候没有具体深入地表示，在制定管理方案的阶段也没有明确哪些门该锁上，哪些门不该锁上（雷尼尔，1985年，P. 139）。

设计建议

- 户外空间应设计在能让室内的工作人员和居民经常看得到的地方（见图C-47）。
- 户外空间要安排在不但有物质上防护，还应有精神上防护的区域，比如L形建筑两翼之间的围合区。
- 明确界定哪些区域是供居民使用和控制的，哪些是供公共和社区使用的。
- 利用照明、铺地、分叉很高的树木等细节和设施来防护和保障安全。
- 设计能绕回住宅入口的步行道，以防止老年居民困惑和迷路。
- 设计户外空间时要牢记可防卫空间的原则，在敞开那些不必要经常锁上的出入口的同时保证安全。
- 在制定管理措施的阶段，要计划好哪些门是要锁上的，并确定它们不是那些通往可利用的户外空间的门。

在室内和户外之间提供过渡区域。行动不便的老人对那些身心要求较高的活动或环境会感到不是很自信。随着年龄的增长，一个重要的生理变化就是从室内走向户外时会害怕眩光（见图C-46）。有了过渡地带就可为停下来适应光、热、声提供空间，还可用来小憩和观看他人活动，并为揣摩情形、准备参与活动提供时间，或至少单纯地作为一个舒适的观赏点。

设计建议

- 在主要的室内外空间之间设计一个过渡区，比如一个带屏风的门廊。它可保护老人免受天气和眩光的伤害，给老人以安全感，并提供一个静坐和观赏的地方。一项对私人疗养院内居民的调查表明，门廊同活动室等其他公共空间相比，是最受欢迎的［希亚特（Hiatt），1980年，P. 36］。

- 设置扶手来为老人的一时停顿提供支持（见后关于扶手的设计标准）。

- 所有建筑都要在门口设棚架，以让老人逐步适应光亮变化并遮蔽恶劣天气。

- 私人的阳台和院子应设在公共户外活动空间视线可及的范围，以在不侵犯私人领域安全的同时创造社交机会。

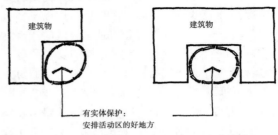

图5-6　令人感到安全的户外空间的使用率会较高

创造用来社交会面、与朋友亲近或独处的亚空间。与人见面和交谈似乎是老人利用户外空间的主要原因。退休、离家和身体功能衰退常使老人只能在社区内与他人见面。因此，在住家附近与他人见面的机会就显得尤为重要。关于老人，有一个普遍的误解，认为他们喜欢"安静平和的环境"（卡斯坦斯，1982年）。事实上对许多老人来说，通过见面和交谈来获得参与活动的感觉是非常重要的。在户外与家庭或孙子孙女们聚会也是很有吸引力的。即便只是坐在一旁看别人活动也是一种积极的参与方式，特别是对那些已经非常衰老的人来说尤其如此（卡斯坦斯，1982年）。

设计可通过让老人享有一个小的私密空间，来保持好友之间的亲密关系。总的来说小空间更能让老人倾谈，因为小空间可减少一些可能会打断他们思维和谈话的琐事（泰姆，1981年）。此外小空间也更能被视作"自己的会客场所"，尤其是那些行动不便的老人，他们害怕大空间和大量人群，或是男性老人，他们在占老年住宅中大多数的妇女面前会感到不自在。

设计建议

- 创造各种可用来社交和私交的小空间，

包括大空间里的次一级小空间。多功能的大空间总的来说是不适合非正式交往的。

• 户外的社交用地应安排在室内活动区附近，例如建筑的入口、起居室、餐厅或游乐场旁（见图C-47）。要提供足够的空间容纳多种活动进行、人员通行以及静坐、观赏和谈话等。"相对"座椅（布置在门厅和附近的户外，可相互对视）似乎很受人欢迎（雷尼尔，1985年）。这种安排也可让老人很快从外面退回到舒适的室内。

• 选择有安全感的地方安置座椅，例如在建筑旁边或一个封闭的小角落。工作人员和居民经常可看到的地方通常会令人感觉安全。座位的安排应避免居民背向开放空间。因为对多数老人来说，背靠建筑、墙或植物会让他们感觉更安全。

• 座位的安排应避免使用者目光过分接近而产生不舒服的感觉。仔细观察洛杉矶两个有环形座椅的老年住宅区后发现，居民们几乎从不使用这些设施，并抱怨这种座椅造成的人与人之间的空间距离令人感觉不舒服。"在一些设计中，座椅被设计成了圆环状或大于180°的椭圆环状，它产生了一种封闭感，以及一个小屋般的户外空间……人可进入或是离开，但这样做会让人感觉是在干涉或是在忽略别人。"（雷尼尔，1985年，P. 140）一个变通的方式是采用轻质的活动椅子，让使用者可按自己的需要面对面地排放。

• 在最繁忙的入口处设一个成直角的或U形的座椅。这样的设计可使一些人保持交谈的距离而坐，同时不产生上述户外房间的情况。而且喜欢结伴的人们似乎往往集中在门口。

• 如果建设预算比较紧张的话，可将座椅安排在使用率较高的道路旁，而不要放在安静的园林中，尽管那里可能很舒适，很有吸引力。"在使用率较高的步行交通道视线可及的范围内安排的座椅是最受欢迎的休息地点……这些地方可使居民们轻松地开始非正式的交谈。"（雷尼尔，1985年，P. 134）

• 座椅要设置在可让居民看到热闹的社区街道的地方，这样可让人感觉在参与社区生活。在对旧金山6个依年龄分类的公共老年住宅中190个老人的调查中发现，大约有半数人指出他们喜欢坐在户外，大多数人认为他们会选择"面向街道"的座位。那些经常在这些座位上消磨时光的老人与其他老人相比，明显对住宅区有更高的满意度（克兰兹，1987年）。

• 应有可让人独坐的座位（见图C-13）。很多老人对经常和他人在一起感到厌倦，而想单独在户外坐一会儿。事实上在一个洛杉矶高层住宅中最受欢迎的座位是一个可单独享有的座椅。那个座位正处在一条主要的步行道的半途中，且背靠建筑，可遍览周围的城镇。"居民们说，那个靠椅是如此之受欢迎，以至于坐在旁边的人要等

图5-7　在旧金山罗莎公园老人公寓，住在这个多种族住宅区的说俄语的居民占用了这个舒适的座椅，每天在此会面、交谈

图5-8　社交区应靠近室内活动，例如图中这处靠近餐厅的庭院位于康涅狄格州布卢姆菲尔德的邓肯斯特生命护理中心，它提供了一处餐前餐后随意交往的空间（摄影：黛安娜·Y·卡斯坦斯）

到坐在上面的人离开后再移坐过去。"（雷尼尔，1985年，P.34）

• 在提供餐饮服务的住宅中，要在餐厅外安排一个休憩区，因为在就餐前后的那段时间，这些空间是很常用的。还应保证这个空间能在午餐时段获得日照，而在炎热的地区则应有遮阳伞和凉棚。

• 如果建筑中保留了供家庭用的聚会厅，应在其旁边建一个小的户外院落，供小团体举行烧烤、野餐和鸡尾酒会等活动。

• 在住宅区的绿地里应有饮水器、喂鸟设施、游戏桌和喷泉等，因为它们往往会促使人们利用户外空间，同时也能令人感兴趣或感到舒适。

• 集中供园艺用的园圃，这样居民可在工作和相互帮助的同时进行交流。而且园圃要设在视线可及的地方，附近应有饮水器和靠椅，用来休憩和观察别人。

适当设计和安排户外空间以帮助老人在户外明确方位和寻找路线。户外空间设计中需考虑的一个方面是环境如何能被感知和理解。感知过程随年龄的变化像一个"感知过滤屏"，过滤出一些关于物质环境和社会环境的特定信息［德朗（De Long），1970年］。因此，许多老人在和他人交往、在户外寻找路线、或只是享用户外空间时，他们会依赖越来越有限的感知信息（德朗，1970年；帕斯塔兰，1971年）。这样主要的设计议题就是：

图5-9　该闲坐区位于亚特兰大的一处老人居住区，但由于以下原因而成了失败的设计：长椅面向中央，没有什么可观赏的，且人们无法面对面就座；没有提供遮荫；没有成直角的座椅；该区域与其所服务的住宅被一条街道隔开了

导向、感官刺激和环境感知。

尽管许多感官功能不会随年纪改变，但疾病会使老人失去记忆；使老人难以引导自己在陌生的环境中找到出路［康斯里克（Koncelik），1976年］。在单调而极少有导向的地方和在有过多方向选择和岔道的地方尤为如此。

希亚特从另一个视角指出户外设施很有助于个人记忆的发展和群体记忆的刺激。因此，在一个通过设计能够让人同时理解和欣赏季节与昼夜变化的环境中，"不同形式的活动或成长过程会成为人们记忆的自然刺激，它们因为同时包含了熟悉和不可预知的要素而变得更有价值"（希亚特，1980年，P. 35）。重要的是要明确何处的设计目标让人在主要目的地中找到出路，何处的环境应保持清晰、熟悉和模糊之间的平衡。

设计建议

- 居住区使用基本的组织模式，使之易于识别。
- 用特殊的标识指示经常行动的路线，或在重要地点提供详细的感官指示，来帮助居民对这个基本的组织模式的认知。
- 依等级次序安排空间，安排一个占主导地位的空间，并提供空间导向的指示（德朗，1970年；帕斯塔兰，1971年）。
- 区域之间应视线通畅，标志明显，并能提供让人找到相对位置的指示牌。
- 建设一个封闭的户外空间或是一条可绕回到住宅入口的步行道，这对护理设施集中的场所尤为重要。希亚特（1980年）描写了一个老人中心，在那里，一处受保护的场地坐落在建筑围墙间，被一系列的篱笆、树篱和围墙（那些墙有时隐藏在植物中）所包围。它由几个内有座位的亚空间组成。但从任何一个角度都看不出这个区域是封闭的，因此在这里，人们不会有被限制的感觉。糊涂的居民原本可能会到处乱转，而在这里，他们可在受到最少的看护的情况下，愉快地散步。

提供充足的可感知信息，以方便人们对环境的感知和享受。使环境更容易被感知是弥补老

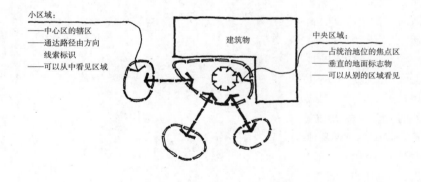

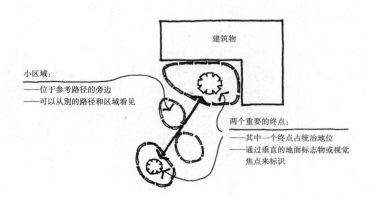

图5-10 能使方向辨认更容易的设计元素有：易于理解的交通模式，例如放射型（上）或者轴线型（下）；依一定等级次序安排的空间；沿路设置视觉焦点和地面标志物

人感官功能受损的一种方法。可触觉的要素是特别重要的，因为视觉和听觉通常是随年龄最先衰退的。

设计建议

• 提供视觉、听觉、活动或触觉刺激。触觉刺激是最重要的，比如在主要的交通交叉口或楼梯前，铺地应有所变化。

• 在需要有色彩变化的地方采用黄色、橙色和红色。因为这些颜色是最容易被察觉到的。而蓝色、绿色和紫色由于眼底黄斑起了过滤作用而不易被察觉。

• 植物应有明显的叶片质地、形状的变化以及不同的香味，以刺激视觉和嗅觉（见图C-48）。

• 步行道上应有不同程度的阴影区和围合感，这样可让老人有充足的感官体验。但是要避免过深的阴影区和过明亮的区域并列，因为这样会让人感觉地面有起伏。

划出专门的锻炼活动区。健康和锻炼是许多老人关注的问题，也是他们使用户外空间的主要原因之一（卡斯坦斯，1982年）。老人医疗服务公司对全美25000个老人所做的一系列调查研究发现，老人对健康和保健设施的关注在逐渐增加，散步或锻炼是最受欢迎的户外活动。一些居民可能非常活跃，而另一些则可能因为健康或活动能力方面的问题只能有限地使用户外空间，否则他们极易感到疲劳。因此，户外的活动和娱乐设施应该是多种多样的。在老人护理院中，户外身体康复活动区可帮助老人锻炼身体，让他们享受户外空间，相应地也能让他们更多地利用户外设施。希亚特曾描绘过这样一处空间，"身体康复区设在户外，其内的小桥和像室内一样的双排扶手可鼓励老年人行走。精心设计的拉力器在老年人看来同常人用的没有什么差别。烘热的泥土可用来鼓励老人锻炼自己患关节炎的手"（希亚特，1980年，P.78）。

设计建议

• 所提供的活动场所应与未来居民的活动水平相符（举例来说，特别衰弱的老人是不会使用推圆盘游戏的活动场地的）。

• 活动量不大的活动区或晒太阳的休憩区应布置在建筑附近，以鼓励活动能力有限的老人使用。

• 要确保从室内或庭院里可看到娱乐活动区，这样可鼓励他人参与，也可让工作人员照顾到正在游乐的老人。远离步行道和视线范围的活动区很少有人使用。

• 因为散步受到老年人的普遍欢迎，所以步行道要多样化，有不同的长度和难度，以适应不同活动能力的人。

• 考虑建设一个缓坡带扶手的步行道，作为活动路线的一部分。对洛杉矶一个高层住宅的调查显示，体格健康的居民常利用两个广场之间的坡道进行锻炼。在那里，他们的膝盖活动状况得到明显改善。这种缓坡步道特别有助于锻炼，因为它坡度小，粗糙的铺地可防滑，半途中有平台可供休息，坡道全程都有扶手，并有鲜艳的植物相映两侧（雷尼尔，1985年，P.28）（见后面有关坡道、扶手方面的讨论）。

图5-11　这个竖向的地面标志物从场地的大部分地区都能看见，它可帮助居民在户外辨明方向（摄影：黛安纳·Y·卡斯坦斯）

图5-12　居民们在尚佩恩县护理院的感官花园里触摸橡树叶子（摄影：德尔菲纳·科尔比（Delfina Colby），经尚佩恩-厄巴纳小报允许后复制，见案例研究247-250页）

• 考虑建一处能在恶劣天气中锻炼使用的带顶棚的拱廊或走廊。在洛杉矶的一个高层老年住宅中，建筑底层后退形成的一条15英尺（约4.5 m）宽的走廊成了一条非常受欢迎的锻炼道路（雷尼尔，1985年，P. 60）。

• 考虑公园附近是否有合适的娱乐设施。对旧金山公园的研究发现，许多半封闭的棋牌室里经常有每天从家中赶来玩纸牌、骨牌、跳棋和其他游戏的老人。除非迁居到其他有棋牌室的老年住宅区，这些老人是不可能放弃这样的社交机会的。另一个值得关注的问题是维持这种游乐设施所需要的基本人数规模。在有些社区里，居民根据性别或母语自发组合成许多小群体，在这里要确定这个基本人数规模几乎是不可能的。

• 如果锻炼设施由两个相邻的住宅区共享的话，那就要确保设施所在的位置和细节表明它是可共享的。比如洛杉矶两个住宅区之间有一个推圆盘游戏活动场，其位置更靠近其中一个住宅区，这就造成了领域感的模糊和无人使用的现象（雷尼尔，1985年，P. 54）。

• 根据未来居民的需要和能力建设相应的娱乐设施。那些能同时提供社交机会的设施通常是最受欢迎的。

• 建议在居民都迁入后，再完成户外活动空间的建设。居民参与决定设施的选择可确保设施满足他们的需要并提高使用率（雷尼尔，1985年，P. 136）。

• 利用特殊的设施细节鼓励衰弱的老人参与活动。经过精心设计的更易于老人走动的游戏场地面，以及更易于识别的色彩鲜艳的设施就是很好的例子。

• 应为容易疲劳和对光热敏感的老人提供一些阴影下的休憩区。

• 锻炼区附近应设置饮水器。饮水器的位置、设计、铺装以及轮椅的尺寸必须符合 ADA 的设计标准（案例可参见戈尔茨曼、吉尔伯特和沃尔福德，1993 年）。

• 确保从锻炼区可很方便地到达休息室。这方面也必须同 ADA 的标准一致。这些标准极为

图5-13　在佛罗里达的一处老人居住区岛屿湖（Island Lake）村，三轮车的停车处被设计成了社区建筑主入口的一部分（摄影：黛安纳·Y·卡斯坦斯）

图5-14　加州圣马特奥的一个老人居住区中的一个受人欢迎的小型高尔夫球场（摄影：黛安纳·Y·卡斯坦斯）

详尽且因地而宜（案例可参见戈尔茨曼、吉尔伯特和沃尔福德，1993年）。

* 在居民易达的地方建锻炼设备的储藏室。
* 对于老人护理院来说，要考虑建设户外身体康复活动区。

提供可享受自然的户外空间。居民常使用居住单元外的私人开放空间晒太阳，呼吸新鲜空气，观察天气、栽花种草或喂鸟（沃尔夫，1975年）。对更衰老的老人来说，亲近自然可在提供多样性和兴趣的同时令他们感受四季的变迁和时光的流逝（见图C-48）。正如希亚特（1980年）所指出的那样，花草、树木及土壤与室内光滑、防火、易于清理的表面形成了受人欢迎的对比。洛杉矶一个多层老年居住区里有一条蜿蜒的、被花草树木环抱的小径，它是一处非常受居民欢迎的活动场所。已长成的乔木和速生树种种植在一起，这样从居民迁入的第一天起就可看到郁郁葱葱的景观（雷尼尔，1985年，P.86）。

图5-15　康涅狄格州布卢姆菲尔德的邓肯斯特生命护理中心有一个非常受人欢迎的设施，就是这条狭长蜿蜒的木板步行道，它穿越树林和湿地，直达社区花园（摄影：费利斯·弗兰克尔，见案例研究 P.238—242）

设计建议

- 将从室内和其他地方易于望到的绿色区域设在远离建筑物的地方，以鼓励老人前往运动和探索。

- 如果场地条件允许，布置不同类型的栽植区，从规整的花园到更自然的野生植物区。

- 使用不同的树种以形成四季色彩的变化，吸引野生动物，并可设置如喂鸟器这样的设施增加趣味性。那些只能呆在室内的老年人特别喜欢透过起居室的窗看到丰富的色彩和野生生物。

- 创造人与自然相交融的空间，如可让人在花园某块地方喂鸟等。对于园林的要求可能每年都在变化，因此，要避免将大片荒芜的场地整个都用来建花园。

- 在单个居住单元外建私有或半私有的庭院和阳台，以促使老人每天都与自然接触。

- 将花园和一些特殊的设施结合起来，比如供残疾人接近的抬高的工作区和花池。

- 在花园附近应有堆放工具的小屋和水源。

- 应有铺装的步道穿越花园，供行动不便的人使用。

- 考虑在冬天为那些喜欢种花的人建一个植物温室。这可建在一个易于到达的屋顶上，但一定要使光热温和一点。

让老人在室内就可享受到户外的乐趣。一些高龄老人经常在室内观赏户外空间。观赏是他们认知世界的重要窗口。视景的两个重要方面一是被观赏的对象，一是观赏者的位置。尽管丰富多样的视景已很不错了，但变化（季节或昼夜变化）和活动的事物通常则是最受人喜欢的。许多人，特别是行动不便的人，会有一个他们喜欢的座位，坐在那里观赏户外活动。

设计建议

- 将户外活动区安排在从室内座位上，特别是透过楼上的窗户可看到的地方。

- 在经常有恶劣天气的地方，用建筑设施确保可从室内向外眺望。比如一个日光室，就可

图5-16 加州拉古纳山系（Laguna Hills）的休闲世界（Leisure World）为居民中那些认真的园丁们提供了单独的花圃。工具屋中储存着以年度绿化费名义购买的公用工具，此外，还有一处带遮荫的闲坐区和一个饮水池以供居民在工作之余舒适地小憩（摄影：黛安纳·Y·卡斯坦斯）

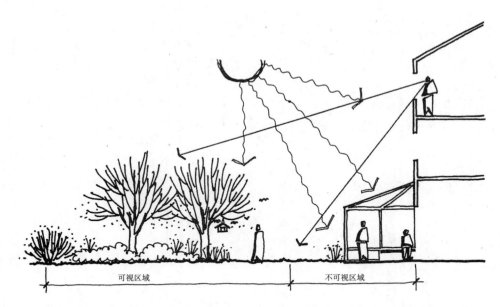

图5-17　底层温室可让居民在各种天气条件下体验户外环境，同时其设计又要不遮挡楼上的视线

通过调整来控制温度和眩光，在天气好的时候则敞开。

• 考虑运用一些植物来形成框景。栏杆的高度或窗台不应遮挡人坐在座位上时的视线。

• 夜间照明可在提供安全和保障的同时形成一定的趣味性，但这必须以不影响他人睡眠为前提。

• 运用建筑设施、窗玻璃和植物来减少眩光。

上述我们讨论了老人的一些需求和满足这些需求的空间设计建议。现在我们将改变这一顺序，从场地要素如何最大限度地满足老年居民的需求这个角度出发，讨论规划和设计。

在某一设计中采用何种户外空间形式根本上是由对场地现有条件的分析决定的，是由未来居民的需要、喜好和活动能力所决定的。

居住区入口

居住区入口对居民和到访者的通达和社区的形象来说都很重要。安全、易识别和通达性是最基本的考虑因素。

设计建议

• 决定居住区入口位置时应考虑场地的特殊条件：靠近主道路便于进入且能增加可视性；而靠近小的街道能增加安全感，但却削弱了入口的可视度。

• 街道的两个方向都应保证适当的视线距离，以确保视力差、行动迟缓的老人可安全地穿越街道。通常建议保持200英尺（约60 m）的最短视线距离（格林等，1975年）。

• 在居住区入口和建筑入口建带顶棚的临时停车处。

• 入口的形式和尺度要仔细选择以使之易于识别，同时又不会太夸张。

• 入口要选择分叉较高的树木或低矮的灌木，使之不遮挡视线。

• 用清晰明显的标志牌和照明来标明入口和建筑物。必须有标明入口的方向指示，且要用国际通用的标识符号。必须遵守关于字母标识的ADA标准，其特点和符号必须同背景形成对比，且标语必须没有反光或表面粗糙。

• 座位应设置在居住区的入口附近，否则将被视作公用而被外来者占用。

入口车道

入口车道应保证乘客安全、快捷地到达建筑物。环形车道是最便捷的设计形式。

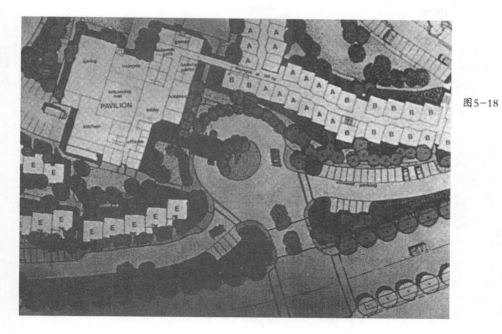

图5-18　加州欧文的摄政潘因特的这处主入口车道和中央下车区由于位于建筑物正面而非常易于识别，且令参观者感到受欢迎。那些希望直接停车的居民则可绕过这个带有覆顶的下车区（摄影：黛安纳·Y·卡斯坦斯）

设计建议

• 采用简单、便于进出的入口布局形式。车辆进入的顺序应合理安排，比如首先是认出建筑物，然后是停车和落客的各种地点，最后是落客后直接进入停车场或是离去。在车流量较大的地段，采用进入居住区后直接到达停车场（在那里下客）的方式可减少阻塞。还应考虑为救护车提供几个单独的出口和通道。

• 路面应设弯道或减速坎以减慢机动车的速度。

• 在建筑物入口附近设置围合且方便的上下客区，同时要留出足够大的户外空间，因为许多居民需要这么一处可坐的地方。

• 在居住区入口处要安置供居民等候出租车或其他车辆的座椅。座椅应紧靠建筑物，给老人以安全感，同时应保证老人可清楚地看到过往的车辆，而且他们走几步路就可方便地搭车。

• 从入口的门厅或休息厅要能清楚地看到门口的上下客区，因为有人喜欢在那里等候。

• 入口车道的宽度和转弯半径必须足以让小汽车和巴士通行和调头。建议两车道的路面宽度除了人行道外至少应有 24 英尺（7.32 m），主道路应有 20 英尺（6.10 m）宽（每个车道），最好采用林荫道的形式。

• 要保证落客区有足够的空间以容下轮椅

通行、打开车门和其他车辆过往。

建筑物主入口 / 入口庭院（*Arrival Court*）

主入口除了是进出建筑物的必由之路外，还是受人欢迎的休憩、观望和等候的地方。

设计建议

• 在建筑物主入口创建一个相当于门厅的空间以供老人休憩和等候，这样可提供一个封闭的小空间，还可遮风挡雨及躲避他人的视线。

• 确保休憩和等候的空间免受寒风及其他恶劣天气的影响。

• 在室内提供可看到户外空间的视角，以方便候车者，同时也可活跃室内气氛，增加安全感。

• 休憩 / 等候区应考虑设置在入口走道旁，以留出充足的空间确保进出建筑物的人的安全和便利，同时也可减少他人从中穿行时的不适（"Running the Guantlet"）。

• 入口处应有遮蔽恶劣天气的天棚和顶盖。需要考虑以下特殊要求：①天棚要能覆盖整个用来上下客的车道，以为那些上下车比较慢的老人提供庇护；②天棚要足够宽，以容纳几个人以及助行器、轮椅一起并排在下面走 [可容纳两个轮椅通过的最小宽度为 60 英寸（152.4 cm）]；③天棚应

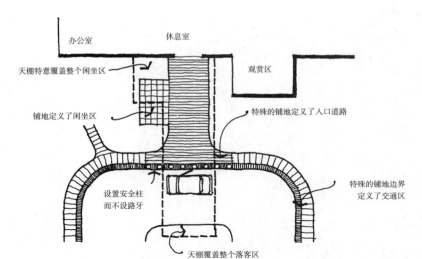

图5-19　通过细部设计和
设施以强调主入
口和到达区

有足够宽度以在刮风时遮挡雨雪（例如可使用侧面挡板）；④天棚不应使入口处太黑暗（可使用天窗和透光的覆顶材料）；⑤天棚的柱子不能太毛糙，因为老人有时会为了走路稳一点而扶着柱子，或撞到它们。

• 确保上下客区至建筑的通道便捷且易于识别。此外，①上下客区应与入口车道在同一高度；通道边的水泥柱可有效减少交通事故；但要避免台阶、路牙和斜坡。②在应有路牙和斜坡的地方，提供延伸到路边的扶手，以帮助衰弱的老人。在停车处旁必须有至少60英寸（约150 cm）宽、20英尺（约6 m）长的走道，净高至少114英寸（约290 cm）以方便特殊改造过的车辆通行。如果要建路牙和斜坡的话，防滑、位置、尺度、斜面和边界提示凹槽等各方面都应符合ADA的标准（案例可参见戈尔茨曼、吉尔伯特和沃尔福德，1993年）。

• 明确标识和界定行人和车辆过往繁忙的地段，例如通过改变铺地的材质。

• 慎重选用照明。照明不应产生眩光或漆黑的阴影。光线向下和能照亮道路边缘的照明设施是很好的选择。

停车场和建筑物的次入口

许多自己开车的居民使用停车场或建筑次入口的频率远高于主入口。这些区域对维护居民的独立和安全来说应是很重要的。

设计建议

• 停车场应设置在建筑物附近，以求方便，尽管这可能不是最令人赏心悦目的选择。

• 建筑物的次入口处同样应设上下客区和休憩、等待区，并应有足够的空间上下客及装卸货物和杂物。

• 建筑物的入口、上下客区和休憩区都应有遮蔽物。

• 门边应有舒适的座椅及供人掏钥匙时放置行李的架子。

• 次入口应用分叉高的乔木和矮灌木，以保证视线开阔，减少别人在此隐藏的可能性。垂直净高至少应保持80英寸（约2 m）。

• 建筑物次入口和整个停车场内都应设置安全照明。

• 根据要求提供易于通达的停车场（每25～100个停车位应有一个出入口），并应有所需要的标志和铺地标识，位置尽量靠近建筑或居住区入口。停车位应至少9英尺（约2.7 m）宽，旁边的进出车道应至少5英尺（约1.5 m）宽。必须有一个厢式货车的停车位，其旁边的进出车道应有8英尺（约2.4 m）宽。车道设计的具体要求可参考ADA标准，或戈尔茨曼、吉尔伯特和沃尔福德在1993年出版的书。

公共庭院和露台

庭院和露台既可能是小型社交活动的中心，

图5-20　在康涅狄格州布卢姆菲尔德的邓肯斯特生命护理中心，铺地的变化、相等的高度以及防止小汽车进入的柱子形成了一个有效的入口序列。天棚、通往室内的玻璃门和户外的长椅也是很不错的设计要素（摄影：黛安纳·Y·卡斯坦斯，见案例研究 P. 238—242）

也可能是像舞会和烧烤这样的大型团体活动的中心。通过精心设计，这些地方可经常让那些需要方便、舒适和安全，而又行为不便的老人享用。

设计建议

• 　其位置应选在建筑物的中心和居住区活动的中心，且从室内易于看到和通达。老人在离开建筑物之前看到这些场地会感到更安全，也能鼓励非正式的庭院使用。如果有便捷的通道的话，大型团体活动和有组织的事件就能同时使用室内和室外的公共空间。

• 　庭院应靠近厨房和卧室这类室内空间，最好也邻近使用频率较高的室内社交活动区，如起居室和门厅等。

• 　其位置应选择在往来场地活动的户外步行道的交叉处，以鼓励非正式的偶然使用并增强趣味性。通向停车场的步行道也是很好的选择。为了减少被人窥视所造成的不舒服感觉，步行道和闲坐区之间应略有分隔。

• 　利用受庇护的区域形成一个亲切的小空间，例如建筑物成直角连接的两翼中的封闭空间等。这种空间能提供安全、保障和一种亲和力。

• 　确保庭院大处足够大以容得下有组织的大型团体活动（如烧烤、演出），同时又有小空间以供亲密的人们使用。其中一种处理方法就是利用亚空间来容纳不同规模的群体活动。

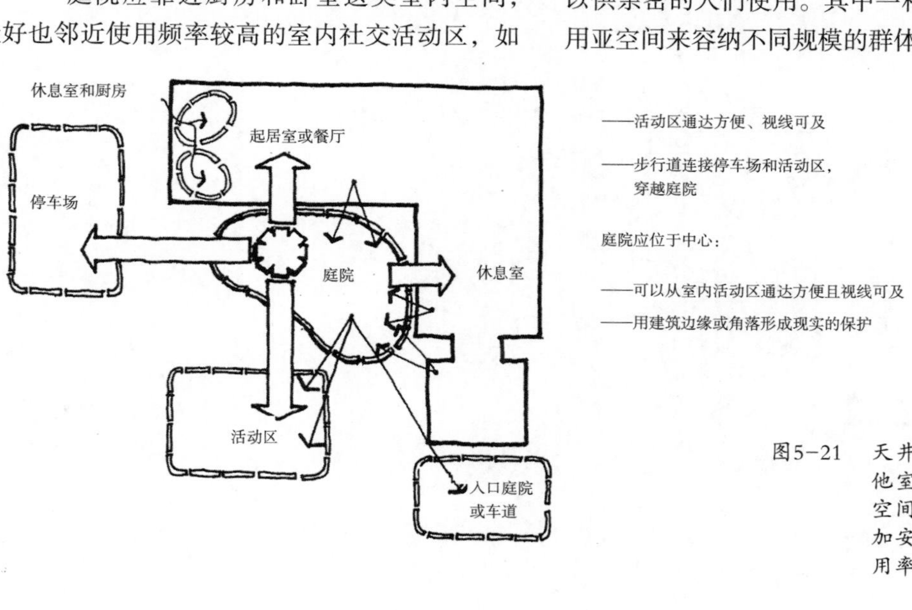

休息室和厨房

起居室或餐厅

停车场

庭院

休息室

活动区

入口庭院或车道

——活动区通达方便、视线可及

——步行道连接停车场和活动区，穿越庭院

庭院应位于中心：

——可以从室内活动区通达方便且视线可及

——用建筑边缘或角落形成现实的保护

图5-21　天井所在位置应能在其他室内外空间之间创造空间和视觉联系，以增加安全感、提高随机使用率和便利程度

- 利用边界界定和其他细部设计（例如藤架）来标识亚空间并形成私密感。

- 庭院设计应更注重细部处理。老人的感官功能会随年龄的增长而退化。他们会更长时间地呆在同一个地方，这就更需要用细部设计来刺激他们的感官活动。

- 利用景观要素和建筑设施来控制天气条件对庭院的影响。过强的风、日照、阴影或过热、过冷以及令人讨厌的昆虫都会降低老人对户外空间的使用。

- 阴影和阳光下都应有大量舒适的座椅和其他设施。可移动设施比固定设施更受欢迎，因为它可按亲近交谈的距离来摆放。固定座椅既可摆放成直角以方便交谈，也可围绕活动来摆放。

- 应有满足个人兴趣和团体喜好的设施和细部设计。比如抬升的花池可让老人不需弯腰就可近距离地观赏花卉，其他还有喂鸟器、鸟浴室、甚至是易于使用的烧烤设施（用煤气或电）等。

- 附近应有电源和水源（包括饮水器）。

- 考虑设置夜间照明，特别是在庭院里，以形成宜人的夜晚和动人的户外景观，还可为老人提供安全保障。

- 确保铺地和有高差变化的设计能提高残疾人或健康居民及到访者的安全和方便的通行。没有过多接头和纹理的防滑地面可减少被绊倒的可能性。道路如果必须有高度变化，应同时设有踏步和坡道（参见后面关于步行道地面、斜坡和踏步方面更多的设计细节）。

- 居民们最愿意使用从室内公共房间能看到的，或易于到达的户外休憩区（见图C-47）。洛杉矶一处繁华的商业地段内有一个由287套居住单元组成的四方形高层住宅，那里仅有的户外空间是一处由底层墙面后退形成的一条15英尺（约4.5 m）宽的围绕建筑的拱廊。它与室内公共房间和电视房相邻；居民进出住宅时可很容易地到达这个空间；那里放置了活动椅、靠背椅、躺椅等各种座椅；该拱廊和旁边的热闹的居住小区道路之间有一片浓密而通透的植物带，人们可在此享受街道活动；在炎热的夏天，那里清风习习。这个地方是雷尼尔研究的12个住宅中使用率最高的户外空间（雷尼尔，1985年，P.43—46）。

私人庭院和阳台[①]

多单元住宅中的所有居民——特别是老年人——对拥有自己的户外空间非常重视（克兰兹，1987年；沃尔夫，1975年）。居住单元旁的私人庭院和阳台可让人有居家感，而不是官方机构性质的氛围。它还能让居民同户外保持一种私人的联系，为许多个人与家庭活动提供环境，而这些活动是独立自主的家庭生活的一部分。

庭院和阳台中最常见的活动是坐着晒太阳和养花种草，所以其位置最好每天都能直接照到阳光。在地面院子里应有一片出露良好表层土壤的

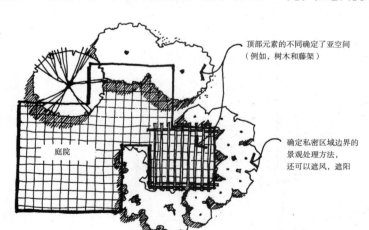

顶部元素的不同确定了亚空间（例如，树木和藤架）

庭院

确定私密区域边界的景观处理方法，还可以遮风，遮阳

图5-22 天井可设计成有供亲密的小团体使用的若干亚空间，且它们又相互联系以容纳大的团体

①以下两部分主要摘自加州大学伯克利分校城市与区域规划系玛丽安·费伊·沃尔夫的硕士论文"老年人特殊住宅区的户外空间（Outdoor Space in Special Housing for the Elderly）"，1975年。

图5-23　在加州蒂伯龙（Tiburon）的布拉德利（Bradley）住宅中，莱肯拜克（Lakenback）先生对他的私人庭院中做了一些个性化装饰

地方，居民可直接在上面种植物。这样，大多数居民是会利用这种空间的；即使这个院子并不经常使用，让老人了解自己有能力从事园艺活动也是很有益处的。

　　私人户外空间为老人提供了每天接触自然的机会——在那里，他们可仰观天象、呼吸新鲜空气或喂鸟等。但老人对暴露在外又特别敏感，如果不提供遮蔽阳光、寒冷和风的设施，他们是不会利用户外空间的。

　　居住单元的室内环境可能缺少形式上的多样性，因此，户外院落或阳台可让居民形成自己的个性。一些居民将院落和阳台变成了一些户外小屋，在那里，他们通过绘画、铺地、搭棚架和展示个人收藏来表达自己的个性和品味。这种个人或居家感对老人来说是特别重要的。因为他们常常是住宅的租用者而不是所有人（巴特菲尔德（Butterfield）和韦德曼，1987年）。

　　私人户外空间的另一个重要功能是作为一个观察别人活动、与他人交流的场所。正因为这个原因，每家的院子和阳台应相对布置，或都朝向一条主道路或户外公共活动区。其目的就是要形成一个既私密，又可部分公用的空间。庭院旁应有篱笆保证私密性，但不应阻挡从里往外看的视线。私人院子和公共空间之间的门可能会有助于老人的社交活动。

　　老年人还反映他们很珍视私人户外空间作为自己独处时的活动场所。所以这个空间必须既给人户外的感觉，又有封闭的感觉。相应地，如果院落和阳台没有明确的边界，几乎没有或一点没有遮挡时，它们是很少被使用的。处理得当的边界能提供安全感和私密性，同时提供观望户外公共空间的机会。

设计建议

　　• 阳台和庭院应面对面朝向一片共享的花园或者都朝向使用率较高的公共空间。

　　• 庭院和阳台的位置应使它们在每天中的某段时间里可享受阳光直射。

　　• 应有遮挡阳光、寒冷和大风的设施。

　　• 利用不会遮挡从室内穿过庭院观望外面的材料建造篱笆。

　　• 用篱笆或矮灌木限定并围合空间边界。最重要的是遮挡旁边的邻居，而庭院和附近公共空间之间的边界则可有可无。

　　• 庭院的篱笆上应开一个直接通向公共空间的出入口。

　　• 庭院门外应有锁，这样在外面就可锁上住宅了。

　　• 庭院的边界和篱笆或植物之间应留出一条露天土壤边界，这可用来限定这是种植物的地方，同时要确保那里有好的表层土壤。

　　• 阳台和庭院里应有水管设施以浇灌植物。

草坪

草坪尽管不是必需的，但在许多美国人的印象中草坪与家的概念紧密相联。草地是理想的即时娱乐场所，例如门球游戏和特殊活动等。而对于行动不便的老人来说，在松软不规整的草坪上走动是很困难的。因此，如果整个规划中包括草坪，需要强调以下几点设计因素。

设计建议

• 将草坪区安排在铺地和闲坐区附近以便通达和观赏。

• 从其他主要活动区和室内休憩区应可看到草地上的娱乐区，以鼓励他人参与。草地也可作为大型团体活动的备用空间。

• 如果要将草地用作别的用途——比如门球场地——这时要注意保证小气候适宜。在一个洛杉矶老年住宅区中，门球草坪很少被利用，因为午后的烈日造成场地热得令人难以忍受（雷尼尔，1985 年，P. 52）。

• 提供充分的排水设施，以避免草地在雨天变成一片沼泽。

• 明确界定草地和街道或地产分界线的边界。这在为早老性痴呆症病人提供的设施中特别重要。因为如果没有明确标识的边界，他们可能会游荡到场地以外。

• 在铺地和草地相接的地方要注意保持相同的高度，以减少老人被绊倒的可能性（即消除边界）。

• 草地应尽量整平，或只有缓坡；也就是说应避免高程上的急剧变化。

园圃区

园艺是老人最喜爱的活动之一。除了那些直接参与的老人外，许多其他老人还可通过别的途径享受园艺活动（见图 C-49）。

旧金山湾的研究显示，如果条件允许，20% ~ 50% 的居民可能使用私人的花圃。这些园丁包括了各年龄段的老人，甚至包括年纪非常大的老人。对一些人来说，造园主要是一种娱乐和社交活动。但对另一部分人来说，造园主要是能为他们的餐桌增添新鲜的绿色蔬菜，减少蔬菜开支。园艺还提供了一条展现个人技能和成就的途径。有时，通过展览和竞赛，花园会成为全体居民的骄傲，并成为与更大社区交流的载体。

在老年居住区内园圃主要位于以下三种地点：在私人的阳台和庭院里；在特别设置的园圃里；在公共场地上。在公共场地上养花种草可能是居民经过批准或未经批准参与维护场地的一种形式，也可能是居民未经官方允许在非种植区种植私人的植物。

如果划出正式的园圃并将其分成供个人使用的若干小块或抬高的种植池，这就大大鼓励了居民们的园艺活动。要想将植物养好，种植池里需要有较好的表土，并保证每天几个小时的日照。这些地块和种植池最好集中在一起，而不是靠近各个居住单元。集聚可形成一个园丁们的活动圈，以便于他们交流经验、相互帮助。还可形成一个活动中心，居民们可聚在那里一起欣赏园丁们的劳动成果。如果抬高的种植池的面积比较大，应将其分成不同的高度或斜面（种植池本身或地面），以让每个园丁选择合适的工作高度。其他帮

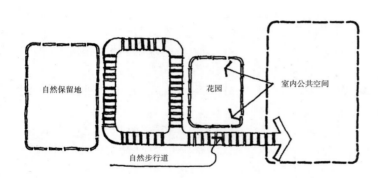

自然保留地　　　　　　　　花园　　　室内公共空间

自然步行道

图5-24　如果园圃位于易于从室内社交空间看到的地方或是位于一条高使用率的步行道旁，那么非园丁居民也能享受到园艺的乐趣

图5-25　当旧金山埃丽斯街350号的一个老人住宅旁要修建一处社区园圃时，居民们从一开始就体现出了高度的热情和参与精神

助居民够得着种植池的方法有提供和厨房里的柜子一样的垫脚区；减少种植池壁的宽度，因为它是在浪费空间（Roll，1981年）。

让居民在公共场地上栽花种草具有特殊意义。有的居民只是希望参与维护花草而不是独自在某一个地块上种植。修剪草坪、灌木和种植池似乎是一个正式工作者的工作，它会让老人有更强的自立感和成就感。同时，修剪草坪可使他们感觉更亲近自然，更有归宿感。在伦敦的一个老

年住宅综合楼中，许多老人都参与了场地的维护工作。

他们并没有被要求去修剪大面积的、毫无吸引力的草坪，他们也不是对此感兴趣的居民。然而，他们只是喜欢修剪散布在各个设施间的小片草坪。住宅管理部门发现这些居民现在很高兴来维护他们经常在其中交往的花园，而且极少向公园管理部门寻求帮助。这使住宅管理

图5-26　户外私人园圃交错布置在住宅单元入口附近，以供私人养花种草，还可丰富公共区域的景观（摄影：黛安纳·Y·卡斯坦斯）

的费用大大降低，而且他们干得很不错，成功地维护了漂亮的花园，那些居民也为"他们的花草和花园"而感到骄傲〔巴比奇（Babbage），1981年，P. 24〕。

并不是所有居住区都有精力如此充沛的园丁，但是管理政策要鼓励这种参与形式。

在公共区域从事园艺活动的另一种形式是利用废地种私有植物，但这往往是管理部门所不允许的。而且，这些特殊区域与居民原来的园艺经历更相类似，因此，与在指定的地点种植相比，这种形式更令居民满意。这种活动经常发生在维护较少的地方和靠近居住单元的地方。这样种植形式不应被禁止，变通的方法是将住宅单元旁廉价的植物替换成居民自己喜欢种植的植物。

设计建议

- 集中个人园圃，创建一处社区花园。
- 种植地块应布置在能从居民住宅单元或经常使用的室内公共空间可看到的地方。
- 种植地块应布置在每天都能接受几小时阳光直射的地方。
- 种植地块附近应设置长椅。
- 应为行动不便的老人提供抬高的种植池，且最好有不同的高度，并在下部留出垫脚区，以便于让老人靠近。
- 保证种植池里有良好的表层土壤。
- 提供园艺工具和设备，以及易于到达的工具储藏区。
- 建立一项管理政策，允许在公共区域养花种草。
- 居住单元附近的景观设计应有灵活性。
- 与管理和建设部门共同拟定政策，并建设相应的室内设施来支持居民的园艺工作（例如，为种花准备水槽和蓄水区域，政策方面允许在公共空间展示各种花卉）。

为来访儿童准备的游乐区

为儿童准备的户外游乐区深受那些有来访儿童的居民们的欢迎。对许多老人来说，私密性、可控制性和噪声是主要的关注点。因此，如果居住区内有户外活动区，要考虑以下几点。

设计建议

- 游乐区应与居民住处和私密空间等安静区分开。
- 游乐区应设置在只有到访者才能使用的地方，而不要被附近儿童所占据，或者如果允许这种使用，应把游乐区安排在场地边缘。
- 游乐区内应设长椅，以供老人和到访的成年人坐着观看儿童游玩。
- 在不远处安排步行道和（或）长椅，让不相关的居民可观看儿童游玩。
- 对于看不见踏步、路标或不能自己从长椅上起身的老人来说，使用户外空间可能并不是一件令人愉快的事。所以要特别注意一些重要的户外设施和细部设计以使老人愉快安全地享用户外空间。

图5-27　园圃中抬升的工作台可大大减少园丁们的弯腰，这样一些行动不便的居民就不再需要弯腰在地面上工作了（摄影：黛安娜·Y·卡斯坦斯）

步行道

散步是很受许多老人欢迎的一种锻炼形式，也是医生们经常推荐的锻炼形式。然而，老人们普遍关注滑倒和跌倒的问题。行动困难、平衡感差、分不清方向、视力衰退（特别是对深度的感知，对周围活动事物的感知和分不清细微差别）、反应迟钝和信心减少都会影响散步的愉悦感和安全感。

设计建议

• 将大多数的步行道布置在从建筑中可看到的地方，特别是那些能让工作人员和居民经常看到的地方。居民很少会使用视线以外的步行道，因为他们害怕跌倒或受陌生人打搅时周围没人看见。

• 步行道应经过场地内的各活动区，或位于从场地外和附近活动区视线可达的范围内。

• 应有一部分能给老人以独处和私密的幽静步行道，比如穿越花园或自然区域的步行道。

• 步行道的起点应设在使用率较高的建筑入口处，在那里，居民可等待别人的帮助。

• 考虑创建一系列相互连通、能形成环路的步行道，这些步行道要能提供不同长度和难度的路线选择及感官刺激，又能将老人引向建筑物，从而防止老人不小心走失到规划场地外。

• 为活动能力有限的居民提供休息场所。最少每隔50英尺（约15m）设一个长椅或休憩区。

• 途中应有休息处和一定的目标（如邮箱或一棵特别的树），以鼓励老人步行。步行道的交叉点和可观看其他活动的地方是设置休憩区的好地方。

• 考虑在沿途设置用来锻炼的场地和距离标识。现在已有了专门为老人设计的盈利性锻炼场地。一些机构甚至老人护理院也将他们的锻炼场向社会开放（早上还提供橙汁），以增强社区活力和公共关系。

地面

地面的质量和平整度会影响步行的舒适性和安全性。老年人特别关注地面，有人甚至一直注视其前方地面，而忽视了周围环境。这样反而减少了他们享受户外空间的机会。

设计建议

• 步行道表面应材质一致、防滑、无反光，例如可用有防滑条纹的浅色混凝土。

• 步行道应避免高度变化、不规整的铺地材料、留有接缝和其他地表突起物，因为这会威胁老人的安全。步行道的坡度不应超过1∶20。铺地的色彩、材质和其他细部的变化都可用来提示即将到达台阶或交通要道。

• 将沿途的种植池抬高，以便观赏［通常建议最低高30英寸（约76cm）］，或将它们直接布置在坡面上，以防绊倒老人（格林等，1975年）。如果采用后一种形式，注意防止冲刷的泥土影响步行道。

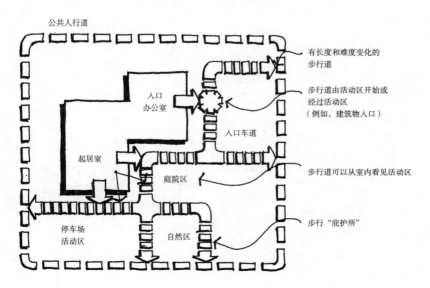

公共人行道

入口
办公室

入口车道

起居室

庭院区

停车场
活动区

自然区

有长度和难度变化的步行道

步行道由活动区开始或经过活动区
（例如，建筑物入口）

步行道可以从室内看见活动区

步行"庇护所"

图5-28　不同长度的、穿过各活动区的步行环路可为居民提供一系列的体验和不同程度的锻炼

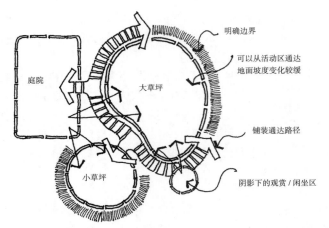

图5-29 场地上不同亚空间之间的视线联系可鼓励居民的使用和观看别人的活动

- 确保良好的地表排水系统。
- 沿步行道种植枝叶较小的树木或常绿树，因为落在地上湿树叶容易让人滑倒。所有植物都要经过修剪，常年保证80英寸（约2m）的净空高度。
- 步行道宽度应足够两个人或一个人与一辆轮椅并排通行。通常建议步行道保持最小6英尺（约1.8m）的宽度（格林等，1975年）；而ADA的标准要求最小4英尺（约1.2m）宽，两个轮椅并排则至少要5英尺（约1.5m）宽。
- 行动不便的老人经常使用的道路边应提供光滑的扶手（参见后面关于扶手的设计导则）。

坡道和台阶

坡道并不是台阶的理想替代品，因为它会影响步行者的交谈，上升的坡道改变了步行者的步法。事实上，坡道使许多老人身体重心前移，上下坡变得更为困难（希亚特，1980年）。

设计建议

- 在必须有高度变化的地方，要同时设台阶和坡道。ADA关于坡道和台阶的设计标准应作为设计者的一般准则。而老人可能在多方面有缺陷，例如视力差、力量精力和灵活性下降等。如果坡道比设计标准更平缓一点，沿途设更多的休息地点和更大的转弯半径等可让所有的人顺畅通达。ADA对坡道的最低要求包括：坡道宽48英寸（约122cm）；斜坡坡度至少1∶12；坡道旁应有防跌落的保护；每30英尺（约9m）长的斜坡应有一个平台；超过6英寸（约15.2cm）高或72英寸（约183cm）长的坡道应有扶手。ADA对台阶

的要求包括应有牢固的楼梯竖板；每级台阶至少11英寸（约28cm）宽；台阶前缘应有最大半径0.5英寸（约1.27cm）的彩色指示条来清楚地显示每个台阶的边缘；应有扶手；以及对转角楼梯和折返楼梯的特殊设计要求等。具体的细节可参考ADA标准，或参考戈尔茨曼、吉尔伯特和沃尔福德在1993年出的著作中的例子。

- 防滑和无反光的地面材料对于坡道和台阶特别重要。避免使用有很深的沟槽、沉重的混凝土、和大的混凝土接头等材料，比如石灰石或大的混凝土块等。因为它们对使用轮椅、助步器和拐杖的人来说很不方便。ADA标准认为拉毛混凝土和其他类似的表面防滑、易通行的材料最为合适。非白色材料和无反光材料可减少眩光。

- 要清楚地标识和照亮台阶与坡道，特别是台阶的第一个踏步。

- 各处都应有扶手。

扶手

扶手可为老人提供实际和感觉上的安全感。它应设置有高差变化的地方和一时产生头晕、需要时间调整的地方，例如从黑暗的室内走向明亮的户外。

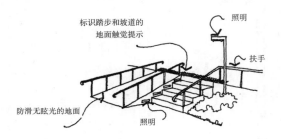

图5-30 在任何地面高度有变化的地方都要提供坡道和踏步

图5-31　可移动的座椅可根据不同的交谈群体或活动自由安排（摄影：黛安纳·Y·卡斯坦斯）

设计建议

• 根据 ADA 的标准，扶手应该距地面 34 ～ 38 英寸（约 86 ～ 96.5 cm）高。为了供步行和非步行的居民使用，最好设两排扶手，其中一排高约 26 英寸（约 66 cm）（康斯里克，1976 年）。

• 为了方便抓握，扶手应距离旁边的墙面 0.5 ～ 1 英寸（约 1.3 ～ 2.5 cm）。绝不应有锋利的边缘和毛刺，为了便于抓握，直径一般 0.25 ～ 0.5 英寸（约 0.6 ～ 1.3 cm）。扶手的尽头必须与墙面、柱子或地面相连，或者将尽端磨圆，以避免暴露的末端对人造成伤害。

• 在有高程变化的地方，扶手应至少延长 1 英尺（约 0.3 m）。

• 沿扶手使用间接照明以增加可视度。

• 扶手要选择不会受天气影响的材料，比如金属在雨天变冷或变滑，阳光下会变热。应考虑使用塑料或乙烯表面的扶手。

座位

应该专门为老人设计座椅和长椅，因为他们会长时间就坐。随年龄的增长，老人的身体会发生一系列的生理变化，如肌肉衰退、力量减小、组织收缩、灵活性下降，这些都会给老人的落座、久坐和起身带来问题。

因此，设计时宁可提供一些舒适的座椅，也不要提供大量不舒适的（通常比较便宜）、少有人使用的座椅。

设计建议

• 提供轻便、可移动的座椅，而不是固定的设施。因为可移动的座椅可随意安放在阳光下或阴影中，或按亲密交谈的距离摆放。

• 长椅和座椅设计的重点在于靠背和扶手。这种座椅通常很贵，但很舒适。靠背要硬一点，能给背部下方和肩部以支持。扶手的前缘应一直延伸到座位的前部，而且应有结实、圆滑的扶柄。许多老人由于腿上无力或椅子下的脚不能弯曲自如，从座位中起身时有点吃力。所以座椅不能向后倾斜太多，也不能太高或太矮，以方便老人地起身和落座。避免使用前缘很高或很突起的座椅，因为这会影响老人的血液循环。现年 75 ～ 90 岁的老人中，90% 身高介于 4 英尺 7 英寸到 5 英尺 4.5 英寸（约 1.38 ～ 1.6 m）之间（康斯里克，1976 年）。对于这些老人（大多数是妇女），座位前缘的高度应介于 13.5 ～ 17 英寸（约 34.3 ～ 43 cm）之间。最好有介于此之间的不同高度的座椅，这样老人就可选择适合自己的座位高度。较软的材料、木头或结实的垫子都是制作座椅地理想材料。但坚硬的材料往往因为过热或过冷（例如混凝土）而令人不舒服，特别对于老人——因为他们的脂肪比较少，用来分散承担身体重量的位于骨盆附近的肌肉组织也衰减了。最后，椅子一定要稳当，没有突出的椅子腿，要减少老人绊倒的可能性。

• 户外座位应附带有可移动的脚蹬和小

桌板。

桌子

户外的桌子能增加老人到户外活动的各种可能性。

设计建议

• 提供各种形状和尺寸的桌子以供户外使用。

• 不应将桌椅连在一起，以方便使用和摆放。

• 桌子应方便老人落座于扶手椅或轮椅。30英寸（约76.2 cm）[最低29英寸（约73.66 cm）] 左右的高度为最佳。如果设置野餐桌，最好设在有步行道通达的地方（更多具体内容可参见 ADA 标准95—96 页："公园的残疾人游客"）。

• 要使用非常稳固的桌子，因为老人经常扶着桌子来保持身体平衡。桌腿不应突出于桌面范围以外。

• 桌子的边缘应圆滑（而不应有棱有角，方方正正），表面应便于老人安全地扶持。

户外照明

照明可用来突出一个地方或视觉焦点，界定一片地域或边界，以及提供安全保障。总的说来，老年人的眼睛需要更高亮度的照明（康斯里克，1976 年）。

设计建议

• 居住区入口、建筑物入口和停车场内应采用高亮度的照明，以保证安全。庭院和其他活动区的照明应有特殊效果。

• 常有人使用的区域附近应设置照明，以界定铺地边界，避免浓重的阴影。

• 相互重叠的照明区可有效避免过亮的眩光点（格林等，1975 年）。

• 使用光线向下的照明设施，而不是光线向上或向外的照明设施，以避免眩光。

• 公共户外活动区或庭院应铺设电线和安置电气设施以及通用插座，以备户外表演活动使用。

户外标识

标识可帮助居民和来访者找到目的地和设施，并提供相关信息。但如果场地需要过多的标识，则说明场地规划欠佳。

设计建议

• 所使用的标识应有统一的模式和等级标准（格林等，1975 年）。

• 宁可使用大尺寸的标识，也不用尺寸过小的标识，但要注意保持居住区的形象。

• 采用没有装饰的粗字体——例如 Helvetica 体或 Futura 体等。也不应过于拉伸或压缩，因为这会给阅读带来麻烦（格林等，1975 年）。

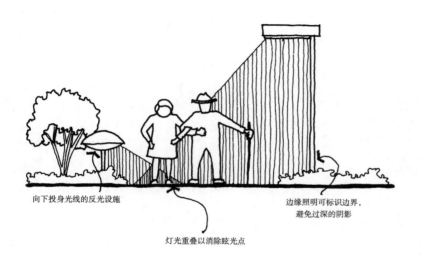

向下投身光线的反光设施

灯光重叠以消除眩光点

边缘照明可标识边界，避免过深的阴影

图5-32　精心设计的灯光可保证实际和感觉上的安全，并提高户外空间的使用率

- 必须遵循有关字母尺寸、比例、背景的ADA标准。

- 采用白字或白色图案配黑色或深色背景，以使可读性最佳。如果使用深色字母，背景最好为中灰色。如果使用彩色字母，建议使用暖色调的颜色，而不是蓝绿色系（康斯里克，1976年）。字母和标志必须与背景形成对比。

- 利用符号、材质、凸字和图案来帮助那些有视觉缺陷的老人。

- 标志物的表面材料应耐久、无反光。

- 标志物应有夜间照明，以便识别。

- 所设计的标志物应与当地的风格和喜好一致。

特殊护理所中早老性痴呆症者的需求 [①]

尽管上述许多设计建议同时适用于一般老人和早老性痴呆症患者，但在为后者进行设计时要考虑更多的原则。

- 在可能的条件下，所设计的建筑应附带有花园和庭院作为其核心的组织要素。对早老性痴呆症特殊护理所的研究观察表明户外空间具有特殊重要性，它可让老人接近自然；帮助他们确定方位；还是一处可让老人和员工通过享受新鲜空气、阳光、鸟鸣、四季更替和野生动物获得治疗效果的空间。合理组织围绕这处空间的建筑可确保其内老人们的安全，并减少员工的监护。（带有位置适宜、设计合理的户外空间的护理所的案例可参考科恩和戴，1993年）。

- 户外空间要和通向户外的门在同一高度。早老性痴呆症研究专家认为，可自由地到达精心设计的户外空间对于老人的身心健康和减少护理者的压力来说非常重要。那些远离居住单元、定期不经常有人使用的空间是没有什么作用的。（蔡塞尔、海德和莱文考夫，1994年）。

- 提供一些循环的户外步行道，与室内的走廊形成连续的步行道系统，形成"闲逛道路"。闲逛和散步是许多早老性痴呆症老人的主要行为特征。那些可用于治疗性的散步以减缓患者不安

和焦虑的环境设施，包括易于使用的走廊和户外步行道，其沿途应设置易于老人理解的视觉线索和有趣的"事件"，从而形成连续的路径，以让患者无论在室内还是在室外都能安全地行走而不用他人监护。

- 提供便捷的通往户外的出路，且不要上锁。看见一处想进入的空间，但却受限无法进入是令每一个人沮丧的事情，而这种情况会让早老性痴呆症患者高度不安甚至产生粗暴行动。单单提供用来在室内观赏的空间在这种情形下会产生负效应。重要的是要让在户外的患者易于看到居住单元的门，这样他们就可毫无困难地回来。所以一定要提供唯一一处显眼、毫不含糊的出入口。"回来和出去的地方不一致会使居民糊涂并失去方向感。"（科恩和威斯曼，1991年，P. 70）如果工作人员可方便地从办公室看到通往户外的出口，他们会更加鼓励居民的外出活动（蔡塞尔、海德和莱文考夫，1994年）。

- 确保户外空间安全地封闭起来。因为早老性痴呆症患者倾向于"寻找回家的路"，非封闭的场地会给工作人员、居民和患者家属带来巨大的压力。一个花园或户外空间必须为其所服务的建筑物封闭，或四周有高高的、不明显的篱笆，最好用植物遮挡一下，以弱化封闭感。如果篱笆或门可让居民看到外面，但却没有实际可通达的道路，很可能会使部分居民急躁起来。

- 注意户外空间的细节。本章列出的所有细节设计导则都适用于早老性痴呆症患者，就像对普通老年人一样。需要特别强调的一点是避免使用有毒的植物，因为一定程度的早老性痴呆症患者有可能会随意地采食树叶或花卉。要检索完整的有毒植物名录，可参考罗宾·穆尔的书：《活动场中的植物：儿童户外活动环境的植物选择指南（ Plants for Play: A Plant Selection Guild for Children's Outdoor Environments ）》（ 1993年）。许多普遍种植的植物可能具有相当高的毒性（例如瑞香、猩猩木、冬青、月桂、马樱丹、女贞、夹竹桃、杜鹃花、紫藤等等），还有些有一定的毒性或毒性较低〔例如耧斗菜、贝母、枸杞子、菊花、八仙花、喜林芋、

---

①有关更多针对早老性痴呆症老人的设计导则可参考：卡尔金斯，1988年；科恩和威斯曼，1991年；科恩和戴，1993年；穆尼（ Mooney ）和尼塞尔（ Nicell ），1992年；蔡塞尔，海德和莱文考夫，1994年。

金光菊（black-eyed susan）、dusty miller 等］。

• 布置刺激记忆的要素。早老性痴呆症会加速记忆丢失，因此，特殊护理所的设计中设置能够唤起个人记忆或社会记忆的东西可能会很有用处。例如，研究表明在患者住处近旁设置一个陈列着他们儿童或早年使用的个人物品的橱窗，将有助于他们找到回家的路。依据居住单元所在的地域和文化背景，可在居住单元中加入居民年轻时花园中的流行植物，陈列他们工作时曾使用的种植或园艺工具，以及布置该地方几十年前流行的花园风格和门廊设施。

• 提供可让居民在恶劣天气或极端温度下接触植物的空间。除了户外闲逛和休憩区外，最好还应有一个日光室或温室，或只是一个放有植物的壁龛。如果护理院里有园艺治疗法，那单坡温室会尤为受欢迎。在一项针对护理院里居民的研究中，给实验组中的老人一些植物让他们自己照顾，同时也给对照组中的老人们一些植物，但却告诉他们有护士会来照料植物。结果显示，实验组中的老人在灵敏性、参与活动的积极性和总的健康感觉方面有明显的改善［兰格（Langer）和罗丁（Rodin），1976 年］。

案例研究

加州莱克伍德（Lakewood）的老年人独立住宅 [1]

位置及环境

这个针对中低收入老人的住宅综合楼位于一个半居住区性质的社区，距离洛杉矶市中心大约 20 英里（约 32.2 km）。该住宅是为独立生活的老人设计的，位于洛杉矶县，居民外出非常依赖自己的小汽车或一种迷你面包车。住宅里装配齐全，没有任何日常生活助理服务（除了交通以外）。但室内却有几处社交和娱乐设施，包括一个公用房间、艺术与工艺品陈列室和一个小的电视房。

概况

该住宅有两个入口，一个服务于行人（主入口），另一个连接建筑物和停车场。主入口位于坎德尔伍德（Candlewood）大道边，那是一条繁忙的连接商业区的交通干道，该入口处精心设计有抬高的种植池（附有座位）、重点地面铺装和装饰性植物。入口道［大约有 40 英尺（约 12.2 m）

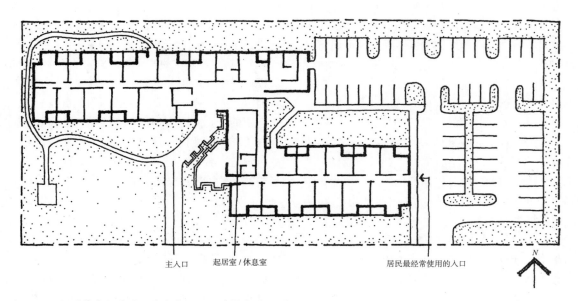

主入口　　起居室/休息室　　居民最经常使用的入口　　*N*

图5-33　加州莱克伍德的一个老年独立公寓的场地规划

---

① 根据加州圣莫尼卡伊夫林科恩联合会（Evelyn Cohen Association）的一项研究缩写而成。

图5-34　设计得很夸张的入口并不一定会有人使用。居民们往往选择可直达停车场的侧入口，而不使用这处主入口

长］从街道旁开始，穿过一个半封闭的户外庭院，直到前门和室内活动空间的集中区。较大的庭院［大约 20 英尺（约 6m）长，17 英尺（约 5.2m）宽］只能从室内的起居室通达，可能是为了确保建筑的安全。

次入口位于建筑物东翼的尽端，靠近停车位（图 5-33 显示的规划图中箭头标识的地方）。只有一条狭窄的人行道和一个距离停车位几英尺远的门。

主要用途和使用者

对该住宅的系统观察表明，居民很少使用主入口进出建筑物，也很少坐在那里或在那里进行非正式的社交。通常只有当附近的休息厅举行活动时，他们才使用庭院。

相比之下，居民经常使用建筑物的次入口。在那里，居民们在建筑物和小汽车之间穿梭，或在那里等小面包车和朋友来接（首次使用评价之后，次入口处又增加了有遮盖的座椅。）

成功之处

• 主入口的位置靠近室内活动中心，并可从管理区看见，这增添了安全感。

• 主入口处多样化的细部设计和非正式的外观大大增加了人们的视觉兴趣。

• 次入口直接靠近停车场，过往和上下车都很方便。

不足之处

• 主入口和庭院没有与发生在停车场和上下客区的活动相联系。

• 主入口距离道路达 40 英尺（约 12m），老人乘车等车等都不方便。

• 主入口旁的座位（与种植池结合在一起）不是很舒服。

• 坐在主入口边可看到街道，但是街道上除了过往交通和极少数的行人外没有什么值得观望。老年人坐在那里并不感到安全，倒觉得自己成了让过往汽车参观的展品。

• 居民去停车场要穿过一个住宅的走廊，这使得该走廊更像是一个公共空间，而不是私人走廊。

• 从室内的公共空间看不到次入口，这会产生一定的安全隐患，特别是因为次入口一直需要半开着。

加州赛拉斐尔（San Rafael）的老年人独立公寓 [1]

位置及环境

赛拉斐尔公寓是一个为老年人提供的住宅综合楼，由联邦政府资助建设（美国住房与城市发展部，121 部）。它位于一片居住区内；几个街区

---

[1] 根据伊里诺斯大学尚佩恩—厄巴纳分校凯瑟琳·H·安东尼（Kathryn H. Anthony）的研究缩写而成。

以外就有一个社区商业中心。

这幢带电梯的三层住宅［47000 平方英尺（约 14325.6 m²）］共有 83 个居住单元、一个管理者居住单元和一个公共活动室。该住宅的着重点是老人的独立生活。

赛拉斐尔老年人独立公寓的设计原则与马丁内利（Martinelli）住宅相似，都由同一批建筑师设计，后者也同样是一个老年人的住宅综合楼，只是时间较早。赛拉斐尔住宅的设计已根据马丁内利住宅的使用情况评价做了改良。但其后对桑拉斐尔住宅的评价仍表明有些地方尚待改善。

概况

该住宅的设计思路是让三层的 U 形住宅楼围合出一个中央庭院（见图 C-48）。每层的室外走廊可看到该庭院和位于主入口的公共活动室。

考虑到马丁内利住宅的使用状况评价，赛拉斐尔住宅的庭院更大，而且有更多用来闲坐和交谈的各种园林空间。邮箱、等候区和公共活动室都集中在主入口附近。这些公共活动区面向街道（以便于同社区活动相联系），同时围合出一个安全、私密的庭院。

马丁内利住宅使用评价提出的具体设计建议包括以下几条。

• 邮箱应靠近活动中心，以鼓励居民们交谈。

• 庭院里的各种设施应该鼓励老人参与。

• 应提供不同的道路系统，供老人锻炼或社交时选择。

• 开放空间，包括私密区域，应该是多样化的，未来的设计中要纳入更多的私密或半私密空间。

主要用途和使用者

大多数居民对能生活在赛拉斐尔住宅中感到高兴。他们非常满意这里的建筑设计、庭院和室内外廊以及三角形的屋顶外形。这个项目之所以成功的两个重要因素分别是位置（靠近闹市、公共交通和街对面的杂货店）和其合理的价位。

尽管居民喜欢庭院的风貌，但观察显示那里很少有什么实际使用或社交活动。居民们反而更喜欢住宅中的室内外廊，尽管在那里所观察到的

图5-35　居民们喜欢俯瞰这个漂亮的庭院，但却不使用这个庭院里唯一的露天长椅（桑拉斐尔公寓）

交流也很有限；居民们经常只是与他人招招手、可能逗留片刻，然后继续走自己的路。

成功之处

• 将公共活动室、等候区和邮箱集中在主入口附近可增加居民在这里逗留和碰面的机会。

• 庭院里的植物和铺地细节能引起视觉兴趣，受到居民的喜爱。

• 围绕庭院的室内外廊对管理人员来说是很好的安全监护设施；那里也是居民们经常碰面的地方。

不足之处

• 庭院过于开放，缺少各种更小、更私密的社交空间。

• 尽管庭院中的植物可激发视觉兴趣，但那里几乎没有开展各种活动的设施。

• 庭院中间有两个成 90° 的固定长椅。但由于没有任何遮蔽，很少有人使用。

• 邮箱附近的设计产生了一处风道，这可能会制约居民在此交流。

• 室内外廊没有足够的空间或设施可用来社交和观望下面庭院。

• 管理部门不允许居民改造所居住单元的入口，或是装饰室内外廊；这严重削弱了其作为社交空间的作用。

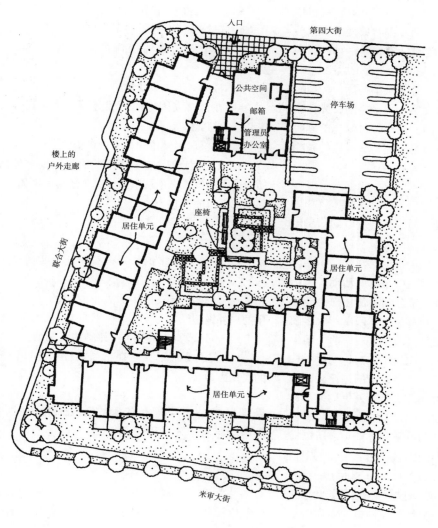

入口　　第四大街

公共空间
邮箱
管理员办公室
停车场

楼上的户外走廊

居住单元

联合大街

座椅

居住单元

居住单元

米审大街

N

图5-36　加州桑拉斐尔的桑拉斐尔公寓的场地规划

加州旧金山的罗莎公园（*Rosa Parks*）老年公寓[①]

位置及环境

　　罗莎公园住宅楼是一栋针对低收入老人的高层公共住宅项目，由旧金山住房委员会（San Francisco Housing Authority）管理。它位于旧金山的一个叫西部腹地（Western Addition）的地方，那里从20世纪60年代开始了再开发工程。周围街区主要都是中底收入居民的中等密度住宅，附近还有塞福威（Safeway）超市，一个公园和几处教堂。

概况

　　该建筑原建于1962年，后该住宅项目遭到严重破坏，1982年改建成老年住宅。这栋11层

①侯爵（Marquis）建筑设计事务所：吉塔·德弗（Gita Dev），项目建筑师；里查德·谢特（Richard Schadt），景观设计师；黛布拉·萨斯曼（Deborah Sussman），色彩顾问；克莱尔·库珀·马库斯，设计项目顾问。根据1988年的一份使用状况评价研究缩写而成，参见库珀·马库斯，1990年。

的建筑共为独立生活的老人提供了 200 套住宅单元。该建筑状如 E 字，其两翼围合成两个有遮蔽的庭院。一条有顶棚的走廊通往锁着的前门，那里有保安 24 小时监视出入的人们。公共社交空间集中在前门附近，包括一个宽敞的门厅、一个较大的面向庭院的公共社交室、一个小的日光休闲室、一个图书馆和洗衣房。两个经过绿化的庭院中有步行道、长椅、棋牌桌、摇椅、茂盛的植物和抬高的种植床。

主要用途和使用者

入口和电梯厅是最常使用的社交空间，居民可在那里收信、与保安或管理人员交谈、闲坐着看来往的人以及向外观望街道上的活动。70%以上的居民会参加在主休闲室中举行的活动，包括锻炼、上英语课、打牌、聚会和参加住户协会会议。75%的居民会使用户外庭院；到户外散步和闲坐是两种最常见的活动。最受欢迎的两个闲坐区分别位于日光休闲室和主休闲室之外。在那里，种有紫藤的花棚形成了一个半遮蔽的过渡区，深受老人们的喜爱，因为老人比年轻人更怕强烈日照下的眩光（见图 C-46）。

半数老人使用户外的桌子和摇椅（之所以提供是因为这些设施在旧金山另一个老年住宅中很受欢迎）。总共有 190 平方英尺（约 58m²）的抬高的种植池可用来养花种草；这些种植池是如此之受欢迎，管理部门不得不将想参加种植的人列名单排队。显然，喜欢园艺的老人人数大大超出了估计的人数。如果将近旁的掷马蹄铁游戏场地改为园艺区将会大大提高使用率。几乎没人用过掷马蹄铁游戏场地，一方面因为这是男人的游戏（而在老年住宅中，男性只占少数），另外知道如何玩这个游戏的美国男性非常少。该住宅中的四大语种的人群是英国人、西班牙人、中国人和俄国人。

成功之处

- 建筑的侧翼和围墙将庭院围合起来，还能遮挡住该处的盛行风。
- 步行道有不同的长度。

- 内有各种位置和方向的座位。
- 户外长椅有舒服的靠背和扶手。
- 一个有顶棚的摇椅可同时供一至四人使用。
- 植物富于季节变化。
- 在常有人闲坐的区域旁种有茉莉花等气味芬芳的植物。
- 有供居民使用的抬高的种植池。
- 对于因健康或身体残疾而不能到户外活动的老人来说，无论从室内望去，还是向下俯瞰，庭院都显得非常宜人。

不足之处

- 户外有太多的长椅，有时让人觉得空荡荡的。
- 从来没有人使用那处半封闭的、供打牌用的户外设施。
- 从来没有人使用掷马蹄铁游戏场地。
- 大大低估了喜欢在抬高的种植池里种植的居民人数。

康涅狄格州布卢姆菲尔德（*Bloomfield*）的邓肯斯特老年人护理中心[①]

位置及环境

邓肯斯特护理中心占地 72 英亩（约 29ha），位于康涅狄格州的连绵群山中，距布卢姆菲尔德中心 1 英里（约 1.6km），距哈特福德市中心 12 英里（约 19km），可方便到达城市、近郊区和乡村的各种设施，同时又自我封闭、隔离。216 个居住单元、60 个床位的医疗设施和热闹的社区中心都集中在场地的西北角，其他 60 英亩（约 24.3ha）全是湿地、林地和草地。

概况

以东宾夕法尼亚州的几个成功的、由教会设计的老人护理社区为范例，邓肯斯特护理中心同样宛如一个绿树葱茏的小镇。其公共区域包括绿地、邮局、银行、商店、餐厅和许多地面活动和

---

①景观设计方:格林设计事务所（Green Design）、凯普/威海尔姆联合会（Cape/Wihelm Association）、约翰逊和里克特有限公司（Johnson and Richter Inc.）；迈克尔·塞根（Michael Cegan），轮流担任负责方。建筑方:斯特克（Stecker）、拉·鲍（La Bau）、阿奈尔（Arneill）、麦克马纳斯有限公司（McManus Inc.）。

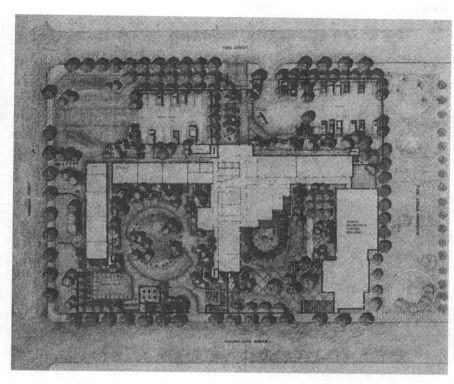

图5-37 旧金山罗莎公
园老人公寓的
场地规划

会面区以及楼上的医疗中心。三幢多层住宅从社区中心向外延伸以创建典型的居住社区，每一栋楼都有自己的名称、独立的入口、停车位和独特的大厅、庭院、室内以及细部景观设计。

由于客户要求将人们吸引到社区和自然中去，设计者针对所有老人，从最脆弱的到最强壮的，提供了大量让他们到户外散步或养花种草的机会。居民们可养花种草的场所很多，在自己住宅单元旁边的小院子里，在社区公共庭院里，在公共温室或温室外抬高的种植池里，甚至可在大量位于林地边缘的社区绿地和空地上。一条弯曲的带有木栏杆的木板步行道随地形起伏，从居住综合体的东部出发，穿越林地和湿地，直达社区花园（见图5-15）。

主要用途和使用者

毫无疑问，邓肯斯特的居民在户外度过了大量的时间。比较活跃且行动方便的老人可在场地内外的道路系统中骑自行车，许多居民经常在道路、自然小径和那条很受欢迎的木板路上散步。许多居民养狗，而且大多数场都允许狗的存在，包括公共活动区（除了餐厅）。门球游戏在居民中非常流行，

大多数人利用场地提供的优越条件从事园艺活动。尽管有一个供比较活跃的居民使用的篮球场，但实际上几乎只有工作人员经常利用午间和休息的时候来这里打球，尽管有些居民们喜欢在一旁观看。这些设施建成五年后，还有一些娱乐区没有完成，因为这是故意留着希望根据居民的需求和兴趣来建设的。场地的管理部门感到自己满足了居民的要求或希望，他们相信只要居民有足够的兴趣，他们还可提供更多的娱乐设施。

除了强调提供让居民在户外享用的设施，该护理中心用带暖气的封闭走廊连接各建筑，确保终年都可通往所有设施。透过各设施的窗户都可望到户外空间，而且精心设计的高度和角度保证了最佳的观赏视角，并避免了眩光。

设计的成功与不足之处

综上所述，邓肯斯特护理中心是一个非常成功的，并深受居民喜爱的居住区。从细心地提供那么多的园艺机会到它最受欢迎的设施——穿越林地的木板步行道，这里有无数成功的设计案例和管理方法。这里不仅鼓励新来的居民将自己喜爱的家具摆在室内公共空间里使用（这些物品放

图5-38 两片绿地里有或长或短的步行环路。一个充满阳光的起居室（位于底层左侧）的使用率很高；可接受到足够自然光的室内走廊（上边）能鼓励居民在公寓入口处种植室内植物（参见图C-49）

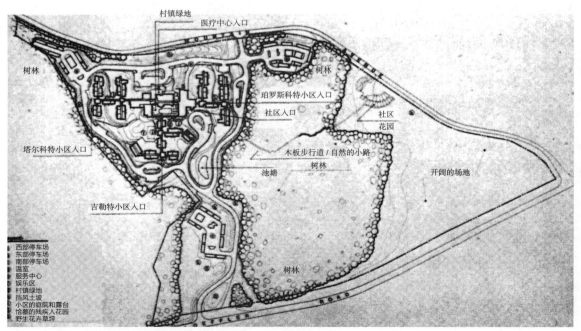

村镇绿地
医疗中心入口
树林
树林
珀罗斯科特小区入口
社区入口
社区花园
塔尔科特小区入口
木板步行道/自然的小路
树林
池塘
开阔的场地
吉勒特小区入口
西部停车场
东部停车场
南部停车场
温室
服务中心
娱乐区
村镇绿地
挡风土坡
小区的庭院和露台
恰墓的残疾人花园
野生花卉草坪
树林

图5-39 康涅狄格州布卢姆菲尔德的邓肯斯特生命护理中心

图5-40　邓肯斯特的草坪既是中心焦点，又是一处很好的板球场地（左边有温室）（摄影：费利斯·弗兰克尔）

在居室显得过大），而且还可将自己花园里喜爱的植物种在私人或公共庭院里。邓肯斯特护理中心户外空间仅有的几个缺点之一是尽管许多居住单元有自己的私人户外空间，但并不是所有的都有。而老年居住区中最好能为每位老人都提供这种户外空间。如果精心设计属于老人自己的公共庭院，那这种空间的不足就会得以缓解。

另一个可能成问题的方面是停车场距离建筑物太远。尽管这是为了保正中心区为步行区，但这种外置的布局会带来一些麻烦。管理部门针对这个情况，已经为行动不便的老人提供了专人服务，但这种服务潜在的复杂性和局限性仍然会产生一些问题。

随着邓肯斯特老人护理中心中老人年龄的增长，其设计成功与否将逐步得到检验。目前大多数居民比较健康且活动能力较强，他们希望所提供的医疗设施不要在社区中太显眼。生活在医疗设施里的居民则希望自己能融入社区，又不希望其他人前来干扰。为了同时满足这两方面的要求，设计者将医疗设施安排在公共设施综合楼的二层，一侧可俯瞰小镇的绿地，另一侧则可看到底层私人露台（可能位于倾坡上）。使用轮椅的人完全可以到达该露台，且内有用于养花种草的抬

高的种植池，而低矮的篱笆则可防止失去方向感的居民走失。尽管管理者认为，身体健康的老人可能会帮助行动有障碍者推轮椅通过有点崎岖的木板道，但这也延伸出一个将来的问题。因为护理中心的目的是要让老人在这里养老，并让老人尽可能长久地在此独立生活，甚至在此接受长期的生活护理，所以护理中心中居民的档案在10年、15年或20年间会有很大的变化。随着使用轮椅、助行器和推床的老人的增多，这将要求有更大范围的场地易于通达，即除了要减少坡度和距离外，还将要考虑特殊的地面和减少小障碍等。同样，随着越来越多的老人变糊涂，更多的规划场地需要检查是否会让人迷失。这些挑战可在维持现有的居民与环境良好关系的首要前提下，通过设计和管理方面的措施来解决。

成功之处

* 穿越树林的木板道很受欢迎。
* 鼓励居民们将自己喜爱的家具和植物带到公寓和公共活动空间中来。
* 医疗中心所在位置可眺望公共活动区，这既让人觉得自己是该社区的一部分，又保持一定的距离。

不足之处

- 没有为所有居住单元提供私人的户外空间。
- 停车场太远，这会带来潜在的问题。
- 木板步行道对轮椅使用者来说不方便。
- 居住单元和公共活动中心对于步行来说距离太远。

伊利诺斯州厄巴纳市尚佩恩县护理院中的早老性痴呆病人护理单元[①]

位置和环境

尚佩恩县护理院位于郊区小镇和郊外之间，靠近伊利诺斯大学、尚佩恩市和厄巴纳市。这个地方从 1906 年起就开始为社区服务，最初是一个穷困的农场，后来成了县医院和骨髓灰质炎护理所，现在则成了一个长期的老人护理设施。其管理方和指导委员会因参与研究和护理老人而受到社会认可。

该护理院有权为 288 位居民提供特殊护理、中等护理和普通护理。1988 年，又建成了一个 15 个床位的早老性痴呆病人护理单元，以服务于那些记忆受损的老人，让在专门的护理和设施中受益。1994 年增设了一个新的早老性痴呆病人的日常护理和长期护理中心以满足日益增多的需要日常护理的病人。

早老性痴呆病人护理单元位于一个经过整修的建筑侧翼，以更好地分配空间。内有八个半私密的房间和一个同时可用作餐厅地主活动区。每个房间都有可看到户外庭院或相邻服务区地窗户。活动区在东、南、西三个方向都有大面积的窗户，以提供自然光且便于观望户外的庭院、周围地区、停车场和服务区等。该庭院也可从服务于 40 个居民的辅助护理侧翼通达。

概况

这个庭院大约 100 英尺 × 100 英尺（约 30 m × 30 m），西面与早老性痴呆病人护理所的一翼相邻，北面和东面分别与居民的房间和起居室相邻。

1989 年，南面和东面种植了 6 英尺（约 1.8 m）高的雪松树篱，将这个庭院完全闭合，以遮蔽外界干扰，保障居民安全。通往庭院的两个入口分别位于早老性痴呆病人护理所和旁边的起居室。

在针对早老性痴呆病人的特殊需求进行重新设计之前，这个庭院内有三棵大树（一棵曾是视觉焦点的美国榆树在 1990 年被暴风雨摧毁后被移走）、一片中央绿地、邻近起居室的一个小庭院和另一个连接早老性痴呆病人护理所两个入口的不规则庭院，以及连接两个小庭院的环形步道。

设计理念

经过三个月对早老性痴呆病人护理单元中居民的观察以及相关研究的查阅，设计者针对一系列目标明确提出设计理念。据观察，一些居民不停地闲逛，有时驻足凝望窗外的庭院，但如果旁边没有护理人员，很少有人进入这里。在和护理单元的员工们进行了探讨之后，设计者提出了一条设计目标：在允许那些居民闲逛的同时不能打搅别人或被护理人员的活动打断。其挑战性在于要考虑怎样设计户外步行道和座椅才能鼓励居民、员工和来访家庭成员的使用，以及如何与治疗目的相协调。

通过在步行道上行走并研究居民行为的观察记录，设计者确定出观望庭院的关键视角、令居民迷惑的区域、公共庭院的位置、闲坐区和其他沿步行道的标志物的位置。其目标在于为居民、员工和家庭提供一个亲切宜人的户外空间让他们享用，并最终鼓励居民独自到户外活动。

这样，设计者提出了一个初步改建设计方案，其中包括了多种目的和形式的闲坐区、便于人们找到路径的地面标志物以及有助于居民独立使用庭院的方向指示。现有的露台和步行道由于其位置或设计不佳，而被替代。不幸的是，该方案的实施耗资巨大。设计者重新考虑了目标的优先顺序，在现有资源条件限制下尽量满足居民的需求，这样最后的方案就既能满足居民的广泛需求，又能实现环境——行为交融的目的。

---

①马莎·M·泰森（Martha M. Tyson），景观设计学硕士，根据她在尚佩恩县护理所的工作和相关研究总结。作者非常感谢她所提供的原始材料（卡斯坦斯，1985年；科恩和威斯曼，1991年）。

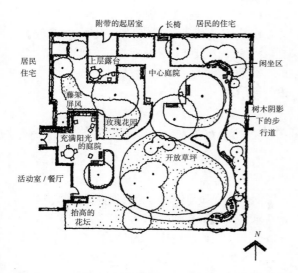

图5-41 伊利诺斯州尚佩恩的厄巴纳县护理院中早老
性痴呆老人特别护理单元的庭院规划

主要用途和使用者

在 1989—1990 年的研究中，早老性痴呆病人护理单元中的 15 位居民大都来自尚佩恩 - 厄巴纳地区。他们中有农民、小镇居民、大学教授员工、家庭主妇、护士、教师和商人。有些居民来自美国的其他地方，但在附近社区有自己的家庭。通常居民们可在无人帮助的情况下自由行走，但他们的认知能力都严重受损，认知和活动能力参差不齐。护理人员认为该早老性痴呆病人护理单元中狭小而亲密的尺度及其所提供的活动水平对所有居民来说都是最适合的。

该项目最引人注目的一点是居民、员工和家庭都逐步参与了环境改造过程。在庭院中活动成为居民日常生活的一部分，这个庭院也真正地属于那些在尚佩恩县护理所居住、访问和工作的人们。在使用 7 个月后，居民的行为和对户外环境的兴趣都有了明显的变化。在庭院中逐步增加的活动让人们关注到这些变化；他们也希望自己能成为其中的一部分。工作人员发现，居民们的脾气变得不再那么暴躁了，还开始独立前往庭院，并在那里消磨时光。

每周，庭院中就会有居民和员工注意得到的小变化。有些居民们的行为甚至会立即随之变化。像"看那些在雨中工作的小伙子们"和"前几天我看见你在施工"这样的评论表明居民意识到环境正在发生变化。特别有一位农民，他经常到施工现场，以保证各项工作按他的要求进行。他常在别人施工的时候到户外庭院观看，在工人们走过的道路上捡小树枝和小石头。员工们和居民们种植了矮牵牛花、金盏花和其他伊利诺斯大学园艺实验室捐献的一年生植物。家庭成员和员工们还在花园中添加了一些自带的多年生植物和西红柿。一个居民捐赠了 95 美元作为其 95 岁生日的礼物，用来给花园购买两座雕塑。

工程过程的某一天被大家冠以"义务植树日"。居民和工作人员在花园中漫步，监视工程进度，并做出评论。家庭成员也来参观这个活动并给予支持。这一天的高潮是管理方捐赠的一个花岗岩鸟浴盆运抵的时候。一小群居民、员工和志愿者帮忙把这个鸟浴盆放置在花园的中央。他们还立刻将它灌满水，据说这个装饰物随即迎来了第一个访问者，一只知更鸟马上在那里戏水，"享受生活"。

庭院建设完毕后，设计者又观察了居民的行为。即使是原来知觉严重受损的一些居民都有细微的改善迹象：他们或清扫庭院，或施工时坐在椅子上而不再瞎逛，或采摘植物的叶子，或观望窗外。在庭院建成后的深秋和冬季，工作人员注意到居民似乎不太注意周围环境。但当春季到来，番红花含苞欲放的时候，居民的注意力有明显的提高。他们常常会自发地到户外，而庭院重建之前这样的情形从来没有发生过。

通过观察居民对新庭院的参与和使用——赏鸟、嗅花、坐着晒太阳、散步、护花、观望窗外——可证明这个项目在为居民创造一个治疗性的户外生活空间方面是很成功的；它也同时为员工和家人所享用，他们认为一些居民的机能因经常接触户外和户外活动的增加而得已维持。但在改建之前，居民、员工和家人对这个庭院并不感兴趣，而现在，他们对此有一种占有感并感到骄傲。

居民们现在常到户外，并通过各种形式自发融入到庭院生活中，他们或清扫露台，或查看西红柿或花卉，或只是观看这片地域。这也正是建设该花园的目的所在——它只是一个普通的日常生活发生之处。

成功之处

• 工作人员可完全监视这个地区，从早老性痴呆症病人护理所和相关附属设施有开敞的视角可观望这个地区。

• 封闭的场地——6英尺（约1.8 m）高的雪松树篱提供了完全的闭合，防止居民游荡到场地之外。

• 可自由地走向户外——从早老性痴呆病人护理所和相关附属设施到户外有直接的通道，门没有被锁上，并很容易让人看到。

• 环形道路通往入口，可保证失去方向感的居民不致于迷路。

• 气味芬芳、色彩斑斓的植物——芳草园、玫瑰、紫丁香花丛。

• 居民独自接触自然的机会增多——喂鸟器等。

• 让居民、员工和家人对其参与进来的工程进展产生了一种拥有感。

• 观望户外的视线——在活动房间和住宅里（住宅前还有低矮的灌木丛保证私密性）有窗可看到庭院。

• 创造保护性的小气候——阴影区、有遮阳伞的桌子和棚架可在炎热的气候条件下提供阴影。挡风林能形成采光角，以便寒冷的天气下使用。

• 入口处有过渡区域——门廊带雨棚，玻璃门可让人们预先看到户外庭院。

• 各种各样的闲坐区，包括主要步行道旁半私密的凹角，和可供10～15人就座的大庭院。

• 居住区的特征——木制门廊的栏杆，花盆，棚架，开敞的集中步行道。

• 用来标识方向的地面标志物——设置闲坐区和雕塑来帮助居民认知方向。

不足之处

• 需要更多有季节变化的植物。

• 园艺工作桌、架子和抬升的种植池使用率较低。

• 道路不够宽［4英尺（约1.2 m）］，两人无法舒适地并排行走。

• 步行道沿途需要更多吸引人的东西。

• 路边凹进去的闲坐区应更私密一些。

• 通往主楼的坡道妨碍工作人员监视庭院。

• 植物和其他户外要素需要长期的维护。

设计评价表

户外空间设计的目标

1. 开发展或客户对户外空间的目标是什么？是为了销售还是要建立一个积极的、非机构性质的社区形象？如何体现这个目标并满足将来居民的需求？

2. 户外空间的设计中是否遵循了老年人的喜好，以及他们对某种特殊生活方式的期望？

3. 户外空间的设计中是否有一些给人以家庭感的元素？是否设计手法和普通的医院设计一样且忽略了集体生活？

4. 设计理念和要素是否考虑了在户外必要处提供支持和帮助以鼓励老人独立生活？

5. 设计是否留有余地以适应随时间变化的需求和活动喜好？当项目逐渐成形，老人们在此养老时，户外设计的最初目的是否在七年或十年后依旧合适？

使用者

6. 居民参与活动的能力如何？设计手法是否保障安全性、可达性和舒适性？

7. 是否有考虑居民的主要活动喜好？是否有一些精心设计地细节保证这些活动的继续开展，例如抬升的种植池或户外针对地方或某一种族群体的娱乐项目？

8. 相邻室内空间的用途是什么？是否开展了一些辅助利用方式以加强室内外空间的使用？

9. 居住区是否会接收不同护理水平的居民，从独立生活到需要特殊护理？是否有机会鼓励这些不同群体之间的交流？

10. 场地上的管理和活动安排是否支持居民户外活动并能拓展居民的户外体验？

建筑和微气候因素

11. 场地上的活动和设施是否集中在一起以给人充满活力和让人使用的感觉？

12. 场地较大时，居住单元是否集中在一起以形成社区感？

13. 是否做了风道的研究以避免场地上出现烦人的有风地点？

14. 潜在的风及倒灌风问题是否已通过设计棚架、屏风、植物群落、墙和狭道等得到缓解？

15. 安排座椅、花园、运动区等设施时是否考虑了场地上的微气候状况？

16. 在夏日炎热的地区，庭院和座椅是否安排在可享受凉风的地方？

17. 建筑门口的棚架、架子等是否缓解了眩光的问题？

18. 在冬日需要有温暖阳光的地方，棚架上种的是否是落叶藤本植物？

19. 植物配置能否为户外的闲坐区提供日照和阴影？

20. 是否提供带遮阳伞的桌子和可调节的凉棚以让居民控制日照或阴影的强度？

场地入口和入口庭院

21. 场地入口是否设在相对重要的街道边，以方便居民看到和通达？在可能的条件下，场地入口是否靠近公共交通？

22. 入口车道的位置和布局是否能确保安全，同时使建筑易于识别和通达？

23. 从场地入口至建筑物下客区、停车场和场地出口的顺序安排是否明确而方便使用？

24. 建筑物主入口处是否有足够的空间供机动车通行、上下客和送货？附近是否有闲坐和等候区？

25. 当交通量较大，停车、送货和救护车是否有分别的通达处？这些交通是否应当与载客交通分开？

26. 入口是否宜人且没有机构性质的外观？

27. 场地入口处的建筑名称是否清晰、粗字体？夜晚是否有良好的照明？

28. 场地入口处是否有座位供居民在那里观望街上的活动或等车？

29. 场地的交通入口是否允许在建筑物入口方便地上下客？是否可直接到达停车场或离开场地？

30. 如果步行者和汽车共用一个入口，是否有减缓车速的弯道或减速堤？

31. 在门厅或在主入口外的闲坐区等车的居民是否能清楚地看到汽车上下客区？

32. 上下客区是否有足够的空间供轮椅通行、打开车门、汽车过往和在附近闲坐？

33. 入口车道路面最小宽度是否达到 24 英尺（约 7.3 m）？分行车道每侧的最小路面宽度是否达到 20 英尺（约 6 m）？

34. 入口车道的转弯半径和宽度是否能允许救护车、小公共和厢型货车接人或装货？

35. 天棚或覆顶是否能覆盖整个上下客区以遮挡风雨？其宽度是否足以容纳数人或轮椅在下面并排行走或移动？

36. 上下客区和入口车道是否在同一高度？是否有控制机动车交通的安全柱等其他设施？

37. 建筑物入口的灯光是否能照亮铺地的边界，并防止形成漆黑的阴影或眩光？

38. 闲坐或等候区是否能让人有所选择——如在阴影下、阳光中、有遮蔽？

39. 建筑入口和上下客区之间是否有扶手以增加安全感和可达性？

停车和建筑物次入口

40. 次入口和停车场的照明是否合适？

41. 停车场所在位置是否能方便通达建筑物，且可从建筑物看到停车场以保障安全？停车区在建筑物或住宅单元群中是否有明确标识？

42. 在建筑物或居住单元门口上下客或装卸货物是否便利？

43. 停车位的布局是否清晰流畅？是否有良好的可视性和足够的转弯半径？

44. 建筑物次入口的可视性如何？（半开的后门是一个潜在的安全问题）

45. 在建筑物入口靠近停车场的位置是否有可供居民舒适地闲坐或等候的门廊？这样居民可在那里等正在停车的朋友或亲戚。

道路交通和方向指示

46. 户外交通的设计是否采用了简洁的组织形式，例如环形或线性布局？

47. 是否有使交通循环系统更易于通行的参考点，譬如亚空间、树木和休憩区？

48. 户外空间设计是否有某种等级次序概念，

以使居民易于记住指示方向的视觉线索?

49. 步行道是否设计得可返回建筑物的入口? 这可以保证糊涂的居民不需要监护也不会走到场地之外。

50. 尽管通过设计亚空间和不同的篱笆、墙和植物等可使户外空间显得不是封闭的,但要注意建筑附近的户外空间是否完全封闭以确保居民安全地闲逛?

51. 是否所有的步行道路面都是防滑和无反光的?

52. 步行道旁的植栽是否经过细心挑选以避免那些会落叶或落花的植物? (因为落叶和落花在雨天很危险)

53. 在路面高度有变化的地方,是否同时提供了坡道和台阶?

54. 坡道和台阶的夜间照明是否良好?

55. 是否所有的坡道和台阶都带有扶手?

56. 所有坡道和台阶的上部和下部是否都有供休息的座椅?

57. 主步行道是否通过活动区以最大可能地促使人们相遇?

58. 用来让居民享用的步行线路是否有不同的难度和长度? 是否有设施的变化? 沿途是否有舒适的闲坐和休息场所?

59. 是否有一些精心设计的细部以保证居民安全、愉快地享用户外空间? 例如防滑的铺地、供近距离观赏的抬升的种植池和用来标识路面边界的照明等。

60. 路面是否足够宽,以容纳两人和一个轮椅或助行器并行?

61. 与使用率高的地区(停车位、游乐区)相连接的步行道是否便捷?

62. 铺地表面是否规整,没有过多或过少的纹理? 材料和色彩是否能减弱眩光?

过渡区

63. 每个建筑入口是否都有带屏风的门廊、天棚、棚架等以遮挡眩光?

64. 每个建筑物入口是否有适当高度的扶手或花池以供居民一时驻足犹豫或撑扶?

65. 私人阳台和庭院是否在其他私人和公共空间视线可及的范围之内,以增加工作时的社交机会?

草坪

66. 草坪和草地是否在步行道和闲坐区附近,以方便居民的到达和观望?

67. 用来娱乐的草坪是否可从主要活动区和室内休憩区看到,以增加居民参与?

68. 鼓励大家使用的草坪(例如板球和草地保龄球场地)是否安排在适当季节内温度适宜的地区?

69. 草地是否排水良好?

70. 草地和附近的步行道是否在同一高度相接?

71. 草地是否避免了高度的突变?

私人庭院和阳台

72. 庭院和阳台是否都朝向一片公共绿地或朝向居民经常使用的公共空间?

73. 庭院和阳台是否可在每天的某段时间里获得阳光直射?

74. 它们是否有遮挡寒风烈日的设施?

75. 庭院和阳台的封闭方式是否是并不遮挡从室内向外观望的视线?

76. 是否有篱笆或其他东西可用来保持邻里之间的私密性?

77. 庭院和附近公共区域之间的边界是否低矮,或可根据居民对私密性的要求进行调节?

78. 从庭院到附近公共步行道之间是否有直接的道路联系?

79. 在铺装庭院边界与用来界定空间的篱笆或植物之间是否留有出露较好表土的区域?

80. 每个露台是否都有用来浇灌的水管设施?

园圃

81. 抬高的种植池和非抬高的种植池是否集中布置以形成一处社区花园?

82. 从居民的公寓或一个使用率较高的室内社交空间是否可看到此花园?

83. 花园的位置是否可每天获得几个小时的阳光直射,并能遮挡盛行风?

84. 从园圃是否可方便地到达工具储存室和供水处？

85. 附近是否有用来休息和社交的长椅？

游乐区

86. 是否考虑在规划场地内为来访儿童设置游乐区？

87. 游乐区是否远离居住单元、私人空间和自然保留地等区域？

88. 游乐区的位置是否明确只让来访儿童使用？或者允许附近邻里的儿童使用游乐区时，它是否坐落在场地的边缘？

89. 附近是否有供监护的成人使用的长椅？

90. 不远处是否有步行道或长椅可让别的居民观看孩子们玩耍？

老人社交和心理需求

健康和锻炼

91. 是否有针对各种活动能力的老人设置的各类锻炼机会？

92. 场地上的步行活动路线是否有不同长度和难度的选择？

93. 在某些步行道旁边是否有扶手、坡道和休息区，以鼓励更衰老的老人参与锻炼？

94. 护理院里是否有户外健身康复场地？

95. 是否有户外空间供非正式的活动（如散步、园艺）和有组织的活动使用（板球、掷马蹄铁游戏等）？

96. 公共户外空间内是否有抬高的种植池？是否提供了不同的高度和垫脚处？以及是否将其前沿缩短以方便老人接触花草？

97. 是否设计有私人庭院、阳台和窗台以支持居民养花种草或养护植物？

98. 是否设计有公共园林区以让自愿的居民参与维护或修整？

99. 活动区是否可从主要的室内集聚空间（起居室、餐厅、阳台）看到，以方便他人参与和工作人员监看？

100. 是否有带顶的廊道、走廊、或通道等让居民在恶劣的天气下仍能步行锻炼？

101. 附近公园里是否有锻炼或社交设施（如在公园里散步、打牌、下棋、喂鸭子）？如果附近公园有某种活动，但规划场地上的居民人口不足以支持这个活动或设施，最好将其改成其他项目。

102. 如果场地上的锻炼设施可供附近的居住区或老人中心使用，这些设施是否很明确地表明这是可公用的？

103. 在可能的地段上，是否提供了受各个收入阶层和种族喜爱的大众锻炼项目？

104. 这些活动设施是否可根据个人的活动能力进行调节（如游泳池入口供坐轮椅的人进入的坡道、紧急呼叫按钮、色彩鲜艳的设施）？

105. 是否所有活动区旁都既有在阳光下又有在阴影中的座位，且可通达饮水器和附近的洗手间？

106. 某些活动区的布置是否能在居民迁入后再做决定，以在设计中考虑他们的喜好？

107. 如果活动需要一些器械（如板球、园艺），是否在居民便于到达的地方和需要的地方提供储存室？

享受自然

108. 各种可享受自然的机会中是否包括那些易于从室内看到的地方、靠近建筑物入口的地方，以及鼓励居民锻炼和探险的较远的自然区域？

109. 是否采用了各种各样的植物配置以产生季节变化和斑斓的色彩，并吸引鸟儿和蝴蝶？

110. 是否在受人欢迎的室内空间（起居室、门厅）可看到的地方设有喂鸟器，以让那些不能前往户外的居民观赏鸟儿？

111. 是否能为那些喜欢种植物、仙人掌和兰花的人们提供温室？

112. 居民们坐在室内是否能看到附近或较远的自然景色？

113. 设计窗框高度和阳台栏杆高度时是否考虑了从室内就座的地方向外眺望的视角？

114. 在经常有恶劣天气的地方，是否有种植物的室内日光室或温室？

115. 对那些居住在高层建筑上的居民和因为疾病而无法外出的居民来说，地面铺地是否提供了多样的色彩和形状以让人产生视觉愉悦？

116. 入夜后，户外植物的夜间泛光照明是否能产生视觉兴趣？

感觉

117. 户外环境设计是否特别关注居民的感觉（即比一般设计提供更多的细部设计），以给那些随年龄增长感官机能衰退的老人们一定刺激和自信？

118. 设计细部是否能给人以视觉、听觉、触觉和肌肉运动知觉方面的刺激？

119. 植物是否有明显的叶片纹理、色彩、形态和气味？

120. 步行道在阳光下是否能形成不同深度的阴影、斑状阴影和明亮的区域？（没有太突然的变化）是否有形式多样的开放和闭合空间？

121. 在使用色彩的地方，是否运用了黄、橙、红等塞谱原色，而不是那些蓝、绿、紫色系？

社会交往

122. 户外闲坐区是否靠近门厅、餐厅、起居室和工作室等这类室内活动区；并可从那里看到闲坐区？这些闲坐区域是否可方便地从室内到达？通往室外的门是否可方便地打开？

123. 座椅所在位置是否令人感到安全？例如是否靠近建筑、在封闭的角落、或背靠墙壁、植物等？

124. 座位的安排是否避免了强迫人们进行目光接触的情况，或产生特别封闭、有室内感的空间？

125. 一些座位，特别是在主入口的座位，是否布置成直角或成 U 形？

126. 在使用率较高的步行道旁是否有座位？

127. 考虑安排闲坐区时，是否优先考虑规划场地上那些可让居民看到附近邻里或街道上的活动的地方？

128. 如果必须做一个选择的话，是否将座位安排在前面门廊和场地的前院，而不是后花园？

129. 闲坐区域是否可从所有的居住单元到达？户外闲坐的所在位置是否能最大限度地减少步行距离？是否能避免暴露在恶劣天气下，或位于陡峭的坡面和台阶上？

130. 是否有合乎逻辑的理由让居民经过一些闲坐区？例如离开建筑物、寄信、外出散步等。

131. 是否有一些闲坐的地方可容一人或两人舒适地坐在那里，而另一些地方则可容纳一群人坐在那里交谈？

132. 户外游戏场和花圃这类活动区旁是否有供居民观望和社交的座位？

133. 餐厅或起居室外是否有一处主要的露台或庭院供非正式或有组织的活动使用？

134. 该露台是否位于一个有遮阳的采光角以增强安全感？

135. 是否有一条明显的边界或凉棚顶将庭院分成若干亚空间？这样无论是只有几个人或举行大型社交活动（烤肉、生日），人们同样会感到舒适。

136. 由于有些人只使用庭院或建筑物入口外的座位，这些区域的设计是否充分考虑了植物配置、季节变化、表面材质、建筑材料、户外艺术品（雕塑、马赛克拼图、喷泉）和居民交谈话题（鸟舍、喂鸟器、鱼塘）等方面的细节？

137. 在主庭院、建筑物入口这些最受居民欢迎的地方，是否提供了可移动的设施以让居民自己重新摆放和调整？在宜人的夜晚，这些区域是否有照明？

安全

138. 是否所有的户外空间都可从居民和工作人员使用率较高的室内空间看到？

139. 场地边界是否用篱笆、墙壁或树篱等明显地标识出来，这样就不会模糊绝对公共空间和居住区公共空间之间的过渡地带？

140. 在建筑入口等容易引起安全问题的地方，是否采用了分叉高的树木和矮灌木？

141. 是否所有户外空间的设计都体现了防卫空间理论？是否这些空间都已足够安全，以至于通往它们的门在白天不用锁上？

142. 整个场地和所有建筑物的入口是否都有适当的夜间照明？

鼓励独立性

143. 居民是否可通过种花草、安排装饰物、风铃将前门、私人庭院、花园或阳台等地方安排成自己的个性生活空间？

144. 公寓入口旁是否有架子以供居民在开门时放置行李等？

145. 在居民可能晾东西、小修小补、画画、烧烤，或从事个人爱好的地方是否提供了一处庭院或阳台空间？

146. 庭院和阳台的设计是否可让居民方便地通过增加屏风、棚架或养花种草等个人手段来增加私密感？

147. 居住环境的管理和设计是否能鼓励那些自愿的居民参与公共空间的维护？

148. 是否有抬高的种植池以供居民种植花草？

149. 是否设计了一个带庭院的屋子以供居民在一个比公寓大的地方与亲朋好友欢聚？

150. 是否考虑提供一个用篱笆围合的空间，内置一些座椅，并可从起居室或露台看见，以供来访的家人和宠物休憩以及其他居民的参与？

151. 花圃是否靠近庭院和公寓入口，以让居民可拥有一片自己使用和维护的小地方？

场地设施和细部设计

座椅和桌子

152. 是否有一些椅子很轻便且移动方便？

153. 是否所有座位都有靠背和扶手？

154. 椅子靠背是否可给背部下边和肩部提供支持？

155. 椅子的扶手是否超过椅子的前缘，且其表面坚固、圆滑、易于抓扶？

156. 椅子是否没有后倾太多？其前缘是否不高于 17 英寸（约 43 cm）？

157. 椅子表面是否用软质的材料或木材制作而成，而非易于变热和变冷的材料？

158. 桌子是否大约 30 英寸（约 75 cm）高，以方便居民坐在轮椅和扶手椅中使用？

159. 是否提供有尺寸不同的桌子？桌腿是否牢固并不突出于桌面外？

160. 桌子的边缘是否平整圆滑？

161. 是否有一些桌子旁有可移动的椅子以供使用？

扶手

162. 在需要扶手的地方，是否分别为步行和非步行的居民提供高度为 32 英寸（约 1 cm）和 26 英寸（约 66 cm）的两排扶手？

163. 为了方便使用，扶手的直径是否约 2.75 英寸（约 7 cm），距墙约 2 英寸（约 5 cm）？

164. 在有高差变化的地方，扶手是否延伸出大约 1 英尺（约 0.3 cm）？

165. 扶手的材料是否不会因天气和温度的变化而对居民产生不利影响？

166. 夜间是否有照明来增加扶手的可视性？

照明和标识

167. 建筑物入口和停车场处是否有高亮度的照明来保证安全？

168. 庭院和花园里是否有让其变得更美观的照明？

169. 步行道旁是否设置向下的照明来帮助居民辨认道路边界，并防止出现漆黑一片的地方？

170. 场地和建筑的标识是否有统一的模式和一定的等级体系？

171. 字体是否加粗且没有花纹以便于居民阅读？

172. 字母的分布间距是否与打印字体一致，且用的是大字号而非小字号？

173. 标志物的表面是否精心地选择了那些耐久且无反光的材料？

174. 是否为那些有阅读或语言困难的居民提供了符号和图象标识？

175. 标志物是否白底黑字？如使用色彩的话，是否避免采用了蓝色和绿色背景？

工作人员和管理

176. 做项目财政预算时是否考虑了雇佣员工带来的支出和相应设施？

177. 工作人员是否愿意参与或鼓励居民参与一些居民不熟悉的户外活动？

178. 当户外活动场地需要有可移动椅子时，预算是否将其考虑在内？当它们不用的时候，是否提供了储存场所？管理部门是否允许居民在一些特殊的地方就座？

特殊护理单元中的早老性痴呆病患者的需要

179. 是否尽可能地将建筑物设计得围绕花园

或庭院，以使户外空间完全封闭且便于监看，并为居民提供方向指示？

180. 在护理单元的同一层面或附近，是否提供了安全的户外空间？

181. 是否有些循环的步行道与室内走廊相连接，形成连续的步行路线以供居民们闲逛？

182. 户外空间是否有唯一的可在工作人员办公室看见、同时又便于居民看到的出口？

183. 户外空间是否安全的封闭起来？最好利用建筑物本身，或者通过高高的植物形成的不明显的屏障。

184. 植物种类是否经过特别精心的挑选以确保无毒？因为早老性痴呆病患者可能会吃植物的叶子或花朵。

185. 户外空间设计中是否有可唤起患者记忆的设施？（例如，居住区中的植物可采用居民年轻时的流行植物，在门廊放置那个时代的家具，以及居民年轻时曾用过的园艺工具等。）

186. 是否有可让居民接触植物的设施？甚至是否有植物温室或日光室以供居民在天气恶劣的时候使用？

儿童保育户外空间 6

卡罗琳·弗朗西斯

今天参加工作的学龄前儿童的母亲比以前增多了。从 20 世纪 50 年代的 1/10 开始，这个百分比在以后 20 年间每十年就翻一番，1960 年达到 18.5%，1970 年达到了 44%。1990 年人口普查数字显示，整整 3/4 这样的母亲有工作，并且此数字有望继续上升。更具戏剧性的是婴儿母亲工作人数的增长——从 1980 年的 38% 升至 1990 年的 53%，这表明：从婴儿护理（infant care）进入到学前教育及儿童教育（child care programs）的儿童数量会不断增长［特里德曼（Triedman），1989 年；希利（Healy），1996 年；斯佩恩（Spain）和比安奇（Bianchi），1996 年］。

造成这种增长的社会和经济因素很多，包括女权运动对妇女参加工作和切实增加家庭收入的推动。1995 年哈里斯（Harris）的民意测验表明：48% 的已婚妇女已经负担了一半或一半以上家庭收入，她们的收入对于家庭财富的影响大大加强，远不再等同于以前的那种"额外"的贡献（希利，1996 年）。

自愿也罢，被迫也罢，总之，今天越来越多的妇女和母亲参加了工作，儿童保育和家政扶助的问题已经（最终）渐渐得到正式认识。美国是唯一一个未能提供儿童保育和家长休假制度来扶助家庭的工业化国家，因此诸如 1988 年《家庭扶助法（Family Support Act）》（目的在于通过减少儿童保育费来方便年轻母亲的就业）这样的立法至少开始在联邦层面上认识到了家庭的需要（斯佩恩和比安奇，1996 年）。当然，公众认为儿童保育是一个具有全国重要性的问题，这已在国家议题大会（在德克萨斯奥斯汀大学举行，1996 年 1 月）中举行的一次调查中得到证明，80% 的被调查者认为政府应当对儿童保育给予扶持，学前班将会是"巩固家庭的有效步骤"。

不管是出于对现实的一种务实的反应，还是相信好的儿童保育不会对儿童成长造成有害影响，越来越多的人开始接受儿童保育，视其为家庭生活中正常且受欢迎的组成部分。事实上，"儿童健康和人类发展国家研究院"最近主持的一次综合研究显示：母婴之间的感情纽带（儿童健康成长的关键因素）很大程度上并未因孩子在别处抚育而受到影响。另外，1993 年教育部进行的一次调查发现：工作的母亲比不工作的母亲更有可能参与孩子的学校生活（儿童表现好坏的主要方面）（希利，1996 年）。

能够获得高质量、价格合理的儿童保育成为母亲们能否去找并获得工作的决定性问题。斯佩恩和比安奇（1996 年）在报告中说：20 世纪 70 年代以来的调查都说明母亲们——特别是那些贫困的母亲——由于儿童保育问题，要么找不着工作，要么缩短工作时间。在报告得出的合理结论中，斯佩恩和比安奇指出降低儿童保育费用和提高保育质量的政策将会使更多的贫困妇女就业，从而相应地减少了公共救济的费用。当然，就当前的福利改革的时限而言，其意义更是重大。

与多数贫困妇女面临幼教机构匮乏的问题相反，一个令人乐观的有趣情况出现在南达科他（South Dakota）州的苏福尔斯（Sioux Falls），在那里，儿童保育首先由社区优先考虑，而非仅是个人问题（希利，1996 年）。在形式多样的支持下，80% 的 6 岁以下儿童的母亲都有工作，这些支持举措有：受到雇主资助的托幼中心；为兼职者提供弹性时间和保险的家庭扶助政策；当地一个跨行业牧师会（a local United Way chapter）将 20% 的基金捐助给了儿童保育（相比于国家捐助的 9%）；地方学校提供晚间的教师咨询和夏季的保育计划。官员、民间领导人、雇主和私人慈善机构一起动员起来，同心协力创建一种为家庭服务的模式。无论在地方还是在全国，为了为儿童和家庭提供所需和必要的服务，包括优质儿童保育，这种模式具有一定的迫切性。

家长呼吁学前教育计划不仅是为了自己工作期间孩子能得到照顾，也是为了让孩子们在训练有素的幼教人员照顾下与伙伴们平等相处的环境中获得交往和自我发展的机会。有人指出：家长常常寻求可以发挥邻里作用的日托中心——儿童和成人都适合的社会交往空间，以代替父辈们曾进行交流的街区。考虑到儿童保育问题的迫切性和急需性，以及受影响人群的数量和脆弱性，儿童保育显然已成为全国性的问题，它呼吁考虑全面的托幼机构建设，以及体贴且敏锐的设施设计。

环境的重要性

过去几十年间，以教育理念和儿童发展为主题的学术讨论引发了大量有关托幼环境思想的出现。可是如何在实践中就具体项目创建具扶持性、激励性的环境空间在很大程度上仍未获得认识、或干脆任其自然。由于经常将其他用途的空间或无用建筑作为托幼中心（教堂地下室、店面、改建过的住宅），这个问题越发严重起来。那些空间，尽管有时能成为不错的合适场所，但如果不经过仔细深入的改造，它们无论如何都很难胜任。

20世纪60年代，教育者开始接受这样一个观点：人的智力是可以改变的，经历具有关键性作用、特别是人生中最开始的八年。他们也开始承认环境在其中的重要角色。智力发育和认知学习与丰富的阅历密切相关，基于体验和基于活动的学习方式是最有效的，这已获得普遍共识：

儿童对环境的反应比成年人更为直接和活跃。他们总能发现高低、远近、软硬、暗亮的概念。而他们用来探索这些概念的客观物体则又能激发他们的想象力并强化他们的学习乐趣［哈泽（Haase），1968年，P. 9］。

随着设计师和教育者开始系统地观察托幼环境，他们注意到空间质量和儿童行为之间的相关性。他们发现经过精心设计和组织的空间能促进合作和建设性的行为，减少违纪问题和破坏行为。同样，随着游戏环境的丰富，更多样的机会和舒适条件使得游戏行为本身变得更富于活力、更多彩、更有效。

通过深入研究50个日托中心，克里切夫斯基和她的同事得出以下结论：

空间质量越高，教师越有可能对孩子们采取理智和友善的态度，鼓励他们的自选活动，教导他们认识自我和他人的权利和感觉。而在质量低劣的环境中，孩子们则较难融入且兴趣低靡，教师们则更可能采取中性或漠然的态度，更多地采用训斥和禁令，以及向孩子们灌输生活中的强制性原则（1969年，P. 5）。

图6-1　如图中加州伯克利的新新幼儿园（the New School）那样，幼教机构应该是一个让儿童健康成长的场所：交友，探索事物，还有学习和玩耍（摄影：卡罗琳·弗朗西斯）

图6-2 贫乏而且不可亲近的环境限制了儿童的参与、兴趣和合作。即使往图中这个游戏场加进再多的游戏设施，场地的尺度、僵硬、室内外空间的突兀转变、以及单色的眩光也不会让儿童的游戏改善多少

如果说托幼环境的空间设计被有意识地有所忽视的话，那户外空间或游戏场地可能压根就没得到考虑。加里·穆尔（Gary Moore）指出："虽然户外活动在理论上已被宣传成与室内活动同等重要，但它们的空间和设施却常常匮乏、得不到优先考虑"（科恩，麦金蒂和穆尔，1978年，P. 392）。同样，《校园地带（School Zone）》的作者写到："活动场很有潜力成为学习工具，但却很少被用于此目的"［泰勒和弗拉斯托（Vlastos），1975，P. 18］。可悲的是，大约20年之后，教育专家迈克尔·亨宁格（Michael Henniger）在评论一本儿童保育地老教材时发现：平均有21页的材料叙述的是室内活动环境，而讨论户外活动区域的则不到五页（1993–1994年）。他对此的评论我们是太熟悉不过了："户外活动潜力巨大，但在目前大多数儿童保育计划中还尚欠发展。户外活动如果要成为目前室内儿童学习和成长过程的有效补充，负责教师必须投入大量时间、精力和资源到户外环境中去"（1994，P. 14—15）。他建议教师采取与对待室内活动同样的途径来规划和整治户外活动，通过安排和组织材料和活动来促进特定类型的游戏，同时避免潜在的安全和健康风险。他还强调在室内外提供统一而丰富的多种活动材料的重要性，以促进趣味性和儿童的积极参与。

在阅读各类有关托幼中心建设的指南和手册时，我们惊讶地发现很多书都建议：出色的（或任何）户外空间固然可贵，但它可以被郊游所代替，尤其是在土地稀缺的城区。事实上，几乎所有法定要求都规定了每个孩子的最小户外空间和基本的健康安全要素；但却没有规定户外活动空间的开发适宜度或总体质量。认为日常、随意的户外活动可有可无简直令人难以接受的，尤其是那些住在没有庭院的城市公寓中的孩子们，以及那些白天大部分时间都在托儿所中的孩子们。恰恰相反，"活动场地是学前教育过程中的重要组成部分。它们有助于儿童的发育和语言、阅读等学习能力"［弗洛斯特（Frost）、鲍尔斯（Bowers）和沃瑟姆（Wortham），1991年，P. 22］。而且有研究表明大多数成年人在回忆中都觉得童年时代的户外环境是最特别最有意义的（林奇，1961年；库珀·马库斯，1978年；穆尔，1993年；亨宁格，1994年）。

本章主要关注的是学前（3～5岁）儿童的托幼中心。考虑到儿童在身体和社交方面成熟度的差别，本书虽然主要针对学前儿童，但也有一些专门具体针对婴儿和幼儿的附加资料。第二章和第三章也有一些关于儿童活动场地的有用资料，虽然与儿童的集体保育多少有些差别。同样，考虑到学龄儿童已具有较强的技能和处事能力，这里介绍的一些资料也可应用到学龄儿童的户外空间中去。事实上，有许多小学生到学前儿童的幼教机构进行课后活动，双方一起利用这里的部分或全部户外空间。

需要说明的是这里假设的前提是日托中心

总有人看管。因此，设计中允许使用某些对于儿童独处场合显得不够安全的要素，以及在无控状态下类似游戏场中容易遭到滥用或破坏的材料设施。如果自主性活动能与教师引导或激励的活动相结合，许多设施，如花园，将会发挥出最大的潜力。这类环境的教育潜力很大程度上取决于教师对其的利用，儿童们可能会自发地浇花或捉虫等，但如何区分杂草和庄稼则最可能还要从教师那里学习。

从另一方面看，以上情况更符合托幼中心而不是家庭日托班。托幼中心的托儿比率目前正在稳步上升（从 1965 年占全职工作母亲的孩子们的 8% 升至 1991 年的 28%——斯佩恩和比安奇，1996 年），有数据显示：家长们对教育计划的选择更倾向于托幼中心而非家庭日托班。托幼中心创办的数量大大增多，资助人包括雇主、政府部门、非盈利组织如教会、以及为了盈利的投资者；设计师们涉及综合托幼中心的机会已经远远大于家庭日托环境。尽管本书侧重的是集体托幼中心的设计，但家庭保育提供者也可以从中学到很多，事实上家长们也可这样最大程度地利用自家院落［有关把住房改造成家庭日托班的具体建议参见约翰逊，沙克（Shack）和奥斯特（Oster），1980 年］。

文献综述

有关儿童保育户外空间的文献很少。虽然有一些修建和操作方面的指导书，但一涉及到户外环境时就显得单薄且不够具体。这些书看来也接受并赞同户外空间作为资源的重要性，但却提不出多少具体的指导。另外，有少量颇具创意的自助设计手册，它们本来针对的是运动场或学校，但其中也包括了一些考虑周到的学前班环境设计实例。其中一些设计图纸清晰且颇有灵感，但没有深入系统地解释相关的设计概念和关心问题。换句话说，你可以模仿其中某个范例，但却难以判断它是否最符合自身的环境和限制条件。

值得一提的是加州帕萨迪纳（Pasadena）太平洋奥克斯学院的克里切夫斯基及其同事出版的一系列著述，有关托幼环境和儿童（及成人）行为之间关系的深入实证研究很少，它们就是其中之一。通过编辑和分析历经三年、50 个场地的研究总结出来的观察数据，他们得出了重要的、适用于户外环境的设计导则（他们的研究涵盖室内外空间）。其中大多数想法得到了其他研究者的支持，只是其他研究在概念形式上略有差别，或是采取更直观的方式得到类似结论［克里切夫斯基和普雷斯科特（Prescott），1969 年］。

另一更为透彻的论述出现在教育者和设计师弗雷德·林·奥斯曼所著的《设计儿童中心的模式（Patterns for Designing Children's Centers）》一书中，该书以对 20 世纪 70 年代的文献评述、对许多中心的探访、以及与幼儿教师的讨论为基础。他得出了几条可用于户外活动环境的导则，同时

图6-3　在加州伯克利的新新幼儿园，教师的在场可以为儿童提供更多样的活动和材料（摄影：卡罗琳·弗朗西斯）

提出可能的设计对策。

密尔沃基（Milwaukee）威斯康星大学的加里·穆尔及其同事们受美国军方的委托，对军队和平民儿童中心和活动区进行了研究，从中得到的资料同样很有助益。部队作为全美托幼中心的最大资助方，将此研究作为其建造新中心和改造旧中心计划的一个前奏。研究者们指出：部队，"作为全国其他地方的缩影，对儿童成长的高质量保育机构的需求大大超过现状供给，不论是全天的还是临时的，还有婴儿保育"（科恩、麦金蒂和穆尔，1978 年）。研究者们走访了 23 所托幼机构，进行环境分析、行为观察和集中面谈，以确定成功的方面及条件、缺点、需求和使用的一般特征。在《儿童活动区的建议（Recommendations for Child Play Areas）》一书中，以上资料连同研究组早期进行的研究、以及对相关书籍和文章的综述一起构成了 15 条规划建议和 56 种设计形式的基础。这本书主要针对的是居住区活动空间、购物中心、娱乐中心、校园操场、邻里和区域公园、当然还有儿童设施的设计（穆尔、莱恩、希尔、科恩和麦金蒂，1979 年）。

另外一部非常透彻有用的出版物是《游戏活动设计导则：儿童户外活动环境的规划、设计和管理（Play for All Guidelines: Planning, Design and Management of Outdoor Play Settings for All Children）》（穆尔、戈尔茨曼和拉科发诺，1992 年）。它针对一系列有关活动空间的主题，表达了对可达性的深思，以及一种非常坚决的儿童发展观。本书更适用于公园中的活动区，而不是托幼中心。不过，较之许多表面上针对托幼中心的书，它所提供的指导和见解要丰富的多。

"关于学前幼育中心活动场地设备的全国性调查"（沃瑟姆和弗洛斯特，1990 年；弗洛斯特，鲍尔斯和沃瑟姆，1990 年），覆盖了 31 个州的 349 所托幼中心，它根据安全性和活动价值对活动场地进行了专业评价。由于更强调不足和潜在的危害而不是综合的户外建设，这次评价只不过是一次行动呼吁，但也引发了不少托幼中心设计的重要问题。

现状有关日托环境（day care environment）的实证研究较少。1979 年进行的一次文献述评评价了 1500 处儿童环境的报告及文章，结果表明：以实证研究为基础的文献不到 5%（穆尔，1987 年），虽然有些著者指出这样的理论研究是会受欢迎的，但他们也认识到处理这样一种多变量的环境存在实践上的问题。本章引用了两篇此类研究的硕士学位论文（西蒙斯，1974 年；辛哈，1984 年），一篇在加州伯克利，另一篇在弗吉尼亚的布莱克斯堡（Blacksburg）；它们也是本章末尾的两个案例研究。我们还用到了一个讨论 20 所加州日托中心户外空间观察结果的专业报告，以及一些关于优秀的活动场所必需要素的结论（费尔兹，1987 年，第一章）。

图6-4 户外活动空间的设计常能支持主动型的游戏活动，可以促进儿童的身体发育。问题在于：空间如何才能同样支持儿童认知和交往能力的发育（摄影：卡罗琳·弗朗西斯）

儿童保育作为公共问题还只是一个较新的角色，我们希望它能比以往吸引更多的关注。另外，我们在仓促地创建更多托幼机构的同时，必须抵制只根据建筑法规或区划要求来创建环境、或是放任托幼空间背离儿童抚育环境而变成迎合成人审美的市民纪念馆所的趋势。这样，我们才会看到关于托幼环境的研究能够"……富于责任和教益。这种与儿童的交流既有助于儿童的个性，又能促进儿童成长为乐观向上的成人"（肯尼迪，1991年，P.38）。

儿童保育环境中的活动与儿童发育

户外和室内托幼环境的共同目标在于为儿童的正常发育及促进其发育的各类活动提供有助益的环境。正如弗洛斯特等人（1990年）试图引用大量参考文件尽力阐明的那样：游嬉是个人早期学习和发育的主要载体。

身体发育与跑、跳、攀爬等大幅度或大运动量活动关系最为密切（见图C-50）。通过这些活动，儿童们逐渐了解自己的身体，意识到它的能力和局限性，通过学习特定技能还会产生优势感或自尊感。历史上，户外活动曾被看作是缓和情绪的

机会。强调这一点很有效，特别在室内空间不足或体育活动受限时，户外空间在支持儿童全面发育方面能够发挥重大作用。

还有一类身心发育，就是常常提到的认知或感知。它以对各种类型活动的灵活操作为特征，通过积极控制各项环境要素，儿童开始形成行为和联系的概念。这在儿童玩弄较小物件时也有明显表现，因为玩耍小东西要求更为精细的动作调控能力。许多室内玩具的设计都是为了提高动作的精细控制能力，但通过提供采集卵石、分类各种形状或大小的叶片或试验沙和水的性质等户外活动机会，同样能提高这种能力。

社交能力的发展，通常包括儿童在人际交往和语言能力方面的技能积累，可以在戏剧或角色扮演中表现出来。通过玩过家家、消防员、太空巡逻等游戏，儿童们增强了自己的交往技能。而且有人发现戏剧表演对儿童日后正式教育的成功起到关键作用。"能够轻易掌握戏剧表演中符号语言的孩子更有可能接受并有效运用算术和写作中的人为符号体系"（亨宁格，1993—1994年，P.88）。

研究表明用于装饰戏剧表演的"活动部件（loose parts）"或道具能使参与者有更多的创造性，

图6-5　儿童动手接触卵石、叶片、沙子和树枝等自然要素有助于认知和感知能力的发育。在加州帕萨迪纳的太平洋奥克斯学院的儿童学校，一条自然化的小溪提供了比其他人工玩具更多的游戏机会（摄影：沙伦·斯泰恩）

图6-6　在加州科斯特梅萨的奥兰治海岸学院儿童中心，在游戏设备的固定结构上加设道具可以成为儿童表演活动的舞台（摄影：基拉·费尔兹）

并延长注意力集中时间（见图 C-18，C-19，C-20和 C-51）。另一与设计相关的发现是：尽管孩子们能够自己发现多种接触自然环境（树、石头、灌丛等）的游戏方式，但所设计的游戏设施的模糊度是有一定限度的（在创造性反应衰退的限度之内）。也就是说，游戏设施的含义要是太模糊，它也许就会原封不动、得不到使用。但另一方面，大多数专家都认为对真实物体的细致模仿会限制儿童的想象力。看来要达到合适的中间状态，游戏设施需要有一系列的解释，能为儿童提供多样化的挑战和反应方式，同时避免在不少专业设计的游戏环境中出现的意义过于含混、甚至纯粹造型化的问题。关键在于，只要模糊性的实现能够包容多种可能性和多种活动方式、而不是排除任何对具体含义的提示，那么结果很有可能会是令人满意的。

所以最适于儿童身体、认知和社交能力发展的环境应该能为儿童提供多样化的行为活动机会。儿童发育的这些不同方面是互相关联、互相依存的。例如，"大运动量活动既有助于身体健康，又是感知发育的关键，还能为以后的认知发育奠定基础"（约翰逊，沙克和奥斯特，1980 年，P. 65）。

作为对提供各类发育活动的补充说明，法伊夫（Phyfe）和珀金斯（Perkins）论述道：

根据空间是否能够满足儿童全部行为需要来进行分析非常有助于人们理解空间对行为的影响。比如在某一空间中，有一个疲惫、沮丧的孩子，是让他能退避到一些隐蔽舒适的空间重新恢复精力，还是继续遭到刺激和打击？害羞的孩子们是能够找到较小的围合空间与其他一两个孩子在那里交流，还是在边缘地带观望或独自玩耍？（法伊夫，珀金斯，1982 年，P. 27）

为了服务于性格各异的儿童群体，活动环境应该包括不同情绪、运动量和交往类型的空间，这无疑是正确的。不幸的是，现实中多数户外空间类型都被认为是不充分的，一般仍然倾向于提供活跃的大运动量的体育活动，极少数户外空间例外。正如进行"关于学前幼育中心活动场设备的全国性调查"的研究者们所总结的那样："总之，大多数被调查的学前儿童活动场都不利于儿童发育并缺乏活动价值。"

设计建议

设计之前的注意问题

计划与环境的关系

设计之初，在决定任何具体特征之前，首先确定教育计划的目标非常重要。一些作者已经指出儿童保育空间失败的主要原因之一就是环境信息及所提供的机会与希望达到的行为目标之间缺乏协调。加里·穆尔发现，托幼设施的设计和布局会影响儿童和幼教人员的群体行为、个体行为和心理反应及空间环境。

既能使幼教人员轻松地实现他们的目标，也能对他们产生干扰。空间对于规划的活动有时可能显得不够大，有时又过大而导致散漫、无目标的行为… 托幼计划的规划设计必须以教育理念、教学目标和课程安排为基础。设施设计，无论是改造现有空间还是建造新设施，都必须植根于教学目标并有助于课程安排（穆尔，1981 年，P. 53—54）。

他甚至建议，在托幼中心运行之前，就应选聘未来的主任，以便于在设计之前咨询制订未来的教育计划；他还倡议建立使用者评价委员会和设施规划委员会。

克里切夫斯基和她的同事注意到，"如果幼教人员没有清晰认识教学目标和他们所选择的活动空间之间的关系，他们可能会采取违背目标的强迫行为"（克里切夫斯基和普雷斯科特，1969年，P. 17）。萨特芬（Sutfin）（1982 年）同意这一观点，并补充说空间环境和预期行为之间的矛盾能导致更多的破坏性行为、专心时间缩短、以及发生争执。这种例子包括如下几个。

- 教师的目标：为儿童提供自己作选择的机会以促进自主性。空间环境：每个孩子能从事的活动太少，他们的选择常常受到阻碍。
- 教师的目标：通过帮助儿童在自选活动中保持兴趣来延长他们的专心时间。空间环境：只提供简单的活动机会（例如滑梯，为了保持一致，不能提供多样的活动）
- 教师的目标：儿童独立工作。空间环境：只适合于群体，不适于个体。

克里切夫斯基同时强调：

日托计划的目标常常集中在为儿童提供家庭和母亲般的温暖、亲情及个体关怀。在 1 个教师照管 15 个以上儿童的比例下，如果空间能够鼓励儿童自由活动并能自控自律，那么教师就能解脱出来去照顾有个体需要的儿童。另一方面，如果计划强调教师对儿童活动的指导以及儿童选择权的严格限制，那么适宜空间的主要标准就是保证不能分散儿童对教师的注意力。教师们如果安排了十分吸引人的活动中心，却要求儿童们对之无动于衷并保持注意力，这

图6-7　加州亨廷顿比奇的戈尔登威斯特学院幼托中心为一两个孩子创建了隐蔽的小空间（摄影：基拉·费尔兹）

简直是引发儿童违纪的一个契机（克里切夫斯基和普雷斯科特，1969年，P. 8）。

许多研究已经注意到托幼机构的户外空间主要被用作不同程度的自由活动，因此即使是在高度控制的计划中，户外空间在很大程度上也将为自我活动所占据。这意味着设计师在设计户外空间时应当更注重于自由活动，尽可能地减少教师的监督和命令。设计师很有必要了解各类空间使用的一般规定，例如，台阶下的空间可能会是一两个孩子的舒适秘密的乐园；可是如果这种空间使用方式违背了规定，那么就需要通过成人所控制的障碍来消除这种诱惑。另外，一个空间最终可能与预计用途大相径庭，比如游戏室最后变成了存储室，设计师应当有所预见并通过干预来避免这类后果。

被服务儿童的数量和年龄

从设计的角度看，儿童人口的两个重要方面是被服务儿童的数量和他们的年龄范围或年龄分组。设计托幼户外空间的一个基本问题是：创造若干独立的空间以供不同儿童群体使用，还是创建一个带有不同分区的大型空间以使所有的户外儿童在任何时候都能利用。在大一些的托幼中心里，孩子们常常被分成较小的组或班，有固定的老师和指定的室内空间，当然许多地方是公用的。

这些小群体常按年龄划分，这样一个学前学校就可能包括一组或多组的三岁儿童、四岁儿童、甚至还有幼儿和婴儿，以及课外的学龄儿童（a group of school-aged before- and after-school children）。这种分组通常也适用于户外空间，在户外，每组孩子都会有自己的单独场地，有时各组共用一个场地，如果空间不够所有的孩子同时活动，各组在一天中的不同时段使用。在基拉·费尔兹的研究中，这种分时段共用场地具有一些负面后果：

A组的成员将不能继续进行未完成的搭积木作业，因为他们必须进屋、把他们的作业留给接着出来的B组。如果"户外时间"被作为课间休息（让孩子们放放风，从而能够回到室内保持安静）对待，那么儿童利用户外环境的方式只不过是到处跑跑。当几组儿童共用一个游戏场时，一系列问题就会产生，教师在做安排时会优先考虑日程计划、而不是儿童的需要和教育计划的目标（费尔兹，1987年，P. 20）。

菲尔兹发现那些有高质量户外环境的托幼中心将孩子们按30~40人分组（3岁及以上），并为每组提供各自的场地。

决定户外区域划分的因素很多：

- 取决于场地本身及其与建筑的关系，有

图6-8 加州伯克利市新新幼儿园的教职工并没有把这些废弃的动物笼舍摆在孩子们够不着的地方，而是认识到了这些笼舍作为游戏屋的吸引力。对非常规利用方式的宽容是避免教育计划与环境之间产生冲突的一种方法

时很自然地、甚至必然地分出前院和后院，或是根据场地布局、建筑入口等分成东、南、西、北四块场地。不过，如果这种划分会产生不平等（给某一组的场地过小，缺乏日照区，不接近树木），这时就应该分析建筑的室内布局。或许对内部空间的重新组织会形成更公平的户外空间关系。活动场地的建设不能迁就于建筑，而应与之相互作用。新建项目显然有更大的灵活性，但移动一扇门或窗以创造建筑与院子的良好关系也并非不可能。如果建筑的设计/改造与户外空间的设计是由不同个人或公司负责的，那他们必须根据活动区及其与教室的关系探讨建筑物的定址和内部安排。

• 其次，至关重要的是空间环境应与教育计划相符。显然，托幼中心如果把户外活动时间看作是某一年龄段儿童群体同其他年龄的儿童接触了解的良好时机，那么过于细分的场地就不能达到此目的。不过，如果教育计划的目标在于提供各种户外挑战性机会，为避免小一些的孩子产生挫折感或大一些的孩子产生厌烦感，分隔的空间可能还是必要的。或者，教育计划的目标在于使那些离异家庭的孩子能够在小群体中获得亲近感和信赖感，那么也建议使用分隔空间。

• 就安全性而言，主要问题在于防止年幼一些的儿童被年长一些的儿童撞倒或是尝试过于复杂的活动。事实上，总的来说，孩子们在决定自己适合的挑战级别上颇有自知之明，不过如果在不能保证有大人监督的情况下，最好不要放任年幼的孩子去接近可能有害的活动。婴幼儿常常出现因参加大孩子的游戏而导致体力透支的问题，他们很难自我节制。应该给这些年龄的群体以自己的空间，如果可能的话，在视线上与大孩子们的活动相通。

加州帕萨迪纳的太平洋奥克斯大学儿童学校所用的方式颇引人注意，他们有六个活动场，每个活动场作为紧邻班组的主要活动场地，但其他班组的孩子也能进入。婴儿班在自己场地上游戏，在教师的许可下，大一些的孩子可以帮助或与小宝宝们一起玩，这种形式同样适用于"船园"中的幼儿。供玩具车用的中央车道把各个场地连接起来。通过这种途径，孩子们可以在认同小区域的同时有机会去探索、分享其他场地。

基于儿童尺度上的设计

设计的一大失误就是：平面图上（鸟瞰）看来不错但当人亲身经历时却难尽人意。在为儿童做设计时，必须特别注意儿童在活动场地中走动、奔跑、攀登及爬行时的目光视线。一件游戏器械要被孩子们使用，必须要让他们容易看到。例如，成人可以轻易看过去的屏障也许就完全挡住了3～5岁孩子的视线，他们平均身高才37～43英寸（约94～109cm）。另一方面，沙箱上4英寸（约10cm）高的水泥沿可能又不足以阻止孩子对另一侧的好奇而试图跑过沙坑、弄乱沙子、毁坏沙堡。加州大学伯克利分校儿童研究中心的主任巴巴拉·斯凯尔斯（Barbara Scales）做过观察：

在我们的活动场中，一棵浓密的大树周围建有一个很吸引人的平台，但却没能打动孩子们。后来，教师们弯下腰照孩子们的视线看去，才发现根本无法看到平台及其入口。这个枝叶遮映下的休息地点的设计目标本是为了儿童们的安静活动，现在只对成人具有意义，而从孩子们的视觉来说则毫无意义，这种情况正如我去看家里的冰箱顶部一样［阿尔米（Almy）等，1987年，P.89］。

同样，意识到儿童的体形较矮，就可以解释清楚为什么儿童普遍喜欢爬树、爬塔，他们能够从中获得居高临下俯视的新奇感、以及随之产生的自豪感。

戏剧或表演环境的设计中也会出现尺度上的问题。基拉·菲尔兹发现：即使模拟灶台的高度合适，灶台长度过长同样会破坏孩子们装扮大人做饭时的想象力。同样，为了保证成功，过家家游戏必须考虑儿童对三维空间尺度的感受，避免一味创建过高空间的趋势。

多样性和机会（Variety and Opportunity）

许多研究者都曾评论过户外活动场地的单调性，这些场地常常不能提供丰富多彩的活动机会，有的甚至什么都没有。一个服务于25～30个儿童的场地只有一个简单的沙箱、两架秋千、一个滑梯和三辆三轮脚踏车，显然有些简陋。还有一种情况，活动场的设备数量足够，但只能满足两

图6-9　对坐、跑、骑车等活动进行设计时，应该考虑到孩子的视觉感受——这样设计才会增强孩子们的体验。在加州欧文的古德谢泼德学前班，主任苏·考设计的沿玩具车道两侧的低矮植被与骑车孩子对林荫道的感受正好相符

类活动，例如荡秋千和攀爬。这两种场地都不能提供有益于儿童全面发展的活动。要想有效，学前儿童户外空间必须提供大量的克里切夫斯基及其同事们所称的活动单元，即拥有足够空间的活动（例如，滑梯连同跳起、跑开的周边空间一起构成了一个活动单元）。他们发现在公认成功的场地中，活动单元（或机会）与儿童人数的比率或多或少都大于2∶1。换句话说，一个服务于15个儿童的成功场地应拥有30种以上的不同活动单元。这样一来，当某个孩子想要从一种活动换到另一种活动时，他总会有多种选择机会。这样会形成一种自然的活动转换进程，与比率小于等于1∶1时，儿童想玩另一设施总是有人占着的情况相比，教师们再不必插手儿童活动的调换了。

提供广泛多样的活动也许是一个更令人困惑的问题，因为多样性并不必然与设备的数量相关。事实上，即使是一个有许多活动可参加的场地，如果大部分活动都属于一种或两种类型，其效果可想而知。"某一活动单元多样化的可能性"就是克里切夫斯基及其同事们所定义的复杂度，指的是变化或调整正在进行的活动的可能性。为了使活动尽量多样，儿童们必须能以多种方式利用活动单元，并能亲手操纵活动要素。由于活动单元始终与儿童注意力焦点的变化相呼应，这种内在的多样性能延长儿童们的专心时间。活动单元的复杂性还与活动的机会相关，太平洋奥克斯的

研究者们发现：一个简单单元，如一副秋千或一辆三轮脚踏车就是一个活动机会，但是复杂单元，如胶泥游戏（play dough and utensil）或带有动物的玩具农场会提供四个机会，而超级单元，如有水有器械的沙堆则含有八个机会。研究者们努力使太平洋奥克斯大学儿童学校保持每个孩子有五个活动机会的比率。作为暂停或调整的场所，简单单元在活动场地的整体结构中很有价值，因此应当与能吸纳更多孩子的单元保持平衡（而不是被替代）。

因此，无论是在某一单元还是在整个活动场，多样性都是评价环境使儿童保持兴趣和参与度能力的量度。大量的活动机会能确保儿童对多样性自然而然地产生反应，从而作出自己的选择。

感觉刺激（Sensory Stimulation）

户外空间自然会引起感觉刺激。设计所面临的挑战是怎样突出并增强刺激，而不仅是用单调的沥青铺面和一些具体的植物形体。苏珊娜·德·蒙楚克斯（Suzanne de Moncheaux）（1981年，P. 26）写到："小孩子以一种非常直接和细致的方式来感受环境。许多研究者已经注意到了儿童对周围环境的'琐细'描述，以及儿童频繁提到的动物、植物、自然现象及人类活动。"同样，当凯文·林奇（1961年）收集学生们对童年环境的回忆时，他发现这类描述充满了对地面、气候、

树木和动物的细致描写。加里·穆尔（1981 年，P. 53）相信"实体环境的性质能够对儿童产生直接的刺激性影响。物体的颜色、质地、形状，和活动中心的布局可以激励儿童同环境交流并从中学到很多。"

活动场地设计的每一方面和每一阶段都可被看作是儿童感觉意识发育过程的组成部分。孩子们可以看到亮丽的旗帜、甚至能听到它们在风中飘扬振响。花园中的泥土可以被孩子们触摸、嗅闻，出产的西红柿或胡萝卜可以被孩子们品尝、触摸、观察、嗅闻。风铃可以为林中的风声增添和音；一支棱镜可以投射出一道彩虹。鸟儿喂食器可以引来鸟儿让孩子们驻足观看、倾听（还有掉落的羽毛供孩子们寻找、收集和珍藏）。流过岩石的小溪水声潺潺，从孩子的指间轻轻滑过；静静的水潭反照出云影，甚至有鱼儿生活其中。不同的材料、不同的表面使得孩子们的注意力集中在身边的世界之中，成为学习探索的重要方式，这对于那些很少有接近户外多彩环境机会的儿童来说尤其珍贵。

1966 年查尔斯·达纳·吉布森（Charles Dana Gibson）（当时加州教育部规划局的局长）表达了他对儿童环境的看法：

户外区域将被设计得同室内空间一样的亲切。从一个区域转到另一处将会流畅而轻松。

户外空间中将会出现丰富多彩的铺面，而不再只是沥青的海洋。我们将尽可能地利用邻近的自然环境、山丘、河谷、溪流，创造高低起伏的空间，拓展儿童们的空间感受……将会出现许多种处理墙的方式，光滑的、粗糙的、软质的、硬质的……以后将出现干沙地和湿沙地，草地和砖地；石质铺地、水泥铺地、还有树皮铺地——事实上，所有丰富多彩的表面处理一般都能在优秀的景观设计师的设计中发现。我们还将探索缤纷的世界……就像一个孩子看到的色彩，一系列完整、明亮、跳动的色调谱带（1968 年，P. 21）。

我们希望实现他所设想的时代已经到来，甚至更为出色。

动手操作（*Manipulation*）

儿童发育专家已经证实了为儿童提供接触环境的机会的重要性，严格的研究和随意的观察都提供了佐证。人们发现儿童玩那些游戏价值较隐含的东西（如，沙、水、泥土、树木）时的创造性要比玩秋千、滑梯之类价值明确的物体大得多（见图 C–11，C–14，C–16 至 C–20，C–51）。事实上，儿童常常无视既定物体的实际设计目的，随时随地都可能把它用作大相径庭的目的。儿童通过在环境中的动手活动还学会了绘图，通过在地

图6–10　在加州圣约瑟（San Jose）的圣伊丽莎白日托中心，果园、花园和砂质"海滩"等自然材料为儿童提供了非常丰富的感觉刺激。该户外空间由迪安娜·皮尼（Deanna Pini）根据瑞士儿童心理学家皮亚杰的发育理论进行设计（摄影：基拉·费尔兹）

面上创造道路,用沙、石和树枝建造大楼、桥梁等,他们形成了形体表现和鸟瞰等概念。

在《考虑儿童的规划(Planning with Children in Mind)》一书中,德·蒙楚克斯(1981 年,P. 90—91)认识到儿童需要接触环境,需要"让身体积极主动地投入其中",其表现为"揿压按钮,捡拾卵石,在草地上打滚,攀爬树木,滑斜坡,在墙头上行走,翻爬屋顶等等,不一而足。可这种接触行为常常在设计、习俗或教导中受到禁止或阻拦。"人们发现儿童在任何情况下都会改变并控制周围的环境;如果设计中没有满足这种需要,他们一定会千方百计地自己实现它:挖地洞,移走砖石并堆垒起来,踩踏花木挖储藏坑。这些行为反过来又会导致人们对破坏行为的定义以及关于环境与教育计划关系的讨论。

设计还需针对儿童的天真、好奇和好动的行为特征。一个现实和积极的教育计划会对这种需要有所认识并给以足够考虑,但敏感的设计在不能放任散漫的教育计划中会显得更为重要,因为儿童明显无心的动作会导致儿童与教师之间的摩擦。

成人们常常忽视另外一个问题,就是儿童的某些需要不光是建设性的,还是破坏性的。冒险游戏场针对的就是儿童的这种创造与非创造性的行为过程,它在欧洲深受欢迎但在美国尚未被广泛接受。装备可动手操纵的环境设计整个设计过程(design responses):为活动提供沙、水、土(与玩具和器械一起使用)等要素;准备较大型的零件和工具如板、桶、箱、绳索、梯子、锯木架及其他可能的建筑材料;以及在活动设施上装备活动部件。对儿童活动设备略作观察就会发现大量包括方向盘、转木、轮胎等活动部件而不只是固定的部件。

户外活动

一些教育者认为大多数户内儿童活动同样可以在经过合适设计的户外空间中进行,甚至效果更好。加里·穆尔及其同事们在研究中发现:户外活动空间经过合理选址和绿化,彼此之间互相联系,能够提供"户内空间难以实现的宝贵的儿童发育机会"(科恩等,1979 年,P. 339)。儿童在室外画画通常不会太拘束,因此除了提供放置画板的地方,活动场的设计还应包括适于粉笔画

图6-11　绘画当然不是可以成功移植到户外的唯一活动,但它可能是加州拉卡德纳(La Canada)的卡尔特科〔JPL(Caltech/JPL)〕社区幼教中心中最受欢迎的一种(摄影:基拉·费尔兹)

图6-12 天气好的时候，户外野餐是加州拉卡德纳的卡尔特科（JPL）社区幼教中心的孩子们和大人们都喜欢的活动

的铺地，墙面应能在上面直接绘画或者贴有壁纸可供作画。音乐是一项较容易移到户外的传统活动，有些音乐元素甚至可以成为设计的一部分，如不同类型的铃、钟、或可用小槌敲击发出不同声调的表面。讲故事和合唱的场地可以选在平整的草坡上、或是坐在排成一圈的石墩和树桩上。如果某处区域准备开展的是要求精神集中的活动，那它必须具有围合感，并与较活跃的活动隔开，提供屏蔽声音的措施，植栽就是一个不错的主意。这种区域还可用于"边做边说"游戏或为观众表演。

有一种活动通常发生在室内，在室外却常常被遗忘，这就是休息或睡觉。设计师建议在户外设置吊床，这样人们会自然而然想到在炎热的夏季躺在树荫下的毯子或垫子上打盹会比睡在闷热的室内惬意得多。同样，一处安全的铺有毡垫可供休息的树屋或平台，对于一个玩累了的孩子来说会是多么具有吸引力，他可以在返回游戏之前稍作休息，他可以俯视树下的活动，还可以抬头欣赏天空下树枝的姿态。

另一类常见的活动与饮食相关，如果移到户外进行，就会产生很多新意和变化。户外空间会提供合适的野餐地点，如果用明亮的天棚或雨布框架界定空间，那么活动就更有意思了。在户外会有准备饭食或是用火的问题，适当的监督当然是很有必要的，不过儿童们在使用明火或烧烤时会表现得很遵守必要的安全措施。有些作者甚至建议对那些不经常接触火的孩子（家中没有壁炉的城市居民），在幼儿园里提供一些有控制的用火体验会在不引起恐惧的前提下帮助他们理解火的危险性。

幼儿园的户外空间其实有无数进行系统学习的机会。例如，在花园里，植物可以作上标记，研究它们的生长；可以观察昆虫、蜗牛和蠕虫；可以采摘成熟的蔬菜或果实，然后切开检查它的种子和结构，最后吃掉它。日晷、温度计、风向标、气象仪、任何类型的太阳能装置、以及雨量计都可讲述关于时间、季节和天气的概念。场地上的植物可以引起对材质、颜色、气味、大小、叶形、以及动物和昆虫习性的持续讨论。简而言之，教师们向孩子们解说概念和原则的各种机会都可以渗透到户外环境的每一部分中去。

设计中还应考虑的一类活动，就是孩子们协助或负责进行一部分户外空间的日常使用和维护工作。通过幼儿园中的这类参与活动，孩子们可以发展起各种技能、增强自尊。

举个例子，花园可以设计得易于儿童浇灌植物或者在老师的监督下采摘蔬菜。利用门来限制儿童进入花园固然不错，但如果允许儿童进园参加劳动，园路就应足够宽以防意外踩踏植物，花池周围应当修筑一些坎沿以明确适于行走的区域。水龙头和洒水壶应当布置在花园外缘，这样即使水龙头长时间开着也不会淹没花池。如果孩子必须亲自控制水龙头打开的位置，那只要在其下方布置一块可让孩子放置洒水壶的平地，问题就迎刃而解。另

图6-13　虽然是在户外，这个硬质、炎热、毫无特色的用餐空间却并不具有在树荫草地上铺开毯子用餐时的愉快感。仅仅为活动提供所需设备并不能保证得到正面的感受

外这还可以促进儿童的合作，一个孩子开水龙头的同时另一个孩子扶着水壶接水。

　　儿童同样可以参加到与动物相关的活动中来。孩子可以给动物添食加水；换稻草或其他巢窝垫料，有时还可以为动物梳妆打扮。还可能有机会为动物清洗皮毛。事实上，任何设计只要涉及儿童的日常活动，就应尽量为其创造机会，无论是添加一级台阶或一把长椅，还是其他儿童能够够得着或看得到的设施。

场地特征

　　研究场地时，最应注意也是最重要的一点事实就是孩子们的活动没有定处。因此，所有儿童能够到达的地方在设计上都应包括尽可能多的活动和学习的机会，同时还应耐受得住儿童的使用。儿童不光只是在活动器械及指定活动场地上活动，而且会在门框上荡秋千，在树杈上倒挂，以及试图爬上仓库。对此有所预见的设计会使教师少许多麻烦，也会使孩子们少吃许多苦头。

空间面积

　　相关文献指出每个儿童法定上应拥有75～150平方英尺（约7～14 m²）的户外空间（依各州及当地规定不同而不同）。事实上所有教育者和设计研究人员都认为这个最低限应该加大，如果可能，加宽到每个孩子200平方英尺（约 18.6 m²）以上是较为合适的，因为需要为儿童发育提供足够的活动机会，以及足够的道路和缓冲空间。事实上，菲尔兹研究中认为的那些拥有高质量户外环境的托幼中心为每个儿童提供了300～400平方英尺（约28～37 m²）的户外空间；还有两个受到高度评价的中心为40人的班级配备了1.5英亩（约0.6 ha）的活动场地［每个儿童530多平方英尺（约49 m²）］。当然，这样大面积的空间并不总能、甚至经常不能得到满足。不过，如果拥有这么大的空间面积确实如证据所显示的那样意义重大，我们还是应该问问自己怎样才能做到，这样一来，目前在城市中心公司总部区流行的在岗托儿方式（on-site child care）可能就需

图6-14　儿童喜欢从事真实的工作，它能培养起自尊感和合作技巧。如图所示的加州大学欧文分校的婴幼儿中心（摄影：基拉·费尔兹）

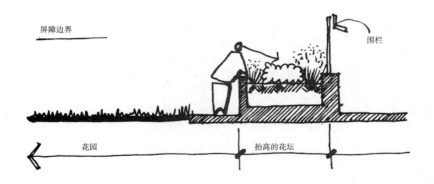

图6-15　抬高的花坛既可以保护植物，还可以成为游戏区的美观边界

屏障边界

围栏

花园

抬高的花坛

要有所调整了。中央商务区当然不可能提供大量的户外空间，而且所提供的空间很有可能由于高楼林立而多风和缺少光照。在居住密集区，将宝贵的商业用地提供给缺乏户外空间的幼儿园，其代价更是高昂。

郊区商业园内经过规划的托幼中心也许会拥

图6-16　甚至边界处的细部也可以让孩子练习跳跃
（摄影：卡罗琳·弗朗西斯）

有较大的空间，尽管这种对具有潜在利益土地的利用仍旧可能受到诸多限制。这些中心，除非经过认真的规划，否则会遇到许多问题：被从周围社区环境（以及可能的步行系统）中割裂出去；要求它们与开发园/商业园呼应一致，从而被建成"小公司"环境。成人自以为出色的念头可能恰恰妨碍了许多对儿童有益的东西。

另外两类托幼中心的地点值得一提，主要是因为它们引发了许多问题。眼下正在发展的一种新趋势是在公交枢纽地布置托幼中心，将通勤与送接孩子结合起来。由此节省的交通时间毫无疑问深受疲于通勤的家庭的欢迎，但这种地点的现状同样值得关注，多数情况下，宽敞的空间得不到保证，许多时候连邻里感受都失去了。这里并不是要否定节省时间的价值，只是在选择托幼中心位置时应该权衡所有的因素。

第二类必须认真权衡的位置是位于城市中心的由雇主资助的在岗托幼所。除了上文提到的空间问题，带着孩子一起通勤还存在许多利弊：父母可以在通勤途中与孩子一起交谈或阅读，他们可以多保持一分童趣，在出现紧急事故时也可以更容易地抵达孩子身边。不过，一般通勤家庭在外时间非常长——有一户人家反应说不得不在早上4：45起床——孩子们常常到家后只来得及吃饭睡觉。儿童们还不大可能在周末与他们班的伙伴玩耍，因为他们一般并不住在同一邻里。就像一位母亲述说的那样，经过了长途通勤去托幼中心之后，她选择了邻里幼儿园，"我希望他能感受到他有一个街区，一条街道……我希望他能知道这就是他的家。我认为社区就意味着家"［史密斯（Smith），1996年，E3］。

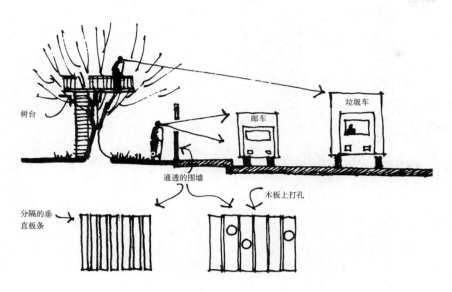

树台

通透的围墙

木板上打孔

分隔的垂直板条

图6-17 儿童喜欢向围栏外面张望；街道上的景象非常有趣，特别是在运垃圾那天！

相邻用途（Adjacent Uses）

设计师应当考虑托幼中心的周围情况。成人通常喜欢视线和声音与道路交通隔开，而儿童往往从繁忙的交通中发现许多乐趣。因此，如有可能，可设计一段通透的围栏、或是紧邻围栏设置可向外瞭望的塔或树上平台，以方便儿童从院内观望大街。儿童从观看、模仿和谈论警车、垃圾车、消防车、修树卡车等中得到极大的乐趣。另外，如果托幼中心位于郊区或农村地区，创造游戏场和相邻开放绿带、农庄或公园之间的视觉连续将会增加开阔感。还可以为孩子们提供观察和讨论的主题，可以是观察动物，也可以是活动场中的大孩子，或是来去的家长。不管在哪种场合，最好给儿童一种作为邻里及社区一员的感觉，因此围栏采取一定程度上的外向性是比较适宜的。处于安全的原因，边界的围栏必须至少4英尺（约1.2 m）高且不能被攀爬。虽然链式围篱确实能保证视觉的通透，但其僵化单调的性质使得它不宜

图6-18 如果实在不允许儿童向外张望，至少围墙的处理应当有趣味或有吸引力（种植爬藤，绘制壁画），而不是看上去就像隔断儿童与外部世界的僵硬屏障

图6-19 加州圣约瑟的圣伊丽莎白日托班中的这座小丘包括有两条交叉的隧道，从小丘顶部可以看到四周环境
（摄影：卡罗琳·弗朗西斯）

于广泛使用。如果已经用了，可以种植爬藤植物来软化其效果。竖板围篱可以适当留空以提供足够空间向外眺望，或者把木板上较大的结疤在不同人眼高度位置上抠掉。横板围篱显然应当禁用，因为它可能被当作攀爬的梯子。

入口

任何空间的入口都具有重要意义，因为它是人们第一眼见到的东西，因为它传达着一系列信息：这个空间是为谁的？它像什么？那些进入的人有什么期望？在托幼中心，入口应该通过尺度、材料、序列、景象等明确如下问题：这是给儿童使用的场所，是可以玩以及进行尝试和发现的地方。通常托幼中心从院子、天井或场院进入，因此入口区不仅仅只是在设计上有所表达。它应具有吸引力，且包括儿童喜爱的元素，如可作为平衡木的矮墙，其高度应让孩子们看到一侧的活动场；或是一扇打开时可以荡秋千的门。入口还应让家长们放心，让他们知道这里是一处不错的托放孩子的保育场所。家长们比较欣赏的入口空间要素有：用于情况通报和社区交流的板报栏以及可以停留与教师或其他家长聊上几分钟而不会挡路的足够空间。如果入口表现为社区化的风格而

非机关化或商业化的风格，那么家长和孩子们可能会感到更舒服一些。也就是说，围篱上的突然开口、光秃秃或僵硬的立面以及过于雕饰的成人审美化的空间应当避免。

地形

如果场地中有坡地、土堆或小丘，就应该将它们融入设计之中。事实上，场地如果太平，最好挖土造出沙坑，或是制造水洼的同时堆垒出小丘，因为地形高度的变化可提供许多活动机会（见图C-52）。许多玩具以及孩子们自己都可以从斜坡上滚下来。高处的位置使得孩子可以理解院子各部分之间的关系，有助于了解某个伙伴或是教师的位置（教师也易于进行监督）。土丘还提供了活动场地的自然分隔，同时调节了院内风的效果。另外，水泥管可以用作穿透土丘底部的通道，滑梯可以直接修筑在斜坡上，既安全又有趣。

自然区

自然区是托幼户外空间中的一个重要元素。威尔森（Wilson）等人指出："学习自然知识不是无所谓的事情。研究表明环境教育对于儿童健康发展和自然环境保护都具有关键作用，"然而"多

数儿童活动场未能鼓励儿童对自然环境的尊敬，或是与自然环境多作接触"〔威尔森、基尔默（Kilmer）和克瑙尔黑斯（Knauerhase），1996 年，P. 56；大卫·肯尼迪（David Kennedy），1991 年，P. 42〕同意这一观点，他认为儿童的环境和教育计划应当能促使儿童成长为"……对环境敏感且不破坏、污染环境的有责任感的成年人"。

　　自然区——植被茂密的无人管理的空间——对孩子们的吸引力已获得共识。大多成年人都能记得小时候在空地上、水沟边、或是其他野地中嬉闹而经常被父母训诫的情景。然而，威尔森等人（1996 年）的研究报告中得出了令人担忧的结论：城市儿童由于经常脱离自然，对于自然环境表现出很大的畏惧反应，其中半数以上是对植物的恐惧。许多儿童使用诸如"有病的"、"肮脏的"、"恶心的"等词来形容自然物体如蛇、泥土、水、气味等。研究者们强调户外计划对每位孩子的重要性，它可以为儿童创造积极的幼年体验，防止形成对自然毫无根据的恐惧、憎恶和偏见。

　　在欧洲，一些房地产开发项目很注重保护自然区域，甚至为了在开工之前形成这类自然区域有意识地栽种植被，留出几年时间以创建自然生态。设计师罗宾·穆尔对华盛顿环境庭院（或WEY，加州伯克利华盛顿小学）的设计同样体现

了这种对自然环境的关怀，比如纳入不同的生态要素以及循环处理的溪流和池塘。类似的环境也可以用在儿童户外空间中：不加修剪的草地和野花、经得起孩子们在其中探险和捉迷藏的粗生灌丛，以及易于攀爬的分杈低矮的树木。植被足够浓密能够让孩子们躲藏其中、但透过枝叶仍然看得见的空间特别受孩子们喜爱。通过种植植物、布置石头和粗糙的表面材料，还可以招来昆虫、鸟儿甚至小动物。

　　威尔森等人还鼓励利用鸟舍及鸟澡盆来吸引野生动物，利用望远镜在坏天气下从室内观察动物，让儿童利用动物道具和服饰来扮演动物，利用足够大的泥制管道或紧密的木箱模拟动物巢穴，孩子们可以钻进去。通过了解动物及其生活方式，儿童们不再害怕它们同时培养起了爱心，为具有环境意识的成人阶段打下了基础。

建筑物和庭院

　　场地布局及其各组成要素之间的关系对于户外活动空间的成功极端重要。一个基本的关系是活动空间与建筑物之间的关系。在效果不错的户外空间里，从室内到户外的过渡总是如此明确、轻松、自然。建筑物的门通常是玻璃的或镶有玻璃，门边通常有与儿童等高的窗户以便于儿童在

图6-20　有岩石、灌丛和树木的野生区甚至可能藏有一两只蜥蜴（摄影：卡罗琳·弗朗西斯）

出去之前估计一下外部情况，或是看看外边是否有可以玩的人或物。门本身也应易于儿童操作，应安装杠杆式或闩式开关，还不能过重。出去之后，许多孩子还会停步考虑，或是站在门口观望。

许多研究表明修建门厅是针对儿童行为特征（以及会有多种可能性的其他行为）的最好的设计对策（见图C-53和6-22）。"门厅，拱廊，和带天棚的户外活动区获得高度评价且非常常用的建筑元素。它们以合理的成本提供了巨大的灵活性和多用途的空间"（科恩等，1978年，P. 396）。事实上，本书作者们也认为这类空间应作为儿童设施的必须组成部分。除了作为过渡空间外，门厅还为活动从室内向外延伸提供了一处方便自然的地点，如果有足够的顶棚，还可以作为雨天或非常热的天气时的户外活动场地。帕萨迪纳的太平洋奥克斯大学儿童学校的原主任沙伦·斯泰恩（Sharon Stine）同样相信门厅的重要性。她认为门厅还可以当作严重空气污染时进行安静户外活动的理想地点，以及成人们聊天眺望的不错位置。

活动区和道路

大多对儿童户外活动环境的研究成果和建设此类空间的指导书都强调在正确位置安排器械和其他要素的必要性。加里·穆尔说，每个室内空间都应有一个对应的户外空间：

对于认知、社交和个体活动、以及体育活动来说，应当有一些适于个体活动的小型户外空间，这些空间的设计应当同室内空间一样给以充分考虑。它们应当界限明确同时保持部分联结，这样道路交通可以串起各空间但又不干扰各活动空间（1982年，P. 63）。

《学前儿童的活动空间（Playspaces for Preschoolers）》[加拿大抵押住房公司（Canada Mortgage and Housing Corporation），1976年，1980年修订]一书建议：体育活动区域需要与认知活动区域隔开，不过可与社交和表演空间相邻。报告中还提到一类同认知活动很相近的安静或休闲活动，并建议此类活动区域应相邻布置。同样，《综合设施（Integrated Facilities）》[南澳大利亚儿童服务理事会（Childhood Services Council of South Australia, ca.），1975年]一书也号召用于激烈、不能中断的自由运动型活动的区域不能干扰进行安静活动的儿童。

不同活动区域之间的自然衔接也是同样重要的，其分隔不能太生硬，间距也不能太大。穆尔及其同事们（1979年）推荐：利用低矮植丛作为声音及部分视觉上的屏蔽，同时还能使人感到邻侧的活动；带有座位的矮墙也可以用作分隔物；埋在沙中的轮胎或一条道路也能分隔空间。克里切

图6-21　门廊里的一把摇椅可以提供与孩子坐在一起的舒适座位，同时还能观看其他人的活动。加州拉卡德纳的卡尔特科（JPL）社区的幼教中心（摄影：基拉·费尔兹）

夫斯基和普雷斯科特（1969年）确信目标明确的道路能为每一活动单元提供足够的空间（包括必要的周边空间），且能在不破坏别人正在进行的活动的同时引导儿童进入合适的活动空间。他们告诫不要创建死气沉沉的空间，空旷的圆形或方形场地没有明显的界线，这种空间常常导致散漫的乱跑和打闹。更甚的是，没有目标的道路会把孩子引入一旦进入即找不到出口的空间中去。总的说来，克里切夫斯基和普雷斯科特发现：最合适的活动场地中应有 1/3 ～ 1/2 的开放空间不带任何活动设备，如果活动人数较多，该比例也应较大。

微气候

气候和天气状况影响着儿童活动场的空间使用方式和时间。如果风过强，那么稍有凉意的天气都会使长时间的户外活动变得难以忍受。另一方面，暑天里毫无遮挡的阳光会使得铺地和活动设备过于炎热，无法使用。降雨会使排水不畅的场地在数天后都难于使用，场地上的积雪或冰也会迫使人待在室内。因此户外空间的设计应当尽量改善不佳状况、最大化地提高不同天气下的活动潜力。例如，落叶树可以用来为场地遮荫，以避免场地夏天变得过于炎热或刺眼，而在冬季又能透过光秃的树枝享受到阳光（见图C-53）。同样，临时性的天棚或花架也可提供所需的荫凉。可以通过堆土丘、或种植挡风树来减弱风势，不过如

果风力较强，可以考虑怎样加以利用，如修筑一个风车，用它来驱动扇轮或维持水循环系统。

排水的重要性就毋庸多言了。在活动场中创建排干速率不同的区域也许会很有用处，安排排水区域时应该让排干最快的表面最接近建筑入口，这样孩子们就不必在来往干的地方的路途中经过烂泥地。如果能有一处宽敞的门厅空间，那么即使在雨天里孩子们都有可玩的地方了，更有意思的是在门厅里设置一处小天窗，孩子们可以仰头直接看到落下的雨滴。如果托幼中心位于雨季较长的地区，通过设计院子里可以在雨后形成一条小溪或跌水。当然，雨量计或其他接纳和测量仪器是必备的。

在结冰和下雪的天气里，除了提供安全的步道和入口外（如易于铲雪、铺沙或洒盐的地点），设计师还应考虑季节带来的各种变化。例如，一个易于接近并攀登的土丘，如果底部有足够的缓冲空地，那么它就有可能用来滑雪橇。池塘可以变成冰场，或者向铺地上浇水也可冻结成不错的溜冰场。在这样的天气里，利用非常方便的门扇系统（system of panels）把门厅空间完全围合起来将会是受人欢迎的。最后，考虑到刺骨的寒风可能会对儿童身体有害，如果他们要在寒冷的天气里外出玩耍，他们在风中一定应尽可能地得到防护［一家幼儿园设立了一个大型的户外气温计，用来决定儿童们是否适宜在户外活动——应当高

图6-22　爬生在花架上的紫藤为热天里的活动提供了优美、凉爽的绿色空间。加州圣约瑟的圣约瑟日托中心（摄影：基拉·费尔兹）

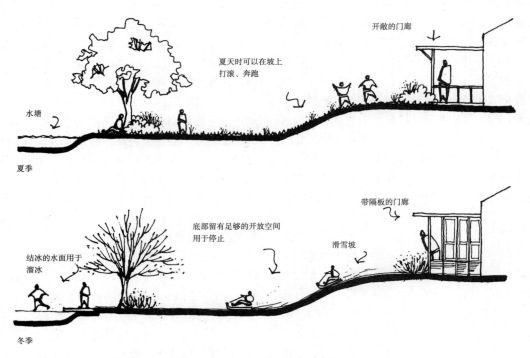

图6-23　如果气候会产生冰雪，户外空间的规划应充分利用这种优势

于20°F（-7℃）——这家幼儿园同时报告说儿童们令人惊奇地迅速学会了认读温度计（威尔森等，1996年）]。

要素和设备

显然户外活动空间的具体要素及活动设备都应当易于儿童使用，且能提供多样性和挑战机遇，同时避免过多的教师参与破坏儿童的自发活动。

存储间（Storage）

由于许多户外活动需要道具或活动部件（loose parts）以实现最充分的利用，因此很有必要在使用各类设备的地点布置足够的存储空间[弗洛斯特等人（1990年）在报告中说一半被调查的儿童场地没有户外存储间]许多研究表明器具如果存放在不方便的位置，就很有可能得不到充分利用。例如，如果教师必须每天在室内和沙箱之间收集并运送玩沙玩具，那么几乎可以确定的是：比起存放在沙箱边，儿童拿到的玩具的数量和种类要少。另一个经常遇到的问题就是存储容量。在决定大小尺寸时，需要考虑新器具的位置，因为随时间变化场地功能可能会发生转变，这就需要存放目前没有的器具。

场地维护设备——水管、剪草机、大剪刀等——应当有它们自己的存储空间，要不然只好放在游戏工具存储区。另外，应锁住户外存储空间，以防止器具隔夜或周末假期时出现问题。如果工作人员觉得设备可能会被偷走或恶意损坏，他们就会不愿意存放在户外。最后，如果有可能，应保证设备的存放能使儿童们无需或仅需很少的帮助就能搬动或换取。存放玩具车的车库、与儿童等高的架子以及易于打开的抽屉都可以使儿童对他们所玩的玩具负起责任，学会如何对其分类，参加到真正的工作中去。

种植

种植是设计师创造出色引人的儿童活动场的最丰富也是最灵活的手段。儿童似乎对植物和其他自然元素有一种亲近感，研究者们发现成人在回忆儿时最喜爱的环境时总是突出强调这些自然元素。"因为具有交互式特性，植物提供了有趣、开放的环境，能够促进探索和发现、表演和想

图6-24　能够产生树荫、能够攀爬的树木具有许多用途：可以作为游戏器械、作为提供挑战和乐趣的环境、作为气候的调节者、自然研究的对象，甚至可以作为昆虫或鸟类的家园，如图所示：加州亨廷顿比奇的戈尔登威斯特学院的幼托中心（摄影：基拉·费尔兹）

象……儿童把植物作为游戏和学习的一种基本资源"（穆尔，1993年，P.4）。

针对具体设计目标，本章贯穿了对于特定性质的植物或植物最优布置的建议。植物可以提供的各种可能性在设计各阶段都应有所考虑；仔细选择可同时实现多种目标—例如选来作屏蔽的植物同样可以提供季相变化，花朵或豆荚可以用来收获也可用于玩耍。

感觉刺激：一组植物及与其相关的泥土、树皮、岩石和苔藓在材质、颜色、气味上都显示出差别，另外在菜园和果林不同环境中也是有差别的。孩子们也可通过敲击树干、将卵石或荚果丢落水中、风吹过枝叶感受声音效果。

兴奋和挑战：植物茂密的地方适于探险和发现；一棵可攀爬的树则提供了多种挑战机会和多层次的技巧训练。

界定和分隔：植物可用来进行明确但又通透的空间分隔。植被的高度和郁闭度决定了声音和视线的私密性程度，甚至最小的植物也能确定出一条边界。

气候调控：早先已经谈过，植物可以调节活动场的日照和风的效果。

学习：前面曾经谈过，利用活动场中的植物可以进行标注、识别和研究四季，发现和研究昆虫、传粉以及许多其他知识。

选择植物

设计首先应确定植物的玩耍价值、耐寒性、以及有无危险。显然，有毒植物应当避免；娇嫩植物只能用在有防护的地点；如果有更好的物种，应避免使用那些有刺、有黏液或有玷污性浆果的植物。

罗宾·穆尔曾经出过一本非常重要的指导书《可玩的植物：儿童户外活动环境的植物选择指南（Plants for Play: A Plant Selection Guild for Children's Outdoor Environments）》（1993年），该书详述了植物充当设计要素的方式以及植物在儿童户外环境中可发挥功能的范围，包括植物、灌丛和树木所能提供的攀爬、吊挂和躲藏等各种活动机会；充当"游戏道具（play props）"；水果和坚果的采摘；以及对植物材质和香味的探索。书中还谈到了野生生物栖息地、毒性问题、侵蚀控制、及植物促使各种能力儿童协作的潜在作用。书中附有针对不同设计目标进行选择的全面完整的植物列表，包括常用名和植物学名、植物耐寒区、季相信息。在对托幼户外空间和其他所有儿童户外活动环境的设计中选择植物时，我们向读者大力推荐这本魅力经久不衰的书（见表6-1）。

水、沙和泥土

儿童需要同身边环境进行接触，沙箱或水源

表6-1 选自《可玩的植物：儿童户外活动环境的植物选择指南》（穆尔，1993年，P.34）*

常用名	植物学名	生长区	可玩部分	高度（1英寸=2.54cm）	冠幅（Spread）
非针叶树					
榛树					
普通金缕梅	*Hamamelis virginiana*	3～8	木质化蒴果	20～30英寸	20～35英寸
春金缕梅	*Hamamelis vernalis*	5～9	木质化蒴果	6～10英寸	6～10英寸
木兰					
碟状木兰	*Magnolia x soulangiana*	5～9	囊，花	20～30英寸	不定
荷花玉兰	*Magnolia grandiflora*	7～9	叶，囊	60～80英寸	30～50英寸
日本毛木兰	*Magnolia stellata*	5～8	花，囊	15～20英寸	10～15英寸
甜月桂	*Magnolia virginiana*	6～9	囊，种荚	10～30英寸	10～20英寸
槭			双翅果		
茶条槭	*Acer ginnala*	6～8	红色到棕色；1英尺长	15～18英寸	15～18英寸
栓皮槭	*Acer campestre*	5～8	1英尺长	25～35英寸	25～35英寸
鸡爪槭	*Acer palmatum*	5～8	红色，弓形	15～25英寸	15～25英寸
五尖槭	*Acer maximowiczianum*	5～7	毛状，弓形	20～30英寸	20～30英寸
橡树					
红橡树	*Quercus rubra*	4～8	成对的戴帽坚果	60～75英寸	40～80英寸
水橡树	*Quercus nigra*	7～9	戴帽坚果	50～80英寸	40～50英寸
白橡树	*Quercus alba*	5～9	戴帽坚果	<100英寸	50～80英寸
柳橡树	*Quercus phellos*	5～9	戴帽坚果	40～60英寸	30～40英寸
美洲山胡桃	*Carya illinoinensis*	5～9	带壳可食坚果	70～100英寸	40～75英寸
加拿大紫荆	*Cercis canadensis*	5～9	3英尺荚果	20～30英寸	25～35英寸
卡罗来那银钟花	*Halesia Carolina*	4～8	钟形花	30～40英寸	20～35英寸
美洲黄栌	*Cotinus obovatus*	3～8	羽状花	20～30英寸	10～20英寸
一球悬铃木	*Platanus occidentalis*	4～9	柔软木质球果	75～100英寸	＞高度

注：*作为选择活动区植物的最终参考，本书针对广泛的活动内容和机会，利用简洁方便的表格及交叉引用的矩阵提供了大量信息。这里只是节选了本书关于所有植物活动价值一节中的一小部分植物，它们具有游戏道具的功能，或具可利用、易采摘等特性。

（特别是两者结合）可以容纳大量的孩子进行长时间的活动。泥土也是很具魔力的，特别是在它加水变成泥巴以后。但文献中有关它的叙述较少，可能是由于它的塑性不太好（比起湿沙而言）以及作为活动元素相对少见的缘故。另外，泥巴较难清洗，因此如果希望儿童保持整洁，沙和水比较合适。为了提供最佳的沙-水-土的体验，我们给出如下建议：

• 保证玩沙或玩土活动区有儿童可以控制的水。一些儿童活动场地中已经成功地应用了手动抽水机。就近布置抽水机当然最好不过，如果有容器、儿童又能自己压水的话，孩子们就可以合作把水引到沙堆来。如果就近没有水源，孩子们就会试图从饮水器运水，那么饮水器就会很容易被沙堵塞。

• 如果活动器械下部有缓冲力量的沙子，一定要确证提供另外一处封闭的玩沙区。要不然，在器械周围玩沙的孩子会与使用器械的孩子互相干扰，还可能会受伤。

• 玩沙或玩土区应离开道路以避免抄近道的行为扰乱正在活动的孩子们。围绕沙区修筑矮墙有助于防止沙子散出场地，可以界定区域，而且如果该墙足够宽或上部安有宽板，还可用作放置玩具的平台甚至是座位。如果沿玩沙活动区周

图6-25　在加州新港海滩（Newport Beach）的新港海滩儿童日托中心，在员工们的帮助下，轮胎和木板等大型活动部件让玩泥（土）坑边的孩子们度过了数个小时的快乐时光（摄影：基拉·费尔兹）

围布有玩具车道，很有必要设置界线以防止车辆滑入沙区，同时防止沙子进入车道，否则会形成非常滑的路面。

• 除了必要的水源如水管、水龙头或水泵，还应通过水池、水塘提供更大面积的水域。以此为前提，每个孩子都有一个塑料水盆当然不错，但并不能认为水盆足以替代前者。

• 创造各种不同类型的水源。如果设计中能够利用或创造出流动的小溪，会为儿童提供全新的发现机会。在太平洋奥克斯学校，水流从特制的水源流出，（在成人的控制下）时而流入下水道，时而流入浅浅的、卵石铺衬的日本园式的河道，蜿蜒穿过草地。同样，喷泉也与静静的池塘很不相同。太平洋奥克斯学校的经验是热天时在树林间悬挂喷水管，制造出一种雨林的效果。

• 将玩土或玩沙区布置在远离花园的位置，这样过火的挖土活动就不会对植物造成毁坏。其选址应既能使儿童们可以挖出水洼，随意跳跃、趟水、搭小桥，同时又不会危害其他在场地周围活动的孩子。

• 沙箱内应至少有18英寸（约46 cm）深的沙子，应有部分遮荫以保持湿沙造型所需的足够湿度，同时应保证排水良好。不用的时候应加以覆盖以防动物污染沙子，铁丝网木框就是一种简单有效的覆盖物。覆盖物应保持通透，以便于让阳光对沙子进行消毒。

• 沙箱应远离建筑物入口，这样孩子们跑到从沙堆到达门口之前会抖掉鞋里和衣服里的大部分沙子。

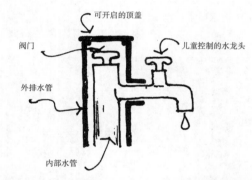

图6-26　在教师监督之下、由儿童控制的水源形式之一：在热天里，去掉顶盖（把锁打开或借助工具），打开主阀门。然后把盖重新合上，由外部的手柄控制水龙头开关

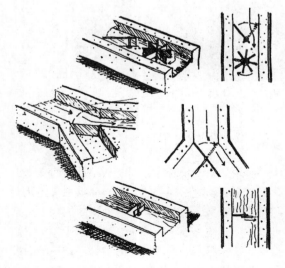

图6-27　戏水设备的各种构思（引用插图特致谢设计师：穆尔，拉科发诺和戈尔茨曼；加州伯克利）

图6-28　这不是一个建沙堡的好地方。玩沙区必须与器械周围的沙子分开

图6-29　孩子，水管和小河床：夏日里的绝佳组合。加州帕萨迪纳的太平洋奥克斯学院的儿童学校

动物

孩子们对动物着迷，同时从与动物的交流中学到很多有价值的知识。儿童与动物常常比儿童与儿童更容易形成共鸣，从与动物的接触中儿童可以学到温柔、分享和关心。幼儿园还为儿童们提供与在家里不能经常见到的动物进行接触的机会，鸡、鸭、兔子甚至山羊都可以养在较小的空间里。通过照管动物，儿童可以从老动物的死去

和小动物的出生中了解到生命的循环，从而认识到爱护动物的责任。

当然，工作人员必须对动物感兴趣并愿意为动物负责；如果他们愿意，一处经过精心设计的动物角就可以使儿童与动物之间的交流更为自然舒适。动物的笼子应该做到：空间足够大以便于动物的自由活动，在坏天气时或动物休息时能够提供庇护，易于清洁，能允许儿童为动物喂食喂水，为儿童坐下来长时间静观动物提供地方。应该有围合或半围合的空间，在保持相安无事的前提下，儿童可以在其中坐着抚摸动物或喂它们胡萝卜。大一些的围栏区可以效法宠物动物园，动物大部分时间都在笼外活动，孩子们可以分拨进入栏内随便走动并与动物玩耍。太平洋奥克斯的拉洛马（La Loma）活动场设有这样的围栏，在老师的带领下，中心所有儿童都可以到那里参观。出于保护的考虑，过夜时动物们被圈入笼中。

攀爬器械，滑梯，秋千

儿童对场地里的体育活动尤其情有独钟。为了设计出孩子们更喜爱的活动形式，以及在拮据的预算下仍能保障活动设施，一批设计师于20世纪70年代早期开始对电线杆、电缆轴、旧轮胎等进行试验。实践证明许多这种特殊的活动器械是很吸引人的，也是很出效果的，特别是当某些部件、材料设计成可以活动的或是器械结构能够以

图6-30 在加州弗里蒙特的卡里逊（Callison）日托中心，树木为正午时的沙箱提供了荫凉，使沙子保持凉爽和可塑（摄影：卡罗琳·弗朗西斯）

一定方式改变时。自20世纪70年代以来，一些厂家根据自己的设计、或是根据客户的具体要求，开始有意识地生产能用来组装多样化结构的部件（见图C-50）。

提供攀爬、荡秋千和滑梯器械时应该考虑到一系列问题：木材的质地、水平悬挂的轮胎能否提供集体游戏的机会、玩具驾驶盘的受喜爱程度、以及吊桥给儿童带来的挑战性。另外，有必要说明的是儿童仍然爱恋秋千、人力旋转木马等传统玩具，正如克里切夫斯基和普雷斯科特所建议的那样：传统玩具对于大人来说也许显得有些过时，但对孩子们来看却不是这样。

不要随便套用某一种风格或体系，最好是去分析具体的任务和场地，然后因地制宜地进行活动设备的规划。以下几点是需要考虑在内的：

• 秋千应该由吊索或轮胎等材料制成，木质或金属的坐垫会造成严重伤害。

• 超宽的滑梯板可以一次容纳多个孩子，

图6-31 照顾并与动物交流是交往能力发展的重要部分（摄影：卡罗琳·弗朗西斯）

图6-32 传统的秋千依然受到欢迎。图中所示是加州亨廷顿比奇的戈尔登威斯特学院幼托中心

还能允许孩子们进行爬上爬下、滚东西等多种活动。有一家幼儿园在滑梯下铺设了打了结的绳索，从而可以进行"爬山"游戏。

• 孩子们可以攀爬不同的物体：树桩、石头、网、梯子等等，这样可以获得不同程度的挑战感。

• 游戏设备可配备能定期更换的分离式附件，以保持趣味性。

《学前儿童的活动（Play for Preschoolers）》一书对于笨重的一体化器械提出警告：

想象一下如果所有人真的在一起活动会出现什么场景！爱好体育活动的儿童会坐着秋千像猴子一样荡过聚会场地，荡至最高时正好打乱其他儿童的交往活动，也打搅了正在休息儿童的美梦；当秋千荡下来时，一不小心又撞上

图6-33 在宽大的滑梯面上任何形式的游戏都可以做

了别人费心费力完成的沙堡。孩子们只是在依天性行事，设计师才是造成这些冲突的根源（加拿大抵押住房公司，1976年，P. 19）。

安全性和活动器械

活动器械为儿童提供的最重要的机遇之一就是挑战，或是在儿童眼里具有冒险性的活动。亨宁格指出："对活动场上发现的风险的熟练控制会产生一种成就感，从而鼓励儿童能够面对和控制其他挑战"（1994年，P. 11）。不过，设计师和幼儿园工作人员需要分清冒险性或挑战性与危险性之间的本质区别。活动场地内不应有危险因素或不可预见伤害的可能性。显然，没有一个活动场会是绝对安全的，擦伤胳膊肘、扭伤膝盖是成长的一部分，也是儿童发育所需必要风险的一部分。挑战性可以通过各种设施创造出来：刺激内耳、要求平衡能力的设施，如轮胎秋千（tire swings）、攀爬面（climbing surfaces）、桥、窄轨、或矮墙；要求协调和判断能力的设施，如水平梯、梅花桩（stepping logs）、攀援物（climbers）、隧道、滑行扶梯；训练上身力量的设施，如吊环（rings）、单杠、摆绳、爬树和水平横木（穆尔、戈尔茨曼和拉科发诺，1992年）。可是在很多情况下，由于设计、布局、安装或器械下部铺装的欠妥，严重受伤的可能性仍然存在。

来自医院急诊室的数据显示：活动场上的受伤数目从1974年的118 000左右上升到1988年的200 000以上，其中九成的重伤是由于跌落在硬质地面上导致的。因为多数伤者为3～6岁之间的儿童，儿童活动场安全的重要性越发受到重视（弗洛斯特、鲍尔斯和沃瑟姆，1990年）。消费者产品安全委员会（The Consumer Product Safety Commission）已就活动器械和弹性铺面制订了安全性导则（U.S. CPSC，1991年；并见穆尔、戈尔茨曼和拉科发诺，1992年）。松软型材料如沙、绿豆石和护料，如果得到正当维护并且厚度适宜［对于高于6英尺（约1.8 m）的器械一般需1英尺（约0.3 m）厚的非紧实面］，可以符合导则的要求，其效果不逊于橡胶垫、泡沫橡胶及注塑铺面等商业型材料。其中，到目前为止沙具有最大的活动价值。硬质铺面如压实土、沥青及混凝土

具有危害性。不幸的是，目前活动器械下有合适的铺面仍然不很常见；"儿童活动器械调查"发现被访场地中秋千下正确的铺面类型不到一半，而滑梯只有53%，爬杆只有63%。在测试各场地铺面的合理厚度中（大约调查了31个州中的12个），发现没有一个符合厚度和维护的导则要求（弗洛斯特、鲍尔斯和沃瑟姆，1990年）。器械下部的一定下落区内，即器械周边向外6英尺的区域内，必须铺设缓冲撞击的面材。

安全问题还涉及器械自身的设计。CPSC导则针对的器械安全问题包括：诱使手指或脑袋探入的部位；有危险性的突出部；尖利的缘部或角部；以及会产生挤压、剪切作用的部位。乔·弗洛斯特（1990年）发现，令人不安的是，目前许多器械都违反了CPSC的安全性导则，特别是在诱使儿童探入脑袋、高度超高、以及挤压作用等方面。因此我们大力建议在选择活动器械时进行专业咨询，以避免活动场上出现的意外伤害。

保证安全性还应正确安装器械。弗洛斯特建议雇佣有经验的安装人员，安装方和厂方代表都应保证器械的安装符合CPSC导则和产品规定。安装完毕之后，还需进行常规维护，定期检查晃动、木构件的干朽及其他类型的损坏。弗洛斯特等人（1990年，P. 21）报告说：由于儿童活动场的器械比公共学校或公园的要丰富一些，维护也要好一些，因此，"总体说来，儿童活动器械的安全性更具有难以觉察的漏洞……活动场符合的依然是1928年全国娱乐联合会（NRA）制定的早已过时的导则。场地中最糟糕的是隐伏的突发事故，活动价值的贫乏，以及根本不适于儿童的活动。"

不幸的是，对于奉行20世纪70年代盛行的"放任型教育计划"的托幼中心和其他组织来说，以上这些考虑因素几乎难以实行。而且，由于需要专业人员参与以及铺装材料的费用，为儿童提供活动器械都变得十分昂贵。当然为了保障儿童的安全牺牲部分活动机会也是值得的，但长远看来，我们还是希望能发展起相关的规章和程序，在保证安全性的同时还能开展更多的以社区为基础的游戏活动。在尽量减小受伤可能性的过程中，不要把整个活动场地变得死气沉沉，以免孩子们对其失去兴趣。潜在的危险因素和儿童的挑战机会之间必须建立起明智的平衡。

活动部件（Loose parts）

对于可以动手操作的组合游戏，孩子们的反应更为积极，参与的时间也更长（见图 C-14，C-17 到 C-20）。因此，准备足够的活动部件是很有必要的。正如前文所述，足够的存放空间可以鼓励幼教人员更经常地取出各种表演活动所需的道具，相比之下，设计师对于大一些的动手组装零件则更有影响。组装零件可单独占据一块空间，在老师的监督指导下，孩子们可以亲自动手使用锯子、榔头；也可以是在仓库里，里面有木板、板条箱、圆筒，以及其他孩子们在活动中用到的部件 [令人惊讶的是，弗洛斯特等人（1990 年）发现，此类材料在他们调查过的儿童活动场中极

其缺乏——每个活动场平均只有两个轮胎，每三个活动场只有一块木板或木桶]。研究者在欧洲和加拿大的一些富有新意的活动场发现，那些无须借助工具就能配合并组装起来的活动部件更吸引儿童（科恩等，1979 年，P.607—1，P.607—2）。

有轮玩具

大一些的孩子喜欢骑三轮车和轮滑，因此需要一条不会危害或干扰安静活动的车道或铺装场地。小一些的孩子也喜欢骑非踏板型的车，而且所有的孩子都喜欢用小拖斗载着其他孩子玩。铺装的骑车区还应尽量减小交通事故的可能性；因此，一条专用车道也许比一个大的开敞地要更为

图6-34　操作活动部件的体验与游戏结果同样重要。加州伯克利的新新幼儿园（摄影：卡罗琳·弗朗西斯）

图6-35　加州欧文古德谢波德学前中心主任苏·考亲自设计的这条脚踏车道形态曲折，路面略有起伏以保证刺激，视域中景物很有意思，还设有停留点（摄影：基拉·费尔兹）

图6-36　与图6-35正好相反，在这个不完整的户外空间里，简单的曲线形脚踏车道穿过修剪草坪，沿路只有一些整形植物和一座过大的后现代形式露台，给人一种很受局限的感觉

有用。应避免直角拐弯，因为它经常导致车辆偏出道路。为有轮玩具设计的硬质道路应当满足双向交通，因此要 5 英尺（约 1.5 m）宽。

真正的交通工具

另一种颇受欢迎的活动要素是真正的车辆或船只，当然它们要不能开动、危险因素已经消除但保留了游戏价值。例如，没有车门没有引擎的小轿车会为孩子们带来无尽的旅行遐想：一会儿到了动物园，一会儿到了野外，一会儿又到了商店，等等。一条船同样为戏剧表演游戏提供了激动人心的机会。在这种情况下，特殊的活动要素可以极大地激发儿童的创造力。不过如果活动场地太小，为了满足游戏机会，真正的交通工具也许会占据过多的空间。

婴儿的空间

该节的材料适用于学龄前约 3 ～ 5 岁的儿童。尽管许多关注的问题和建议策略同样适用于服务于婴儿和学步幼儿的各种户外空间，但有些问题还需给予专门说明。

成长发育

博顿·怀特（Burton White）（1975 年，P. 27）认为，与日后成长的任一阶段相比，物质环境在前 12 个月里（在他们会爬之前）对婴儿的影响（同社会环境相比）可能更为重要。在这个阶段，婴儿在学会怎样控制自己身体之后，开始认识物质世界的基本属性——例如，物体的持久性和特征、以及重力和运动等物理法则。该年龄段的婴儿在能够学习走和跑之前需要有练习坐、爬以及翻滚的机会。他们还需要有对因果关系进行探索的机会，如关开门以及操纵电灯开关。

从 1 ～ 3 岁，儿童把大多数时间用于研究、探索物体，掌握关于重复行为的经验——例如，向容器中装水然后倒掉。这些儿童还会花费大量时间用于刚学会的活动，例如爬楼梯和爬其他的简单物体。

保护和围合

不会动的婴儿应该同大一些的、会动的儿童隔开。最小的儿童应该有一处空间可以躺着、翻滚和爬行，而不应只是呆站着或是被那些刚刚会走的小伙伴们绊倒。与之相似的是婴儿 / 学步幼儿的空间，如果它从属于学龄前或更大儿童的教育机构，那么它就应该在空间上分隔出来，如果可能的话，应在视觉上保持同较大儿童活动场地的联系，空间之间用门相隔，但应允许较大的儿童在老师的监督下看访婴儿。

很小的婴儿

感觉刺激对婴儿来说是很重要的，活动物体、棱镜和风铃，以及色彩缤纷的芳香植物（布置在儿童所及范围之外，因为婴儿和刚学步的小孩对任何东西都会试图尝一尝）都是适宜的刺激物。场地中应该既有日照也有荫凉，阳光对于尿布疹有着奇效，但婴儿幼嫩的皮肤也很容易灼伤。一个用旧轮胎制成的秋千能给哪怕是最幼小的儿童带来一种"运动"的体验。这个年龄段以及更大一点的婴儿喜欢自己看自己，因此在低处摆放一个（防碎的）镜面就会让他们陶醉其中。

爬行的婴儿

爬行的婴儿已开始欣赏水的活动，无论是碟子中的水，还是仅有几英寸深的水池。他们还喜欢传统的婴儿秋千和学步车，这需要地面保证硬实平坦。从铺装向草坪的地面变化以及地面高度上的微小变化也会吸引这些婴儿。一列宽矮的台阶过渡到斜坡状的滑梯可以满足包括滚动玩具在内的多种用途。婴儿可拉住把手使自己站起来，借助于长椅、花池或栏杆来回走动。

学步儿童

儿童对行走及跑动相当熟练之后，就可以真正享受为学前儿童准备的几乎所有东西了，尽管有时规模要小一些。有轮子的玩具和可推拉的玩具很受这些儿童欢迎，这需要硬质的表面。这时的儿童已足够大，可以自己玩沙子，而且无需大人的经常干预以防他们吞吃沙子。一岁半到两岁之间的多数儿童开始喜欢表演游戏，并开始欣赏这些活动所需的背景和道具。刚学步的小孩也

开始试着玩滑梯、跷跷板（teeter-totters）（尽管摇船可能更安全）、甚至是较低的轮胎悬索型秋千。克里切夫斯基和她的同事（1969年）注意到两岁儿童的活动场不如学龄前儿童的场地有意思，花样较少、甚至每个儿童的人均活动机会也较少。他们认为这些不足可能反映了人们对两岁儿童的普遍认识，该认识反过来又引起并强化了这些不足。因此应重视幼儿活动的复杂性和多样性，使儿童通过自主选择及获得更长的专心时间获得满足感。20多年后进行的学龄前儿童设施调查（Preschool Equipment Survey）也得出相似结论，调查者评论道："设计师似乎……没有认识到婴儿、刚学步的儿童和更大儿童在成长发育中的差异"，只是提供了小型设施和一些与年龄阶段相符的活动玩具（弗洛斯特、鲍尔斯和沃瑟姆，1990年，P. 21）。

发育分级

有一种有趣的方法可为不同能力水平的婴幼儿群体提供与之相适应的空间，即根据儿童的发育门槛值来组织空间，换言之，就是在空间之间设计障碍，这样儿童在能够克服障碍的同时也已学会掌握空间中的各项要素。太平洋奥克斯家长婴幼儿中心（Parent Infant Toddler Center）就是一个这样的实例，例如，它沿玩沙区的边缘设置了一列木桩，当孩子能够爬过木桩时，他们也过了最可能吞吃沙子的阶段〔弗格森（Ferguson），

图6-37　甚至很小的婴儿都可以放在这种圆角类型的轮胎秋千中。加州圣约瑟的圣约瑟日托中心（摄影：基拉·费尔兹）

1979 年〕。这个概念很吸引人，因为它使老师不再需要给儿童强加限制，同时使儿童学习技巧的过程变成自然进阶状态。

关于交往的问题

大多数资料都涉及或特意提到为交往行为提供环境支持的需要。西蒙斯发现并记录了一些交往因素，这些令他出乎意料的因素对于活动场是否有助于儿童成长发育起着决定性的作用（西蒙斯，1974 年）。其他作者也发现了这些需要，或是提到了类似的行为需要。

观看

许多研究表明：儿童活动场中，25% ~ 50% 的儿童在观察活动中的其他儿童。由于这可能是儿童参加活动的序幕，并且这种行为本身也很重要，因此活动场地的设计应包括大量分布合理的可坐和观看的空间。

参加

某一儿童加入到另一组儿童群体的活动中去的交往过程比较复杂，而且经常不能成功。西蒙斯曾经观察到一个孩子连续几天都被拒绝接受的例子，该例子中，被拒绝的那位参与者只是避开其他儿童，但又似乎在暗中采取举动偷偷接近，因此他被视为是不受欢迎的玩伴，于是被拒之门外（西蒙斯，1974 年）。不过，户外空间的设计能够为这位不幸的参加者提供帮助。

正如前面所言，许多儿童在参加之前总要进行观望。因此，如果座位区或闲逛区位于高使用率的活动设施附近，儿童就可随意地观察别人的活动情况，而且自己不会被（明显）注意到，然后在适当的时候混进群体。

类似地，为了不致明显表现出他们希望加入的兴趣，儿童可能会利用掩盖性的工具来接近一个活动团体。最经常用到的一种掩盖工具就是脚踏三轮车。一个孩子可以很自然地骑到孩子群前面，表现出专注于骑车从而不会引起人群的议论，然而到了合适的时候，他就放弃了骑车而对大伙儿感起兴趣来。为了鼓励这种参与的形式，可以设计出经过公共活动区域的硬质骑车道，甚至可以在车道上设计出一些小的停车点，这样一个旁观的骑车儿童就不会干扰正在路上进行的游戏活动。

图6-38　树荫下的小睡空间。加州大学欧文分校的婴幼儿中心

最后一个常见的加入途径是给予。希望加入的孩子会弄清楚正在活动的群体需要什么或可能用到什么，然后收集那些东西并带给大伙儿，作为对这种给予的回报，那个孩子很有可能受到邀请加入（至少是被允许）。这种行为在很大程度上依赖于活动部件和活动道具，而这些活动部件和道具更多地受托幼人员的控制，设计师的影响较弱，不过，通过提供足够的分布合理的存放空间，设计仍然能够鼓励并方便此类物体的供应。

退避（Backing Out）

儿童在迎接挑战的过程中发展自己的技能，但有时他们会中途退却，甚至在最后时刻决定放弃。例如，滑梯从顶部看去也许会比从下面看上去更令人害怕，吊桥有时也会突然间变得可怕起来。由于儿童保育的目标在于增强儿童自尊心，让儿童建立起对自己判断力的自信，因此很重要的是，孩子们不能因为退出而遭到同伴的嘲笑，或是尽管害怕仍然被迫继续活动。设计师可以通过对具有挑战性的游戏器械提供退出点和其他用途从而造成"体面的"退避。例如，儿童要从某一器械上下来可以有多种方式：消防杆、滑梯、爬网中选择，并允许儿童从容地改变主意。

隐蔽（Retreat）

前面已经提到，能够容纳一两个孩子的惬意舒适的私密空间是必要的。大卫·肯尼迪（1991年，P. 45）特别强调独处、安静、休息、观察和反省等空间在托幼机构中平衡运动空间和交往空间的必要性。事实上，缺乏私密或内向空间和无目标游荡及易怒、过激行为之间存在一种相关性（法伊夫、珀金斯，1982年）。这类隐秘空间的合适类型可以是：管道、墙体、其他构筑物内的小穴、树丛的中心区、小型的树上平台、一些想象中的结构如豆屋或是约翰逊、沙克和奥斯特（1980年）所描写的印第安帐篷。他们建议采取印第安帐篷的形状，围绕中轴放射布置弦线，或是三角管道形状，每边由弦线或金属丝编织而成，藤本植物可以攀爬上去并覆盖住。这样形成的舒适、绿色的隐蔽所无疑会吸引孩子们（见图6-42）。由于幼教人员必须时刻监督着孩子们（出于安全性和防止儿童乱跑的缘故），给儿童在某些地点的独处感是很重要的。某些隐蔽空间应提供屏蔽以遮挡其他孩子的视线，同时还可以让大人们看到内部。

图6-39　一把小铲也许就会使你被邀请加入游戏。加州伯克利的新新幼儿园（摄影：卡罗琳·弗朗西斯）

地面游戏场的替代空间

直接供托幼设施服务的户外地面活动空间固然重要，但有时却很难实现。在考虑替代空间前，我们建议还是尽量认真考虑实现的每一种可能性。

屋顶活动空间

在高密度的市区也许没有建立地面活动场的可能，事实上托幼机构本身可能就在地面以上。在这种情况下，就有必要考虑屋顶活动区的可能性。这些地点有如下一些优点：从建筑物抵达屋顶很容易，而从外部则很难（这在相对不安全的社区很重要）；有阳光和新鲜空气；与机动交通隔离。不过，困难和局限性也是很大的。这种空间的成本可能非常昂贵，原因之一就是大多数屋顶的设计不能承受附加重量，或在负荷之下难以保持防水性。屋顶过强的风也会造成问题。加拿大抵押住房公司①出版过有关此类空间开发的可能性和需注意问题的研究报告（戴维斯，1979 年），它探讨了该类空间总的潜力和限制性、以及开展活动的潜力和局限，同时附有案例研究和建议。

穆尔研究小组调查了几个屋顶活动空间，这些空间在 20 世纪 70 年代中期受到设计期刊的热情洋溢的评价的，结果却发现情况"非常糟糕"（穆尔，G.T. 等，1979 年）。显然，如果设计师考虑设计屋顶活动空间，他们应当计划清楚、确定场地是否真的能支持预想中的活动类型。

图6-40　无论是订购的游戏器械还是自由形状的攀爬雕塑，都要提供容易的和较难的路线，以适应儿童胆量的变化（加州伯克利新新幼儿园）（摄影：卡罗琳·弗朗西斯）

图6-41　就像成人一样，儿童有时候也想独自待一会儿

①相关的报告《屋顶活动空间》可从渥太华 KIA 0P7，蒙特里尔大道，CMHC国家总部（CMHC National Office）的加拿大住房信息中心（Canadian Housing Information Center）获得。我们向想设计屋顶活动区的设计师极力推荐此报告。

由中柱和爬有藤蔓的放射弦绳构成的印第安帐篷

图6-42　这个舒适的隐蔽所最好种上可以收获和可以
吃的豌豆

室内街道

还有一个富于新意的想法就是室内街道，它不像是户外活动场，却更接近于门厅空间，比如纽约布鲁克林的联合社区日托中心，它借助两侧的教室界定出一个走廊，其设计和修建看起来就像是有天窗有树木的街道。它对于该中心尤其重要，所有教室的窗户都向这条人造街道开敞。这种思想还可以用来创造其他环境，比如利用天窗和拓展的种植池、玩沙区、以及攀爬器械创造出一种"户外空间"。当室内空间当作户外庭院来利用时，它必须隔音，其铺装和装修也应适应那些剧烈喧闹的活动，因为它们是户外行为的一部分。

使用手册

设计学龄前儿童户外空间最后还需考虑完成一本使用者手册，写明各种可能性和设计意图。作为设计师和幼儿教师之间的联系，这本手册能够在预想和实际使用者之间架起桥梁，同时也可完成一个信息反馈的环：例如，随着活动场地的发展，各种变化和对设计的反映可以记入手册。由于幼教人员随时间可能发生变动，设计师和使用者常常不能很好的交流联系，这意味着许多最初关于空间使用的想法可能会丢失。另一方面，有先见的设计师可能对未来使用中出现的变化有

所准备，但如果这些内在的功能不向未来使用者解释清楚的话，它们也许就不会被认识到或用到。

这样，一本记述了场地设计、并对设计师和教师所期望的使用方式给出说明实例的简单手册可以保证活动场充分发挥使用潜力。这样一本手册还能促进教职员工和设计师联合起来创造"一个为儿童提供创造、探索、发现和学习机会的激动人心的户外环境。在这种环境中，孩子们需要发明和创造，需要建造和破坏，需要使物体工作起来，同时需知其然并知其所以然"〔埃文斯，舒布（Shub）和温斯坦（Weinstein），1973年，P. 207〕。

案例研究

加州伯克利哈罗德 B·琼斯（Harold B.Jones）儿童研究中心[①]

位置及环境

琼斯儿童研究中心位于加州伯克利的 2425 号阿瑟顿（Atherton）街。它在加州大学校园以南，距其只有几个街区，座落在一处交通相对不很繁忙的街道边。周边邻里多是公寓建筑以及被划分为单元小区的老式住房。有许多大学生住在附近。6 英尺（约 1.8m）高的木栅栏围绕中心活动场，为那些在内部活动的人提供了噪声阻隔和视线屏蔽，同时弱化了外部街道的存在。设施布局是内向型的，只有一个狭窄的开口朝向阿瑟顿街。两个活动场都由各自的室内空间直接向外开敞，都背靠一条非常小却很繁忙的街道——黑斯特（Haste）街。

概况

中心包括两套对称的托幼单元，内有活动场和贯通两单元之间的观望长廊；办公、研究和实验用房安排在架空于通往活动场地的封闭步道之上的独立建筑之中。

被研究的活动场隶属于大学儿童研究中心（University Child Study Center），是人类发育研究所的一个研究和实验项目。其他设施由伯克利联合校区（Berkeley Unified School District）的家长

①根据莫林·西蒙斯（1974年）和加里·穆尔（1978年）的报告编写。

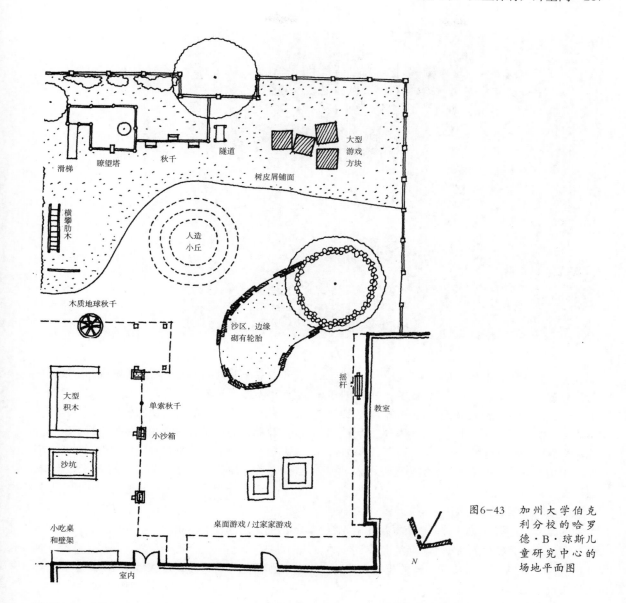

图6-43 加州大学伯克利分校的哈罗德·B·琼斯儿童研究中心的场地平面图

共同管理。该中心有正式员工5人，都持有与儿童发育相关的高等学历，每学年还会有4~5个研究生来实习。每次可以接受儿童25人——早上是3岁儿童，下午是4~5岁儿童。这些儿童中大都来自与大学有关系的家庭。

该研究项目的宗旨在于提供多种刺激因素和外部环境，以激发儿童的反应和探索精神。中心员工随时提供帮助，但避免公开的指导。

儿童研究中心的户外活动区是一个约5000平方英尺（约464.5 m²）的矩形场地，3/4面积是沥青铺面。场地南北朝向，北端是通往建筑的入口，光照非常充足。一个大约1000平方英尺（约

93 m²）的过渡铺装空间既可以作为室内和室外之间的缓冲空间，还可以沿着活动场东侧延伸从而创造出一系列不同的活动区。另有一处面积很大的玩沙区，周围镶有轮胎，场地一端植有一棵孤树，有效地划分了场地空间。与教室相邻的场地部分主要被用于认知和交往活动，外侧部分配备了体育活动所需的全部设备——攀援架、大型游戏方块、带有滑梯的攀爬塔、秋千、一个45加仑（约170 L）的圆筒隧道（drum tunnel）、和一个低矮的沥青小丘。在场地内侧的铺装院子里设置了一个小沙坑、放玩沙设备的壁架、以及一个由许多柜子围成的、用于开展大型搭积木游戏的空间，

图6-44　经过深入研究和调整之后的1989年的儿童研究中心。注意，半透明顶棚遮盖住了凸出来的门廊空间

还有一个吃零食的餐桌。铺地尽头悬吊有一木质的地球秋千（sphere swing），它能够一次容纳多个孩子。内院的未铺装场地中有一处"过家家"游戏区，摆放了炉灶、水池、桌椅、放置玩沙和戏水等游戏设备的柜橱，还有一个抬高了的沙台。内院用柏油铺装；外院则在压实土地上覆盖了一层树皮屑。

活动场内四处都提供了大量的活动部件——可动的、多用途的活动材料——布置在儿童视线的高度，并且无需大人帮助儿童就可以拿到。另外还有大量丰富多彩的用于表演的道具和服装、玩具小汽车和卡车、以及方向盘——将汽车方向盘安装在大型积木车上。

儿童对游戏场的利用

有些儿童风风火火地闯入游戏场，径直奔向大运动量的利用率很高的体育活动设施，而另外许多儿童参加活动则要谨慎得多，在去外边活动之前总要在屋里停一停，透过门窗向外观望，他们在室内的停留会阻碍人流交通。一旦来到户外，他们会一边在沙坑或游戏区玩耍，一边对场地更远处的活动进行估计，决定是否继续向外走，留在原地，还是回到室内。除了吃零食时的小餐桌边和沙堆边之外，门廊下大部分地方都很少有人

使用，这里非常潮湿和阴暗，教师说漏雨裂缝使得这里不适于开展雨天活动。

院子中心大片沙区的使用率比较高，周围围绕的轮胎既防止了玩沙游戏产生的干扰，又为儿童们提供了坐的地方来观看场地中的活动（有时还可以为参加某组活动做准备）。同样，攀爬器械几乎总有人使用，其结构比较复杂，在地面与器械顶部（梯子、节绳、爬杆、滑梯以及可以攀爬的斜面）之间设有五条独立的路线，并配有多种活动部件和道具。丰富的道具（帐篷、绳索）同样使攀援架增色许多，这些由工作人员提供、以及孩子们自己带来的道具的使用相对比较频繁。游戏方体（play cubes）得到了很好的使用，经常被搬去用在正在进行的游戏；不过，它们绝大部分时间还是放在场院的西南角，此处利用不高且缺乏特色。

托车随手可得且使用频繁，但三轮车的使用并不经常。喷水器只在某些热天里开放，水管也只是偶尔使用。这些不经常使用的工具很受儿童们喜爱。对活动部件的充分利用使得儿童可以把玩具从一处搬到另一处玩耍（包括对桌面玩具的日常归整），而且可以变换出新的、临时性的活动安排，从而使儿童可以以新颖并富于想象力的方式使用道具和器械。

成功之处

- 建筑物附近铺有柏油，雨后排干迅速。
- 道具和活动部件丰富多样，并配有存放空间。
- 为认知、交往和体育活动提供了良好的物质环境。
- 攀爬器械提供了多种多样且便于儿童退出的机会，还能越过栅栏看到外面的街景。
- 设置门廊空间以用于空间的过渡，以及坏天气时的活动。
- 道路交通的组织避免了与主要活动区的冲突。
- 儿童可以亲自从存放区取走并归还用具。

不足之处

- 门廊区阴暗漏雨。
- 几乎没有植被；只有两棵树。
- 没有儿童可控制的固定水源。
- 车辆玩具不足。
- 紧邻教室外的过渡区与场地其他区域缓冲宽度不足。
- 门口内外没有真正的回旋空间，以在不阻碍交通的前提下中止和组织活动。
- 没有"自然"区域。
- 没有花园或动物角。
- 不合适的铺装死空间太多。

弗吉尼亚州布莱克斯堡的布莱克斯堡基督教会日托中心（Blacksburg Christian Church Day Care Center）[①]

位置及环境

布莱克斯堡基督教会日托中心座落于一块地形起伏的场地上，一边与停车场接壤，另一边与建筑相邻，另外两边则通过树丛与旷地相连。

概况

中心由一个基督教基金会创办，可容纳25个 3～4 岁的儿童。其教育理念把户外活动看作"自由活动"，教师只负责看管儿童的活动，而不

下具体命令。

活动场呈矩形，几乎遍布草地，除了自然斜坡和周边树丛外，场地中只有四处专门的活动区：三个一套的轮胎秋千（tire swings）和一个巨大的沙坑位于场地东侧的建筑旁；一个多功能的木制攀爬器械设置在场地西北角；还有一套野餐桌椅，其东侧为坐木兼平衡木围合。

从沙坑到攀爬器械、再到室外餐桌以及沿着栅栏线踩出了一条清晰可见的小路。攀爬器械由多层平台构成，带有铁制横木和一个滑梯；沿器械外侧围了一些汽车橡胶轮胎。

活动场可以从停车场进入，不过不允许儿童们在活动时间使用该入口和进出这里。建筑物的入口高于主活动场地，其间以一段陡峭的水泥踏步和自然坡地连接。中心不鼓励孩子们使用踏步，并禁止在上面游戏。孩子们看来更喜欢顺着缓坡跑上跑下。

儿童对场地的使用

调查发现攀爬器械是本中心最受欢迎的活动设备，小路其次。在攀爬器械上的活动既是体育活动又是交往活动，不同的攀爬路线、超宽的滑梯、以及活动部件的使用，能够激起孩子们的一系列反应。儿童在小路上和树丛周围藏匿处玩耍是一种交往活动，也包括幻想游戏。树林里的小空地为孩子提供了隐蔽和躲藏的机会，同时也是儿童进行自然探险的地方。活跃的游戏类型丰富多彩：踢球、打球、在道路直线段赛跑、在坡地上追逐打滚以及滚轮胎。

教师们一般待在能看得到孩子们的地点，这既能在孩子们需要时给予帮助，又不会卷入到孩子们的游戏中去。他们通常不会走到小路上或室外的小餐桌边去，只是从上面俯视着孩子们的活动，这样为正在进行交往或表演的孩子们创造了一定程度的私密感。观察中还发现孩子们在不同的活动区中玩耍相对较长时间之后常常会自如地转移地点。

成功之处

- 地形变化丰富。

[①]根据阿米塔·辛哈，硕士学位论文（1984年）编写。

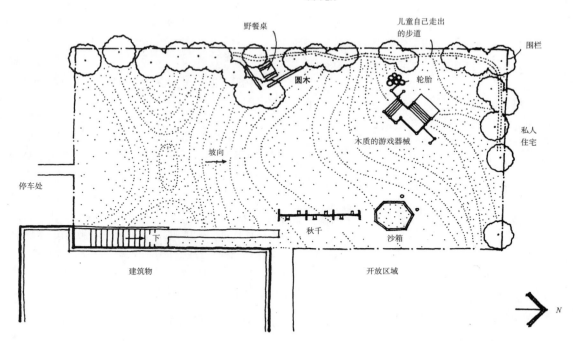

图6-45   弗吉尼亚州布莱克斯堡的基督教堂日托中心的场地平面图

图6-46   活动轮胎和攀爬器械的组合体可以满足多种活动（摄影：阿米塔·辛哈）

- 不同活动区之间具有良好的联系：视觉联系，道路明确，分隔充分。
- 具有足够、良好的体育活动所需的设备和交往活动所需的空间环境（但是缺乏道具）。
- 既有团体活动的空间，也有一两个孩子活动的小空间。
- 有可以进行探险活动的自然区。

不足之处

- 缺乏活动部件和道具。
- 缺乏道具存放空间。
- 没有儿童可控制的水源。
- 雨天时缺乏快速排干场地。
- 没有封顶的门廊空间及过渡空间。
- 缺乏有轮玩具。

- 沙坑区只有认知活动的装置。
- 没有花园或动物角。
- 针对不同孩子的不同活动空间相对较少。

加州普莱森顿的哈辛恩达儿童保育中心（Hacienda Child Development Center）[①]

位置及环境

　　哈辛恩达儿童保育中心位于哈辛恩达商务园中，刚建成不久植被尚未完全长成；因此，给人的总体印象是大面积的硬质铺装——大型的公司楼宇、道路、还有停车场。儿童保育中心呈 U 形，穿过中部的开放前庭即可抵达入口。前部设有服务于工作人员及家长的停车场和落客区。活动场地围绕建筑分布，三个儿童活动场背靠一

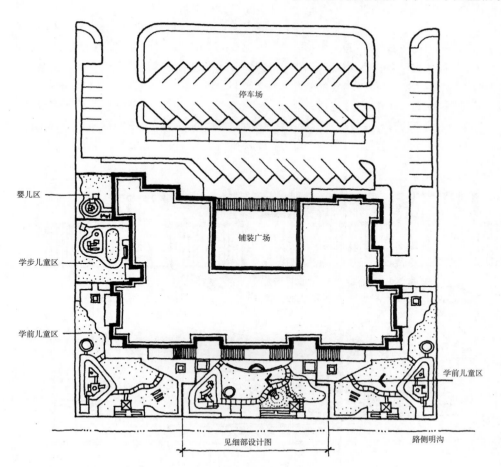

图6-47　加州普莱森顿的哈辛恩达儿童保育中心的场地平面图

①基于作者们的调查，1989年。建筑师：菲＋芒森设计事务所（Fee+Munson）；景观建筑师：POD设计事务所。

条排水渠。虽然出于安全性考虑阻断了活动场
与水沟的道路联系，但采用的链式围栏仍然保
证了视觉连通，孩子们仍然可以看到那里所有
的水边野生生物。

概况

保育中心由商务园的开发商负责建设。主要
服务于园内的公司职员，以此期望一些雇主能够
提供相关的资助。它也向附近的居民开放。伴随
着要求托幼机构立足于工作单位的呼声，在企业
园里设置托幼机构成为一种价值巨大、并引起社
会关注的公益福利。该项目涉及众多研究课题和
专家指导，其设计颇费心思。中心最初计划以 50
人为单位招收 200 名儿童。50 人的单位进一步划
分为两个 25 人的小组，每组有自己的主房间和一
些共享的室内空间，还有一个服务于每一单位的
活动场。

三个儿童活动场位于场地后部，开发中整合
了许多要素和活动，以体现城乡转换的概念框架。
场地的城市部分硬质铺装居多，包括主要的攀爬
器械和玩沙区（见图 C–50）。乡村部分包括一个
草丘和一个由低矮栅栏围成的花园。每一活动场
都有一个大面积的铺装门厅区，作为由室内向外

的过渡，顶部由木制格架闭合。三个活动场很为
相像，当然各有特色，例如各自的水景。大人可
以轻松地从一个场地看到相邻的另一个场地，孩
子们也可以从某些地点看过去。每一处场地都有
平均 3750 平方英尺（约 348.4 m²）的可用面积。

儿童对场地的使用

这里的资料只是以两个小时的现场访问和中
心教师的意见为基础，因此其分析不像硕士论文
的案例研究那样完整明确。不过仍然能够反映出
空间要素与儿童行为之间的关系。

看到活动场地的第一感受是其相对拥挤的空
间。确实，如果所有 50 个儿童同时在场地中玩耍，
每个儿童将只有 75 平方英尺（约 7 m²）。我们访
问的时候，只有两个小组在独立使用活动场；但
空间仍然显得过于拥挤。也许，正如菲尔兹所说
的，这是采取"过度设计"的结果，没有留出发
挥想象的空间。一个不能忽视的现象是：将近两
倍于活动场地的土地用在了停车场、落客和车行
交通上。毫无疑问，设计师在这里受到了相关规
定的诸多限制。我们希望那些为孩子们设计或提
供活动设施的同僚们能够积极质疑这种把汽车停
放凌驾于儿童日常生活之上的体制。

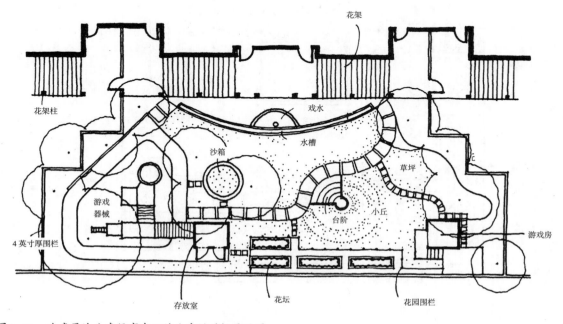

图6-48　哈辛恩达儿童保育中心的儿童活动场平面图

图6-49　处于办公区公园的位置使该幼托中心从与家长工作单位的接近中获益不少，但也失去了作为社区组成部分的益处

草地小丘无疑很适于儿童的打滚活动，只是儿童有时会滚落到三轮车道上去。三轮车道主要是硬质铺装，由于多数道路过于狭窄，因此骑车者常常与沙堆、器械活动区及门廊区的孩子发生冲突。场地中甚至没有适于跑动的平整地区。场地各处似乎都有儿童在玩耍，但由于装饰性种植的缘故，一些空间的利用受到了限制。尽管空间如此局促，令人寒心的是为了保护花木，许多适于一两个孩子独处的很好的角落空间却被禁止利用。类似的，我们还观察到一群孩子不断地试图钻进游戏小屋（play house）底板下的半封闭空间，却被一位教师驱赶出去，教师解释说那里有一条排水沟和水坑，儿童不能进入。可是游戏小屋本身并没有多少孩子使用；它的尺度不合适，其后现代的风格也更迎合成年人，而不是儿童。

宽敞的门前平地适于多种活动，并与户内空间联系密切。但它的板条顶棚并不能防雨，教师们指出：当这里适于举行活动时，一定会遇上雨季。顶棚由许多水泥柱支撑，也许是想创造出围合感，可相反这些柱子对于全神贯注跑动中的孩子构成了一种实实在在的威胁。教师们也证实孩子们常常与柱子相撞，他们同时觉得木柱子会方便他们用图钉和纸来临时分隔空间。

总而言之，哈辛恩达的活动场不能让人满意。

其内部有一些出色的要素，特别是喷水器和戏水槽构成的系统；不过从其自身条件看，总体效果尚不尽人意。考虑到这类开发商或雇主建设的托幼中心的出现将越来越多，以及这类中心得到的资助肯定会比社区类型的托幼机构多，因此我们必须掌握如何创造最有助益的空间环境。确实，哈辛恩达的活动场提供的活动机会要比其他许多中心多得多。可是尽管如此，仍然存在危险因素。菲尔兹（1987年，手稿注记）如此评价哈辛恩达："设计师确实考虑了儿童所需要的东西。不过他们似乎在教条地使用指导书，每当他们建成了书中建议的某一空间或要素，他们就从清单中划掉它。他们其实丢掉了真正需要的精髓……一切花哨的东西都可以拼凑起来，甚至成人看上去效果还不错，可事实上它并不是一个成功的空间。"

成功之处

- 体育、认知和交往活动都有安排。
- 玩具和活动部件都有存放空间。
- 门廊空间经过了铺装。
- 从室内向外具有良好的过渡转换。
- 花园（不过由于一般不对儿童开放，使得应有的用途发挥不足且占用空间）。

不足之处

- 空间狭小，过于局促。
- 场地中装饰植物占地过多。
- 三轮脚踏车道过窄。
- 没有适合坏天气的户外活动空间。
- 游戏小屋迎合成人的审美观，且比例失调。
- 玩沙的儿童与在攀爬器械上的儿童之间出现冲突。

加州帕萨迪纳的太平洋奥克斯学院儿童学校

位置及环境

太平洋奥克斯学院位于帕萨迪纳的一处老住宅区内，周围被优美的树木和住宅所环绕。内部道路为居住区道路，宽度很小，入口处与一矩形停车场的短边相通。值得庆幸的是这里从未出现过故意破坏的现象，也许应归功于这里朴素平和

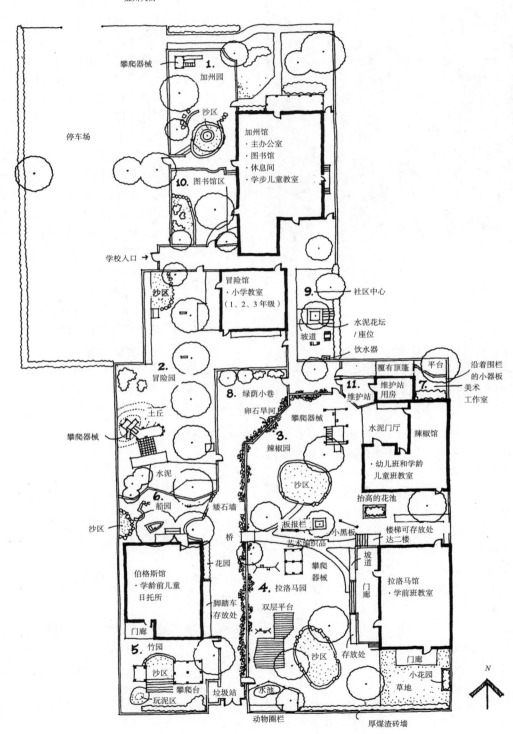

图6-50 加州帕萨迪纳的太平洋奥克斯学院儿童学校的场地平面图

的气氛。托幼中心由五座建筑和六个活动场组成，贯通整个街区直达邻接的街道。2～9岁的儿童在这里接受不同的教育方案，每一组儿童都有自己的室内空间和户外场地。儿童学校是太平洋奥克斯大学的一部分，以其早期儿童保育计划而闻名。学校的教育哲学以皮亚盖特（Piaget）和埃里克森（Erikson）的理论为基础，即强调儿童通过与环境和教师的交流亲自探索。

概况和使用[①]

在太平洋奥克斯学院儿童学校，"园"是用来代替不同教育方案所需教室的专有语汇，这种有意识的规定意在强调户外空间在儿童学习和成长生活中的重要性。

在教师、维护人员及建筑师的共同努力下，儿童学校的环境不断地受到评价，从而得以不断改进。这些改变反映出的总体规划思想就是提供三种类型的户外空间：（1）过渡区——容纳低度活动的门廊，在闷热的天气和雨天里都可使用；（2）开展多种活动的区域——体育性的、创造性的、表演性的、交往性的、动手建造的、想象性的、还有认知性的；（3）公共参与区域，无论是大人，还是儿童们都可以聚成规模不同的群体。

下面对太平洋奥克斯学院儿童学校的外部空间作一介绍。序号与附带的场地规划图（图6-50）上的序号相符，它们显示出该学校自1986年中期以来的变化。

1. 加州园：该园针对2～3岁之间的孩子（17个）。虽然这里的孩子们不能每天到其他园区去，但他们经常步行去动物角。只有这个园里的孩子能够从活动器械上观察到街道上的活动（公共汽车、垃圾车、来去的家长），这里的活动器械就布置在紧邻加州大道的北围栏附近。

2. 冒险园：该园针对6～9岁之间的孩子（一至三年级，33个孩子）。只有这个园区布置有一个天然的土丘，儿童从中可体会到"高度"的概念。这里还是唯一有野草分布的天然区，当然由于加州南部缺水其维护很困难。这里还有很大的一片泥土地，孩子们经常在这里学习火的知识，挖火坑、周围垒起石块然后在里面燃起火来（教师也在场）。

3. 辣椒园：该园每天上午服务于5～6岁之间的孩子（幼儿班，22个孩子），清晨和下午是5～9岁的孩子（学龄儿童，35个）。其内有最好的花园，因为种植器是抬高的，土壤和光照都不错，不会受到周围橄榄树和橡树毒素的影响。水泥门厅覆盖有雨篷，可以提供荫凉和躲避风雨。

4. 拉洛马园：服务于3～5岁间的儿童（学前班，40人）。这个园里有全校唯一的草地，为校园增添了一点软质界面。除了日常游戏活动外，有时还可用于大型及小型集会。动物角位于这里，饲养有兔子，一个水塘里还有鸭子。孩子们在老师的带领下进入本区。出于安全考虑动物们晚上被关在笼子里。这里布置有一个巨大的两层木质平台，借助系在平台东侧和北侧的栏杆上的工具（梯子、木板、绳索），孩子们可以在平台上捉迷藏、扮演角色（靠近沙堆边）以及聚会。建筑物西侧的门厅在二层高度设置了一个观察台。门厅和其他一些设施结合，可用于雨天里的体育活动。在拉洛马园和辣椒园之间，分布有板报栏、周围摆有座位的大树、有机玻璃的小黑板、一个花园，以及悬挂艺术作品（一张孩子们编成的多彩的织物）的场地，所有这些构成了两园之间的天然分界线。

5. 竹园：服务于3～5岁之间的儿童（25人）。因沿拉洛马大街的5英尺（约1.5m）高的灰渣砖墙都为竹子所覆盖而得名，园区也因此而柔和不少。这里分布有攀爬设施、一个双人滑梯、一个轮胎秋千、悬绳以及存放库房。这里还有彼此分隔的一个玩沙区和一个玩泥区。建筑物的门廊区经常用来开展活动，和用于在夏季白天较长时会餐。

6. 船园：服务于2～3岁间的儿童（10人）。从这里透过矮石墙和篱笆可以看到绿荫小巷的各种活动。船模型是这里的唯一设施，配备的各种部件都是专用于组装船模的，它们都存放在建筑物一侧的大库房。打开的库房可以成为一处躲藏的好地方。建筑物带有一个带顶棚的门廊。

7. 美术工作室：供已经登记或预约的孩子们使用，工作室包括一个棚架空间、沿围栏布置有一个有机玻璃的黑板，一张黏土桌，还有一个小平台。茂密的桉树芳香四溢，落叶被保留下来形

[①]沙伦·斯泰恩，太平洋奥克斯学院儿童学校的幼儿计划主任（从1980年到1986年）。

图6-51　绿荫小巷连同石滩小溪一起连接起幼儿园内的各个园子（摄影：沙伦·斯泰恩）

成一种特别的质地和表面。本区与体育活动园区相隔离，因为从常识来说，孩子们有时需要安静空间来进行思考和创作。当然，美术活动在其他地方同样可以进行。

8. 绿荫小巷：这条巷道被所有儿童用来开展玩具车游戏，还可以用于观察和交通。儿童经常使用水管在一条卵石旱河里玩水。一个小巧的水泥桥架过河床，成为进入拉洛马园和辣椒园的入口标志。玩具车辆存放在伯格斯楼（Burgess House）东侧的壁架里。

9. 社区中心：这里是公众集会的场所，可以坐在桌边吃喝、可以出售衣物及其他交流活动，可以随意休息，游客和访问者也可以在这里聚会。本区铺装采用水泥中嵌卵石的方式。它分两层，围绕一个种有花树的种植台建有坡道和踏步，种植台区和红杉木桌椅都是用来休息歇坐的。沿着东侧的篱笆进行了绿化，一个大型饮水喷泉（适于儿童和大人身高）把水注入植物中，孩子和父母在到达或离开校园时可在此略作停留。

10. 图书馆区：所有人都可以用此安静的场所，听听故事，读读书，旁边紧挨着的建筑是儿童图书馆。

11. 维护站：本区主要供校园日常维护使用。毗邻维护站用房，出于安全考虑，利用六英尺高的雪松桩做成围栏。本区位于校园中心，维护员工的出入活动都可被孩子们看到，而孩子们是很喜欢观看或参与帮忙许多修理工作的（校园已经八个多年头了）。

所有园区的设计特点

- 大型玩沙区：不在道路当中，有水源保证，没有分布在活动器械周围，附近有玩沙玩具的存放区，没有分布在大树根部周围（否则会引起橡树的浸水问题）。
- 封顶的门廊作为从建筑到院子的过渡，并且沿着边界处设置了座位；平日里用于活动和吃饭。
- 游戏器械保留了一些传统要素（秋千、爬杆、滑梯）。
- 有泥土、圆木、大卵石和大树。
- 有活动部件：梯子、木箱、木板、锯木架、支架、便携式台阶。
- 可随身携带的水盆。
- 与绿荫小巷联系方便，还有玩具车。
- 设有动物角。

存在问题和存在缺陷的设计要素

- 色彩不够丰富。褐色的建筑，褐色的活动器械，以及大面积的泥土地面，使得色彩单调。加之缺乏管护和孩子们到处跑动，种植花草几乎不可能。
- 存放空间不足，特别是大量活动部件的使用和每天开展的多种多样的户外活动（美术、场景表演、动手建造、音乐），使得情况尤其严重。
- 几乎没有自然的高地（土丘），尽管所有的园区都有活动设施来提供高度感。
- 天然的隐藏所受到限制，但孩子们总会利用各种零碎部件、毯子等物创造出它们。
- 尽管有门廊，沙土被带入教室仍然成为一个问题。

设计评价表

儿童生长发育

1. 是否为儿童身体发育提供了跑、跳和攀爬等大运动量活动内容？

2. 是否通过动手操作环境元素、以及训练灵活的运动控制能力等途径来促进儿童的认知／感知发育？

3. 是否有用来鼓励表演活动和社交活动的环境？

4. 是否有适合不同性格、精力和交往能力的环境？也就是说，是否有幽静的地方适于独处，是否有围合的空间适于两三个孩子，是否有较大的开敞空间适于大群的孩子？

教育计划的理念：设计的前提

5. 设计者是否弄清了教育计划的总体思想，以及尽可能细致的具体内容：使环境设计能符合具体教育目标和课程计划？

6. 如果教育计划强调教师对儿童活动的指导，限制儿童对活动内容的自主选择，那么设计中是否避免了创建过多的分散儿童注意力、以及儿童不宜的吸引物？

7. 如果教育计划强调儿童的自主行为，那么设计是否容许自主活动？活动所需的物品是否可见而且可及？是否有足够的可能活动以让孩子们做出成功的选择？

8. 托幼中心的教育理念／计划是需要一个大场地还是几个较小的场地？

9. 场地的设计是否既能鼓励主动、探索性的活动，同时只需要最小量的监督、控制和强制规则？

10. 设计是否无意中生成了诱惑儿童的不良空间，如管理人员想予以限制的躲藏场所？

11. 空间尺度是否适合预计的活动类型？

所服务的儿童类型

12. 场地是否容得下那些随时会来玩耍的儿童？

13. 场地的空间组织是否支持学校的教育目标，如活动时间的年龄差异、对儿童发育非常适宜的活动机会、以及小群体的认同感？

14. 如果这个托幼中心有婴儿和学步的孩子，他们是否有属于自己的空间、同时保证彼此的视线联系？

儿童尺度

15. 从儿童的身高［36～42英寸（约91～107 cm）］看，游戏机会是否能看得到？

16. 孩子们是否有机会爬到树、塔或其他类似地方的上面？

17. 踏步、门把手、饮水器等的设计是否考虑了儿童的身高？

多样性和活动机会

18. 活动机会与儿童人数的比率是否大于2∶1？

19. 是否有可提供多种活动机会的综合活动单元？

20. 是否存在多种类型的活动可能——而不只是一种秋千四种玩法？

感觉刺激

21. 设计要素颜色、质地、形状的选择是否能提供一系列的感觉体验？

22. 是否有色彩艳丽的旗帜、鲜花和条幅？

23. 是否有花园或果树来提供可食、可闻和可触摸的东西？

24. 是否可以听到风声、跌水声和树枝的沙沙声？

25. 是否有光滑的石头、粗糙的树皮、湿漉漉的水、毛茸茸的叶片或毛虫以及柔软的草地？

动手操作

26. 孩子们能否自行操作和控制场地中的要素而又不会损坏它们？

27. 是否有弄坏或损毁物品的可能性？

28. 是否提供了活动部件以供孩子们重复使用？

29. 是否提供了可动手操作的要素，如沙子、水和泥土？

30. 游戏设备是否有可以移动的部件，如方向盘？

户外活动

31. 是否有支持美术、音乐、讲故事和表演等教学活动的户外空间？

32. 是否有户外小憩的地方？

33. 是否有可在户外吃东西的地方？

34. 是否可在户外做饭，有无火坑或烤肉架？

35. 是否把学习工具融合到场地设计中，如日晷、计雨表、温度计、风向标和植物标签？

36. 孩子们能否协助做一些实际工作如照料花园、除草和打扫卫生？

37. 动物围栏的设计能否让孩子们去帮着养护动物——喂食、换铺垫材料、打扫卫生？

场地特征

38. 场地各个部分的游戏/学习价值是否最大？

39. 场地所有部分是否都能承受儿童的使用？

40. 是否每个孩子都至少有 150 平方英尺（约 14 m²）的户外空间［最好是 200 平方英尺（约 18.6 m²）或者更多］？

41. 场地是否与相邻空间之间有某种视觉联系，以容许彼此联络，以及把这种联系当成激发兴趣的源泉？

42. 围栏的设计是否既容许视线通透又让人无法翻越？

43. 是否将现有的坡地、土丘和小山融合到设计中来？

44. 如果一开始地形没有高差，是否有通过填挖来创造出地形变化？

45. 滑梯是否就势建在可以接近的山坡上？

入口

46. 入口是否对孩子们具有吸引力？入口处是否有可以与孩子们相互交流的东西？

47. 入口是否向家长们保证了这是一个安全、有趣、有益于育儿的地方？

48. 入口是否有社区的亲切感？

49. 入口本身是否就是一个场所，而不只是墙上的一道突兀的门？

自然区域

50. 是否保留或创造了一处野生/自然区域？

51. 是否有分枝点低、适于儿童攀爬的树木？

52. 是否有灌木和高草丛来让孩子们探险和藏匿？

53. 环境的设计是否适于昆虫、鸟类和小动物的生存？

建筑物/活动场之间的过渡

54. 从户内到活动场是否易达，是否有让孩子们在出去之前估量场地形势的可能性？

55. 建筑与活动场之间是否有过渡区或门廊？

56. 雨天里是否有足够的遮蔽空间来保证一定的活动可正常进行？

活动区和道路

57. 是否创建出了划分明确的活动区？

58. 道路是否与活动区邻接、但又不侵入活动场？

59. 体育活动区是否与较安静的认知活动区分开？

60. 分区间的隔离物能否既有效地分隔存在潜在冲突的用途，同时又让儿童注意到相邻区域中的活动？

61. 道路是否通向确定的目的地？

62. 是否避免了死空间的出现？

63. 是否有 1/3 ~ 1/2 的空间是开敞的，也就是不包含任何设备？

小气候

64. 是否通过树木、土丘或建筑的布局来减弱强风？

65. 是否在夏天需要荫凉、冬天需要日照的地方使用了落叶树和棚架？

66. 雨后场地排水是否良好？

67. 是否有门廊或其他的遮蔽空间供坏天气使用？

68. 在有强风或暴雨的地区，设计是否尝试巧妙利用这些资源，如创建季节性溪流或风车？

69. 在气候寒冷的地区，是否设置了溜冰场？

70. 是否有坐雪橇的可能性？

71. 在气候寒冷地区，门廊区在冬天是否可以完全封闭？

要素和设备

储藏

72. 是否有可能把活动所需的活动部件、工具或材料存放在要使用它们的地方？

73. 存放容量是否估计到了添置物件和可能的变化？

74. 是否有足够的空间存放需维修的器械？

75. 户外存放空间是否可以上锁？

76. 孩子们能否把大部分东西从储放间搬走再还回来？

植物

77. 植物的选择能否使儿童的感觉刺激最大化？

78. 植物是否提供了兴奋点和挑战性——可以攀爬的树、可以探险的野生区？

79. 植物是否被有效地用做活动区之间的边界或障碍？

80. 植物是否被用来调节风和太阳的影响？

81. 植物的教学功能是否有得到考虑——不同寻常的叶子、植物对鸟类的吸引等？

82. 植物的选择是否基于游戏价值、耐寒性和无危险性？有毒的、有刺的/粘手的/有污染的植物是否被避免使用？

水、沙和泥

83. 是否提供了足够的沙子、泥和水？

84. 玩沙区是否与器械下的沙子相分离？

85. 玩沙和玩泥区是否与道路相隔开？

86. 玩泥区是否布置在花园以外？

87. 在玩沙、玩泥的地方是否有水可供使用，并且水源不会被沙子堵塞？

88. 如果可能，是否既有静水又有动水？

89. 是否有池塘、小水坑、高的水桌以及软管、水龙头和水泵？

90. 沙坑是否离建筑入口有一段距离，以防止孩子们带进沙子？

91. 沙坑是否有至少 18 英寸（约 46 cm）厚的沙子，局部遮荫，排水良好，边沿明晰并可兼作坐位？

动物

92. 如果管理人员愿意照料的话，是不是会有许多种动物？

93. 动物笼舍是否够大，是否有顶棚或围栏？

94. 在笼舍外是否有地方让人可以与动物共处？

95. 是否有可能设置一个宠物园？

器械

96. 是否有大量攀爬、滑行、荡来荡去的机会？

97. 是否有包括很受欢迎的传统游戏设备（至少要很慎重地考虑一下），如秋千或跷跷板？

98. 是否所有的秋千都是吊索型或轮胎型的，以防受伤？

99. 是否有许多东西可以供儿童攀爬，包括自然要素如大石头与树桩？

100. 游戏器械是否配有许多可拆卸的部件以适应不同时期游戏方式的改变？

101. 游戏器械是否是由不同部件组成的，而不是单一巨大的一体化设备？

102. 如果有地方和可能性，是否有提供真正的交通工具作为游戏要素（需要拆掉发动机、车门和其他危险的部件）？

103. 是否在所有器械下面以及周边整个下落区域都铺设了弹性面材，并符合 CPSC 关于缓冲撞击和铺设厚度的标准？

104. 选择的游戏器械是否避免了 CPSC 所规定的关于卷入、突出物、尖锐棱角、挤压、夹伤等危险？

105. 设备是否由专业人员安装（或已经做出决定将由专业人员安装）以满足安全标准？

106. 是否能保证所有的设备都能定期维修？

活动部件

107. 是否提供了零散的建筑材料——木板、木块、大桶、梯子？

108. 在每个游戏地点，是否都有充足的用以存放游戏器械或道具的地方？

有轮玩具

109. 是否有不会侵扰安静活动区的道路或铺装场地给玩具车或旱冰鞋使用？

110. 铺装区的设计是否能使交通事故降到最少，可能的话可以设计一条专门路线、并避免直角转弯？

111. 如果有年龄较小的孩子，是否给他们提供了无脚蹬的车辆？

112. 是否提供了需要孩子们合作驾驭的车辆，如四轮拖车？

113. 供有轮玩具使用的车道是否允许超车［5英尺（约1.5m）宽］？

婴儿空间

114. 是否有供不会走的婴儿使用的隔离空间？

115. 大一些的孩子是否能看到小宝宝们？他们能否在老师的监督下看访婴儿？

116. 是否有许多感觉刺激物——转动物、棱镜和风铃？

117. 色彩艳丽而且有趣的植物能否既让婴儿见到但又够不着？

118. 阳光下是否有软质地面（草地、垫子）可以让婴儿晒太阳，或用阳光治疗尿布疹？

119. 是否有可供爬行婴儿戏水的水盆或水池？

120. 是否有婴儿秋千？

121. 有栏杆、种植台或类似的物体可以让婴儿们爬上去吗？

122. 蹒跚学步的幼儿是否有道具和环境来进行表演游戏吗？

123. 是否有给学步幼儿使用的滑梯、摇船、低矮的吊索秋千或轮胎秋千？

124. 学步幼儿的活动区是否更像缩小了的学龄前儿童活动区、而不单单是幼儿空间，以便向婴儿提供足够的挑战和刺激？

125. 是否提供了有轮玩具？

126. 是否考虑用儿童发育等级来划分场地，同时向孩子们提供与年龄相适的体验？

交往问题

127. 是否有提供足够的观察其他人活动的机会——闲逛并观察的地方？

128. 观察点与大多数活动区的距离是否很近？

129. 三轮脚踏车是否可以一直骑到许多活动区，并在不经意中加入其他活动小组？道路是否经过大多数活动区附近并布置有停车点？

130. 是否有活动的部件和道具可作为儿童加入活动的献礼？

131. 游戏设备和器械的是否设计有多种选择，以便于儿童能体面地退出游戏？

132. 是否向需要退避的孩子提供了几处温暖私密的空间？

133. 种植设计中是否允许儿童创造小型藏匿所？

地面游戏场的替代物

134. 是否考虑了建造地上游戏场的所有可能性？

135. 屋顶是否能承受附加荷载并且不会漏水？

136. 是否在屋顶上设计了一系列可促进儿童生长发育的合适的游戏活动？

137. 是否考虑了室内街道和户外房间的设计？

使用手册

138. 设计师是否为当前和未来的用户提供了能详细说明设计方案的各项可能性和构想的使用手册？

医院户外空间 7

罗伯特·佩因　卡罗琳·弗朗西斯
克莱尔·库珀·马库斯　马尼·巴内斯

过去很长一段时间内，医院设计一直注重于建筑技术与管理效率，而现在我们正步入一个更人性化的阶段。公众对参与自己的医疗护理正越来越感兴趣，他们要求拥有更多的知情权，而不愿意不假思索地去依循那些标准的惯例。医院已经认识到了这些趋势，针对消费者在选择自身医疗保健上的觉醒，它们已开始重新检查自己的设施与服务。与这种关注同等重要的是医学知识的不断发展，它促使患者参与治疗及改善医护环境的重要才得到突出。

在对医院环境进行严格的功能分析中，有些东西可能会被忽略，但这也可能是患者最需要的东西，即户外空间的提供。旧式医院中很少设计户外空间，但新建医院一般都拥有一个或者多个户外空间以供患者和员工使用，对旧设施的改造也应该包括对庭院或者花园的增建。不过，有关我们对户外空间对医院生活的影响我们还知之甚少。本章将着眼于医院（包括户外空间）设计的发展演变，回顾人们对这类空间的功能与构成要素的认识过程，并给出设计建议和五个案例研究。

医院设计、医学知识和户外空间供给的发展演变

欧洲中世纪僧院社区中的拱廊庭院是最早专门提供医疗服务的花园之一。在描写法国克莱尔沃的一座济贫院花园给人带来的感官喜悦时，圣·伯纳德（St.Bernard）（1090-1153 年）对绿色、芬芳、鸟鸣及私密所具有的医疗作用进行了清楚阐述，这些阐述与 800 多年后加州医院花园使用者所提到的健康要素极其相近（库珀·马库斯和巴内斯，1995 年）。随着僧院制度的衰落，许多这种有助于身体复原的花园也消失了，但巴黎、马赛、比萨、的里雅斯特、佛罗伦萨及维也纳的一些有影响力的医院仍然延续了这一庭院传统［格拉克（Gerlach）、考夫曼（Kaufman）和沃纳（Warner），1997 年］。

在 19 世纪 50 年代以前，人们一直强调并相信（这非常正确）：对病人的家庭护理能为患者提供最好的康复机会。只有那些患了不治之症，或者是那些非常贫穷的无力负担家庭护理费用的人，才会去医院，而在那儿，他们大都会死去。因为还未掌握治疗疾病的知识和导致疾病的原因，医院仅能提供一种不合规范的个人护理；医院的物质结构不适于患者的护理，而糟糕的卫生条件与空间规划又是司空见惯的现象。实际上，为了患者的治疗与康复而设计医院的思想根本就不存在［林德海姆（Lindheim），1979-1980 年，P. 237—241］。

把医院理解为患病者与伤痛者恢复健康状态的环境，是观念上的一个巨大转变，造成这种转变的促因主要来自弗罗伦斯·南丁格尔（Florence Nightingale）的工作及细菌理论。南丁格尔试图促进所有医院都有新鲜的空气、个人的医护照料、以及严格的卫生保持条件。克里梅亚战争（Crimean War）中，她在军队医院里验证了自己的医护理念，将病人死亡率从 49％降到了 3％，这一辉煌的护理成就令人瞩目地显示出治疗卫生与预防疾病的重要性。

在南丁格尔发表了她有关卫生改革的成果后不久，疾病的细菌理论就被提出来了。这一理论揭示疾病是因病原体作用而产生，患者的抵抗力与细菌的毒性决定了疾病的严重程度，这为医学指明了研究和治疗疾病的系统化、组织化的非凡成功之路（林德海姆和塞姆，1983 年，P. 335）。南丁格尔的改革以及细菌理论也指明了医院在保健中的目标与任务，即作为疾病研究、诊断及治疗的中心。医院提供的是对疾病本身的治疗，而

图7-1　能够坐在医院户外享受阳光和新鲜空气，可能是康复过程中一个很重要的组成部分，其重要性超过了传统上的认识，例如图中加州奥克兰的赛缪尔梅里特（Samuel Merritt）医院［建筑师：斯通、马拉西尼（Marracini）和帕特森（Patterson）；景观设计师：卡特（Carter）、希尔、尼西塔（Nishita）和麦卡利（McCulley）合作。摄影：旧金山的简·利兹（Jane Lidz）］

不是对患者的护理，这是关于病人地位上的一次极为重要的观念转变。此外，医院的物质结构也成为讨论与争论的重要焦点——医院怎样才能最好地设计成一所医疗中心？

整个19世纪，那种所谓的阁式医院（pavilion hospital）占据了主流形式，其中很具影响力的有英格兰普利茅斯的皇家海军医院（Royal Naval Hospital），还有重建的巴黎迪约饭店（Hotel Dieu），它们由两到三层楼房组成，房间开窗很大，连续的柱廊将这些楼房连接起来（格拉克、考夫曼和沃纳，1997年）。阁式病房之间是户外空间，它将阳光与新鲜空气引入室内。浪漫主义的悄然兴起鼓励人们重新思考自然在身体与精神恢复过程中的作用。从此这些户外空间不再被当作多余的空间，而是一种经过设计的有益于患者治疗的

环境。19世纪末出色的护理实践提倡将患者用轮椅推出户外，到充满阳光的阳台和房顶花园中去，特别是在肺结核病的治疗之中。

19世纪精神病患者治疗及精神病医院设计上也出现了改革。心理咨询开始取代肉体惩罚成为治疗的基础。新的精神病院设计成了景色优美的宽敞的庇护所，既保护了患者不为好奇的旁观者所扰，也为那些以园艺与耕作为基础的治疗项目提供了环境。

认识到园艺有助于那些身体不适的人复原的价值，一些建于第一次世界大战后的医院在第二次世界大战后，开始出现园艺治疗职业，出现了对园艺疗法的介绍，医院也开始为退伍军人、老年人、以及精神疾病患者提供特殊用途的园艺设施。

然而这些户外设施与其说是规律，还不如说是特例。尤其是第二次世界大战以来，对经济效益以及高层建筑技术的强调使医院从二层阁式医院转变为多层的医疗综合体。萨姆·巴斯·沃纳（Sam Bass Warner）在一篇关于医院户外空间的权威结论性的论文中，这样描写了这个时期："在急病护理医院中，设计的重点转向为医生和护士节省步行距离，不再关注患者对环境的感受。花园消失了，阳台、屋顶和阳光浴室被抛弃了，景观处理的重点变成了对入口的美化、职员们使用的网球场以及雇员与探访者的停车位……大城市内的医院为患者提供的是没有花园的环境，它们的声望又为其他医院设定了风格"（格拉克、考夫曼和沃纳，1997年，第二章）。

20世纪70年代，一般的急病护理医院都类似于安装了空调设备的办公楼。到了90年代，初现端倪而富有竞争力的保健产业衍生出了大量的医院，它们与旅馆甚至度假胜地十分相似，具有精心设计的优美的入口景观、挂满艺术品的走廊、对内部设计的关注、以及私人房间。尽管有时也提供屋顶阳台和庭院，但这些设计很少特意关注患者的痊愈或员工和探访者缓解压力所需的环境。实际上，在一次研究中，研究者访问了北加州的15所医院，观察其户外空间的使用，然而没有一所医院提供了有关其户外区域的方向指示图，或者印刷品，而且在信息咨询台询问时经常会遇到白眼，或者干脆是没有任何这种空间的否

定答复!（库珀·马库斯和巴内斯，1995 年）。

在 20 世纪后期的美国，医院的花园似乎已经变成了人们漠不关心的难得一见的便利设施了，在这样一个为高科技器械、昂贵的药品和飞速发展的医疗专业化所主宰的世界里，它们可能带来的有助于康复的效用也随之而不复存在了。在当今的医疗领域，被遗忘的花园就像那些在治疗疾病中被忽略的心理与精神因素一样。在患者的痊愈过程中，花园的价值和心理的作用一样都很难证明和衡量。但是，正如同人们已开始通过一些选择性或辅助治疗重新检视精神与肉体的复杂关系一样，设计界也正在着手重现花园设计帮助医疗的可能。

变化中的医疗模式以及将健康与环境联系起来进行的研究

面对许多将社会和自然环境与发病频率及病情联系在一起的研究［案例见塞姆（Syme）和伯克曼（Berkman），1976 年］，医学界的观点也开始体现这一潮流。例如，在一个两个护理案例的比较研究中，没有窗户的条件下谵妄症的发作率要高得多（40％：18％），这证明透过窗外看到风景，减轻了病人手术后恢复期的压力，而没有窗户所带来的压力可以大到破坏许多病人的平衡状态，进而引发精神病的发作，这种情况的数目之大让人无法视而不见［威尔森（Wilson），1972 年］。一项对芝加哥医院中六例窗户多少不同的康复单位的研究表明，员工比病人更能应对这种无窗的环境，而"窗户和风景有意义的参与很是有利于病人的治疗"［维德伯（Verderber），1982 年，P. 428］。在罗杰·乌尔里克（Roger Ulrich）（1984 年）那个经常被引用的经典研究中，同样是做了胆囊手术的病人，住在可以观赏到树木的房间中比住在对着别的建筑光秃秃的墙面的房间，恢复速度要更快，他们需要的止痛药药量要少，药性也弱，对护士的需要也较少。所有这些结论（以及我们自己的共同感受）都说明疾病不只是由毒性病原体引起，社会与自然的许多因素都作用于身体，并协同决定了疾病的流行程度以及机体免疫系统的能力［卡斯尔（Cassel），1976 年，P. 12；林德海姆和塞姆，1983 年，P. 336；鲍威尔（Powels），

1973 年］。

让病人参与自身医疗保健与护理是一种逐步为现代保健所接纳的思想，同时也正在影响着病人使用医院环境的方式。物理刺激、早间户外活动、以及药物治疗后较大的运动量——现今都成了寻常的康复措施。在走廊中散散步，在床上摇摆双腿，或者其他的身体运动都可以疏通血管末端的血液淤积，减少肺部的流体贮积，还能改进肌肉的状况，这都使康复过程更为轻松且更易成功（见图 C-54）。孕妇和心脏病患者在上述所提的典型护理环境中，住院期分别从原来的两周减到了一至两天，从六周减到了两周，这些都说明了激励病人所产生的良好效果。不幸的是，这些激励经常只能在那些并不适宜的场所中进行，如门厅、狭小的房间、或者候诊室以及大厅这一类

图7-2 抬高的花坛在户外院子和室内区域之间创造出了隔离感；这使得那些无法坐在地上的病人能够触摸和嗅闻草木，并可通过边界的凸凹创造出一系列可占据的亚区域［华盛顿特区的沃尔特瑞德军队（Walter Reed Army）医疗中心，建筑师：斯通、马拉西尼和帕特森；景观设计者：SWA 集团。摄影：华盛顿特区的罗伯特·劳特曼］

同时向公众开放的区域。

最后，人们已经开始逐步认识到（即使还无法量化）医院内部环境对病人康复的速度以及员工精神状态的影响，而后者又间接作用于病人的护理。生育中心和济贫院都十分重视病人的舒适、参与、控制以及选择，这迫使医院不得不提供类似的服务，以提高病床使用率。一位建筑师在其提交给医院管理层的报告中警告："当别的医院提高了他们的环境质量后，公众越来越难以相信，一个虽然器械精良、雇员优秀但是却落伍丑陋的医院能够代表更好的机构"［费利克（Falick），1981 年，P. 68］。现在的一些诊所里，医疗消费者可以在一定的范围内选择自己喜欢的住院方式，这也吸引了许多病人。医疗模式正在不断改变，以适应这种先进而花费较小的医护方式，并认识到自然环境与病人舒适感及其康复的直接联系。诚如奥尔兹（Olds）和她的同事所言"行为科学的研究证实，保健设施本身就可以起到缩短恢复期和减少心理问题的作用"［奥尔兹，莱维斯（Lewis）和乔洛夫（Joroff），1985 年，P. 445］。

不断变化的医疗模式像一些新技术一样重要，正因为如此，怎样针对它进行设计是极其困难而富有挑战性的。必须对环境与技术所产生的无法比较的效益作出判定。在 Pain 对加利福尼亚的三所医院的研究案例中，他接触到的管理层的普遍反应就是"我知道户外空间的确能对病人产生影响，但我无法证明这一点。而且我确实还知道在没有这类空间的医院里，病人也能获得极佳的复原速度。建设一个这样的空间只不过是增加了一个多余场所罢了。"由于对病人复原的益处无法具体量化，管理者不愿承认户外空间的必要性，也不愿为其分配财政预算。在一个以量化的效益为基础的体制中，此类空间的提供受到限制，即便我们已经认识到更自然、更美观的环境的重要性。显然，户外空间提供了一个进行激励的场所，也为病人创造了一个更显得正常的空间。因此，我们可以假设，这类空间具有正面的医疗作用，尽管以往它们并未被用于病人的护理。

关于医院户外空间对医疗的益处的研究表明，实际上同病人相比，员工使用这些空间的频率要多得多。他们要摆脱压力与疲倦感，重新恢复平静、集中精力与力量，而这些设施在这一过程中的作用是无比重要的（库珀·马库斯和巴内斯，1995 年）。对于这些场所是否能改善病人护理的争吵，环境可以提高员工工作效率的证据更易打动医院的管理者。

现在需要的是一种思想上的转变，即要求医院的设计者，重新审视医院的环境，像广场、精神健康设施以及老人寓所的设计师所该做的一样。怎样才能设计和管理好这些场所，以使预计的使用者获得最大的效益呢？

文献综述

尽管本书其他章节对各自所述问题都有相当详尽的综述，但是医院空间这一特殊事物还未引起足够的注意，特别是缺少基于使用者自身体验的研究。

有几位作者已经陈述了窗户与景色的重要性，认识到户外空间能提供视觉舒适的优势。就像维德伯，乌尔里克和威尔森在他们的作品中讨论的，提供视景可以产生心理与生理的双重裨益。

有两本关于如何处理儿童保健设施的书，它们讨论了为儿科病人提供户外娱乐场所的户外空间，以及设计中所应考虑的因素，这两本书是林德海姆的《不断变化的儿童医院环境（Changing Hospital Environments for Children）》，以及奥尔兹与丹尼尔（Daniel）的《儿童医疗护理设施（Child Health Care Facilities）》。

卡普曼（Carpman）、格兰特（Grant）和西蒙斯（Simmons）的作品《设计人们的需要：为病人和探访者规划保健设施（Design that canes: planning Health Facilitice for Patients and cisitors）》是一本根据对安·阿伯（Ann Arbor）主持的、在密歇根大学医院进行的一项长达五年的由病人与探访者共同参与的研究项目编写的丛书，其内容几乎无所不包。这本书讨论并提出了创造一种支持性的医院环境所应遵循的规划设计导则，包括户外空间与景色。

不幸的是，虽然现在许多医院提供了户外空间，但其发展却缺乏有效的指导方针。尽管存在下面几个例外。《医院:规划和设计过程（Hospital: The Planning and Design Process）》［哈迪（Hardy）和拉默斯（Lammers），1986 年］的确提出了"建筑设计时一定要考虑住院患者的视觉需要"（P. 203）的场所设计准则，并指出"场所的美观十分重要，必须尽可能地维护并加以提高……必须精心设计绿色空间和美观的事物，避免出现无法忍受的、粗糙或者乏味的外观"（P. 201）。不幸的是，他们对如何维护绿色空间或者利用它们来做什么并没有提出什么建议。同样的，《英国的医院和保健建筑（British Hospital and Health-care Buildings）》（斯通，1980 年），《保健设计（Design for Health Care）》[考克斯（Cox）与格罗夫（Groves），1981 年]还有《医疗和牙科设施的设计（The Design of Medical and Dental Facilities）》[马尔金（Malkin），1982 年]，所有这些书的内容虽然都十分全面深刻，但它们都没有专门讨论户外空间的需要、提供或者潜在的用途。《医院：设计和建造（Hospital: Design and Development）》[詹姆斯（James）和塔顿（Tatton）- 布朗（Brown），1986 年]介绍了 60 多个医院设计的实例，但其中唯一提及户外空间的地方，只不过是一处图片说明，用来解释院子的作用胜过一间特殊的房子。在讨论早期的步行活动时，作者认为这"使得医院专门为病人提供白天看电视的房间（dayrooms）和附设的盥洗间，因为人们认为假如有地方可去的话，病人就会更愿意起床活动"（P. 69）。当然，一个令人愉悦的户外空间肯定比一个盥洗间更诱人，除非后者是在急切需要时。事实上，卡普曼，格兰特还有西蒙斯（1986 年）就曾宣布："在一项研究中，一个重病看护医院里，被调查的住院者中有 91% 的人说他们愿意使用那些专门设计用来步行或闲坐的户外空间。超过 2/3 的病人表示他们至少会步行至离他们房间 25 英尺到超过 1000 英尺不等的某处地方，这样看来他们使用户外空间是可能的"（1986 年）。那些无法行走的病人使用户外空间的愿望也是同样明显，"使用庭院的愿望并非只局限于那些可以行走的病人。例如，在某所医院里，那些不得不躺在轮床或坐在轮椅上的病人强烈地希望能到户外活动，天气温和的月份，人们经常可以看到他们就待在前入口处的人行道上，非常接近来来往往车流"（卡普曼，格兰特和西蒙斯，1986 年，P. 199）。

纽约城贝勒维（Bellevue）医院里的一个公园十分受人欢迎，它被一圈土堤围了起来，内有步行道、长椅、喷泉和一个圆形剧院。对病人、员工以及探访者的采访表明这个园子经常被重复使用，人们称赞它为人们恢复精力所提供的舒适轻松的气氛，并认为这是医院体贴入微的标志。当要求从许多便利设施中挑选出一处时，98% 的被调查者都不约而同地选择了这个公园（卡普曼，格兰特和西蒙斯，1986 年；奥尔兹和丹尼尔，1987 年）。

这些发现都显示出医院户外空间的重要性，尽管在一般有关医院设计的著作中，这方面的讨论和建设很是缺乏。例外的是，最近有两个出版物详细介绍了加州四所医院户外空间的案例研究，并附带了一系列的设计建议（库珀·马库斯和巴内斯，1995 年，这一材料经扩充后见于《医疗花园（Healing Gardens）》，库珀·马库斯和巴内斯，1998 年）；还有即将出版的详细介绍美国许多医院花园的历史与设计《康复花园：可治病的景观（Restorative Gardens: The Healing Landscape）》（格拉克，考夫曼和沃纳，1997 年）。

普遍性成果

这一部分说明的是由加利福尼亚五个不同医院的案例研究中总结出的普遍性成果。它们是波莫纳的卡萨科利纳医院（Casa Colina Hospital，波莫纳）；马丁内斯的凯撒珀曼嫩特医院（Kaiser Permanente Hospital，Martinez）；伯克利的阿尔塔贝茨医院（Alta Bates Hospital，Berkeley）；沃尔纳特克里克的凯撒珀曼嫩特医院（Kaiser Permanente Hospital，Walnut Creek）；旧金山综合医院（San Francisco General Hospital）。这些医院之所以被挑选出来进行研究，是因为它们代表了许多种医院以及病人的类型，还由于它们都成功地将户外空间融入了病人、员工以及探访者的日常生活之中。在所有可能的地方，这些案例研究的结果都得到了相关著述的佐证和发展。

医院户外空间的使用者

医院户外空间的使用者有三种不同的类型，即病人、探访者与员工，每一类型都有各自的要求以及使用模式。对案例的观察显示，户外空间的主要使用人群依次是员工（单个或群体），与病人一起的探访者以及病人自己。

病人

病人的健康状况决定了他们外出的能力。那些没有与监测装置连在一起的，或者是不需护士的帮助自己就能活动的，以及／或者长期护理的病人，是最乐意使用户外空间的群体。包括如下。

- 整形外科病人：断腿或者其他类型的骨折者，他们基本上是健康的，只不过正处于恢复期中。
- 产科护理患者：产前或者是产后。
- 复原中的病人：他们正在重新学习如何使用他们的肢体，户外空间是这一学习过程中的重要组成部分。
- 戒酒与戒毒者。
- 精神病患者。
- 外科手术后病人。

图7-3　华盛顿特区沃尔特瑞德军队医疗中心的这个院子不仅提供了视觉的乐趣和在其中行走的机会，而且还提供了可坐的位置（喷泉边沿，圆形的可坐平台）和可依靠的空间（高花坛的边缘）（建筑师:斯通、马拉西尼和帕特森;景观设计者:SWA集团。 摄影:华盛顿特区的罗伯特·劳特曼）

总的来说，这些类型的病人在生理上都很健康，他们在某种程度上可以独立活动，本身的状况并不需要经常地进行监测。应该引起注意的是，这并不意味着重病患者就不能使用户外空间，只不过当前的医疗实践很少允许这些病人获得独立使用这类空间的机会而已。在案例研究中，我们在户外观察到了一些重病患者，如癌症、肺结核、烧伤，还有术后病人。典型的不可外出的病人包括呼吸系统疾病患者、那些离不开监测设备的病人、以及特别易受感染的病人。其他几乎任何一种病人，他们能否到户外去的能力，都取决于医院员工或探望者的帮助能力。许多因素都影响着病人外出的能力，例如到户外空间的距离、一天中的时间、员工的态度、或者是探望者帮助的意愿等。

疾病会降低机体适应外界温度的能力，因此患者在户外温度和风的作用下更容易患病，他们对普通健康者能轻松承受的环境更为敏感。例证包括：

- 孕妇，其体温控制易受到影响，经常导致高烧。
- 某些病人正在使用的药物导致对阳光十分敏感。
- 烧伤患者，他们对热与阳光很敏感。

病人需要在使用户外空间时拥有选择权，包括可以选择阳光还是阴影，温暖还是凉爽。他们也需要有轻松到达场所的路径，能在场所内轻松地活动，可到达休息室和水源，有舒适的座位，以及在一些特殊病例中，需要植物很少有花粉，或者不怎么吸引蜜蜂。

另一种敏感类型已经超出了本章详细讨论的范围，即在吸毒者或滥用药物者身上都可能会有感觉或认知机能障碍。尽管这里提供的发现与导则已经反映了人们生理需要和通常情况下的感知以及情感反应，我们还是建议处理感觉或认知机能障碍症的设计者另外查阅相关的著述或专门的医疗导则。

儿童患者

儿科病人在许多医院都有，但他们仍然是一种特殊的患者。尽管绝大多数为成人服务的医院户外空间对这一群体也是适合的，但住院儿童必须获得游戏的机会。正如林德海姆，格拉斯特（Glaser）和科芬（Coffin）所发现的那样：

> 中学生显示出了令人吃惊的活力。当他们健康的时候，他们一刻不停地参加一个又一个活动，晚上则甜甜地酣睡；在医院里，活动受到了限制，孩子们总是觉得不够疲乏——疲乏到酣睡。其实许多住院儿童可以安全地参与各种类型的身体运动（1972年，P. 64）。

这些作者强调应该为孩子们提供不同的环境，用以进行创造性的和富有想象力的游戏，以及更多的运动游戏。学龄儿童虽然可能最好动，但精心设计的户外区域对婴儿、蹒跚学步的小孩、学龄前儿童以及青少年都是十分重要的。

住院孩子们游戏的场地与那些健康的孩子的游戏场所应该是相似的，"明显的差别就是它（它们）还应该为那些坐在轮椅上、躺在轮床上以及打了石膏的儿童提供专门的游戏机会（林德海姆，格拉斯特和科芬，1972年，P. 50）"。此外，住院的孩子经常比健康者缺少精力。在第六章中讨论的那些特点对医院户外空间的游戏场所也是同样的适用，虽然可能要有一些调整。例如，对轮椅或轮床上的孩子来说，沙子、洒水游戏以及园艺机会要高度合适的。供攀爬的构筑物或树房，应该利用绳子、软梯、楼梯或者斜坡，根据不同能力的孩子进行设计。正如奥尔兹和丹尼尔所发现的那样：

> 各种年龄与生理上表现出各种能力水平与缺陷程度的孩子们都需要游戏的机会。合适的设施与景观有助于鼓励孩子去触摸、奔跑、骑乘或者融入环境之中。那些有缺陷的孩子存在的地方，对设计的挑战是要在不断考验和加强较强的才能的同时，更要鼓励孩子锻炼那些较弱的才能。应该好好利用每一个运动机会（1987年，P. 106）。

无论是组织的还是自发的，游戏实际上都是对住院孩子的治疗。相应的，对表面与道路宽度的考虑与一般医院户外空间类似，但是相对于康复期的成年病人，儿童游戏场所的设计中应考虑

设施高度上的变化、提供打滚的机会以及将场所围起来。奥尔兹和丹尼尔研究了建筑多样性的案例，"斜坡、树木、蜿蜒的路径、花朵、池塘、甚至是小动物……地形、绿化以及景观都是户外游戏与治疗的关键方面。"

管理对儿童病人的户外设施来说尤为重要。斯坦福儿童医院的屋顶花园和屋顶空间全部都被锁了起来，因为缺乏足够的管理。理想的方式是儿科单位直接与户外空间连通，也可连着一个户内的游戏室，而且要容易从室内向外观望。最佳方式是儿科的所有设备都在一层，用一个遮蔽式的门廊连接户内外的游戏场所。如果城市的高密度使得这种安排无法实现，那儿科单位的选址应该邻近屋顶的游戏场所。尽管这种空间具有内在的局限性，特别是风的问题（见第六章），相对于首层空间来说是一个较差的选择，但当它是使儿科直接通向户外空间的唯一方式时，它将比游戏场所设置在很远的位置还是要好一些。

座位应该考虑管理的问题，员工与探访者应该有舒适的座位，以看着孩子们游玩，这样他们才会乐意在户外陪伴孩子们。座位还应该允许当别的孩子在场所内四处游玩时，那些虚弱的或有

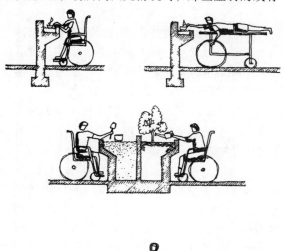

图7-4 为坐在轮椅、轮床上或拄着拐杖的孩子们提供进行园艺的机会和玩耍沙子及水的游戏［根据林德海姆、格拉瑟（Glaser）和科芬1972年的描述绘图］

缺陷的孩子可以待在他们旁边，间接地参与其中。同样，在交通道路之外，靠近坐着的朋友或来访者，或者是正在游玩的孩子们的地方，应该有停放轮椅与轮床的区域。

有人认为冒险游乐场（Adventure Playground）实际上可能尤为适宜医院户外游戏空间（奥尔兹和丹尼尔）。孩子们能够体味控制感与主人翁感，以及自己在这种游乐场中影响周围环境的能力，这对那些生活在医院中无法控制自身生活的人们而言，显然是十分有意义的。给孩子们提供建设的材料与工具，还有活动的"松散部分"和小道具，可以鼓励他们进行更大胆的探索和创造性的想象，并积极与环境交融。

伦敦残疾人冒险游乐场内经常有状态（生理上，情感上以及发育上）各异的孩子们，他们"在安全规则允许的范围内，力图超越他们的个人能力与主动性的极限"（沃尔夫，1979 年，P. 99）。尽管建设这个场地是为了服务于那些身体上存在永久性残疾的孩子们，但这种设施对住院的有暂时性缺陷的孩子也是同样有价值的。沃尔夫（1979 年，P. 112）在报告中提出：

> 人们发现痉挛症以及存在生理残疾的孩子们受到激发后会去用那些长久以来被视为无法活动的肌肉。智力缺陷者，经常发现从学校到操场的调整是很困难的，他们在身体力行中学到的东西，同其他常规教育相比要多。我们还观察到，那些精神失调和情绪失常者，通过参与协作性的活动，对社会交流变得更为积极了。

最后，少年病人若有一个专门为其服务的特殊区域，那就再好不过了。少年们——像在家里一样——可能都希望能远离成人拥有一点属于自己的时间。户外空间允许他们能够进行一些临时性社交活动，可以弹奏流行音乐，同时避开那些斥之过于刺激的人们；或者参与一些体育活动，例如乒乓球，篮球等等。林德海姆，格拉斯特和科芬（1972 年）指出少年病人可能比其他病人更易变得烦躁，他们还尤其关心自身病患的影响，外观上的创伤以及身体状况。提供一个户外空间，让他们能够自由地互相交流及活动，感觉不到自己待在医院里，这会减弱他们对相貌的吸引力与将来运动能力的关注。

探访者

对绝大多数病人来说，家人及朋友探访的机会是极为重要的。这样的探访使得病人与正常生活保持了联系及连续性，并提供了让患者与探访者互相安慰的机会。探访可以强化感情，可以集中讨论秘密的问题，或是在有限的时间去重建家庭活力。显然，这些交流活动需要一个支持的环境，然而大多数的医院设计并未考虑到探访的要求；病房太狭小了，探访者根本无法舒服地待在那里，走廊不具私密性，将病人推到餐厅或者休息室中可能很不方便。天气适宜的地方，户外空间可能会成为病人/探访者交流的好场所（见图 C-54），或者在手术进行当中，为那些守候的家人提供一个可以减轻压力的场所来打发难熬的时间（见图 C-57）。在一项研究中，经常可见探访者和病人在一起，五六个成群结队，大的家庭甚至可能带十多位成员来看望一个病人（佩恩，1984 年）。这就意味着户外空间必须是弹性的，这样才能适应多变的人群规模和总人数。

探访者经常会带着孩子来探访病人，户外空间很适于孩子们的活力，特别是如果考虑周详的话，当成人在看问病人时，孩子就可以在一旁自娱自乐。例如，花坛用不同高度的原木围合起来，这些原木埋进地里，孩子们会乐意在上面行走。钓鱼池是十分吸引人的，特别是还有一座以供观赏的桥横跨在上面，或者可以在屋顶花园中安装一个望远镜以观察四周。如果孩子们频繁到访，可以考虑建一所简单的游乐室或者供攀爬的构筑物。研究者在加州医院进行观察时注意到，孩子们经常在草坪上玩耍，绕着一棵大橡树底下的木板奔跑，以及喂食栖息的松鼠（库珀·马库斯和巴内斯，1995 年）。

员工

医院的员工是最挑剔的使用者，这可能并不令人奇怪，因为他们的工作日都是在医院的环境中度过（见图 C-55）。调查显示管理层通常都有一个小时的午餐时间，还有定期的小憩时间，他们最有可能获得充足的时间来使用户外空间。医

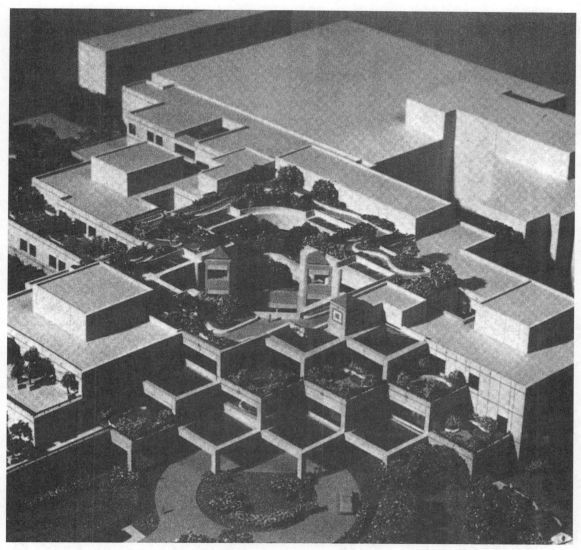

图7-5　设计加州帕洛阿尔托斯坦福大学医院的建筑师环绕一处中心庭院/花园组织整体建筑，该花园位于直接通往入口的中轴线上，且对任何楼层来说都是开放的；设计师还在诊所外开发出一系列的户外游戏庭院，并在顶层创造了一条蜿蜒曲折的步行道。不幸的是，现今后一区域由于无法监督而废置不用了。如果员工无法在游戏场中监护游玩的儿童病人，这些区域就应该布置在从医护站所能够看到的位置，或其他有员工在场的地方［致谢建筑师安申（Anshen）和阿兰（Allen）所提供的模型照片］

生使用户外空间的可能性最小，因为他们大部分时间都在巡视或者待在办公室中，许多医生只是在医院出诊，而办公室则在别处。但是由于病人是否能到户外去，经常是由医师们决定的，所以他们使用户外空间的意识十分重要。

护士们忙于每日的病人护理工作，很少有时间来使用户外空间，除非它们刚好在医护单位的旁边。护士担负着护理病人的主要日常责任，需要随叫随到。而且，她们的空闲时间常常是有限的，经常依照时间的允许来安排午餐时段。在佩恩观察的三所医院里，护士们有 30 分钟的午餐休息，许多人说这根本就不够去餐厅并到户外去，除非这个户外空间刚好紧临餐厅或者医护单位。

护士是最愿意帮助病人外出的人。如果她们从医护所或医护单位里不能看到病人的话，她们就不可能让病人独自待在户外，而且大多数情况下，她们没有时间一直在户外陪着病人。因而户外空间与医护所的距离以及护士的责任对护士与病人使用户外空间都有负面影响。在调查中，护士们声称她们在所有工作人员中是最欢迎病人到户外去的。在研究医院的三个案例中，护士报告说她们将病人推到户外去，使病人们不至于对自己的身体状况老是惴惴不安，她们还相信在户外独自静坐比老待在房子里更富激励性且更能促进健康（佩恩，1984年）。

保证医院花园中的每一个使用群的隐私权是十分重要的。员工们不希望被病人听到或看到，探访者希望与病人进行私密的谈话。医院户外空间的使用人群都注意到应尊重别人的隐私与领域权，这是一个普遍的观察结果，案例研究的结果也佐证了这一点。他们很少随便互相搭话，相反，每一群体都倾向于提高私密性。

医院户外空间内的活动

户外空间对医院里的每一个人来说都是很重要的，无论是病人、员工还是探访者。事实上，实际使用者的数量并不必然就决定了空间的重要性。研究者的采访表明人们同时还以其他方式来利用这些空间，比如透过窗户观赏它，打开窗户接受新鲜空气，或者只是意识到它们在那里的存在提高了医院环境的质量。

任何成功的公共户外空间与医院户外空间具有相似的社会活动。在1984年进行的对三所医院的案例研究中，研究者观察到的最重要的活动是交流与就餐，这与城市广场中的活动很类似。1995年的研究报告报道说在四所医院中最频繁的活动是放松休息、就餐、谈话、散步以及"户外治疗"（库珀·马库斯和巴内斯，1995年）。

工作日与周末是使用户外空间差异显著的两个时段，且使用各具特色。一般来说工作日在大约上午11点即午餐时间以前户外很少有活动，这是因为上午经常是医院最繁忙的时候。护士们在为病人整理病房，医生要安排当日入住和出院的病人，病人则为迎接新的日子，要接受检查和测验，还要进行沐浴。因而午餐时段是一天里多数人有空闲的最早的时候。

午餐时段也是员工们最有可能使用户外空间的时候。病人（可以自理的病人除外）是最不可能在户外就餐的群体。因为医院一般会将食物分送到病人的房间里去。午餐高峰使用期一直持续

图7-6　加州洛马林德（Loma Lind）的纪念杰里·L·佩蒂斯老兵医院（Jerry L.Pettis Memorial Verterans Hospital）的这一处种植繁茂、自然的庭院，提供了在室内绝对无法遇到的各种形状和质地。虽然可坐岩石和砂砾石路径增强了身在自然的感觉，但却仅适于身体机能正常的病人、探访者和员工使用。如果能力较弱的病人想要使用这样一处庭院，那很重要的一点就是要提供一些铺面道路和更大范围的座位选择机会（建筑师：斯通、马拉西尼和帕特森；景观设计方：AKA有限公司。摄影：旧金山的杰拉尔德·拉透）

到下午两点，接下来整个下午户外空间只有零星的使用。

周末的活动经常直到午餐时间才开始，此后高使用率会持续整个下午。平日少见的探访者是周末下午最大的使用群体。医院员工的使用人数并不很多，因为管理层的员工周末不来上班。

设计建议

医院建筑最开始的设计非常有助于增加户外空间的价值。然而太多情况下，这些空间只不过

是没法摆下房子时留下来的位置；远离街道与建筑，或者泊车位的地方；院方计划将来要在那儿建新建筑的地方；或是为建筑内部采光而留出的天井空间。一般很少有人考虑医院内外所发生事情之间的联系。在最开始组织建筑时规划户外空间，可以使户外空间的使用融合进医院的日常生活。

在城市广场设计中必须提及的需要同样适用于医院户外空间：座位、视觉吸引、路径以及便利设施，包括阳光、树木、阴影、温度、食物等任何可能吸引人们进入的事物。下述建议主要讨论的是医院为何尤其需要规划与细节设计。

场地规划与医院户外空间的选址

户外空间的使用方式，部分取决于邻近建筑或空间的使用，以及潜在使用者的旅行距离。

建议

从设计过程的一开始起就应规划一处可以使用的户外空间。在设计之初，应该邀请一位专业的景观建筑师参与队伍中，帮助决定户外空间的位置、方向以及可达性。最差的情况就是在建筑设计及停车场的安排都结束了之后才考虑户外空间。

* 提供各种户外空间。因为可能有多种不同的使用者（员工、探访者、短期住院病人、长期住院病人），所以应提供多样化的户外空间。它们的差别可以在于：位置——邻近餐厅，或邻近主入口等等；类型——屋顶花园，庭院等等；设计的图景——是一座花园，其装饰与细节是专门为了让人们在其中散步或沉思，或是一个硬质的阳台或平台，可让坐在轮椅上的病人向外观赏花园等等。

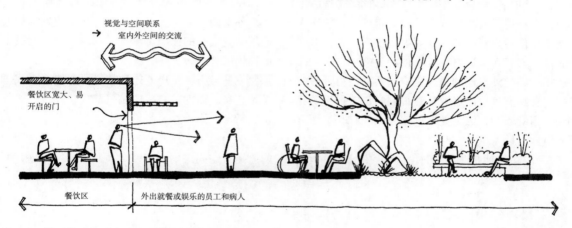

图7-7　靠近餐饮区的户外空间常会被频繁地使用

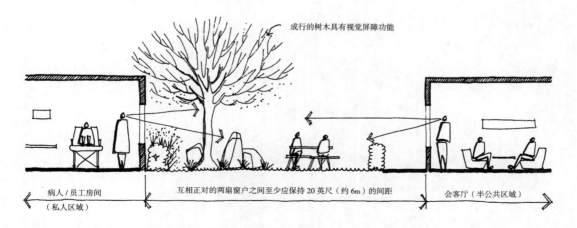

图7-8　屏蔽和足够的间距可避免户外的人们有身在舞台中的感觉

• 最少提供一处可以让使用者感到远离身外世界或医院环境的空间。对医院户外空间使用者的访问调查显示，大多数人都想寻找一处平静的隔离环境，在那儿，满眼绿意、鸟语花香、新鲜空气等可以激发人们的感觉。这些感官上的刺激似乎能引发安宁轻松的情绪（库珀·马库斯和巴内斯，1995年）。若人们对户外空间唯一可能的选择只是医院入口处的草坪，道路红线内的绿化，或者是繁忙的大门广场等，这就有点不太适宜了。

• 在邻近餐饮区的地方安排一个户外空间是基本的需要。除了前门大厅外，使用餐饮区的人数超过了医院任何其他空间，这样户外空间的使用者就会变得络绎不绝。因为调查表明，午餐时段是工作期间唯一允许医院员工在户外舒适地放松的时间，而这儿就是特别适宜的地点。

• 把需要鼓励使用户外空间的病人与员工安排在离花园入口最近的位置。相反，有些病人被禁止使用户外空间，如呼吸道疾病患者，那就应该被安置在最远离花园入口的房间中。对同样适于使用户外空间的病人，身体活动能力最好的应安置在离入口最远处。管理层的员工最不易受到距离的影响，因为他们的午休时间较长，而且灵活性也最大。

• 在长期护理机构中，员工在室内对户外空间的监督特别重要。尽管在通常情况下，长期住院的病人会与探访的家庭成员一起使用户外空间，但很重要的一点是，可以行走的病人也可能独自跑到户外去冒险。将院子或花园布置在员工的休息处之外是一个很好的解决方法。

• 在两侧窗户直接相对的地方，户外空间的宽度最少得有20英尺（约6m）。小庭院的使用者可能最清楚玻璃鱼缸的效果，即被两边屋子里的人盯着看。宽度起码为20英尺（约6m）的空间容得下一张桌子、聚会空间、以及靠窗的栽植（或其他的视觉屏障）。20英尺（约6m）还是一个刚好大致能让这扇窗户穿到那扇窗户内的视线变得模糊的距离。这个距离给所有涉及者都提供了足够的私密性，特别是在有窗的走廊中，如果透过户外空间可以看到病房或者员工办公室，这一点就更显重要。

• 为医院员工提供一处不轻易为病人看到的户外空间。医护人员表示有时想摆脱处理病人的压力与紧张的愿望（佩恩，1984年）。而员工们放松的许多方式——抽烟、聚在一起聊天、吃东西——与病人在户外休息的需要相违背，或者是禁止病人做的。有些医院可能禁止在户外进行这些活动，因为这会打扰病人。但这并不意味着需要一处员工专用的户外空间。相反，通过明智的遮掩或空间规划，在整个公共户外空间内，可

图7-9　走廊的窗户（左）和员工办公室（右）俯瞰着加州马丁内斯的凯撒珀曼嫩特医院的医疗花园。在这样一处相对很窄的空间中，屏蔽的缺乏使得办公室几乎总得拉上窗帘，以维护私密（摄影：罗伯特·佩恩）

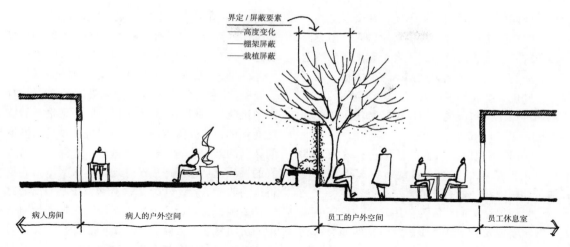

界定／屏蔽要素
——高度变化
——棚架屏蔽
——栽植屏蔽

← 病人房间 | 病人的户外空间 | 员工的户外空间 | 员工休息室 →

图7-10 员工区应靠近主要的户外空间，但应有所屏蔽

创造出许多半私密的空间。

• 户外空间的规划中应保留一定的光照空间。这使得人们可在清凉的早春和深秋季节更多地使用户外空间，在冬天暖和的日子里也能使用。在一些气候带中，荫凉之处是令人向往的躲避恶毒的阳光与极端酷热的场所，但我们的目标始终要确保每天或全年中，空间被使用的时间达到最大化。

• 避免将户外空间安置在紧临出热口或空调设备的地方。大多数医院户外空间的使用者到那儿去是要摆脱室内环境的噪声、气味和活动。绿化、安谧的景色，以及可以听见鸟鸣和喷泉落水的声音，尤其能够提高户外放松的质量（库珀·马库斯和巴内斯，1995年）。当安置HVAC单位时——特别是在屋顶上时——要确保使用者对邻近的屋顶花园或另一个户外空间的享受不会为扰人的噪声所打搅。

到达户外空间的路径

通向户外空间的入口应该是易于进入的，这样才能使使用者的数量最大化。路径应考虑大门的类型、坐落位置和入口的设计、以及地面的铺装材料。

建议

• 如果此户外空间还可以有别的用途，建造时就不要仅遵循观赏目的。一个本来可以用来静坐或散步的户外空间，现在却只被当作一个观赏品，员工们会认为这是对空间的浪费（佩恩，1984年）。另外，因位置及尺寸的不利造成的无法实际使用的户外空间，应该给予充分注意使它能为那些坐在候诊室或经过走廊的人们提供视景。

• 通向户外空间的主入口的位置应该最接近那些最可能的使用者。如果这个户外空间打算让大众使用，就应该把入口放在公共区域，整个医院通过走廊与楼梯可方便到达那里。另外，如果它是一个比较专门化的户外空间，限制使用人数的最简便方法就是把它的入口设在一个人们很少会到的位置，例如员工走廊，或者在病人区内。医院员工、病人和探访者都不愿意超出一定的病房区或探访区，这样只有那些最近的人才会使用户外空间。

• 安装的门应该易于打开，在关闭时不会自动锁上。自动门可以提供最方便的通道，因为任何病人都可以使用它。病人通过时，可以毫无困难地协调各种连在身上的辅助治疗设备。但是员工担心病人会在无人监护的情况下独自跑到户外去。病人的安全特别是认知功能障碍患者的安全，尤其应该注意这一点。因而这种门最好安装在有人监护或者病人的状况不需要监护的区域内。滑动玻璃门由于没有门槛，无需推撑，对病人而言是第二方便的。推门门很重，需要用力推撑，那些虚弱的病人或者坐在轮椅上的病人不可能在无人帮助的情况下打开它，过门时要协调那些连接在身上的治疗设备非常困难。自动碰锁门给户外空间的使用者造成了不便。在安装这种门的医院里，员工们想方设法地来对付它，用废弃的柜子或者木楔将门撑住，或者干脆把门闩捆上了事。所有的门都必须满足ADA有关门槛、敞开尺寸、硬度、金属护板以及所需机动空间的要求（例如可见于戈尔茨曼、吉尔伯特和沃尔福德，1993年b，P.58—62）。

• 铺地不应限制人们的活动。有些铺地带有很深的凹槽、很重的骨料或者突起很大的连接体，如灰泥黏结的石头或大块的骨料混凝土块等，这是应该避免的，因为使用轮椅、轮床的病人，散步者以及身上连接了医疗设备的如静脉点滴管的病人难于使用这种铺地。ADA标准认为抹平的混凝土、或相似表面，是防滑、易接近的适宜铺面。

• 为那些虚弱的病人或者正处于恢复期的病人修建栏杆。即便是力气与精力有限的病人也希望使用户外空间，且能够从中受益。栏杆（镀上保护层，以避免有水时打滑）结合合理摆放的长椅使这种使用变得现实可行。栏杆必须符合ADA规格（见第95页无法使用公园者）。

• 主道路的宽度应该足以让两辆轮床并排通过［最少5英尺（约1.5 m）］。户外空间如果容易进出，人们才会更多地使用它。如果需要不时地进行调整，病人与员工可能都不愿如此麻烦。

• 在主要的户外区域限制坡度的变化。对活动机能受到损伤的病人来说，即便是很小的坡度变化都会造成困难。最好的解决途径是提供不同坡度的路线让病人自己来选择，选择对自己适宜的挑战或是选择循序渐进地逐步恢复体力。步行道的坡度不能超过1：20（如果其中某一部分比这还要陡，那它就应该视为斜坡，必须满足ADA中的适用要求）。相交的斜坡不应超过1：50，因为这会给使用轮椅者造成极大的困难。

• 要使户外空间在一年中可以使用的时间尽可能的长。在冰雪容易使步行道变滑的地方，安装融雪设施以清理路面。冬天里能够到户外去，哪怕只是一会儿，对幽居病都可能是很重要的缓解措施。

• 提供散步道。空间足够大的地方，设计一些与笔直路径不同的道路以供安静的散步。步移景易的远景、日照与阴影的交替变化以及多种

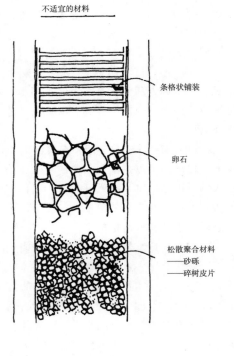

不适宜的材料

条格状铺装

卵石

松散聚合材料
——砂砾
——碎树皮片

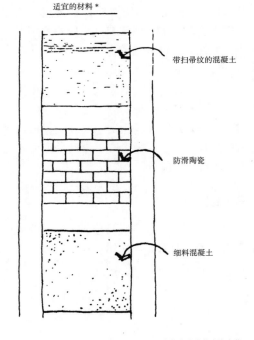

适宜的材料*

带扫帚纹的混凝土

防滑陶瓷

细料混凝土

* 色彩自内向外应有变化
→ 形成空间的过渡

图7-11　铺地表面应既防滑又平坦

位置的座位，都是人们十分欣赏的，尤其是病人与探访者。

* 没有斜坡和台阶的设计，通向户外空间的入口，并在门的周围预留机动空间。太靠近门的斜坡会限制病人对空间的使用。刚开始使用轮椅或轮床的病人无法独自驶上斜坡。同样，在上下斜坡，停在门口并通过门的时候，要协调病人与辅助的治疗设施如静脉点滴管是十分困难的。门周围留出的较大空间可以为人们及他们的物品（装食物的盘子，医疗设施等）到户外去的过程提供机动空间。ADA中依门的类型及通道的不同对机动空间的要求，当然必须满足。要保证并不复杂的通行，建议至少应该预留5英尺×5英尺（约1.5 m×1.5 m）的区域，大多数情况下，两倍于此的区域更受欢迎。

观赏户外

户外空间的视景能够有效地宣传它的存在，并提高其使用率。如果能从休息室、餐厅、或者主要的走廊中看到一个庭院或花园，许多人会意识到它的存在，从而自发地去使用它，或者是决定以后要去参观一下。

视景本身就很重要。户外空间的规划一定要考虑室内以及走廊中的视觉需要。从外科病房的走廊中望向户外大自然的视景是尤为重要的，因为这样可以鼓励许多病人，让他们尽可能地起床来散步。在走廊中透过窗户观赏户外的世界与大自然，这本身就是心理上的医疗。

许多研究开始提供的事实证明，大多数人从常识中都可以获得一个假设——医院中缺少窗户是对感觉的一种严重剥夺（乌尔里克，1984年；维德伯，1982年；威尔森，1972年）。现在，对医院的研究已经与缺少窗户的办公室［库珀，威尔希尔（Wiltshire）和哈迪，1973年；尼曼（Ne'eman），1974年］、学校与工厂［曼宁（Manning），1963年］结合起来，以强调窗户对房间居住者的心理重要性。

窗户开口象征着开放与自由。对住院病人而言，窗户的意义远远超出了窗格玻璃与窗户框架。它们象征着对隔绝着医院与外部环境的墙壁的打破。通过它们，病人与员工可以感受

到自然的宁静、城市生活的忙碌、季节的更替、昼夜交替的日常模式，能够观察人们及其活动，同时也为这运动不息的世界所观察，感受到主动参与其中的体验（维德伯，1982，P. 476—477）。

显而易见，如果康复的目的是为了让病人重新融入社会，那么观察外面那个真实的世界，包括大自然、城市、行人、动物、鸟儿和云朵等，必然会有医疗效果。实际上，罗杰·乌尔里克（1979年，1984年）；乌尔里克和西蒙斯（1986年）研究了观赏的心理与生理作用，并发现"自然"景色（以绿化与/或水为特征）似乎能缓解观赏者的压力，相反，城市景色和建筑与/或交通则会增加压力。在胆囊手术后处于恢复期的病人的对比研究中，相对于视线中只有建筑墙面的病人，那些住在透过窗户可以望到树的病房里的病人恢复得更快，消极住院记录较少，服用的止痛药也很少（乌尔里克，1984年）。在一个高度量化的关于环境影响压力的心理研究中，"结果很清楚地显示，当主体被置于自然中而不是在人行商业街或交通设施中时，他们能够更快、更彻底地从压力中恢复过来"（乌尔里克和西蒙斯，1986年，P. 118）。所有这些研究都支持了乌尔里克早先的建议"决定一些活动与机构的选址与设计——例如高压力性质的工作单位和医院——应该对与自然相连的'透窗'给予相当重视"（乌尔里克，1979年，P. 22）。显然，设计者在决定视觉组织时，就应该考虑各种可能的选择。提供窗户以及有吸引力的景色的重要性已毋庸置疑。但如果安排病人房间时，视景可以有所选择，或是医院的院子、花园或山包、或者是医院前流淌的河流，那么后者可能更为合适。在这种情况下，从休息室中观赏庭院（相对较差的视景）可能会更好一些。

建议

* 将窗户和玻璃门安装在靠近电梯前廊、前入口、休息室、餐厅、走廊和病人房间的可用户外空间处。经过这些区域的病人及探访者比经过医院其他位置的人要多得多，这就成为宣传这些户外空间的良好机会。

* 在通向户外空间的入口附近安装窗户。

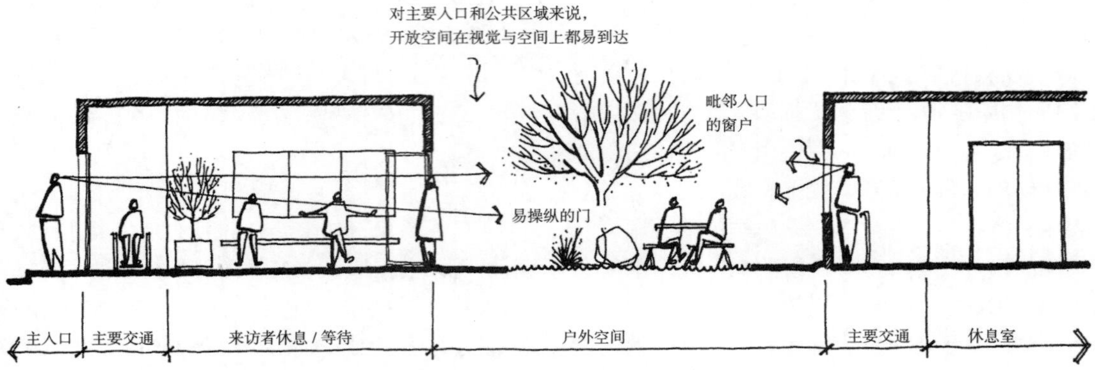

图7-12 户外空间应该易于到达、易于看到，以宣扬它的存在

这样，使用者在去户外之前就能够审视这一空间，以确定谁在场、是否有舒适的座位、天气看起来如何。在进入一处公共空间之前能够对它进行估计，经常有助于其使用。

• 在病房、医疗设施以及员工办公室中安装窗户。受无窗环境损害最深的是慢性病患者、瘫痪病人和视觉受损的病人，这一认识加上观赏自然景色对恢复期病人的医疗效果，都表明应该优先考虑从病人房间观赏自然景色、树木、绿叶或者水面的视景。最理想的是，透过窗户能够同时看到近景（树或街景）、中景（山，远处的城区）以及广阔的天空。

• 窗户应该确保病人能够看到外面，同时却不为别人所见到。窗台高度应该在20～30英寸（约50～75cm），以允许卧床不起的病人或者坐轮椅的病人可以看到外面。但是必须注意避免人们向内窥视，给病人造成身在舞台中的感觉。窗户不应该直接俯瞰公共区，而应该有所遮掩。上述要求往往通过栽植实现，这可以在保护个人隐私的同时形成一种过滤性的视线效果。

• 窗户开口应垂直而不是水平。许多人似乎都不喜欢窗户狭窄、细小或者是水平方向的房间，觉得它们仅稍胜无窗的房间。窗户太少的房间能造成不必要的知觉障碍，尤其对那些长时间禁闭或卧床的病人来说更甚。在一切可能的地方设计垂直的窗户，但不要太窄；也应能同时观赏到远景、中景与近景（维德伯，1982年）。如果使用了纱窗或窗帘，病人应该能够调节它们。

• 提供放置鲜花和室内植物的架子。由于探访者给住院病人送花是一种传统，所以应在病人可以直接看到的位置布置一个小架子以摆放花瓶。在床头橱上放花的做法并不令人满意，因为这儿经常是用来放书籍、杂志等等的，当病人坐起来后，花就在了他或她的背后了。对长期住院的病人来说，照料室内植物并且在床上能够看到它们，是有医疗作用的。可能时，在靠窗的地方安排架子或留出桌面来摆放植物，但要保证植物不会阻挡床上或轮椅上病人的视线，而且不妨碍百叶窗或窗帘。

意识到户外空间的存在

所有病人和探访者都应知道医院允许他们在探访期间使用户外空间。这可以鼓励探访者把病人带到户外，而不必一定要让员工来做这事。

建议

• 在医院中提供图示标志，尤其在电梯前廊和前入口处，以指示人们如何到达户外空间。

• 在病人的信息资料中提供一张地图。这可以提示病人在医院内所处的位置、户外空间的接近程度以及到这类空间的路线。

• 组织那些正在规划自己住院生活的病人进行一次户外空间的观光游览，例如选择手术或孕妇护理过程。这些游览活动是行之有效的市场营销与宣传策略，可以让病人了解到该医院有别于其他同行的特殊之处。在一所被研究过的医院里，部分对孕妇病房的介绍性游览就包含户外空间，而且它总能给预期的使用者留下深刻的印象（佩恩，1984年）。

图7-13　病人的房间为灌木所屏蔽。鲜艳的花朵种在灌木和窗户之间以供病人观赏，远处是加州伯克利阿尔塔贝茨医院的灌木丛（摄影：卡罗琳·弗朗西斯）

栽植

　　栽植应能提供感觉上的兴趣，并弱化医院的社会机构性质。植物能提供一处更寻常的家庭式环境，并可以帮助病人放松。从医疗的观点出发，用栽植形成自然化的景色也是很重要的。访问调查加州四所医院时，户外空间的使用者们列举了一些因素，包括葱郁茂盛多姿多彩的栽植、树木、绿化以及"自然"，他们认为这些因素最有助于使自己变得更为平静、坚强，而且压力更小。环境越能营造出一幅绿意盎然的花园或公园环境的景象，人们就越愿意利用它、欣赏它，将其视为恢复身体健康的空间，完全对立于高科技、卫生的、荧光闪烁的医院内部（库珀·马库斯与巴内斯，1995 年）。

　　另一种可能是留出空间进行有限的园艺活动。诚如查尔斯·莱维斯（1979 年，P. 335）所言："植物与园艺的有益品质还应用于精神病医院、理疗康复中心、戒毒中心、监狱以及老年中心，以治疗和恢复个人身体健康。"所谓的园艺治疗职业认为，园艺对住院病人的最大益处之一可能是植物向我们显示出生命中绵延悠长的模式，从而消除了部分暂时的焦虑与紧张。在一个充斥着不断的审视判断的世界里，植物是没有危险的，也不会歧视。它们只是依据自己得到的关护作出回应，而不是依据园艺师的种族、年龄、智力或体力。（莱维斯，1979 年，P. 334）。

建议

- 在可行之处建草坪。调查访问的案例研究发现医院中的人们看到茂盛的草坪时的反应是十分积极的（见图C-54，C-55）。它具有极强的视觉形象；它可以是宅前草坪的象征；它可成为服务于儿童、病人、探访者以及员工的多用途地面；刚被修整或灌溉的草地气息尤具启发性（佩恩，1984年；库珀·马库斯及巴内斯，1995年）。

- 植物的色彩要富于变化。人们易对色彩作出反应。对现有空间的案例研究中，经常提到栽植色彩的缺乏。"花卉怎么也不嫌多"是最典型的反应。

- 在场地中栽植与保留树木时，要包括那些已经长得很高大或者在成年时能够长得很高大的树木。成年树木现在就可以提供视觉乐趣；它们还产生树荫和空间感，并能够形成吸引鸟儿与松鼠的环境。对大多数人而言，树木可以激发一种永恒感，在医院环境中，由于病人与探访者经常体会到的是高度的焦虑，却很少有永恒感，树木就显得尤其重要。

- 选择一些树叶容易摆动的树木。即使是在微风中微动的树叶，也会吸引人们注意到色彩、阴影以及光线所形成的图案，被访问者形容这种图案是令人宽慰并引人沉思的（库珀·马库斯和巴内斯，1995年）。在这方面特别有效的乔木与灌木包括：桦树、杨树、皂荚树、日本红枫、沙枣、水杉、double-file viburnum、fountain grass以及golden-rain。

• 提供各种类型的光照区与阴影区。病人对温度特别敏感，因此必须让他们有使自己舒服的选择。如果户外空间的位置光照量很大，设计者就应该增加一些物体以提供各种程度的阴影。除非气候特别的炎热与晴朗，一般来说人们都比较欣赏斑斓的阴影，例如由叶子很小的树木或棚架形成那种阴影。

• 应密植，而不是稀疏地进行栽植，树木、灌木和花卉的种类应多样化。卡普曼，格兰特和西蒙斯曾指出：

密植区域比栽植稀疏区域可以提供更强的视觉兴趣。在一项（以医院为基础）研究中，树木繁多的景色获得的评价一贯比树木稀少的要高。随着树木的增多，这种评价也呈线性增加。树木被视为是视觉兴趣以及美景、阴影和色彩的来源。栽植的缺乏被一些回答者描绘为"光秃秃"和"枯燥乏味"（1986年，P. 220）。

• 选择栽植材料应考虑季节变化。那些在一年四季中不断变化的开花树木、灌木以及多年生植物，都能强化人们对生命节奏与循环的认识。

• 选择香味浓郁的植物。许多医院里有一种立刻就引人注意的气味，它会引起一些病人以及探访者的恐慌或忧惧，唤起童年时代或其他外科医院的经历。在医院的庭院或屋顶花园中的被采访者们都强调，闻着树木、青草、灌木以及花香，暂时躲开医院建筑内消毒剂的气味是多么美好（佩恩，1984年；库珀·马库斯和巴内斯，1995年）。

• 提供抬高的种植池以进行园艺活动。当病人将要住一段时间或很适合使用园艺治疗项目时，这就显得很重要了。如果病人仅待几天，这似乎就不必要了，除非员工们喜欢。

• 为其维护寻求资助。如果花园的维护涉及预算的问题，考虑寻找社会的自愿捐助者，比如当地的公益事业组织或者园艺俱乐部来承担这一责任。

场地设施

场地设施使得空间可为人使用。没有它，人们的选择有限，只能四处看看、穿过、然后离去。场地设施应确保空间在全年内能被尽量多的人使用。

图7-14　加州伯克利阿尔塔贝茨医院的一处屋顶草坪，它是对典型的医院内消毒剂气味的视觉、触觉和嗅觉上的解毒剂（摄影：卡罗琳·弗朗西斯）

建议

• 所提供座位的类型和形式尽量多样化（见图C–54，C–55，C–56）。没有足够的座位，人们无法待在户外。大多数人是独自或以一到四人的小群体的形式待在户外。一些座位应该有可移动的椅子，以方便人们依据群体的规模、阳光、阴影、风或希望观赏的风景进行调节。在密歇根大学医院做的一次广泛调研中，两百名随机抽样的病人和访客强烈希望能有更大范围的座椅选择（卡普曼、格兰特和西蒙斯，1986年，P. 203）。这项研究还发现，人们更倾向选择木制的椅子和长凳，而非金属或水泥的，还倾向于有靠背和扶手的座椅。卡普曼建议，任何提供的座椅如果真的要有利于一处户外空间里可能的活动，都应让人在一小时或更久时间内感到舒适。根据ADA标准，长凳必须位于易接近的地表，附近要有至少30英尺×48英尺（约9 m×14.4 m）的干净、水平的空间，用来停放轮椅，且可步行到达。另外，可通过周边的连接形成直角型座位。这种安排可为交谈提供舒服的距离和方向。固定的线状座椅迫使交谈双方扭着头部或身体对着对方，可能会引起不适。当然它事实上还无法实现只有3~4人的群体交流。使伙伴们直接面对面的固定的背靠背的座椅、或环形内向座椅，会创造一种排斥后来者加入的空间效果。因此，直角座椅和可移动座椅的结合可能是最好的形式。

• 座椅设计考虑私密性。医院里的人们，和在其他半公共场所的人们一样，并不想和陌生人接触或触犯他人隐私。在加州医院户外空间的四项案例研究中，研究者发现医院职员和雇员是主要使用者，而且许多人表示希望避开与别人的频繁接触，独自待在户外（库珀·马库斯 和 巴内斯，1995年）。然而，为私密性而设计的一定数量的小型座椅区域可能会限制使用人数，因为没人愿意侵扰已被不认识的个人或人群占用的空间（见图C–56）。尽管一些半私密性区域是受人欢迎的，但能有一些面向风景或人流区域的线状长凳也是很不错的，只要这些长凳没被成组排列。一项研究指出，花园风格的长凳比公园和车站风格的长凳更受欢迎（库珀·马库斯和巴内斯，1995年）。

• 安排一些长凳和桌子（见图C–54）。有了桌子，就可以在一定空间内进行更多的活动，比如吃饭、阅读、写作。它们还有标示领地的功能，因为人们很少会侵扰正在使用桌子的人。对加州医院设在绿草葱葱的户外空间内的野餐桌的观察显示，成群的医院职员很喜欢利用这类设施，召集非正式的职员会议（库珀·马库斯和巴内斯，1995年）。因为平均每组只有四个或更少的人，八脚长桌之类的长桌子，还不如四脚桌适用。有椅子的伞桌也是一种流行的选择，它提供荫凉和半私密的聚会空间。野餐桌应设置在可达的平面上，并有通畅的通道抵达那里。要进一步了解ADA标准，见《公园的残疾使用者》，第95页。

• 垃圾箱的设置应靠近所有的门口和社交及步行区域。垃圾箱便于人们在户外抛弃食物和纸制品。任何医院里最常见的、老让清洁工发

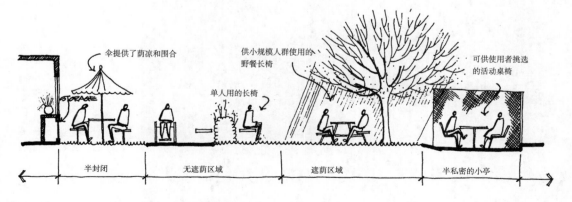

图7–15 各种各样的座位选择和气候条件使户外空间有了更多的用途

牢骚的的废弃物就是烟蒂。吸烟在医院内是禁止的，所以人们就在户外吸烟，通常都在指定区域（仍见《残障的公园使用者》第95页，关于可用性的考虑）。

• 在一些座椅周围用植物创造围合感。当人们坐在有东西可靠或围合的空间内，才会有安全感（见图C-56）。在刚才引证的密歇根大学医院的调研中，人们更喜欢有灌木丛和树木环绕的座椅。如果这些座位面向活动的场景，使人可以观察，同时却不感到被观察，那人们会很高兴待在这里。

• 在户外空间提供新奇或容易让人记住的事物。公共基础设施使空间可用；新奇的事物则让人们长久难忘（见图C-57）。譬如喷泉、鸟笼、别致的风景和艺术品之类东西，很受职员和病人的欢迎，它们与医院环境形成对照，还可以自然而然地给陌生人提供闲聊的话题。新奇的事物吸引病人到某处，病人也常带探访者参观这些事物。互动式的设施对儿童病人尤其重要。

• 在可能的地方设个小喷泉。流水的声音对大多数人有抚慰作用，有压力的医疗环境下尤其如此。在一家医院房顶花园的案例研究中，一个小喷泉格外受欢迎，因为它的声音，还因为有鸟儿被吸引来喝水和洗澡（库珀·马库斯和巴内斯，1995年）。确保座位的位置在可以听到喷泉

声，在背风的地方，也没有空调和其他恼人的噪声源的干扰。如果可以选择的话，瀑布可能比静止的湖面更具医疗效果（见图C-57）。

• 在盥洗间外面及附近提供饮水器。后者对老年患者、行动不便者和儿童患者格外重要。休息室必须依据其服务对象是多个患者还是单个患者，满足ADA不同系列的要求。太多细节这里无法一一提及，可参考ADA 导则（例见戈尔茨曼、吉尔伯特和沃尔福德，1993年b，P. 71—76）。确保儿童、坐轮椅者可以像站立的成人（也许拄拐杖）一样使用饮水设施，确保水的控制很简单（只需要极少的操作和力量）。ADA要求用凹柜、侧壁、铁轨或表面构造材料保护水管；提供足够轮椅通行的空间；详细提示灯泡位置和开关（例见戈尔茨曼、吉尔伯特和沃尔福德，1993年b，P. 50—51）。

• 考虑在户外空间设信息亭或公告板。这可以向病人宣传医院里的活动或其他机会，以及出院后可能需要的或希望获得的服务。还可用来进行诸如求购或出售告示等信息交流（比如，有人卖轮椅或医院病床供在家使用）。

储存和装备区域

确保户外空间的使用和维护尽可能的简便。医护人员组织病人活动或进行治疗的户外区域有

图7-16 在加州波莫纳的卡萨科利纳医院，桌子和长椅的组合能够容纳得下一张轮椅或轮床。可移动的椅子以及花坛的座位补充了座位。这个空间直接从餐厅开放，有优美的视觉效果和便利的通达路径，并提供了阳光或阴影的选择（摄影：罗伯特·佩恩）

图7-17 加州伯克利阿尔塔贝茨医院的屋顶花园，在这里病人、员工和探访者可以找到晒太阳、交谈或是吃午餐的舒适场所。一个宽阔的、变化多端的可坐边缘在花园的中央和四周创造出长短不一的可坐区域；它还可以和可移动的桌椅一同使用

储存必要设备的空间。

建议

• 提供连接户外空间或直接通向户外空间的一般储藏室。可移动的椅子、小工具、节日装饰品、维护工具和治疗装备可以储存在这里。一家医院如果缺乏这样一个储藏区域，就几乎不可能进行户外治疗活动。

• 在所有户外空间内提供电源插座。这不仅是急救的需要，还可以用来听收音机，在特殊情况下使用轻便电炉等等。

在最大限度的空间内进行监管

户外空间应该尽可能让病人到达，但许多人不可避免地被迫远离户外空间。一些病人不能自己挪到户外，医护人员也不愿他们在那里无人照顾。在户外安排一位经过培训的自愿监管者，可以使病人在没有专职医护人员在场时，仍能自由使用户外空间。监管者应该有一个舒服的位置，便于他或她看到病人，同时可以和医院的通讯系统保持联系，以防紧急情况。实际上，即使一处户外空间无人监管，也应该有紧急电话供病人和探访者求助时使用。

案例研究

本章指出了医院户外开放空间的一些共同特点、使用者及其利用方式。并依据五项案例研究的结果，以及有限的相关文献提出了设计建议。马丁内斯的卡萨科利纳医院和凯撒珀曼嫩特医院于1984年进行的案例研究，剩下三个则是1995年。

应该指出的是，这些案例研究在选择时间、调查对象、地理区域和气候上有一定局限性的。当然还尚需更多的研究来检验本书所写的模式的普遍性。也许应采取类似威廉姆·怀特对城市广场的对比研究。有关门、座位安排以及铺地的导则，也许各地都一样，但和气候相关的——日照、风、雨——显然会有所差别。另一个有待调查的实用领域是户内社交空间——休息室、餐厅、门廊、日光浴室——调查显示它们全年都有用处。

加州波莫纳的卡萨科利纳医院

位置及环境

卡萨科利纳医院是一家可接纳60个病人的康复医院，它拥有四处户外空间。这所医院服务于行动不便的长期治疗病人（尤其是脊椎伤、脑功能障碍、心脏病、中风等疾患），并且这里的医护人员积极利用户外进行治疗。大多数病人坐轮椅；一些病人则需使用助行器或拐杖。脊椎损伤病人由于其认知能力未受损害，最爱社交。医护人员包括医师、理疗师和管理人员。在所有被调查的医院中，只有这家医院有一处和餐厅毗连的户外空间，所以这似乎是一处最近的户外空间。

概况

院子大约60英尺×65英尺（约18.3m×20m）。通过停车场和餐厅的滑动玻璃门和沉重的推闩门，都可到达快餐厅外的庭院。院子里有可以调节的烧烤架、宽阔的过道以及桌子，所有这些都考虑了残疾者的通达和使用。环绕着树的可移动椅子和粉刷过的大片墙体提供了附加的坐位。院子在1981年改造过，调查则是在两年后进行的。

主要用途和使用者

由于位置靠近餐厅，这个院子是医院中使用最频繁的户外空间，几乎所有人每天都会在那里待一会儿。因此，这处庭院的知名度很高。在工作日，午饭时（上午11点~下午2点）和下午的利用率最高，主要是医护人员在这里用餐和交流。医院规定病人须在病房里用餐，除非能够不依赖医护人员独自用餐（不必一定要到餐厅里）。该政策限定脊椎损伤病人和一些中风病人在用餐时间可优先使用餐厅和自助餐厅庭院。病人的托盘留在外面总是个问题——看护意识不到应该由

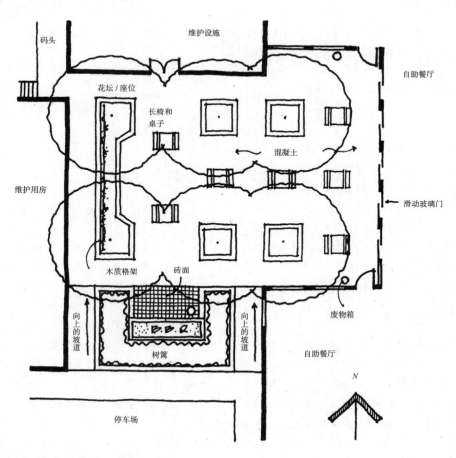

图7-18 加州波莫纳的卡萨科利纳医院的快餐厅庭院

图7-19　这个快餐厅庭院直接从餐厅开放，为人们提供了闲坐的机会（经常会使用更多的可移动的椅子），而且树冠形成了很好的阴影（摄影：罗伯特·佩恩）

她们去收拾托盘，而这也不是餐厅的职责。然而，1981年改建后，情况有所改善，一位营养学家认为，人们愿意更认真的清扫这里是因为他们体会到了这一地方所激发的自豪感。

周末，探访者往往在下午两三点钟，利用这个院子和病人们交往。病人们也大都利用它接待探访者。它完全可以容纳大群的病人和探访者（可观察到有九个人的群体）。坐在轮椅和轮床上的病人可以毫无困难地使用那里的滑动玻璃门。而第二道推闩门，可为探访者和护士使用，病人除外。可坐墙偶尔在午餐时候被用做补充区，或是孩子们玩耍的地方。长凳不够用时，职员们会把可移动的椅子放到桌子旁边。椅子还被当作歇脚板和架子。

成功之处

- 邻建筑的空间广为人知而且经常为人使用。餐厅庭院是餐厅的补充空间。因为这个餐厅很受欢迎，所以使用庭院的人数很多。
- 残疾人受到各方面的考虑和照顾。
- 桌子周围有可移动的椅子作加座。
- 餐厅的家具安排使得人们易于到达滑动门。
- 在拥挤的午餐时段，抬高的坐墙增加了可坐空间。
- 在靠近桌子和所有门的地方有足够的垃圾箱。

- 透过餐厅的窗户可以很方便地看到庭院。
- 员工鼓励病人使用庭院。
- 提供夜灯以便于人们在暖和的晚上使用这里。

不足之处

- 大型植物减少了放桌子的空间。
- 树木还未大到足以荫避桌子的程度。
- 烤肉架前的砖块铺地有点妨碍轮椅通过，但显然不是一个大问题。
- 推闩门十分沉重，不易打开。

加州马丁内斯的凯撒珀曼嫩特医院

位置及环境

凯撒珀曼嫩特医院能容纳204个病人，在1983年，只有90多个可用床位。其他房间则作为行政和医护人员的办公室。这里主要是一所理疗医院，但同时也收治凯撒系统中本地区的精神病患者（大约26名病人）。这些精神病人因抑郁、精神创伤、酒精及吸毒而接受治疗，如果他们对自身或他人有危险，则不能在此接受治疗。

康复花园（Therapy Garden）在精神病科，为精神病科办公室及走廊所环抱。花园是员工及病人们建造的，并且由他们照料维护。精神病人的身体是健康的，有活动能力，同时，作为治疗的一个组成部分，他们受到鼓励与其他病人交往。

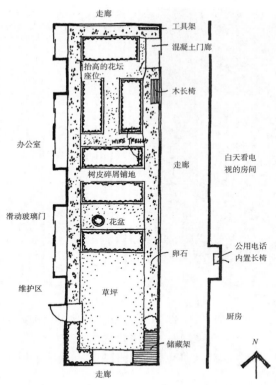

图7-20 加州马丁内斯的凯撒珀曼嫩特医院中的治疗花园

在它旁边还有另一个稍大些的户外空间，是娱乐与游戏的场所，此外还有五个大小差不多的庭院，但在研究之时，它们还未开放利用。

概况

花园大小为 75 英尺 ×20 英尺（约 23m×6m），或者说是 1500 平方英尺（约 140m²）。走廊内的滑动玻璃门向外通向花园，而精神病科办公室的滑动玻璃门则很少有人使用。这里有一小块草坪，以及六个抬高的种着蔬菜和花卉的种植池，这里的鲜花屡次受到病人的赞叹。滑动门旁的一张长凳、草坪上的两张椅子、以及种植池边缘（六个种植池朝向两侧的木板边沿）都可作为座位。屋檐下有一个工具架和一个储物柜，挨着草坪的地方还有一个维护室。精神病科的医疗办公室环绕四周。

主要用途与使用者

执行理疗师指定的锻炼任务的精神病人最常使用这一空间。设计这类任务是为了帮助病人充分投入某项工作中，从而摆脱过分的内省压力。园艺任务依据病人的认知水平而定。一些病人还来长凳上坐坐，抽抽烟或与其他病友或员工聊聊天。

这里还是本单位的一处重要的观赏空间，因为单位的主要走廊穿过其东侧，病人们经常使用电话的地方也可以看到这一空间。

成功之处

• 维护、储存和工具区紧挨着花园，而且易于到达花园。

• 花园不依赖医院的任何其他部门，实际维护都由病人进行并成为病人治疗的一部分。

• 花园被认为是医院及治疗计划的组成部分，其中心位置提高了医院对它的使用率。

• 走廊的窗户宣传了花园的存在，使人们时刻可以意识到它就在那里。

失败之处

• 花园的定位有问题，一方面员工们视之为病人的场所，而病人则主要用它来完成指定的任务。它潜在的社交功能并没有得到充分的实现。

• 花园需要有一个更好的交流场所。座位太有限了。种植池边缘也只在进行园艺劳动时有些用处。即使是一处被当作治疗和完成任务的空间，也应该有交流空间，以供人们在劳动间歇或在没有日程安排时使用。

加州伯克利的阿尔塔贝茨医疗中心

位置及环境

阿尔塔贝茨是一家中型的社区医院，位于老年单身家庭的居住邻里。3～6层的楼房中有四处屋顶户外空间。该案例研究的是其中最大、最像花园的一处。除了在主入口附近有一个可坐的区域以及餐厅外有一处狭窄的阳台外，地面上就再也没有别的可用户外空间了。

概况

屋顶花园位于医院南侧，在三层楼顶。北边则邻接作为产科病房和办公室的高达四层的侧翼

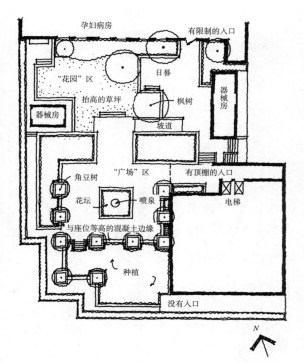

图7-21 加州伯克利阿尔塔贝茨医院的屋顶花园

楼。从花园其他三个方向眺望，可以看到附近的住家、伯克利山以及旧金山港湾等广阔的风景。

花园包括好几个不同的亚区域。一处砖铺地的广场为花圃环绕，花圃的水泥边有座位那么高。广场的中心是一个方形的种植池，种植池中有一个多层的喷泉。第二个亚区域比广场低四个台阶，包括一个很大的凸起的草坪，草坪部分被枫树荫庇，还有一个通向产科侧翼楼的很小的可坐广场。第三个是一处很小的半封闭的区域，在房顶西侧及南侧的花圃后，包括一条狭窄的步行道和可活动的椅子。尽管屋顶花园的位置高出周围街区三层楼，与交通噪声相隔离，但不幸的是它靠近一套大型的空调设备，在花园的部分区域中产生了足以引起注意的嗡嗡声。花园设计没有考虑到全年中长达半年的防晒需要，也没有考虑防风的需要。

主要用途和使用者

考虑到医院的规模和这一宽阔的屋顶花园的吸引力，其使用率相对不足。屋顶花园很像是尽端区，很少有人经过它到别的地方去（1995年春季进行的观察中，仅占被调查者的1/4）。比起地面的户外花园，屋顶花园的这种尽端特征表现的更加明显。这座花园并不很为人所知，也没有标识指出其位置，而且远离道路。

花园主要为医院的员工所使用，常见的活动是与朋友聊天、吃东西、喝饮料和抽烟。少数人在这里阅读或写作、观赏风景、打盹或冥想。

不幸的是，餐厅在三层楼以下，约一条街区远，因此几乎没有人带着买来的食物来屋顶花园，早些时候还有餐车供应食物，现在也没有了。在选择座椅时，人们喜欢把轻便的塑料椅搬到自己想坐的地方，但糟糕的是只有五把这种椅子（1995年春），却有长达300多英尺（约91.4m）由水泥花圃边缘形成的无靠背座位。

被访问的36人中（1995年春），有35个人说在花园里待一段时间后，他们的情绪会得到改善——更放松、更冷静、压力更少、更积极、更振作（库珀·马库斯和巴内斯，1995年）。许多人提到开放的、阳光明媚的、色彩斑斓的"自然"花园，与充满乙烯基、荧光闪烁的、清洁的室内氛围之间的愉悦对比。一位每天都使用花园的女性员工说："这是个沉思与放松的好地方。这儿真的好安静。由于我在地下室的放射科工作，我觉得自己像一只鼹鼠。我出来是为了晒太阳，这对精神和情绪都很有益处。"

超过60%的花园使用者独自来这里，许多人都说需要从频繁的人际交流的压力中解脱出来。一个每周都到花园中来两三次的女员工说："我感觉很安宁——你可以看到鸟儿和水。我有一种处于沉思之中的感觉——呼吸新鲜空气让我头脑清醒。这里远离人群和工作；这里的空气使我获得了再生。"

大多数被访问者都十分坦率，尤其是关于那些让他们感觉舒适的事物。栽植方面（花卉、绿化、色彩、季节性的变化）是他们提的最多的。喷泉也经常被提及；它虽然很小，但处于中间位置，主广场上的人们都能听到它。在长达半年的干旱炎热的气候里，它给鸟儿提供了水；被访问者都很喜欢看鸟儿来这里喝水和洗澡。房顶花园的独特之处也很重要——视景、开阔、新鲜空气、微风和远离交通噪声。

由于位置偏僻，以及病人的平均住院期一般都很短暂，使用这儿的住院病人相对很少。而那些到过屋顶花园的人对这一体验的评价很高。一

图7-22　阿尔塔贝茨医院的屋顶花园。后部的区域是原先区域的后增部分，包括许多遮蔽处和空隙、多种多样的座位空间以及富有吸引力的多彩植被

位女性住院者声称："在这儿我感到正常多了，那边让我感到压抑……出来到这里，你是独立的；有时间来忘却……这儿更完整，更自然。"一位员工说，他们曾应病人家属的要求，把病人带到这儿，静候死亡的降临。

虽然缺少一些要素，且也不为医院中的许多病人所知，但毋庸置疑，对使用者而言，阿尔塔贝茨设施中的屋顶花园的确有助于放松和减轻压力。

成功之处

- 晒太阳的好位置。
- 色彩缤纷的栽植。
- 喷泉的存在。
- 隐蔽的城市花园的宜人环境。
- 广阔的草坪。
- 暖色调的砖块铺地。

- 植物保护了相邻的医院房间的私密性。
- 大量的水泥、花圃边缘的座位。
- 视野宽广的全景。

不足之处

- 空调系统的噪声。
- 炎热天气里荫凉太少。
- 刮风天气里防护不够。
- 可移动的椅子太少。
- 没有宣传这里，没有地图或者方向指示标志，病人手册中也没有相关的信息，义务信息咨询台也忽略了屋顶花园的存在。

加州旧金山的旧金山综合医院

位置及环境

安乐花园（Comfort Garden）是一处很小但使用率很高的户外空间，建于 1990 年，毗连旧金山综合蔓延的园区中的 80 号楼与 90 号楼；这是一家规模很大，看上去很正规的公共医院，有许多可追溯到 1920 年的 6 层红砖楼，与安乐花园毗连的楼房是用于接待 HIV 病毒感染者、美沙酮止痛护理、肺结核以及儿童滥用药物病人的门诊部。

概况

这个花园给人的感觉就像是一块小区尺度的绿洲。两侧是六层的医院建筑，另两侧是围墙将它与 22 号街区和停车场隔开，花园的最宽处大约是 160 英尺（约 48 m）长，100 英尺（约 30 m）宽。繁茂且色彩缤纷的多年生花卉植物和灌木丛沿着花园周边生长，其间有石阶小路和花园短凳。剩下的空间是草坪和为三棵大树所荫庇的小路。再加上园木、修剪过的枝条、岩石等等，该花园从医院地面上的其他地方看去，显然都是一处园丁以无比的爱心与精力创造和维护的地方。

主要用途和使用者

1995 年的春夏之交，研究者在这一花园里进行了一次访问与观察研究（库珀·马库斯和巴内斯，1995 年）。在温暖的日子里，花园从上午 10 点到黄昏都一直被不间断地使用。在这里闲坐、站立、躺着休息的人中，大约一半是员工和雇员，另一半则是门诊病人。典型的使用者有：出来吸

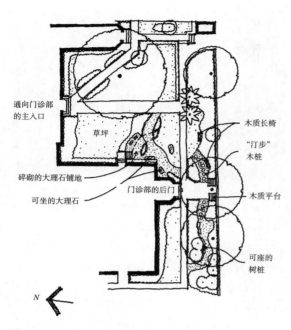

通向门诊部
的主入口

草坪

碎砌的大理石铺地

可坐的大理石

门诊部的后门

木质长椅

"汀步"
木桩

木质平台

可座的
树桩

N

图7-23　旧金山综合医院的安乐花园

- 宽阔的可容纳大量步行人流的道路。
- 与机构性医院的内部形成了强烈对比。
- 可以选择闲坐，或是躺在草地上，阳光下或荫影中。

不足之处

- 座椅数目不能满足频繁的使用。
- 没有可随意饮食的野餐桌。
- 邻近街道和附近空调设施造成的噪声。

加州沃尔纳特克里克的凯撒珀曼嫩特医疗中心

位置及环境

　　凯撒珀曼嫩特医疗中心在沃尔纳特克里克，建于 1952 年，是一家有 117 个床位的郊区医院。在 1993 年 7 月进行了扩充和新建，最主要的是它留出了一片少见的户外空间，构成了这一医疗机构的核心。当医院最初在现在已成为艺术与园艺中心一部分的那间房子中运作时，地方规划部门就要求以后的建设中要保护三棵高大的老橡树。现在其中一棵矗立于入口处，其他两棵则成为了大型草地开放空间的核心，医院建筑围绕周围。

概况

　　中心花园约为 200 英尺 × 300 英尺（约 60 m × 90 m），以两棵巨大的橡树为中心，但仍有充分的空间可容纳好几棵成年的法国梧桐、松树、黄杨接骨木、香枫和橄榄树。亭亭如盖的树冠下，波浪起伏的灌木丛掩映着邻近楼房的底层建筑，大面积的草坪上点缀着可以移动的野餐桌和固定的长凳。它具有一幅小型邻里公园的景象；员工们开玩笑地称之为"乡村俱乐部"。

烟作短暂休息或花略长时间来吃顿简易午餐的员工；闲坐一会儿，有时吸吸烟或者喝点饮料的探访者或门诊病人；以及那些在约见前后有时还会躺到草地上打盹的人。因为门诊处有潜在的压力，所以门诊病人都格外喜欢在花园中放松。员工们也反映在花园中待一段时间后，回去工作时感觉获得了恢复，紧张感也减轻了。在 50 个被采访的使用者中，高达 96 % 的人反映在花园中待过后，情绪获得了积极的改变（更冷静，更从容，更积极，更强健，压力更少）。许多人每天都使用这个花园，待半小时或者更长时间。妨碍使用的最主要因素是紧张的工作日程、刮风天气、缺乏桌椅。当被问及最喜爱什么时，超过一半的被访问者都提到了花园的美感吸引力：花卉、植物以及树木；私密性、安静和舒适。当被问道他们会如何向一个没到过的人形容它时，人们用了诸如"绿洲""天堂""就像一处英格兰的乡村花园""像某人家里的花园""有点像天堂"等。

成功之处

- 葱荣、色彩缤纷、维护良好的栽植。
- 家庭的尺度和围合感。
- 私密的尺度和座位位置。

图7-24　旧金山综合医院安乐花园内的植被边界

主要用途和使用者

这片空间的主要用途之一就是让人们在医院各部分之间穿行。道路在这里交叉，连接着主停车场、餐厅、门诊部、医院的主大厅等使用频繁的设施。来来往往的人群中，多半人会停下来与遇到的同事聊聊天，或停下来歇歇，看看周围的植物，或坐在餐厅外露天凉台处吃点东西。你可以看到一些很常见的场景：一帮穿着白大褂的员工簇拥在一张野餐桌上聚会，或是住院病人在阳光下慢慢遛达，或是探访者中或门诊中的孩子在草地上玩耍（见图C-54，C-55）。1995年夏在对使用者进行的调查中，半数被访问者回答说每天都使用花园，或者一天使用好几次；使用者反映的最主要的活动是放松（88%）、路过（84%）、吃东西（82%）、交谈（70%）、散步（54%）、等候（52%）以及"户外治疗"（46%）（库珀·马库斯和巴内斯，1995年），典型的反映如下。

"我真的很讨厌医院。我讨厌我的房间。出来到这里真是太好了——我喜欢看着草儿，听着鸟鸣"（女性，门诊病人）。

"这里感觉、闻起来、看上去都不像是医院。到医院来使人们感到恐惧和焦虑。在拜访医生的

图7-26 沃尔纳特克里克的凯撒珀曼嫩特医疗中心。中心花园中遗留下来的峡谷橡树、主步道以及野餐桌

前后在花园里待待感觉很好，无论你发现了什么问题，我感到更放松"（女性，门诊病人）。

"我在手术室工作——没有窗户……外面这儿则可以看到天空。这符合我对保健的整体认识。不仅仅是药物和理疗；你还拥有对个人来说独一无二的东西即心灵。花园帮助我们的心灵获得新生"（男性，雇员）。

每个被访问者都给予这个花园很高的评价与赏识，尤其是员工们，他们格外欣赏室内外环境之间的强烈对比。

成功之处

• 有许多设计、位置及方位各不相同的座椅，可供选择使用。

• 类似公园的绿色环境。

• 古老的树木，创造出稳定和根基深厚的感觉。

• 自助餐厅的位置和夏季户外烧烤场所，使人们可以购买食物及饮料，坐在户外悠然自得地看风景。

• 交通设计方便人们穿过公园在医院各部门之间穿行。

• 周边建筑创造了围合感。

不足之处

虽然这个花园看起来几乎没有什么缺陷，一些受访者仍要求：

• 更多的花卉和色彩。

• 水体。

• 饮水器。

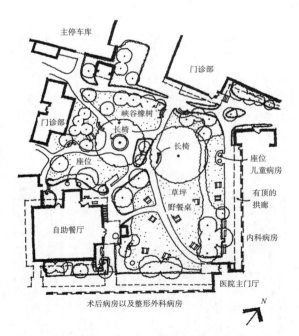

图7-25 加州沃尔纳特克里克的凯撒珀曼嫩特医疗中心（1995年）

设计评价表

使用者类型

成年患者

1. 空间是否主要为特殊类型的病人使用——畸形病人、孕妇、精神病患者？如果是的话，这种类型病人的特殊要求与能力是否决定了设计，并且为设计提供了信息？

2. 是否考虑了病人通常对环境条件比较敏感的事实，并为他们提供避风场所，以及一系列由光照区到荫凉区的座位选择？

3. 是否有通达休息室和自动饮水器的方便路径？

儿童患者

4. 户外游乐场所是否是直接向儿科开放，并且为室内提供了良好视景？

5. 是否尽量将那些组合的户内外儿科治疗设备安置在了首层？如果这不可能，那么是否选择了屋顶位置，而不是与医院分离的游乐场所？

6. 是否有一个过渡性的门廊区来连接户内外的游乐场所？

7. 所提供的场所是否同时服务于体力游戏和创造性与充满想象力的游戏？

8. 水、沙子以及园艺区的建造是否满足轮床或轮椅上的孩子的使用需要？是否考虑了步行孩子的需要？

9. 攀爬物或者树房是否提供了多种通达途径——斜坡、台阶、梯子、绳子——以帮助不同能力水平的病人？

10. 高度的变化是否被用来创造变化、挑战以及滚动、滑行或围合的机会？

11. 这一空间是否利用多种树、灌木和花卉、蜿蜒盘曲的道路，以及水体——提供色彩、形体、结构、声音以及气味要素，予人以吸引力和丰富的感知？

12. 是否有舒适的座位，让员工们及探访者坐着看孩子们游玩？

13. 大多数座位的安排是否容纳得下一辆轮椅或轮床靠在坐着的人的旁边，并且不阻塞交通？是否安排了一些桌子，好让孩子们绘画，或者与探访者、其他病人或员工做游戏？

14. 游戏的座位是否允许体弱孩子的参与（实际上的或者是间接的）？同样，在交通道路之外是否有停泊的节点供轮椅或轮床上的孩子使用？

15. 是否考虑了冒险游乐场的观念，以使孩子们能控制，并主动参与到环境之中？

16. 如果他们组合在一起，是否有足够的地方贮存零散部件和工具，以及存放建筑材料？

17. 如果可能有青少年病人，那么是否有一处独立随意的户外逗留区域，以便于病人演奏音乐或者参加某类医生允许的体育活动？

探访者

18. 是否有可供病人与探访者经常进行重要情感交流的户外空间？座位的屏蔽与方位是否创造了私密感，是否选择了舒适的居家性质的材料，而非公共组织性质的？

19. 户外空间是否可以支持不同规模的人群，从两个到五六个，甚至是十个？是否有不同大小的亚空间，以及活动的设施，以提供灵活性？

20. 是否有一些因子或要素能吸引来访者中的儿童，使他们压抑的精力或期望得以恰当的释放？

员工

21. 户外空间是否紧邻护理单位，以使护士自己以及她们所照看的病人都能使用？

22. 员工们是否拥有可以远离病人及探访者的户外空间，这可能只是临时划分出来的一个亚区域？

场所设计及选址

23. 是否在设计过程一开始就优先考虑了户外空间的提供？

24. 是否提供了多种不同的位置、类型及设计图景的户外空间？

25. 是否至少有一处空间规划了绿化、花朵、鸟鸣等等，与医院内部环境形成强烈对比？

26. 是否有一处户外空间靠近餐饮区域，并且餐饮区域是直接通向户外空间?

27. 户外空间的入口是否最靠近那些最被鼓励来使用这些空间的病人和员工?

28. 在一群同样能够(医学意义上)使用户外空间的病人中,入口是否最靠近那些活动能力最差的病人?

29. 在决定不同部门与户外空间的邻近程度时,是否由于管理层员工的午餐时间较长而将他们安置在最远处?

30. 那些可能无法游览户外空间的病人或员工是否可以观看到它?

31. 在长期护理机构中,是否在受到监督的休息室外设计了院子、花园或者阳台/露台?

32. 如果窗户正好隔着某一开放空间相对,这一空间是否至少有 20 英尺(约 6 m)宽,既可避免鱼缸的效果又可保护隐私?

33. 吸烟者是否拥有一个户外或半户外的区域?

34. 户外空间的选址是否能最大限度地延长它在全年中的使用(西南部的位置通常会受到保护)?

35. 是否在选址时通过躲开存在潜在侵扰的 HVAC 单位,以保护户外空间的安宁?

路径

36. 是否在尽可能的情况下,户外空间容易到达,而不只是单单可以观赏?

37. 每一个户外空间主入口的位置是否对预期中的使用者合适? 也就是说,如果户外空间是供大众使用,入口是在公共区吗? 或者如果是为了一种特定的人群使用,入口是否在病房区或向着员工走廊?

38. 入口的门是否易于打开,并且其设置成在关上时不会自动锁上?

39. 在可能之处,是否选择了自动打开的门——它能提供最轻松的通路? 其次优先考虑的是无门槛的滑动玻璃门?

40. 是否采用了平坦、防滑的铺地?

41. 是否提供了有防滑保护层的扶手?

42. 主散步道的宽度是否足以容纳两辆轮床通过[最少 5 英尺(约 1.5 m)]?

43. 在可能之处,地面高程的变化是否被用来在户外空间内创造不同难度的路径,包括平坦的路径? 是否避免了陡峭或极度的高程变化?

44. 在气候需要的地方,是否安装了融化冰雪的设备以确保步行道的安全使用,否则它会因冰雪而变得很滑?

45. 是否提供了散步路线?

46. 入口设计中是否避免了坡道或台阶,而且门周围是否有机动空间?

观赏户外

47. 户外空间上的窗户是否毗邻电梯前廊、前入口、休息室、走廊、餐厅和病人房间,宣传了这些空间的存在?

48. 在通向户外空间的入口附近是否有窗户——除非这些门本身就由大块的玻璃组成——以允许那些未来的使用者可以在进入之前对此空间进行估计?

49. 病人房间、医疗设施以及员工办公室的窗户是否有适当的 20 ~ 30 英尺(约 6 ~ 9 m)的高度,以及使户外景色更好地形成三个层次?

50. 是否为长期患病者、瘫痪病人或视力受损伤病人提供了景色?

51. 是否选择了垂直而非水平的窗口,但同时要小心避免过于狭窄?

52. 病人是否能够很容易地操作病房窗户上的纱窗或窗帘?

53. 是否在病房中提供了放鲜花的架子,且从床上能直接看到?

54. 如果视景选择成为可能,尤其是病人房间,是否优先考虑了自然因素,如绿化或水体,而不是建筑或人群拥挤的环境?

意识到户外空间的存在

55. 医院的前入口处以及电梯附近的图示标记是否清晰地标明了户外空间的位置?

56. 在病人的信息手册中是否包括了一张示意图,指出了户外空间的位置以及到达的路线?

57. 那些正规划自己住院生活的病人是否能够参观医院设施,包括户外空间?

栽植

58. 如果可能，是否至少有一处户外空间内有草坪？

59. 栽植是否产生了五彩缤纷的色彩？

60. 是否包括了那些在微风中树叶也能摆动的树木？

61. 是否采用了树形尽可能高大的树种，以期尽快地成年？

62. 栽植是否创造了各种类型的日照区与阴影区，包括斑斓的阴影？

63. 在选择栽植材料时是否考虑了季节变换所造成的视觉效果？

64. 栽植是否密集而不是稀疏，并采用了多样化的树木、灌木以及花卉？

65. 是否引入了芳香浓郁的植物，以与医院里普遍的消毒剂气味形成对比？

66. 是否为园艺活动建造了抬高的种植池，尤其是当病人将要住一段时间或园艺治疗项目被建议或很合适时？

67. 如果花园的维护牵涉到预算问题，是否有社会的赞助者，比如当地的公益事业组织或者园艺俱乐部来承担这一责任？

场地设施

68. 是否有多样化的座位，包括可移动的椅子和直角相交布置的座位，强调用木制而不是金属或混凝土，并且有靠背与扶手？

69. 座位对停留一个小时或更长时间的人来说，是否舒服？

70. 长椅的摆置是否面对着风景或呈环状而不是排成一排？

71. 是否安排了一些长凳及桌子，伞桌有可移动的椅子吗？

72. 在所有的门附近以及社交及步行区域内是否有垃圾箱？

73. 固定的座位中是否有一些的方位对着景色和阳光？

74. 栽植是否在一些座位周围形成了围合感？

75. 户外空间中是否有新奇而令人记忆长久的事物，例如喷泉、鸟笼或者特别的景色？

76. 设计中是否包括了一个装饰性的喷泉？

77. 在户外空间内或附近是否有自动饮水器和通向浴室的道路？

78. 是否考虑设置一处信息亭或者公告板？

79. 是否提供了能调节气候的要素，以延长户外空间在全年中的使用？

储存和装备区域

80. 是否有连接户外空间最好是直接通向户外空间的一般储藏室，以储存可移动的椅子、小工具、节日装饰品、维护工具、治疗装备及类似物品？

81. 在所有的户外空间中是否有电源插座，既利于紧急护理，又可用于电炉、CD播放器等？

监护/安全

82. 是否考虑了雇佣一个受过培训的监护者或者寻找一个自愿者来管理较大的户外空间，让更多的病人在不需要正规护理人员在场的情况下也能使用它？

83. 是否有紧急电话可以让病人或探访者呼救？

使用状况评价 8

克莱尔·库珀·马库斯

卡罗琳·弗朗西斯

本书中的设计建议大多源于对现有户外空间的研究——它们如何被利用，哪些地方成功了，以及哪些要素常常受到忽视。这种从使用者的角度出发，对经过设计并正被使用的设施进行系统评价的研究称为使用状况评价（Post Occupancy Evaluation，POE）。在一篇很有启发意义的介绍POE方法的文章中，作者指出："使用状况评价是一种利用系统、严格的方法对建成并使用一段时间后的建筑（户外空间）进行评价的过程。POE的重点在于使用者及其需求，通过深入分析以往设计决策的影响及建筑的运作情况来为将来的建筑设计提供坚实的基础。"［普里瑟（Preiser）、W·F·E、H·Z·拉比诺维茨（H.Z.Rabinowitz）和E·T·怀特（E.T.White），1988年，P.3］

这种研究至少在四个方面非常有用，且能提供丰富的信息：①在教学领域里，景观设计、建筑或城市设计专业的学生既可从中学习研究方法，又能深刻地了解人与空间之间的相互作用。这种方法可以提高他们的设计能力，同时保证图板上的设计方案是建立在对类似空间运作情况的理解上的；②在职业领域中，如果手头的设计任务是重新设计一个明显无法满足现状需求的公园、游戏场或开放空间，进行经济实用的系统化评价可以为设计人员提供空间使用情况的信息，这些信息反过来又可以加深设计人员的认识并完善最终的设计；③在职业领域中，当设计任务是设计新的城市广场、公园、校园广场的时候，对类似文化背景和气候区中相似空间的系统评价可以为设计提供重要信息，从而丰富和检验提交的设计成果；④可以作为项目间歇期间的员工培训。

尽管对于任何建筑和户外空间的设计来说，在若干年后进行POE研究是非常值得推荐并相当有用的，但由于资金问题和时间的压力，专业人员很少真正开展此项工作。在大多数情况下，设计师和他们的委托人只是主观臆断地从这样的评价中学到一点东西，而且有一些人会觉得这种途径——它可以揭露出设计中的失误和疏漏——多少会对自己造成威胁。由于这种原因及另外一些原因——例如缺少对社会调查方法的了解，美国大多数有关POE的理论和实践工作是由学术界和设计专业的学生完成的。例如威斯康星大学建筑系的师生们在关于POE的研究论文方面成果颇丰，他们还制定出有大量有关各种类型的建筑的一系列设计导则，包括老年人住宅、早老性痴呆病人的服务设施、儿童博物馆和托儿所等。新墨西哥州大学建筑系的学生也在沃尔夫冈·F·E·普里瑟的指导下，发表了很多关于老人护理中心的POE研究论文，此外还有关于家庭住宅、校园户外空间等方面的研究。其他重视这种方法的院系的师生在POE领域也做了很多有价值的研究，包括伊利诺斯大学尚佩恩－厄巴纳分校、加州大学伯克利分校和戴维斯分校等学校的景观设计系，亚利桑那大学、犹他大学和纽约城市大学等学校的心理系，伊利诺伊大学、芝加哥大学、马里兰大学、新泽西理工学院、北加州州立大学等学校的建筑系（值得注意的是常青藤学院各成员不在其中，它更强调形式主义的和理论上的设计途径，而不重视社会的或生态的设计方法）。

在欧洲，POE的研究则是另一种情形，在那里，政府部门往往负责系统的评价研究。例如在英国，建筑研究站（the Building Research Station）除了经常调查建筑材料、建筑方法等之外，有时也进行用户反馈信息的研究［案例见霍尔（Hole），1966年］。英国住宅部（Ministry of Housing）（后来是环境部）长久以来一直包括一个社会研究分部，负责对原来的低收入住宅项目、老人住宅和高层住宅等作系统的 POE 研究［例子可参加住宅部和地方政府（Ministry of Housing and Local Government），1968 年，1969 年，1970 年］。这些研究以图例精美、内容丰富的报告的形式通过皇家出版部（Her Majesty's Stationery Office）［相当于美国的政府出版局（the Government Printing Office）］出版，他们的研究方法对于北美早期 POE 的研究有很大的影响（案例参见库珀，1975 年；蔡塞尔和格里芬，1975 年；贝克尔，1974 年）。不幸的是，这些研究部门后来因为预算削减而解散。

然而在挪威、瑞典、丹麦和新西兰，政府资助的 POE 研究仍在继续。西欧 POE 研究大大增加的原因是政府开始对福利住房、医疗设施、托儿所等的设计和建设投入更多的资金和注意力。当政府投入资金有限的时候，人们自然就会关注资金是如何被花费的，以及与建筑的实际运作情况相比，设计被实现的情况如何。而美国由于着重依靠的是私人资金，因此似乎很少有委托人关注对以往建筑和户外空间的运作情况的评价。当委托人不太可能再资助另一个类似的开发项目的时候，他们就没有什么动力去回顾并评价原有项目的对错。只有那些专门从事特定类型建筑设计的大公司可能是例外，例如专门设计医院、图书馆、校园、剧院等建筑的公司。在这种情况下，非正式的反馈意见无疑将影响以后的设计，尽管这还不是一个系统客观的 POE 研究。

评价的层次和类型

当然，我们可以在多种不同层次的细节上来评价一个场所。去餐厅吃饭时，我们通过菜单、费用、装修、位置、噪声、服务等来评价这个餐厅。作为设计师，我们在考察或经过一个空间时，总会自觉或不自觉地评价它。它们与这里所说的 POE 的不同之处在于：POE 是一种系统的方法（记录、分析、成文），它更多地基于功能或用途，而不单单是美学。当然，美学会影响使用和享受，但美学 / 设计准则往往评价的只是形式，而这里介绍的评价方法则关注人和形式的相互作用。

以下介绍两个层次的评价方法：第一种是基于人们需求的设计评价。这种评价可以在比较短的时间内，用简单方法找出人们身处、看待和使用空间的方式。这可被称为一种信息丰富的报刊评论。第二个层次的评价，即使用状况评价，需要花费更多的时间和精力以及使用更系统的社会科学方法。前一种的评价可能最多只需两个半天就可以完成实地考察，而后者则可能需要四或五个半天的实地考察。

在教学活动中，第一种评价最好选择使用率较高的地方（例如市中心或校园广场），因为那里有足够的东西可以观察。几周后，最好跟着进行第二个层次的评价，但需要一个内容和使用方式更为多样的环境，例如邻里公园或住宅区中的户外空间。对于职业领域而言，选择何种合适的方法取决于可支配的时间、周围环境和具体的用户信息等。这里，我们鼓励读者对本书所提的建议结合具体情况进行调整和增添。如果想了解下文谈及的数据采集方法的详细信息，读者可以直接参阅两本优秀的著作：约翰·蔡塞尔的《设计调查：环境行为研究的工具》（Inquiry by Design: Tools for Environment–Behavior Research）（1981 年），以及罗伯特·贝克特尔（Robert Bechtel）、罗弗特·马兰斯（Rovert Marans）和威廉姆·米切尔森（William Michelson）合编的《环境和行为研究的方法》（Methods in Environmental and Behavioral Research）（1987 年）。

基于人们需求的设计评价

作为一个学习的过程，研究两个具有比较性的环境是很有裨益的：例如两个校园广场或两个小型公园。这种比较研究的方法很重要，它能突出主要的设计要素，并挑战所谓"在任何环境中观察到的使用情况都具有代表性"这一臆断。其目的在于鼓励更敏锐的观察和深入思考所观察到的情况。

评价方法

这里所用的方法包括非参与观察和参与观察，二者都有广泛的应用。该方法的优点在于：只需花费很少的时间就可以获得许多对空间实际使用情况的深刻认识——相对于在工作室或办公室里研究场地规划方案来进行猜想，这是一个巨大的进步。

过程

　　每个研究区域应至少考察两次（越多越好），每次考察每个地点至少应花上一个小时。考察应在使用高峰期间——例如，城市广场主要用于白领人员午餐时间的使用，因此，考察最好就定在某个工作日的午餐时间（从上午 11 点 45 分到下午 1 点 30 分之间）。如果在周末再考察一次将会更好，但至少应在工作日的午餐时间内考察两次。

　　每次考察，都应花上至少半个小时去观察如下的东西：

　　谁在使用这个场地？（男人？女人？夫妇？一群人？单身？老年人？年轻人？……）

　　哪里是他们喜欢去的地方？（阳光下？阴影中？某种特殊形式的休息区？还是随便什么地方？）

　　什么是他们最主要的活动？（吃东西？交谈？观望？打盹？……）

　　尽管在一开始将这些问题分开来看是有帮助的，但它们必须综合起来形成对场地的细致描述，以回答"谁，在什么地方，和谁，在干什么？"的问题。例如，男人们是不是常独自坐在入口处的长椅上，吃着东西并看着过往行人，而女人们则喜欢成双结对地坐在喷泉边上交谈？观察得越细致，所提出的设计修改意见就会越好。

　　在考察过程中，要做现场笔记，不要单纯依赖记忆——即使你能记住一些基本的规律，许多细节也会被遗忘。在考察中，考察者应亲身参与到这个地方最寻常的活动中去——例如在城市广场上吃午餐，同时注意作为一个广场使用者的感受。在对其他使用者进行客观观察（非参与观察）的基础上加上自己对周围环境的主观感受（参与观察），就可以获得对该空间利用的另一个层面上的认识。为什么会观察到一些现象的原因也会变得清晰起来——例如，坐在背阴处太冷！值得注意的是：不要认为所有人都有相同的心理反应或动机，尤其当他们的年龄、性别和文化背景等都不同时，这一点很重要。考察者自己的感受可能会解释其他人的行为，但是对于一个客观细致的研究，这些感受必须和客观的数据采集方法结合起来，例如访谈或问卷调查等，以验证考察者的直觉是否正确。

改进建议

　　完成数据收集工作以后，要从观察到的结果中总结出合理改造、增建、调整每一空间的简要列表，这会有助于形成更成功的人性场所——一个可以充分满足使用者需求的环境。"合理"意味着在考察者认识能力范围内具有可操作性，例如增加座椅、改造水景等，而要拆除附近的楼房则显然太离谱。要记住，环境的成功既依赖于空间设计，也取决于所提供的服务设施（餐饮服务、有组织的活动、娱乐等）。如果这是一次课堂作业，那么改进建议中应包括所有适合该场地的服务设施，不必因顾虑投资预算而放弃任何有用的建议；可以假设融资不成问题。而如果是一个实际项目，设计师就可能需要了解委托人的大致意图和资金情况，但设计师也应该向委托人建议提供一些场地需要的服务设施，即使这可能超出了预算。

报告的结构

　　场地评价报告应根据下列的结构进行组织：

1. 场地位置和名称。

1a. 场地平面草图（见图 8-1）。

2. 空间及相邻环境的简单描述。

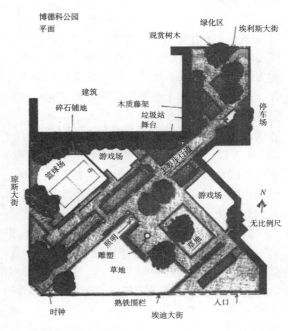

图8-1　博德科公园的平面

2a. 区位图（见图 8-2）。

3. 通过非参与观察得到的使用者活动的概要描述（谁，和什么人，在什么地方，在干什么）。

4. 通过参与观察对空间进行的评价（作为使用者的感受是什么）。

5. 对场地是否符合人性场所的要求进行综合评价（它是报告评论部分的主体）。

6. 简述对设计及服务的改进建议，以使该环境成为能满足人们使用和享受的空间。

6a. 改进建议的平面草图（见图 8-3）。

如果是作为课堂作业，在两篇评价报告后要有一段总结性的文字，从人性场所的角度就两个空间的成功之处进行比较。

插图必须包括各个空间的彩色平面简图，位于每篇文章的开始处，作为广场文字说明的补充。鼓励使用其他照片或图件，但需配上含义明确的标题，并和正文结合起来（排在相关文字附近），而不是都堆在报告最后（正在准备作品集的学生应把这个练习作为专业的设计评价报告来写作和排版。雇主需要的是具有广泛能力的设计师——除了设计能力以外，他们还重视写作能力和研究能力）。

使用状况评价

和上一种方法相比，这是一种更系统、更完整的评价现状环境的方法。POE 研究采用多种研究方法，使研究人员和从业人员更熟悉和胜任工作，同时可多方面了解所研究环境的情况，包括其被使用、被误用和被弃用的情况。景观设计专业的学生在评价邻里公园时应该采用这一方法，因为：①公园的服务对象非常广泛，包括幼儿、青少年以及老年人。同时，公园里有各种各样的活动，包括闲逛、锻炼、以及有组织的团体运动等——因此，所要研究的需求就相当复杂；②作为公共场所的一部分，公园可以随意进入，便于开展评价研究；③在学生们的职业生涯中，公园是他们很可能会设计的空间类型。除了教育领域之外，POE 评价过程还适用于其他广阔的领域；对于职业人员来说，接近某一空间类型并不是问题。

图8-2　旧金山市博德科公园及滕德洛茵地区的区位图

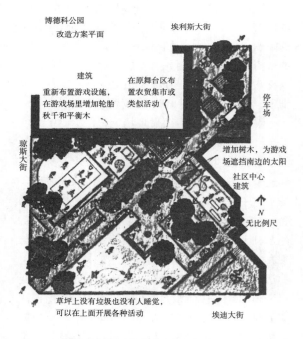

图8-3　博德科公园的改造设计方案

目标

这里介绍的是一种从使用者的角度对所设计的空间进行系统评价的方法。在职业实践中，这种方法至少有助于以下两种情况：

1. 重新设计某一公园、游戏场、或不合时宜的开放空间。空间的功能将得到评价，所收集到的信息将用于重新设计的方案之中。

2. 设计新的邻里公园。为了出色地完成设计，应对现有的公园进行评价以了解空间的使用情况，并将收集的信息用于新公园的设计方案中。

方法

参与观察

在开始采集数据之前，最好先花点时间作为参与者来对所选择的场地进行一番主观感受。考察者可以舒舒服服地坐在一个视线不错的地方，利用几分钟来放松自己，深呼吸，让自己真正进入这个环境。尝试抛下目前的烦恼，集中精力于下面的任务。花上半个小时，让自己全身心地进入状态。

取出笔记本，记录下此时此地你的所感所想。试着集中至少 5 分钟的时间去关注每一种主要感受。

- 视觉：你看见了什么？是什么吸引了你的视线？你注意到了什么颜色和纹理？空间尺度怎样？你的视域是封闭的，还是视线可以穿越到空间以外？在这个空间里你还可以看见谁？他们是什么类型的人，正在做什么，他们的情绪怎样（放松、狂乱、厌倦、繁忙）？

- 与此同时，记录下你所看见的事物以及你的感受。这些景象让你感到愉快还是悲伤？这个空间是令人放松、令人不适，还是令人乏味？其他人的存在是丰富了空间，还是造成了混乱？有没有特别的人、活动或群体吸引了你的注意力，或是让你感到了不适？

- 听觉：把你的眼睛闭上几分钟，让你的耳朵仔细聆听你可以听到的东西。那里有些什么声音？声源在哪里？这些声音是让你平静还是让你不安？你能想象别人对这些声音做出什么反应吗？

- 触觉：感受这个空间。用手和身体的其他部位接触这个空间。你感受到了怎样的纹理、温度和品质？你能感觉到空气流动或温度变化吗？这些触觉让你有什么感觉（安全、舒适、厌恶、厌倦）？触觉可以丰富或证实我们的所见所闻。

- 嗅觉和味觉：闭上你的眼睛，用鼻子闻这个地方。你闻到了什么？这个地方闻起来是新鲜的、令人窒息的，还是陈腐的、清新的，或是素雅的？这里有什么东西可以尝吗？这里是不是适合吃东西或随便喝点什么？下次考察时，可以自己带点食物在那里试试。

记录所见所感没有一定的模式或顺序。以上列出的问题是为了促使你有意识的进行感觉体验，帮助你感受一个场所的内涵，以及它是怎样为你或为别人服务的。具体怎样记录你的感受则由你来决定，但采用意识流的记录方法，即没有逗号和句号地记录下你的感受常常最能揭示出问题。

偶尔，我们也会要求学生在感受之后以公园自己的语气写一篇文章。比如"我是辛达·罗斯公园（Cedar Rose Park）。我的感觉是……"这种文章常具有惊人的洞察力，一针见血地指出公园的优点和存在的问题。

草图和初步场地观察

- 画一张场地的平面草图；这对于以下的活动很有用处。复印几份草图，以用于不同的数据采集过程。图中应包括场地的各种要素——边界、入口、道路、设施、主要植物、运动场或游戏设备等。在主要的详图上标出这些要素的材质情况（用不同的图注或颜色表示），例如木质长椅、混凝土长椅、碎石小路、沥青路等（见图 8-4，C-58）。

标注并描述场地周围的环境。绘制一张区位图，用于最后报告里的文字描述部分（见图 8-5）。图中应该包括：周围的土地利用状况，场地内外的视线情况，场地的通达情况（道路、停车场、公交路线等）。特别要标注场地周围的单位，如学校、教堂、老人住宅等，因为这可能会影响谁来使用场地和如何使用场地。还要描述一些有关公园社会背景的情况：谁在周围工作或生活？谁可能会使用这个场地？

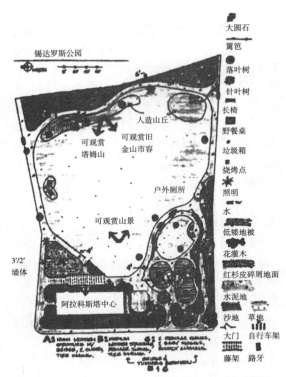

图例（从上到下）：大圆石、篱笆、落叶树、针叶树、长椅、野餐桌、垃圾箱、烧烤点、照明、水、低矮地被、花灌木、红杉皮碎屑地面、水泥地、沙地、草地、大门、自行车架、藤架、路牙

锡达罗斯公园

人造山丘

可观赏旧金山市容

可观赏塔姆山

户外厕所

可观赏山景

3'/2'墙体

阿拉科斯塔中心

图8-4　伯克利市锡达罗斯公园（Cedar Rose Park）的平面

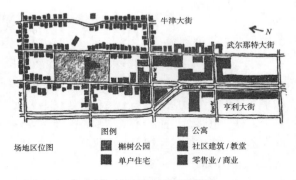

牛津大街
武尔那特大街
亨利大街
N

场地区位图

图例　公寓　榉树公园　社区建筑/教堂　单户住宅　零售业/商业

图8-5　伯克利市榉树公园的场地区位图

场地的功能分区

现在来看空间设计本身。试着指出设计师在平面布局时所分出的主要活动空间和亚空间，以及他/她给各分区设定的功能。重构出原设计之前的功能结构圈图：在场地平面图复印件上画出这些功能圈，赋予每个圈一个标识（例如：中心散步草坪、安静休息区、幼儿游戏区、入口广场）（见图8-6，C-59）。最后针对每个分区都写下设

计师将潜在功能和最终用户联系起来的途径。例如，网球场的形式和设计就能明确表达其用途；而一大片均质草坪则适于各种活动，这样的信息对于使用者来说显然是模棱两可的；另外一个区域，其本意是服务于特定活动或特定群体的，但由于其功能未能得以明确表达而造成目前使用者和使用情况与原先意图的冲突。

这部分评价内容是为了鼓励对空间的仔细观察和对潜在使用者（而不是其他受过专业训练的设计师）如何感知和解读场所的认真分析。这个功能圈图应覆盖整个场地；如果有区域空白出来或看起来没有清晰的功能，也应把它们标注出来。这就警告你在重新设计中需要注意这些地方，并给出原设计中没有的功能。记住，有些空间的功能被有意识设计得模棱两可，这可以给使用者以更大的选择范围，但也有些空间由于功能含糊不清，造成一些冲突、矛盾或误用。

从管理部门得到的信息

下一步，在另一张场地平面复印图上标注出来自公园管理部门或其他管理单位在场地内通告潜在使用者的信息（见图8-7）。这些信息可以是文字（例如"勿入草坪"），也可以是象征性的（灌木丛外的栅栏并不是原设计中的一部分，这就意味着"请勿入内"）。注明每一条信息的语气是强

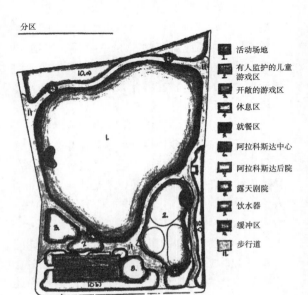

分区

图例（从上到下）：活动场地、有人监护的儿童游戏区、开敞的游戏区、休息区、就餐区、阿拉科斯达中心、阿拉科斯达后院、露天剧院、饮水器、缓冲区、步行道

图8-6　锡达罗斯公园的功能分区

WILLARD PARK
A POST-OCCUPANCY EVALUATION

MESSAGES FROM PARK ADMINISTRATORS
Messages from park administrators are generally weak and do not affect how the park is used. The main sign listing regulations is located on the fence surrounding the northern tennis court. It is obscurely situated at the top edge of the fence and probably goes unnoticed by the majority of users.

The sign reads:

CITY OF BERKELEY
Welcome to your Park

Open 6 a.m. to 10 p.m.

Dogs must be on leash.

Dog litter must be removed.

Alcoholic beverages littering, motorized vehicles and overnight camping are not permitted.

Enjoy a clean and Healthful Park

Dogs are rarely on leashes, but dog litter is removed and does not seem to be a problem.

The only rule that is really reinforced is the one against overnight camping. The homeless who generally stay in the park during the day are kicked out by police at 10 p.m.

Another sign prohibits skateboarding, while another lists regulations regarding the tennis courts, which are used for City of Berkeley tennis lessons.

Park regulations are listed on an obscure sign situated high up on a fence enclosing the tennis court. It is not highly visible and most of the rules are not strictly reinforced.

Despite the rule, a large number of dog owners let their dogs run around freely. In fact, a group of dog owners regularly bring their dogs to Willard Park in the evenings so that they can run around freely, play and get some exercise.

PAGE 13

图8-7　伯克利市威尔德公园中的管理信息

烈的（意图明确，使用者将不得不遵从）还是平缓的（意图不明确，使用者可以不顾这一命令）。

行为痕迹

　　每一次考察都要走遍整个公园，仔细观察环境中人们留下的行为痕迹或线索（例如某一长椅旁留下的烟头）。在不能直接对行为进行观察时，这些痕迹有助于理解在公园中发生的情况。用符号将这些情况在公园草图上标出来（见图8-8）。

　　这些痕迹能告诉人们哪些关于这个空间使用的信息？行为痕迹的存在表明在公园里有着某种活动，而这样的活动可能是设计师或管理部门所希望的，也可能是他们所不允许的。一个残破的球场并不说明是误用的结果，而可能是使用率太高。行为痕迹还可以提供有关场地内不能满足的需求方面的线索（例如公园里有很多乱扔的东西，说明那里可能没有足够的垃圾箱；如果在游戏区旁有被破坏的设施，说明这里没有足够的维护）。

如果缺少行为痕迹则说明使用率不高或维护的水平很高（不太可能是这种情况）。

　　场地上的行为痕迹有三种基本情况。第一种是积累型痕迹，即由物质碎片（烟头、空啤酒瓶、糖纸、狗屎等）逐渐积累起来的痕迹，这类痕迹是最容易被观察到的；它们说明在场地上发生过相关的活动（虽然垃圾到处都是），因此分析某种活动发生的空间时应特别仔细。第二种最常见的痕迹是磨损型痕迹，即环境中某些东西的磨损（穿越矮灌木踩出的小路、长椅上剥落的油漆、游戏设施下松动的铺材等）。磨损是环境被人使用的标志，有时这种磨损出人意料，而有时则是特意设计成这样的。当维护预算和维修频率减少的时候，公园更易于遭到磨损作用的破坏。最后一种值得注意观察的，也是最容易被忽略的痕迹是在某些地方该有却没有的痕迹。例如，如果沙地中没有脚印、没有挖出的沙洞或建成的沙堡，甚至没有自行车轮胎印，这就说明那片用来玩耍的沙地并没有为人使用。当然，也有可能公园的工作人员在考察人员到来前20分钟已经把过了沙地。这就需要在每次实地考察的时候造访该地区，以注意情况是发生了改变还是保持原样。

行为痕迹

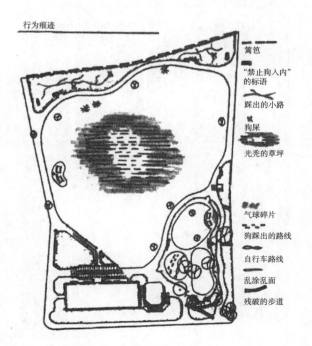

篱笆

"禁止狗入内"的标语

踩出的小路

狗屎

光秃的草坪

气球碎片

狗踩出的路线

自行车路线

乱涂乱画

残破的步道

图8-8　锡达罗斯公园中的行为痕迹

活动注记

至少要用四个单独的半小时来观察公园中的实际活动情况。观察时间最好在不同天的不同时段，例如：一个工作日和一个周末的上午，再加上一个工作日和一个周末的下午。

每次考察都要完整地记录所有在空间里发生的情况，包括人们的年龄、性别、种族、活动类型和地点（另外，还可以有选择性地加上自己感兴趣的其他要素）。每次考察都应选择一条可以依次穿越场地每一部分的路线，途中要停留并在一张底图上用点记录下所有人的位置（见图8-9）。迅速地计算点的总数，并在数据表中记下每个人的年龄、性别、种族和活动（见图 8-10）。如果被观察的某人是静止的，那么就在底图上记一个点，而当某人正在移动，就在点上加一个小箭头指示此人的移动方向。随着考察者在公园中穿行，一张底图上就会记录下整个区域内人们的活动。如果同一个人被注记了不只一次，不用担心！因为在同时，你可能错过了经过你面前的另外一个人。显然，整个注记过程在公园使用高峰时要花更多的时间，而在非高峰的时段则费时较少。

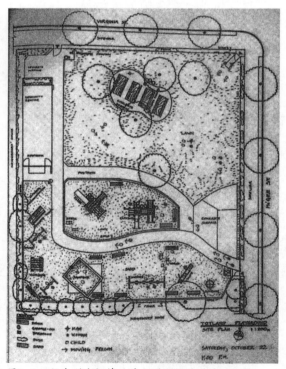

图8-9　伯克利市托特兰德小型公园的活动注记图

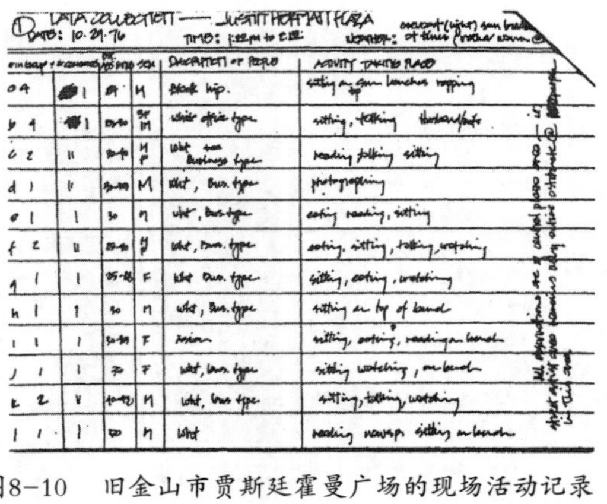

图8-10　旧金山市贾斯廷霍曼广场的现场活动记录

以后的三次考察中都重复这个注记过程，每次都从一张新的底图开始，并用新的编号方式来标明人们从事的活动，然后及时记录在新的数据表中。场地调查用的底图和数据表应标有观察的日期和时间，以及天气、气温等相关情况，因为这些因素可能会影响公园的使用。例如，如果天正下雨或格外寒冷，可能几乎观察不到什么人。如果这种天气情况没有被记录下来，你和读者可能会对观察结果产生错误理解，误认为可能是人们对场地设施没有兴趣。这一部分内容的目的在于：细致地记录下来在一定的采样时间里公园是如何被人们使用的。将数据结果汇总起来可能会发现：例如，男性使用者占大多数，或某一特定的种族群或年龄群占大多数，这就表明别的群体在公园里遭排斥，因为公园中没有什么可以吸引他们，或者周围社区的人口构成造成了公园使用情况的不正常。

访谈

每次考察场地时，应非正式地与两三位典型的使用者交谈，就是说：如果观察结果显示某市中心广场的主要使用者是①稍事休息的办公职员；②时间充裕的老人；③在此休息的购物者，那么考察者就应在每次考察中分别同每种类型的人交谈。"非正式的访谈"就是指根据一系列准备好的问题进行闲聊，从而了解到他们为什么会来到这个地方？他们在这里干什么？他们多久来一次？他们要待多长时间？他们最喜欢这里的哪一点？他们希望看到哪些变化？……等等。如果他们希望看到的变化是“把那些淘气的小孩赶走”，那这就是他们的要求。这种要求不一定要落实到设计中，但这表明了不同使用者之间的冲突，在改进建议中应考虑补救方式。在收集公园使用情况以及使用者对公园的意见和看法时，注意尽可能地保持客观是很重要的。在进行重新设计的时候，提出的某些修改建议可能会被剔除，因为这些建议可能是极端的观点，也可能是因为这些建议与其他使用者的权利相冲突等，这就需要对接受或剔除这些建议的原因作出解释。在POE的报告中，需要就每一次访谈情况写一篇报道性文章，例如，“被访者A是一个穿着考究的中年男性白人。他每天来公园吃午饭。他……”。

如果需要收集大量的这类数据，那就要非常仔细地设计问卷；关于设计问卷的程序，你可以去咨询专家或参考相关文献（例如，蔡塞尔，1981年；贝克特尔，马兰斯和米切尔森，1987年）；之后要将问卷做预测试。在公园使用者填写并返回问卷后，还要根据上述文献来检查问卷是否符合要求；然后进行访谈调查，研究者问被访者相关问题并记录他们的回答。以上工作程序比较适合于小规模的高级设计班，以及设计工作很需要具体数据的专业设计部门。

数据整理

这时，开始分析你所收集到的数据：

• 把观察行为痕迹得到的数据集中在一张底图上（见图8-8）。

• 把通过活动注记收集到的数据集中在几张新的底图上，以显示不同性别、活动、年龄群等的整体使用情况。（见图C-12，C-60，C-61，C-62）。这其中哪个是重要的将取决于特定的场地及其周围环境情况。此外，在一张底图上将四次考察时所有观察到的使用者都标注上去，以显示场地的整体使用方式；这张图也将显示出哪些地方使用过度，哪些地方使用不足（见图8-11，8-12，C-59）。

• 汇总数据表并画出柱状图，根据性别、年龄、活动类型进行使用人数的比较（见图8-13，C-63，C-64，C-65）。然后确定出哪些是影响场地使用的重要因素。柱状图和汇总后的场地使用图可以让人很快地了解到场地的整体使用情况，并使复杂的观察结果更易于让研究者和读者理解。非常重要的是，在全过程中都要仔细考虑哪些是必须表达清楚的。可以将图与文本中的叙述性文字相结合，但要避免过多的图表——多并不意味着更好！尽量选择最有助于突出重点的工具。

PARK USER BEHAVIOUR DATA　　TABLE 1

ACTIVITY	AGE (YRS) 0-12		13-20		21-35		36-55		55+		RACE WHITE		BLACK		HISPANIC		OTHER		SEX		TOTAL
	M	F	M	F	M	F	M	F	M	F	M	F	M	F	M	F	M	F	M	F	
1. Sitting on bench ...reading, talking, watching etc.	2	4			38	26	7	1			28	18	16	6	1	1	2	6	47	31	78 (18%)
2. Sitting/lying on grass... reading, talking, watching etc.					27	20	17				40	20	3						44	20	64 (15%)
3. Playing informal ball games, volley ball, football, soccer, basketball	17	4	4	2	19	11	2	1			31	14	7	2	4	1		1	42	18	60 (14%)
4. Walking, traversing park, jogging	2	5			24	15	5	6	1		28	24	1	1	2		1	1	32	26	58 (14%)
5. Playing tennis, hitting up.	1			1	24	11	5				27	11	1					1	28	12	40 (9%)
6. Playing in tot lot/ children play area	9	20			1	1					8	8	1	5	1	8			10	21	31 (7%)
7. Walking dog/ Playing with dog					12	11	2	3			14	14							14	14	28 (7%)
8. Sleeping					7	2	7				13	2	1						14	2	16 (4%)
9. Picnicking	1	1	1		1	4		6			1	8			2	2		1	3	11	14 (3%)
10. Playing frisbee			2		5		1				8								8		8 (2%)
11. Sitting at tables	1	1		2	1	1						3	2	1					2	4	6 (1%)
12. Sunbathing					5		1				6								6		6 (1%)
13. Playing musical instruments/ doing martial arts					3	1	1	1			2		2			2			4	2	6 (1%)
14. Playing hacky-sack					3	2					3	2							3	2	5 (1%)
TOTAL	33	37	7	5	172	109	47	18	1		214	128	34	15	10	14	3	11	260	169	
	70 (16%)		12 (3%)		281 (65%)		65 (15%)		1		342 (80%)		49 (12%)		24 (5%)		14 (3%)		61%	39%	429

图8-11　*活动注记数据汇总*

使用分析

根据汇总的数据、访谈记录以及参与观察的内容，对下列几点进行描述和分析。这需要根据所获得的事实（而非主观判断）进行综合和分析。这个过程是困难的，但却是报告中最关键的部分，日后重新设计将全部依赖于它。

• 谁在使用该空间？他们如何使用这片场地和各分区？细致描述这些内容，并与活动和行为痕迹图以及功能分区图对应起来。有哪些潜在的使用者（居住或工作在附近的人群）没有在考察中被观察到？

• 根据数据资料和推测来回答这个问题：为什么会出现这样的使用（或无人使用）情况？

• 特别要注意并描述：所观察到的实际使用情况与设计师或管理部门希望安排的活动相矛盾的地方。对于每种这样的情况，都应考虑矛盾

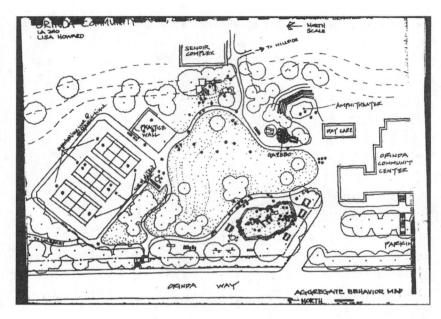

图8-12 加州奥林达市的奥林达社区公园的活动汇总图

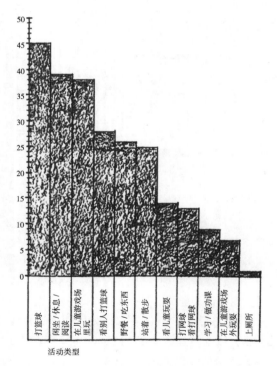

图8-13 伯克利市槲树公园的活动情况柱状图

是怎样产生的：是不是设计意图不够清晰，因此无法引导使用者？预期的使用者是否与现有的使用者完全没有关系？管理者发布的公告语气是否太弱或不合适？还是设计师和管理部门所希望的是完全不同的人群？

- 场地上哪些部分运作得很好？人们对哪些地方感到高兴？是什么造成了那么高的使用率？哪些设计措施方便了人们的使用及为什么会这样？
- 哪些地方没人使用或使用率不高？有没有什么地方被误用、被破坏或得不到维护？

确定问题和重新设计

在使用分析的基础上找出场地上存在的问题和矛盾。将误用、使用率不足、过度使用、不协调的使用与设计师或管理部门的意图、访谈中提出的问题和自己的观察结合起来考虑。在这一阶段，你可以引入自己作为设计师的经验和相关知识——来决定满足特定需求的最佳途径，并且充分利用机会来明晰或强化现有设计。

设计不能和管理相脱离。有些问题完全可通过管理来解决。例如在公园里某个黑暗角落，可以通过保持照明一直到深夜的方法来促进使用和增加安全感。另外，有些设计改进的有效实施有赖于有效的管理：例如，公园里的黑暗角落即使布置有新的照明设施，但如果它不能保证足够长的照明时间或得不到很好的维护，也同样是于事无补。

依次列出和说明场地上的问题。就每个问题提出适当的设计和管理的改进意见并在图上表示出来，提出的问题和设计改进建议应一一对应起来（见图 8-14，8-15，8-16）。

最终报告

整篇报告中的文字和图片都应清楚地匹配起来。

最终的报告应包括以下部分。

1. 所研究公园的社会和自然情况概述。

1a. 场地平面草图，包括各种设施和植物（见图 8-4，C-58）。

2. 周围邻里环境的社会和自然情况概述。

2a. 场地区位图，应表示出周围的土地利用情况（居住区、商业区等），并定出公园与街道、汽车站及附近单位的相对位置（见图 8-5）。

3. 参与观察的成果——你是如何感受这个公园的。

4. 对设计师所作功能分区的讨论。哪些分区功能表达明确？而哪些分区则是模棱两可的？模棱两可的功能是故意还是疏忽的结果？

4a. 在图中标明公园里的所有功能区（见图 8-6，C-59）。

5. 列出公园管理部门向使用者传达的信息，附上相应的平面图（见如 8-7）。

6. 分析场地上发现的行为痕迹。

6a. 所有观察到的行为痕迹的位置分布图。在一张平面图上用符号注明,包括对符号的说明（见图 8-7）。

7. 访谈结果的总结。

8. 数据汇总后的图表（柱状图和活动注记图）（见图 8-11，8-13，C-65）。

9. 在数据基础上进行使用分析得出的结论。

10. 确定问题和重新设计，包括 8.5 英寸 ×11 英寸（约 21.6cm×27.9cm）的设计改进平面图（见图 8-14，8-15，8-16）。

11. 实地调查的草图和数据表作为附件附在最后（见图 8-9，8-10）。

其他思考

如果在数据收集过程之前，考察者曾与最初的设计师、公园管理者和维护人员进行过一对一的交谈，那 POE 研究将大大丰富，因为这样可以在 POE 过程中特别关注某些特定的区域，进行仔细的观察。如果时间允许的话，对场地的档案材

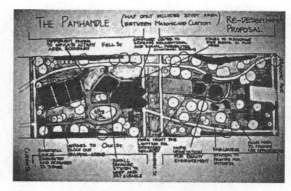

图8-14　旧金山市金门公园中潘汉德勒地区的重新设计方案

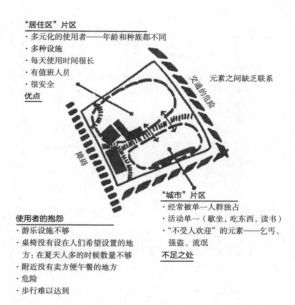

图8-15　加州奥克兰市莫斯沃德公园（Mosswood Park）的问题分析

料进行研究也是很有帮助的，包括场地历史、以前的改造设计、安全记录、事故报告等。

最后，我们想再次强调公众参与的价值。最好召开一些讨论会来把 POE 研究的成果反馈回大家，特别当研究成果将成为对现有设施进行重新改造的基础的时候。尽管将成果公布在公众的严格检查之下有些令人胆怯，但为了借助汇报或讨论的机会对成果进行修订和丰富，这也是值得的。即使考察成果引起某些人或某类人群的争议，但这也有助于你在项目继续之前认识到他们的观点，因为当公众对社区空间的感受出现分异的时候，你会发现改造设计的成功面临着重重障碍，

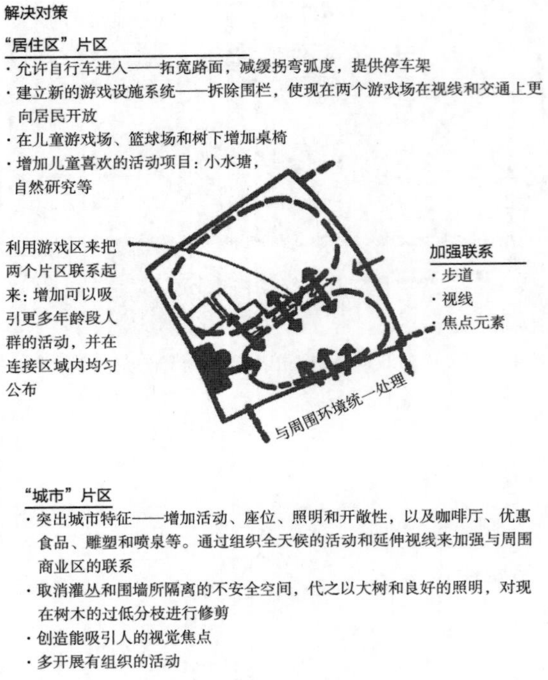

解决对策

"居住区"片区

· 允许自行车进入——拓宽路面，减缓拐弯弧度，提供停车架
· 建立新的游戏设施系统——拆除围栏，使现在两个游戏场在视线和交通上更向居民开放
· 在儿童游戏场、篮球场和树下增加桌椅
· 增加儿童喜欢的活动项目：小水塘、自然研究等

利用游戏区来把两个片区联系起来：增加可以吸引更多年龄段人群的活动，并在连接区域内均匀公布

加强联系

· 步道
· 视线
· 焦点元素

与周围环境统一处理

"城市"片区

· 突出城市特征——增加活动、座位、照明和开敞性，以及咖啡厅、优惠食品、雕塑和喷泉等。通过组织全天候的活动和延伸视线来加强与周围商业区的联系
· 取消灌丛和围墙所隔离的不安全空间，代之以大树和良好的照明，对现在树木的过低分枝进行修剪
· 创造能吸引人的视觉焦点
· 多开展有组织的活动

图8-16　奥克兰市莫斯沃德公园设计改进建议

除非不同的人群都参与到该过程中来并知道自己的观点已被接纳。

　　如果上述的 POE 工作只是学生的教学作业，最好不要在报告中包括结论性的建议（与主要被调查者的谈话记录、档案材料的研究、向社区的展示等），因为这样可能会过于干涉地方部门和地方群体。然而，如果改进设计是由一个设计部门承担，或学生对场地的研究是重新设计的一部分，那么所有附加的工作都是合适和必要的。

结论

　　对于大多数设计项目，设计流程依次是预先研究、任务计划、各种方案、最终方案、施工图和施工。在建筑或户外空间建成以后，设计队伍常常就转移到另一个项目；很少有设计师或他们的委托人在项目投入使用一两年后回到场地上，进行系统、客观的评价。显然，如果这样的反馈工作能够定期进行，设计师和委托人将从中认识到他们的失误和成功之处。而且，如果将结果公开发表，整个设计界都将因此受益。这种情况无法发生的一些原因在本章开始就有所介绍，另一个重要的原因是服务于设计领域的专业杂志［如《建筑（Architecture）》《建筑评论（Architectural Record）》《景观设计（Landscape Architecture）》］不鼓励批评性的文章，他们认为读者只喜欢看中立的、描述性的、有很多插图的关于新项目的文章。这是非常不幸的，而且使得设计与其他创造性工作（电影、戏剧、小说、艺术）相去甚远，在这些领域的报刊和专业杂志上，批评文章是很常见的。能使设计领域受益的 POE 研究的成果常常只能被发表在学术刊物上［例如，环境设计研究协会的年会文集，《环境与行为（Environment and Behavior）》《环境心理学报刊（Journal of Environmental Psychology）》《建筑和规划研究（Journal of Architectural and Planning Research）》］，而设计师却很少阅读这些期刊。

　　因此，我们认为：重要的是让学生和专业人员在这个评价过程中受到教育，这样他们就能学会批判地看待设计是如何服务于使用者的，同时也能掌握一些有助于他们设计的工具。

图C-1

图C-2

图C-3

图C-4

图C-1 尽管岁月流逝，城市的街道和广场仍旧是人们集会、游行和政治示威的场所。孩子们正在征集给总统的信，抗议对加州最后一片私有的古老红杉林的砍伐（旧金山，1996年10月）

图C-2 许多无家可归的人们整日待在城市公园中。天主教工人组织在加州伯克利的人民公园中建立了一个临时咖啡馆

图C-3 在许多美国城市中，将暂时关闭的街道作为购买农副产品的农贸集市很受人们的欢迎（加州费厄费谢尔德）

图C-4 小吃铺、树木、可移动的桌椅和瀑布形成了曼哈顿一处受人欢迎的城市绿洲（纽约市，绿亩公园）

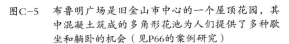

图C-5

图C-6

图C-7

图C-8

图C-5 布鲁明广场是旧金山市中心的一个屋顶花园，其中混凝土筑成的多角形花池为人们提供了多种歇坐和躺卧的机会（见P66的案例研究）

图C-6 街头表演在加州圣莫尼卡的第三步行大街上非常受欢迎（见P69的案例研究）

图C-7 在旧金山某一高层办公楼的脚下有一小片引人的城市绿洲，它为人们提供了一个吃午餐、和朋友聊天、在午间沐浴阳光的好去处（泛美红杉公园——见P63的案例研究）

图C-8 在小城镇中，中心广场或市政广场常被用于娱乐、交往、休闲、非正式会议及社区活动（亚利桑那州普雷斯科特）

图C-9

图C-9 大城市中心区公园的使用常常集中在午间时分，人们进行锻炼、进餐、晒太阳等，但在其他时间则很少使用（旧金山市，悉尼沃尔顿广场）

图C-10 在冬季漫长而严寒的地区，一系列相互连接的玻璃暖房里养着奇花异草，会给恶劣天气中的人们带来一种急需的公园感受（苏格兰阿本迪恩，冬园）

图C-11 邻里公园中的家庭野餐点的位置应靠近能吸引儿童的游戏器械区或自然景物区，如这条受人喜爱的人造小溪（加州弗里蒙特，伊丽莎白湖公园）

图C-12 被不同人种占据的空间领地。旧金山米审区，加菲尔德广场

图C-10

图C-11

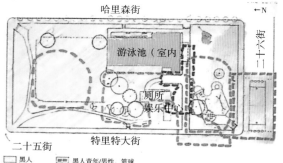

图C-12

加菲尔德广场
使用者区域

图C-13

图C-14

图C-15

图C-16

图C-13　有相当一部分老人在独自居住。附近能有一个公园是难能可贵的，因为老人可以在里面散步（这对保持健康尤为重要）以及闲坐欣赏风景。注意这位女士是怎样利用自己及自己的物品来"占据"这个短椅的（澳大利亚悉尼，悉尼港旁的公园）

图C-14　游戏设施下部的儿童尺度的空间特别受孩子欢迎，因为这种围合的空间给人一种安全感，而且有遮荫的沙地可以保持潮湿、更适于塑造模型

图C-15　瑞典戈森堡郊区的一个按想象设计的公园。开挖的土方被用来堆成仿自然的山丘和洼地。山谷中的草地被修剪得利于运动和赛跑；山坡地带仍保持自然状态用于探险、爬树等活动

图C-16　低矮、枝桠分散的树木很利于攀爬，也许比专门的攀爬器械还要吸引人、还要有挑战性

对开页

图C-17　训练动手能力的游戏：在阿姆斯特丹市的一个公园中，一个由管道和闸门构成的组合设施长时间地吸引住了孩子们的兴趣

图C-18　训练动手能力的游戏：男孩们在一个简易的游戏器械上利用传输带运送石块（荷兰阿姆斯特丹）

图C-19　训练动手能力的游戏：利用铺砌地面的方砖建造房屋（荷兰瓦格宁根）

图C-20　训练动手能力的游戏：孩子们在一个探险游戏场上合作建造房屋（丹麦哥本哈根）

图C-21　冒险和刺激是儿童心理发育过程中的必需环节。加州伯克利的这个探险游戏场上的攀缭设施就能提供一种既惊险又有保障的体验

图C-17

图C-18

图C-19

图C-20

图C-21

图C-22

图C-23

图C-24

图C-25

图C-22　如果有人组织，夏天里可以开展很多有趣的游戏活动。如图，哪怕是在瑞典戈森堡某一住宅区中的露天柏油地面上，跳方格游戏的形式也会五花八门

图C-23　滑手推车

图C-24　将手推车变成小船

图C-25　板球

图C-26

图C-27

图C-28

图C-29

图C-26　青少年们占据了活动节点区域中的突出位置，他们可以在那里随意闲坐、观看过往行人、同时又能被别人看到（阿姆斯特丹市中心的广场）

图C-27　这是一处青少年喜欢聚集的地方，靠近一所高中，位于大街上一个地铁站入口处。可以作为临时座位的花坛被市政当局拆除了（不知是否为了让青少年们离开？）。于是青少年们就转移到别的街区去（加州伯克利。见P67的案例研究）

图C-28　滑板是一项很受欢迎的城市运动。如果没有为它划定和设计特定的活动空间，年轻人们就会在街道、广场和停车场上寻找有高度变化、可以提供挑战的地面

图C-29　在这座荷兰小城的中心广场上，青少年们在玩特大号的象棋

图C-30

图C-31

图C-32

图C-33

图C-30　在许多区域公园和邻里公园中，遛狗已经成为一项日益重要的活动，如在加州里士满的波因特伊莎贝尔公园中，公园使用者几乎无一例外的都是养狗人。尽管公园最初并不是为此设计的，波因特伊莎贝尔公园仍旧成为一个受到广泛欢迎的狗公园，并由当地的养狗者协会制订出公园使用条例。其他一些地区也成功地将部分区域或邻里公园划定为驯狗场地

图C-31　这座位于旧金山市米审区的小型公园为小孩子们在过度拥挤的邻里中提供了一处游戏空间。西班牙和拉美风格的壁画使这个小型休闲场所的视觉景观变得活泼生动

图C-32　在城市内城区中，2~3个宅基大小的小型公园就可以满足人们所需的户外空间（旧金山霍华德大街）

图C-33　设计公园和游戏场的时候应征求孩子们的意见［该调查由加州大学戴维斯分校的马克·弗朗西斯（Marc Francis）教授（即前景上的人）当年在加州大学伯克利分校上学时进行］

图C-34

图C-34 可能的话，孩子们也应参与到社区新公园和新游戏场的设计和建造中去。参与创建一个空间能促使人们产生强烈的主人翁感和保护观念（奥克兰的孩子们和加州大学伯克利分校景观设计系的迈克尔·劳里教授及其学生一起参与一个小型公园的创建）

图C-35 加州奥克兰一个犹太人组织的志愿者们利用周末，帮助一个低收入黑人社区的居民建造起这座小型公园

图C-35

图C-36

图C-36 挂起由当地海军基地提供的船网

图C-37 小型公园中的游戏设施应该经过仔细的设计，提供尽可能多样的游戏体验，因为空间有限，而且孩子们的注意力往往十分短暂（该小型公园可同时参见图C-32）

图C-37

图 C-38

图 C-39

图 C-40

图 C-41

图 C-38　怎样设计一个游戏场：一个什么内容都没有的阳光暴晒的沙坑；这就是旧金山市湾区内一个高收入社区中的儿童游戏场，真是可怜

图 C-39　这个雕塑似的东西也许会吸引成年人的目光，但对游戏环境来说却毫无贡献（丹麦哥本哈根的某一公园）

图 C-40　一个毫无吸引力的放错了地方的游戏设施。这是巴尔的摩市内城居住区的一个位于街区内部的公园，几乎无人光顾，这应归咎于当初设计师没有意识到这里的社交及游戏活动一般集中在街道上［摄影：悉尼·布劳尔（Sidney Brower）］

图 C-41　在这个无人问津的英国某一新城中的儿童游戏场里，没有任何东西可以训练儿童的动手能力或激发儿童的想象力。另外请注意，高墙和大门使得家长没有办法从家中监看到自己的孩子

图C-42

图C-43

图C-44

图C-45

图C-42 校园建筑的前廊是一个非常受欢迎的地方，常常用于朋友约会和班级聚会。它的设计应该促进这些活动（伊利诺伊大学尚佩恩-厄巴纳分校学生会大楼）

图C-43 教室楼前的草坪区是一个适于开展户外讨论课的好地方（内布拉斯加林肯大学）

图C-44 这是伊利诺伊大学尚佩恩-厄巴纳分校中，学生会和其他一些高使用率建筑附近的一块草坪，在暖和的天气里，午间时学生们常常聚集到这里

图C-45 这些户外学习桌椅，周围环境安静，而且可以选择坐在阳光区或阴影区，天气不错时很受学生们的欢迎（坦佩，亚利桑那州立大学）

图C-46

图C-47

图C-48

图C-49

图C-46　老年人特别容易受到强光的影响。在这个为老年人设计的住宅方案中，就特意在通往花园的门廊上方装有爬满紫藤的花架，可以投射下光影。这样老人在进入刺眼的日光区前可以经过一个过渡区（旧金山，罗莎公园老年公寓。见P237的案例研究）

图C-47　从舒适的室内空间中能够看到外面花园的风景，这对于老人住宅是特别值得称道的。照片前方是供居民和访客专用的咖啡厅；外面是花园庭院；照片后方是穿越花园连接两栋建筑的玻璃拱廊（旧金山，犹太老人之家）

图C-48　在老人住宅方案设计中应特别注意绿化，因为植物可以提醒老人季节的变更。对于那些行动不便的老年人来说，欣赏户外的风景也许就是他们和大自然最紧密的联系了（加州赛拉斐尔，赛拉斐尔公寓。见P235的案例研究）

图C-49　在高层老年人住宅中，居民们特别希望在厨房窗户外面能有一个摆放花草的搁板，它可以给走廊增添一些美感（旧金山，罗莎公园老年公寓。见P237的案例研究）

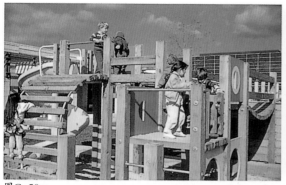

图C-50

图C-51

图C-52

图C-53

图C-50　在阳光下或阴影中（取决于当地环境）的固定游戏设施应该可以让不同能力的孩子分别进行不同的锻炼，这对儿童保育环境是非常重要的（加州普莱森顿，哈辛恩达儿童保育中心。见P291的案例研究）

图C-51　除了游戏器械，一些简易的活动部件（盒子、床单、轮胎、木板、浆果、木棍等）同样可以激发托幼中心里孩子们的游戏创造力

图C-52　在瑞典某一城市的儿童保育园户外，设有游戏器械、游戏屋、可以骑三轮车和有轮玩具的硬质铺地、可以爬的楼梯、可以坐和打滚的草坡、以及可以挖洞和塑模型的沙箱。注意图中孩子们居住的那些高层建筑，这些活动是不可能在里面进行的

图C-53　在炎热的天气里，植物所投下的浓淡不一的阴影对于托幼机构的户外空间是十分重要的。另外，对于任何天气来说，在户内和户外之间布置铺装门廊或过渡区也是很重要的（加州帕洛阿尔托）

图C-54

图C-55

图C-56

图C-57

图C-54　医院中有遮蔽的户外空间允许坐轮椅的病人和访客一起在户外散步。医院的职工常在图中左边的桌椅上一起进餐或开会（加州沃尔纳特克里克，凯撒珀曼嫩特医疗中心。见P323的案例研究）

图C-55　医院户外空间对于医院职工来说，是一个重要的缓解压力的环境，人们可以在这里放松、吃午餐、小睡、或者和同事进行私人聊天（加州沃尔纳特克里克，凯撒珀曼嫩特医疗中心。见P323的案例研究）

图C-56　这座玻璃建筑物可以挡风避雨，延长了人们在一年中对这个医院花园的使用时间（旧金山，加州太平洋医疗中心花园）

图C-57　研究表明：水声是最能安抚人、也是最核心的户外感受之一。人造瀑布能使访客在视觉和听觉上都得到享受（洛杉矶市，格伦代尔冒险者医院周年纪念花园）

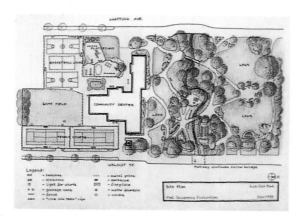

图C-58

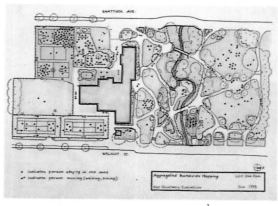

图C-59

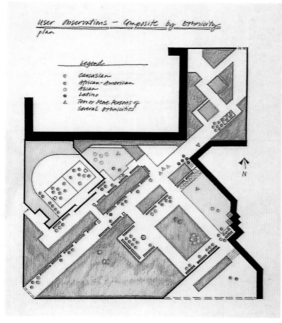

图C-60

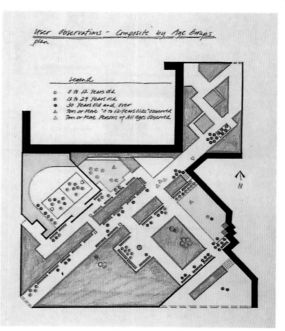

图C-61

图C-58　加州伯克利槲树公园的平面图

图C-59　槲树公园的分区及活动汇总图

图C-60　旧金山市布莱德克科公园的各人种的活动
　　　　汇总图

图C-61　布莱德克科公园中各年龄人群的活动汇总图

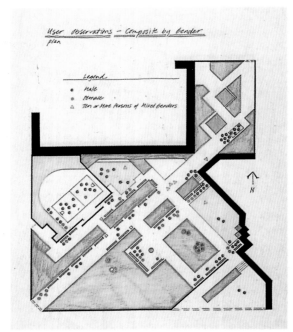

图C-62

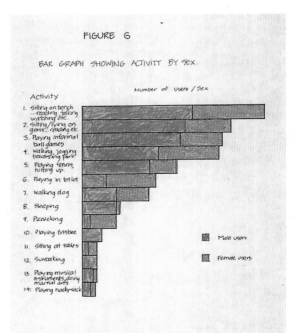

图C-63

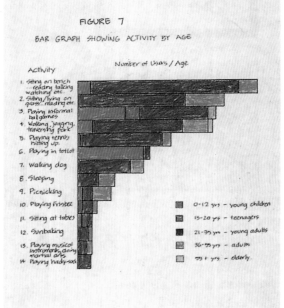

图C-64

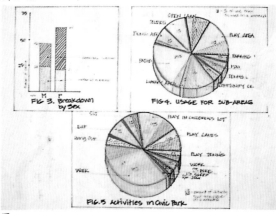

图C-65

图C-62　布莱德克科公园各种性别人群活动汇总图

图C-63　伯克利邻里公园各种性别人群活动柱状图

图C-64　伯克利邻里公园各种年龄人群活动柱状图

图C-65　加州沃尔纳特克里克城市中心公园活动情况比例
　　　　图及柱状图